ASP.NET 项目开发详解

朱元波 ◎ 编著

清华大学出版社
北京

内 容 简 介

ASP.NET 是当今使用最为频繁的 Web 开发技术之一，在开发领域占据重要的地位。本书通过现实中典型综合实例的实现过程，详细讲解了 ASP.NET 在实践项目中的综合运用。全书分为 12 章，其中，第 1～2 章是基础知识，简要讲解了搭建 ASP.NET 开发环境的知识和 C# 4.5 的基本语法知识；第 3 章讲解了在线留言本系统的具体实现流程；第 4 章讲解了个人相册展示系统的具体实现流程；第 5 章讲解了 RSS 采集器的具体实现流程；第 6 章介绍了心灵聊天室系统的具体实现流程；第 7 章讲解了京西图书商城系统的具体实现流程；第 8 章讲解了企业即时通信系统的具体实现流程；第 9 章介绍了美图处理系统的具体实现流程；第 10 章讲解了 56 同城信息网的具体实现流程，让读者了解 ASP.NET 技术在供求网站中的重要作用；第 11 章讲解了皇家酒店客房管理系统的具体实现流程，并剖析了技术核心和实现技巧；第 12 章介绍了欧尚化妆品网站的具体实现流程，对企业网站的构建流程进行了详细的阐述。在具体讲解每个实例时，都是按照项目的进度来讲解，从接到项目到具体开发，直到最后的调试和发布。全书内容循序渐进，引领读者全面掌握 ASP.NET。

本书不仅适合 ASP.NET 的初学者，也适合有一定 ASP.NET 基础的读者，甚至还可作为有一定造诣的程序员的参考书。

本书封面贴有清华大学出版社防伪标签，无标签者不得销售。
版权所有，侵权必究。侵权举报电话：010-62782989　13701121933

图书在版编目（CIP）数据

　ASP.NET 项目开发详解/朱元波编著. —北京：清华大学出版社，2014
　（网站开发非常之旅）
　ISBN 978-7-302-34572-5

　Ⅰ. ①A… Ⅱ. ①朱… Ⅲ. ①网页制作工具-程序设计 Ⅳ. ①TP393.092

　中国版本图书馆 CIP 数据核字（2013）第 283923 号

责任编辑：朱英彪
封面设计：刘　超
版式设计：文森时代
责任校对：王　云
责任印制：刘海龙

出版发行：清华大学出版社
　　　　　网　　址：http://www.tup.com.cn, http://www.wqbook.com
　　　　　地　　址：北京清华大学学研大厦 A 座　　邮　编：100084
　　　　　社 总 机：010-62770175　　　　　　　　邮　购：010-62786544
　　　　　投稿与读者服务：010-62776969，c-service@tup.tsinghua.edu.cn
　　　　　质 量 反 馈：010-62772015，zhiliang@tup.tsinghua.edu.cn
印 刷 者：清华大学印刷厂
装 订 者：北京市密云县京文制本装订厂
经　　销：全国新华书店
开　　本：203mm×260mm　印　张：27.75　插　页：1　字　数：780 千字
　　　　　（附 DVD 光盘 1 张）
版　　次：2014 年 3 月第 1 版　　　　　　　　　　印　次：2014 年 3 月第 1 次印刷
印　　数：1～5000
定　　价：58.80 元

产品编号：053962-01

前言

随着 Internet 的普及，Web 开发技术得到了迅速……也越来越多，而 ASP.NET 技术已成为 Web 应用开发……目前，ASP.NET 技术已被广泛应用于电子商务、电……ASP.NET 全面支持面向对象的设计思想，并提供了一……Web 应用程序开发变得更加直观、简单和高效。在 AS……大提高了 ASP.NET 页面的设计效率以及程序代码的可……进行 Web 项目开发需要综合应用服务器脚本语言（AS……工程等领域的知识和技能，并且需要丰富的项目开发实……能不断提高自己的项目开发能力。

本书内容

全书分为 12 章，其中第 1~2 章是基础知识，简要讲解了搭建 ASP.NET 开发环境的知识和 C# 4.5 的基本语法知识；第 3 章讲解了一个在线留言本系统的具体实现流程、前期规划的重要性等；第 4 章讲解了个人相册展示系统的具体实现流程，并讲解了进度和团队协作的重要性等内容；第 5 章讲解了一个 RSS 采集器的具体实现流程；第 6 章讲解了心灵聊天室系统的具体实现流程；第 7 章讲解了京西图书商城系统的具体实现流程；第 8 章讲解了企业即时通信系统的具体实现流程；第 9 章讲解了美图处理系统的具体实现流程；第 10 章讲解了 56 同城信息网的具体实现流程，让读者了解 ASP.NET 技术在供求网站中的重要作用；第 11 章讲解了皇家酒店客房管理系统的具体实现流程，并剖析了技术核心和实现技巧；第 12 章讲解了欧尚化妆品网站的具体实现流程，对企业网站的构建流程进行了详细的阐述。在具体讲解每个实例时，都是按照项目的进度来讲解的，从接到项目到具体开发，直到最后的调试和发布。内容循序渐进，并穿插讲解了这样做的原因，深入讲解了每个重点内容的具体细节，引领读者全面掌握 ASP.NET。

本书特色

（1）配有多媒体语音教学视频，学习效果好

书中的项目案例都配备了详细的视频讲解，以便让读者更加轻松、直观地学习本书内容，提高学习效率。这些视频与本书源代码一起收录于配书光盘中。在配套光盘中不但有书中实例的源代码，而且有全程视频讲解的 PPT 素材。此外，还免费赠送给读者几十个典型应用案例。

（2）每个实例都是精心挑选的典型代表

书中的实例都是最典型的，涵盖了最主要、最常见的应用领域，并包含了各种类型的企业。每个实例都极具代表性，并且在各实例的讲解过程中，展示了各个层次的实现技巧，为读者日后的亲身实践起到了指路明灯的作用。

了相应的例子和表格进行说明，以便读者领会其含义；对于复杂的程序，讲解，以方便读者理解程序的执行过程；在语言的叙述上，普遍采用了短方便读者理解。

通俗易懂

按照科学的学习进度安排，循序渐进地向读者一一剖析ASP.NET技术的精髓。使用来讲解高级知识，使读者更加容易理解并掌握这些高级知识，同时使学习枯燥的编程趣而又易懂。

（5）讲解深入，内容有深度

告诉读者"为什么"，无论是每一个小实例还是一个综合项目，在实现过程中均向读者说明"为什么这样做"，解开读者心里的困惑。细致的讲解不但使初学者能够看懂，更深层的知识和技巧也吸引了拥有中高级技术的读者。

（6）作者团队专业

本书作者团队具有丰富的实践开发经验，有的作者从事ASP.NET开发工作十年以上，既有开发一线的项目经理和软件工程师，也有从事ASP.NET教学数十年的大学教授。他们集思广益，各自吸取宝贵意见，立志打造出既实用又耐读的杰出作品。

本书适用人群

- ☑ 初学编程的自学者。
- ☑ 编程爱好者。
- ☑ 大中专院校的老师和学生。
- ☑ 相关培训机构的老师和学员。
- ☑ 进行毕业设计的学生。
- ☑ 初、中级程序开发人员。
- ☑ 程序测试及维护人员。
- ☑ 参加实习的初级程序员。
- ☑ 在职程序员。
- ☑ 资深程序员。

致谢

本团队在编写过程中，得到了清华大学出版社工作人员的大力支持。本书主要由朱元波编写，同时参与编写的人员还有周秀、付松柏、邓才兵、钟世礼、谭贞军、罗红仙、张加春、王东华、王振丽、熊斌、王教明、万春潮、郭慧玲、侯恩静、程娟、王文忠、陈强、何子夜、李天祥、周锐和朱桂英。

因为本书篇幅有限，所以实例中的代码没有在书中一一列出，给广大读者带来了不便，为此笔者代表本团队向大家深表歉意。请读者在阅读本书时，参考本书附带光盘中的源码。另外，本团队水平有限，如有疏漏或不妥之处，诚请读者提出宝贵意见或建议，以便修订并使之更臻完善。另外，为了更好地为读者服务，我们专门提供了技术支持网站www.chubanbook.com和QQ邮箱150649826@qq.com，无论是书中的疑问，还是学习过程中的疑惑，本团队都将为读者逐一解答。

编 者

目 录

第1章 ASP.NET 开发基础 1
1.1 认识网页和网站 1
- 1.1.1 网页 1
- 1.1.2 网站 2

1.2 网站开发基础 3
- 1.2.1 静态网站和动态网站 3
- 1.2.2 常用 Web 开发技术 3
- 1.2.3 本地计算机和远程服务器 5
- 1.2.4 Web 应用程序的工作原理 5
- 1.2.5 几个常用的 Web 概念 6
- 1.2.6 ASP.NET 在 Web 开发中的作用 ... 8

1.3 ASP.NET 基础 8
- 1.3.1 ASP.NET 介绍 8
- 1.3.2 全新的.NET Framework 4.5 ... 9
- 1.3.3 公共语言运行时 11

1.4 配置 ASP.NET 环境 12
- 1.4.1 安装 IIS 12
- 1.4.2 IIS 的配置 14

1.5 全新的 Visual Studio 2012 15
- 1.5.1 Visual Studio 2012 基础知识 ... 15
- 1.5.2 Visual Studio 2012 的全新功能 ... 16
- 1.5.3 安装 Visual Studio 2012 18
- 1.5.4 设置默认环境 19
- 1.5.5 新建项目 20
- 1.5.6 解决方案资源管理器 22
- 1.5.7 文本编辑器 24
- 1.5.8 生成与查错 25
- 1.5.9 史上最强大的工具箱 27

1.6 编译和部署 ASP.NET 程序 28
- 1.6.1 编译、运行 ASP.NET 程序 ... 28
- 1.6.2 部署 ASP.NET 程序 29

1.7 第一个 ASP.NET 4.5 程序 29

第2章 C# 4.5 基础 32
2.1 什么是 C# 32
- 2.1.1 C#的推出背景 32
- 2.1.2 C#的特点 33
- 2.1.3 几个常见的概念 34

2.2 C#的基本语法 36
2.3 变量 38
- 2.3.1 C#的类型 38
- 2.3.2 给变量命名 41

2.4 常量 41
2.5 类型转换 42
- 2.5.1 隐式转换 42
- 2.5.2 显式转换 43
- 2.5.3 装箱与拆箱 43

2.6 其他数据类型 46
- 2.6.1 枚举 46
- 2.6.2 结构 47
- 2.6.3 数组 47

2.7 基本.NET 框架类 48
- 2.7.1 Console 类 48
- 2.7.2 Convert 类 49
- 2.7.3 Math 类 49

2.8 表达式 50
2.9 运算符 50
- 2.9.1 基本运算符 51
- 2.9.2 数学运算符 52
- 2.9.3 赋值运算符 52
- 2.9.4 比较运算符 53
- 2.9.5 逻辑运算符 53
- 2.9.6 移位运算符 54
- 2.9.7 三元运算符 54
- 2.9.8 运算符的优先级 54

2.10 语句和流程控制 55
- 2.10.1 if 选择语句 56
- 2.10.2 循环语句 58
- 2.10.3 跳转语句 61

第3章 在线留言本系统 64
3.1 项目分析 64
3.1.1 功能分析 64
3.1.2 在线留言本系统模块功能原理 65
3.1.3 在线留言本系统构成模块 65
3.2 规划系统文件并选择开发工具 66
3.3 系统配置文件 66
3.3.1 新建网站项目 66
3.3.2 配置系统文件 67
3.4 搭建数据库平台 68
3.4.1 设计数据库 68
3.4.2 设计数据库访问层 69
3.5 实现样式文件 74
3.5.1 设置按钮元素样式 74
3.5.2 设置页面元素样式 75
3.6 显示留言数据 76
3.6.1 留言列表页面 76
3.6.2 留言回复 81
3.7 分页列表显示留言 82
3.7.1 留言分页显示页面 83
3.7.2 分页处理 84
3.8 回复留言 85
3.8.1 留言回复表单页面 85
3.8.2 处理回复数据 87
3.9 发布新留言 88
3.10 留言管理 90
3.10.1 留言管理列表 90
3.10.2 留言删除处理页面 91
3.11 技术总结 93
3.11.1 让提示更加详细 93
3.11.2 使用缓存来优化页面 94

第4章 个人相册展示系统 95
4.1 系统概述和总体设计 95
4.1.1 系统需求分析 95
4.1.2 系统运行流程 96
4.2 规划项目文件 96
4.3 设计数据库 97
4.3.1 后台数据库及数据库访问接口的选择 97
4.3.2 数据库结构的设计 97
4.4 参数设置和数据库访问层 98
4.4.1 编写参数设置文件 98
4.4.2 实现相片上传数据库访问层 99
4.4.3 实现相片显示数据库访问层 104
4.4.4 实现类别管理数据访问层 110
4.5 具体编码 113
4.5.1 相片上传处理 114
4.5.2 显示相片 120
4.5.3 相片类别管理 135
4.6 技术总结 140
4.6.1 三层结构 140
4.6.2 使用 Ajax 技术 140

第5章 RSS 采集器 142
5.1 RSS 基础 142
5.1.1 使用 RSS 142
5.1.2 RSS 组成模块的运行流程 143
5.2 规划项目文件 144
5.3 数据库设计 144
5.3.1 搭建数据库 144
5.3.2 设计数据访问层 145
5.4 样式修饰 150
5.5 显示 RSS 信息 152
5.5.1 显示 RSS 源模块 152
5.5.2 详情显示 154
5.6 添加 RSS 源 156
5.6.1 添加表单界面 156
5.6.2 添加处理 158
5.7 RSS 管理模块 159
5.7.1 管理列表文件 159
5.7.2 管理列表处理文件 160
5.8 修改 RSS 源 162
5.8.1 修改表单页面 163
5.8.2 修改处理页面 164

第6章 心灵聊天室系统 167
6.1 项目规划分析 167
6.1.1 聊天系统功能原理 167
6.1.2 聊天系统构成模块 167

6.2 系统配置文件 168
6.3 搭建数据库 169
　6.3.1 设计数据库 169
　6.3.2 设置系统参数 170
6.4 实现数据库访问层 172
　6.4.1 登录验证处理 172
　6.4.2 聊天处理 173
　6.4.3 系统管理 177
　6.4.4 聊天室房间处理 183
6.5 设计系统样式 184
6.6 用户登录验证模块 186
　6.6.1 用户登录表单页面 186
　6.6.2 验证处理页面 186
6.7 系统主界面 188
　6.7.1 在线聊天界面 188
　6.7.2 在线聊天处理页面 189
6.8 显示聊天室 192
　6.8.1 聊天室列表页面 192
　6.8.2 聊天室列表处理页面 193
6.9 聊天室管理 195
　6.9.1 聊天室添加模块 195
　6.9.2 聊天室列表模块 197
　6.9.3 聊天室修改模块 200

第 7 章 京西图书商城 203
7.1 项目规划分析 203
　7.1.1 分析系统构成模块 203
　7.1.2 规划项目文件 204
7.2 系统配置文件 205
7.3 搭建数据库 205
　7.3.1 数据库设计 206
　7.3.2 设置系统参数 208
7.4 实现数据访问层 208
　7.4.1 图书显示 209
　7.4.2 订单处理 214
　7.4.3 图书评论 221
　7.4.4 图书分类 224
　7.4.5 图书管理 229
7.5 图书显示 231

　7.5.1 系统主页 231
　7.5.2 顶部导航页面 232
　7.5.3 左侧类别列表页面 232
　7.5.4 右侧图书列表页面 233
　7.5.5 按被点击次数显示模块 234
　7.5.6 按图书名称显示模块 236
　7.5.7 显示图书详情 238
7.6 图书分类处理 240
　7.6.1 设置分类层次结构 241
　7.6.2 添加分类模块 243
　7.6.3 分类修改模块 244
　7.6.4 分类管理模块 246
7.7 实现购物车 248
　7.7.1 购物车组件设计 248
　7.7.2 购物车图书添加模块 252
　7.7.3 购物车查看和管理模块 254
7.8 订单处理模块 257
　7.8.1 生成订单编号 258
　7.8.2 提交、创建订单 258
　7.8.3 订单详情模块 260
　7.8.4 订单列表模块 262
　7.8.5 订单状态处理模块 262
7.9 项目调试 265
7.10 技术总结 267
　7.10.1 智能提示 267
　7.10.2 分类检索 269
　7.10.3 不同的显示方式 269

第 8 章 企业即时通信系统 271
8.1 项目规划分析 271
　8.1.1 系统构成模块 271
　8.1.2 规划项目文件 272
8.2 系统配置文件 273
8.3 搭建数据库 274
　8.3.1 数据库设计 274
　8.3.2 系统参数设置文件 276
8.4 实现数据访问层 277
　8.4.1 用户登录验证 278
　8.4.2 客户分组 281

8.4.3	团队管理	286
8.5	用户登录验证和注销	290
8.6	客户分组处理	292
	8.6.1 添加用户分组	293
	8.6.2 修改用户分组	293
	8.6.3 用户组管理列表	295
	8.6.4 客户检索模块	296
	8.6.5 客户管理列表	299
	8.6.6 客户移动转换	301
	8.6.7 显示客户信息	302
8.7	系统团队处理	303
	8.7.1 添加团队模块	304
	8.7.2 修改团队处理模块	304
	8.7.3 团队管理列表模块	306
	8.7.4 加入团队处理模块	307
8.8	在线交互处理	309
	8.8.1 系统主页显示模块	309
	8.8.2 一对一交互处理模块	311
	8.8.3 团队交互处理模块	313
	8.8.4 文件发送模块	316
8.9	项目调试	318

第 9 章 美图处理系统 ... 320

9.1	项目规划分析	320
	9.1.1 美图处理系统功能原理	320
	9.1.2 系统构成模块	320
	9.1.3 规划项目文件	321
9.2	实现系统配置文件	321
9.3	搭建数据库	323
9.4	实现数据访问层	323
	9.4.1 定义 FileImage 类	323
	9.4.2 获取上传文件信息	324
	9.4.3 添加上传文件信息	325
	9.4.4 删除上传文件信息	326
9.5	列表显示系统文件	327
	9.5.1 列表显示页面	327
	9.5.2 列表处理页面	327
9.6	创建缩略图模块	329
9.7	为图片创建水印	332

9.8	文件上传处理	334
	9.8.1 多文件上传处理	334
	9.8.2 文件自动上传处理	337
9.9	项目总结——学习代码封装	340

第 10 章 56 同城信息网 ... 342

10.1	项目规划	342
	10.1.1 需求分析	342
	10.1.2 系统目标	342
	10.1.3 网站功能结构	343
10.2	搭建数据库	343
10.3	前期编码	346
	10.3.1 数据层功能设计	346
	10.3.2 设计网站逻辑业务	351
10.4	后期编码	357
	10.4.1 网站主页	357
	10.4.2 网站招聘信息页设计	360
	10.4.3 免费供求信息发布页	362
	10.4.4 设计后台主页	363
	10.4.5 免费供求信息审核页	365
	10.4.6 删除免费供求信息	368
10.5	项目调试	370

第 11 章 皇家酒店客房管理系统 ... 372

11.1	系统规划分析	372
	11.1.1 功能模块划分	372
	11.1.2 规划系统文件	373
	11.1.3 运作流程	373
11.2	设计数据库	374
	11.2.1 需求分析	374
	11.2.2 设计表	375
	11.2.3 建立和数据库的连接	377
11.3	设计基类	377
	11.3.1 PageBase 基类	377
	11.3.2 ModuleBase 基类	379
11.4	具体编码	384
	11.4.1 设计界面	384
	11.4.2 管理员登录模块	386
	11.4.3 客房类型管理模块	387
	11.4.4 客房信息管理模块	395

11.4.5　客房经营管理模块	402	12.4.1　数据库需求分析	414
11.4.6　经营状况分析模块	406	12.4.2　数据库概念结构设计	414
11.5　项目调试	409	12.4.3　设计表	415

第 12 章　欧尚化妆品网站 411

- 12.1　功能分析 411
- 12.2　编写项目计划书 411
- 12.3　系统架构 412
  - 12.3.1　两层架构 412
  - 12.3.2　功能模块分析 413
- 12.4　设计数据库 413
  - 12.4.1　数据库需求分析 414
  - 12.4.2　数据库概念结构设计 414
  - 12.4.3　设计表 415
- 12.5　具体编码 416
  - 12.5.1　编写公用模块代码 417
  - 12.5.2　设计界面控件 419
  - 12.5.3　管理员登录模块 421
  - 12.5.4　新闻管理模块 422
  - 12.5.5　产品管理模块 425
  - 12.5.6　用户管理模块 429
- 12.6　项目调试 433

第 1 章　ASP.NET 开发基础

ASP.NET 技术是一门功能强大的动态 Web 开发技术，是微软公司提出的.NET 开发平台的重要组成部分。通过 ASP.NET 技术可以迅速地创建动态页面，并且能够灵活地根据客户需要而调整。ASP.NET 技术是当前 Web 技术的核心力量，并且因为本身的简洁性、高效性和灵活性，被大多数 Web 程序员所接受。本章将详细讲解 ASP.NET 开发入门的相关知识，为读者学习本书后面的知识打下基础。

1.1　认识网页和网站

> 知识点讲解：光盘\视频讲解\第 1 章\认识网页和网站.avi

在现代日常生活中，网络给我们带来了极大的便利，如网上查询天气、查询车票、浏览新闻等，现代生活越来越离不开网络了。在学习 ASP.NET 之前，应该先了解网页和网站的基本知识。网页和网站是相互关联的两个因素，两者之间通过相互作用，建立起应用站点，并共同推动了互联网技术的飞速发展。本节将首先讲解网页和网站的基本知识。

1.1.1　网页

网页是指目前在互联网上看到的丰富多彩的站点页面。从严格定义上讲，网页是 Web 站点中使用 HTML 等标记语言编写而成的单位文档，它是 Web 中的信息载体。网页由多个元素构成，是这些构成元素的集合体。一个典型的网页包括如下几个元素。

1．文本

文本是网页中最重要的信息，在网页中可以通过字体、大小、颜色、底纹和边框等来设置文本的属性。在网页概念中的文本是指文字，而非图片中的文字。在网页制作中，文本都可以方便地设置成各种字体的大小和颜色。

2．图像

图像是网页页面中最为重要的构成部分。只有在网页中加入图像后，才能使页面实现完美的显示效果，可见图像在网页中的重要性。在网页设计中用到的图片一般为 JPG 和 GIF 格式。

3．超链接

超链接是指从一个网页指向另一个目的端的链接，是从文本、图片或图形等映射到广域网网页或文件的指针。在广域网上，超链接是网页之间和 Web 站点之中主要的导航方法。

4．表格

表格是传统网页排版的灵魂，即使 CSS 标准推出后也能够继续发挥不可限量的作用。通过表格可以精确地控制各网页元素在网页中的位置。

5．表单

表单是用来收集站点访问者信息的域集，是网页中站点服务器处理的一组数据输入域。当访问者单击按钮或图形来提交表单后，数据就会传送到服务器上。它是非常重要的通过网页在服务器之间传递信息的途径，表单网页中可提交浏览者的意见和建议，以实现浏览者与站点之间的互动。

6．Flash 动画

Flash 一经推出后便迅速成为主要的 Web 动画形式之一。Flash 利用其自身所具有的关键帧补间、运动路径、动画蒙版、形状变形和洋葱皮等动画特性，不仅可以建立 Flash 电影，而且可以把动画输出为不同的文件格式的播放文件。

7．框架

框架是网页的重要组织形式之一，它能够将相互关联的多个网页的内容组织在一个浏览器窗口中显示。从实现方法上讲，框架由一系列相互关联的网页构成，并且相互间通过框架网页来实现交互。框架网页是一种特别的 HTML 网页，它可将浏览器视窗分为不同的框架，每一个框架则可显示一个不同的网页。如图 1-1 所示的 ESPN 主页就是由文本、图像、超链接、表格、表单、Flash 动画和框架七大元素构成的典型网页。

图 1-1　ESPN 主页

1.1.2　网站

网站是由网页构成的，它是一系列页面构成的整体。一个网站可能由一个页面构成，也可能由多个页面构成，并且这些页面相互间存在着某种联系。一个典型网站的基本结构如图 1-2 所示。

图 1-2 中的各网站元素,在服务器上将被保存在不同的文件夹内,网站存储结构如图 1-3 所示。

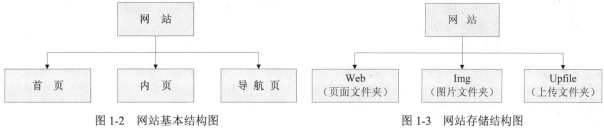

图 1-2 网站基本结构图　　　　　　　　图 1-3 网站存储结构图

1.2 网站开发基础

知识点讲解:光盘\视频讲解\第 1 章\网站开发基础.avi

网站开发是一门专业技术,需要开发人员同时精通网页设计和程序开发等方面的知识。本节将详细讲解与网站开发有关的基本知识,为读者学习本书后面的知识打下基础。

1.2.1 静态网站和动态网站

静态网站是指全部由 HTML 代码格式页面组成的网站,所有的内容包含在网页文件中。网页上也可以出现各种视觉动态效果,如 GIF 动画、Flash 动画、滚动字幕等。静态网站内的内容是固定不变的,如果需要更新内容则必须要重新设计。静态网站通常由网页设计师负责设计完成,与开发人员无关。

动态网站并不是指具有动画功能的网站,而是指网站内容可以根据不同情况动态变更的网站。在一般情况下,动态网站通过数据库进行架构。动态网站除了要设计网页外,还要通过数据库和编写程序来使网站具有更多自动的和高级的功能。动态网站网址一般是以.asp,.jsp,.php,.aspx 等结尾,而静态网页一般是以.html 结尾,动态网站服务器空间配置要比静态的网页要求高,费用也相应提高,不过动态网页利于网站内容的更新,适合企业建站。动态网站通常由开发人员负责完成,当前常用的动态网站开发技术有 ASP.NET、PHP、JSP 和 PHP 等。

1.2.2 常用 Web 开发技术

因为网站分为静态网站和动态网站,所以 Web 开发技术也分为静态 Web 开发技术和动态 Web 开发技术。下面将详细讲解这两种 Web 开发技术的基本知识。

1. 静态 Web 开发技术

现实中常用的静态 Web 开发技术有 HTML 和 XML 两种,具体说明如下。

☑ HTML 技术

HTML 文件都是以<HTML>开头,以</HTML>结束。<head>…</head>之间是文件的头部信息,除了<title>…</title>之间的内容,其余内容都不会显示在浏览器上。<body>…</body>之间代码是 HTML 文件的主体,客户浏览器显示的内容主要在这里定义。

HTML 是制作网页的基础,在现实中所见到的静态网页就是以 HTML 为基础制作。早期的网页都是直接用 HTML 代码编写的，不过现在有很多智能化的网页制作软件（常用的如 FrontPage、Dreamweaver 等）通常不需要人工编写代码，而是由这些软件自动生成的。尽管不需要自己写代码，但了解 HTML 代码仍然非常重要，是学习 Web 开发技术的基础。

☑ XML 技术

XML 是 eXtensible Markup Language 的缩写，译为可扩展的标记语言。与 HTML 相似，XML 是一种显示数据的标记语言，它能使数据通过网络无障碍地进行传输，并显示在用户的浏览器上。XML 是一套定义语义标记的规则，这些标记将文档分成许多部件并对这些部件加以标识。它也是元标记语言，即定义了用于定义其他与特定领域有关的、语义的、结构化的标记语言的句法语言。

使用上述两种静态 Web 技术也能够实现页面的绚丽效果，并且静态网页相对于动态页面来说，其显示速度比较快。所以在现实应用中，为了满足页面的特定需求，需要在站点中使用静态网页技术来显示访问速度比较高的页面。例如，国内综合站点搜狐和新浪的信息详情页面都采用了静态页面技术。

但是静态网页技术只能实现页面内容的简单显示，而不能实现页面的交互效果。随着网络技术的发展和现实需求的提高，静态网页技术越来越不能满足客户的需求。为此，更高级的网页技术便登上了 Web 领域的舞台。

2．动态 Web 开发技术

除了本书介绍的 ASP.NET 外，现实中常用的动态 Web 开发技术还有 ASP、PHP、JSP 等。这些技术的具体说明如下。

☑ ASP 技术

ASP 是 Microsoft Active Server Pages 的简称，是微软推出的一种用以取代 CGI 的技术。ASP 具有微软操作系统的强大普及性，一经推出后，便迅速成为最主流的 Web 开发技术。利用 ASP 可以创建和执行动态、高效和交互的 Web 服务应用程序。ASP 技术是 HTML、Script 与 CGI 的结合体，但是其运行效率却比 CGI 更高，程序编制也比 HTML 更方便且更有灵活性。

☑ PHP 技术

PHP 也是流行的生成动态网页的技术之一。PHP 是完全免费的，可以从 PHP 官方站点（http://www.php.net）自由下载，可以不受限制地获得 PHP 源码，甚至可以从中加入需要的特色。PHP 在大多数 UNIX 平台、GUN/Linux 和微软 Windows 平台上均可运行。

☑ JSP 技术

JSP 是 Sun 公司为创建高度动态的 Web 应用提供的一个独特的开发环境。和 ASP 技术一样，JSP 提供在 HTML 代码中混合某种程序代码，由语言引擎解释执行程序代码的能力。

☑ ASP.NET 技术

ASP.NET 是微软公司动态服务页技术的最新版本。它提供了一个统一的 Web 开发模型，其中包括开发人员生成企业级 Web 应用程序所需的各种服务。ASP.NET 的语法在很大程度上与 ASP 兼容，同时它还提供一种新的编程模型和结构，可生成伸缩性和稳定性更好的应用程序，并提供更好的安全保护。

ASP.NET 是一种已编译的、基于.NET 的环境，可以用任何与.NET 兼容的语言创建应用的程序。另外，任何 ASP.NET 应用程序都可以使用整个.NET Framework。开发人员可以方便地获得这些技术的优点，其中包括托管的公共语言运行库环境、类型安全和继承等。

在微软推出的.NET 框架后，ASP.NET 迅速火热起来，其各方面技术与 ASP 相比都发生了很大变化。它不是靠解释执行语句程序，而是以编译为二进制数、以 DLL 形式存储在机器硬盘中，这样将大大提高程序的安全性和执行效率。

1.2.3 本地计算机和远程服务器

学习 Web 开发，不得不提本地计算机和远程服务器的概念。顾名思义，本地计算机是指用户正在使用的、浏览站点页面的机器。对于本地计算机来说，最重要的构成模块是 Web 浏览器。

浏览器是 WWW 系统的重要组成部分，它是运行在本地计算机的程序，负责向服务器发送请求，并且将服务器返回的结果显示给用户。用户就是通过浏览器这个窗口来分享网上丰富的资源。常见的网页浏览器包括微软的 Internet Explorer、Mozilla 的 Firefox、Opera、Safari 和 netscape。

远程服务器是一种高性能计算机，作为网络的节点，存储、处理网络上 80%的数据、信息，因此也被称为网络的灵魂。它是网络上一种为客户端计算机提供各种服务的高性能的计算机，在网络操作系统的控制下，将与其相连的硬盘、磁带、打印机、Modem 及各种专用通信设备提供给网络上的客户站点共享，也能为网络用户提供集中计算、信息发表及数据管理等服务。它的高性能主要体现在高速度的运算能力、长时间的可靠运行、强大的外部数据吞吐能力等方面。

服务器的主要功能是接收客户浏览器发来的请求，分析请求，并给予响应，响应的信息通过网络返回给浏览器。

1.2.4 Web 应用程序的工作原理

用户访问互联网资源的前提是必须获取站点的地址，然后通过页面链接来浏览具体页面的内容。用户浏览网站时的工作原理如图 1-4 所示。

上述过程是通过浏览器和服务器进行的，下面以访问搜狐网为例来看 Web 应用程序的工作原理。

（1）在浏览器地址栏中输入搜狐网的首页地址：http://www.sohu.com。

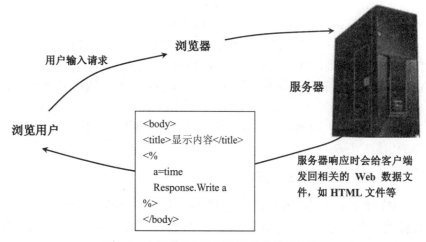

图 1-4 本地计算机和远程服务器的工作流程

（2）用户浏览器向服务器发送访问搜狐网首页的请求。

（3）服务器获取客户端的访问请求。

（4）服务器处理请求。如果请求页面是静态文档，则只需将此文档直接传送给浏览器即可；如果是动态文档，则将处理后的静态文档发送给浏览器。

（5）服务器将处理后的结果在客户端浏览器中显示。

站点页面按照性质划分为静态页面和动态页面。静态页面是指网页的代码都在页面中，不需要执行动态程序生成客户端网页代码的网页，如 HTML 页面文件。

动态页面和静态页面是相对的，是指页面内容是动态交互的，可以根据系统的设置而显示不同的内容。例如，可以通过网站后台管理系统对网站的内容进行更新管理。

随着互联网的普及和电子商务的迅速发展，人们对站点的要求也越来越高。为此，开发动态、高效的 Web 站点已经成为社会发展的需求。在此需求下，各种动态网页技术便应运而生。

早期的动态网页主要采用 CGI 技术（Common Gateway Interface，公用网关接口），其最大优点是可以使用不同的程序编写，如 Visual Basic、Delphi 或 C/C++等。虽然 CGI 技术已经发展成熟而且功能强大，但由于编程困难、效率低下、修改复杂，所以逐渐退出历史舞台。

在现实中常用的动态网页技术有 ASP 技术、PHP 技术、JSP 技术和.NET 技术。这些技术与 XML 以及新兴的 Ajax 相结合，可帮助开发人员设计出功能强大、界面美观的动态页面。

1.2.5 几个常用的 Web 概念

在学习 Web 开发技术之前，需要掌握和了解一些常用的 Web 概念。下面将对现实中常用 Web 概念的基本知识进行简要介绍。

1．万维网（WWW）

通常，人们都是通过一些传统的媒体，如报纸、杂志、期刊、广播、电视、广告等获得想要的信息，而且在获得这些信息的过程中，始终无法打破被动接收和信息发布滞后的局面。随着计算机网络的发展，万维网可以让人们在家里，甚至在世界各地，都能够轻松地远程浏览和处理各种信息。

WWW（World Wide Web，有时也简称为 Web），中文名称为"万维网"，是由欧洲量子物理实验室 CERN（the European Laboratory for Particle Physics）于 1989 年研制成功的。

WWW 建立在客户机和服务器（C/S）模型之上，以超文本传输协议 HTTP（Hyper Text Transfer Protocol）为基础，通过超文本（HyperText）和超媒体（HyperMedia），将 Internet 上包括文本、声音、图形、图像、影视信号等各种类型的信息聚合在一起，这样用户就能通过 Web 浏览器轻而易举地访问各种信息资源，却无须关心一些技术性的细节。

WWW 作为 Internet 的重要组成部分，其出现大大加快了人类社会信息化进程，是目前发展最快也是应用最广泛的服务。

2．超文本传输协议（HTTP）

HTTP 即超文本传输协议，是目前应用最为广泛的一种网络传输协议，是为分布式超媒体信息系统设计的一个无状态、面向对象的协议。HTTP 一般用于名字服务器和分布式对象管理。由于能够满足 WWW 系统客户与服务器通信的需要，从而成为 WWW 发布信息的主要协议，规定浏览器如何通过网络请求 WWW 服务器，以及服务器如何响应回传网页等。

HTTP 协议从 1990 年开始出现，发展到当前的 HTTP 1.1，已经有了相当大的扩展，如增强安全协议 HTTPS 等。

3．统一资源定位符（URL）

URL 即统一资源定位符，是一种 WWW 上的寻址系统，用来使用统一的格式来访问网络中分散各地的计算机上的资源。一个完整的 URL 地址由协议名、Web 服务器地址、文件在服务器中的路径和文件名 4 部分组成。

☑ 协议名

协议名是访问资源所采用的协议，其规定了客户端如何访问资源，如 http://表示 WWW 服务器，ftp://表示 FTP 服务器，gopher://表示 Gopher 服务器。常用的协议有如下几种。

> http：超文本传输协议。
> ftp：文件传输协议。
> mailto：电子邮件地址。
> telnet：远程登录协议。
> file：使用本地文件。
> news Usernet：新闻组。
> gopher：分布式的文件搜索网络协议。

☑ Web 服务器地址

Web 服务器地址包括服务器地址和端口号两部分。一般只需要指出 Web 服务器的地址即可，但在某些特殊情况下，还需要指出服务器的端口号。

> 服务器地址：即 WWW 服务所在的服务器域名。
> 端口：服务器上提供 WWW 服务的端口号。

☑ 文件在服务器中的路径

路径指明服务器上的资源在文件系统中所处的目录层次，其格式与 DOS 系统中的一样，主要由"目录/子目录/文件名"这样的结构组成。

☑ 文件名

文件名指资源文件的名称。

URL 地址格式排列为 scheme://host:port/path/filename。

例如，http://www.cnd.org/pub/news 就是一个典型的 URL 地址。客户程序首先判断标志 http，以 http 请求的方式处理，接下来的 www.cnd.org 是站点地址，最后是目录 pub/news。

而对于 ftp://ftp.ccnd.com/download/movie/film.rmvb，WWW 客户程序以 ftp 方式进行文件传送，站点是 ftp.ccnd.com，然后到目录 download/movie 下找文件 film.rmvb。

如果 URL 是 ftp://ftp.ccnd.com8001/download/movie/film.rmvb，则 ftp 客户程序将从站点 frp.ccnd.com 的 8001 端口连入。

必须注意，WWW 上的服务器都是区分大小写字母的，所以，千万要注意正确的 URL 大小写表达形式。

4．网络域名

网络域名大致分为国际域名和国内域名。

☑ 国际域名

国际域名按不同的类型可分为.com（商业机构）、.net（从事互联网服务的机构）、.org（非营利性组织）、.gov（政府部门）、.mil（军事部门）等。

☑ 国内域名

在国际域名后面添加两个字母构成的国家代码，就构成了国内域名，如中国为.cn、日本为.jp、英国为.uk 等。国内域名同样可按顶级类型进行细分，如.com.cn（国内商业机构）、.net.cn（国内互联网机构）、.org.cn（国内非营利性组织）等。

一个完整的网址，如 http://www.gov.cn，对应于这个网站的域名则是 gov.cn。其中，.cn 表示中国，

gov 是提供服务的主机名，www 则是服务。

1.2.6　ASP.NET 在 Web 开发中的作用

首先看动态 Web 的工作过程：用户在客户端发出请求信息，用户的需求信息被传递给服务器，服务器此时会对接收的请求进行处理，并将处理后的结果返回给浏览器。但是 ASP.NET 在处理过程中有什么作用呢？从本质上讲，ASP.NET 引擎是服务器的一个扩展。当用户访问某个 ASP.NET 页面时，服务器会将请求转交给 ASP.NET 引擎进行处理，当 ASP.NET 引擎将请求处理完毕后，会将最终的处理结果通过服务器返回给客户端用户。

因为 ASP.NET 页面包含某些特定元素，所以这些页面通常是由普通的 HTML 标签和 ASP.NET 特有的 Web 控件标签所组成。而 Web 服务器的职责就是将用户提交的请求进行处理，而返回客户端的则是静态的 HTML 或 XML 等格式的请求结果。所以，ASP.NET 引擎在此过程中只是负责 Web 控件处理，而普通的 HTML 则是将内容不做任何改变传递给浏览者。

1.3　ASP.NET 基础

知识点讲解：光盘\视频讲解\第 1 章\ASP.NET 基础.avi

本书讲解的内容是 ASP.NET 开发技术，本节将详细讲解 ASP.NET 这门神奇的 Web 开发技术，为读者学习后面的知识作准备。

1.3.1　ASP.NET 介绍

ASP 指 Active Server Pages（动态服务器页面），是微软公司的一项使嵌入网页中的脚本可由互联网服务器执行的服务器端脚本技术。运行于 IIS 之中。2000 年，微软正式推动.NET 策略，ASP 也顺理成章地改名为 ASP.NET，经过 4 年的开发，第一个版本的 ASP.NET 在 2002 年 1 月 5 日亮相（和.NET Framework 1.0），Scott Guthrie 也成为 ASP.NET 的产品经理（到现在已经开发了数个微软产品，如 ASP.NET Ajax 和 Microsoft Silverlight）。目前较新的版本是 ASP.NET 4.0 和.NET Framework 4.0。

与其他动态 Web 开发技术相比，ASP.NET 的突出优势如下所示。

1．世界级的工具支持

ASP.NET 构架是可以在 Microsoft（R）公司较新的产品 Visual Studio.NET 开发环境下进行开发，WYSIWYG（What You See Is What You Get，所见即为所得）的编辑。这些仅是 ASP.NET 强大化软件支持的一小部分。

2．强大性和适应性

因为 ASP.NET 是基于通用语言的编译运行的程序，所以它的强大性和适应性，可以使它运行在几乎全部的 Web 应用软件开发平台上（笔者到现在为止知道它只能用在 Windows 2000/Server 2003/Vista/7 上）。通用语言的基本库、消息机制、数据接口的处理都能无缝地整合到 ASP.NET 的 Web 应用中。ASP.NET 同时也是 language-independent 语言独立化的，所以可以选择一种最适合自己的语言来编写程序，或者把程序用很多种语言来写，现在已经支持的有 C#（C++和 Java 的结合体）、Visual Basic、JavaScript、C++和 F++。将来，这种多程序语言协同工作能力的好处是保护现有的基于 COM+开发的程序，能够保证完整地向 ASP.NET 移植。

ASP.NET 一般分为两种开发语言，VB.NET 和 C#，C#相对比较常用，因为是.NET 独有的语言，VB.NET 则为以前 Visual Basic 程序设计，适合于 Visual Basic 程序员，如果新接触.NET，没有其他开发语言经验，建议直接学习 C#即可。

3. 简单性和易学性

ASP.NET 使运行一些很平常的任务，如表单的提交、客户端的身份验证、分布系统和网站配置变得非常简单。例如，ASP.NET 页面构架允许用户建立自己的用户分界面，使其不同于常见的 VB-Like（类 Visual Basic）。

4. 高效可管理性

ASP.NET 使用一种字符基础的、分级的配置系统，使服务器环境和应用程序的设置更加简单。因为配置信息都保存在简单文本中，新的设置有可能都不需要启动本地的管理员工具就可以实现。这种方式使 ASP.NET 的基于应用的开发更加具体和快捷。

> **注意**：ASP与ASP.NET之间的差异
>
> 和ASP相比，ASP.NET拥有更好的语言支持。ASP.NET拥有一整套新的控件，基于 XML 的组件，以及更好的用户身份验证，并且ASP.NET通过允许编译的代码，提供了更强的性能。具体来说，ASP技术和ASP.NET的区别主要体现在如下3个方面。
>
> （1）开发语言不同
>
> ASP仅局限于使用non-type脚本语言来开发，用户给Web页中添加ASP代码的方法与客户端脚本中添加代码的方法相同，导致代码杂乱。
>
> ASP.NET允许用户选择并使用功能完善的C#或Visual Basic等编程语言，也允许使用潜力巨大的.NET Framework。
>
> （2）运行机制不同
>
> ASP是解释运行的编程框架，所以执行效率较低。ASP.NET是编译性的编程框架，运行的是服务器上编译好的公共语言运行库代码。可以利用早期绑定，实施编译来提高效率。
>
> （3）开发方式不同
>
> ASP把界面设计和程序设计混在一起，维护和重用困难。ASP.NET把界面设计和程序设计以不同的文件分离开，复用性和维护性得到了提高。

1.3.2 全新的.NET Framework 4.5

.NET Framework 为开发人员提供了公共语言运行库的运行环境，能够运行代码并为开发过程提供更轻松的服务。公共语言运行库的功能是，通过编译器和工具公开，开发人员可以编写利用此托管执行环境的代码。托管代码很重要，是指使用基于公共语言运行库的语言编译器开发的代码。托管代码具有许多优点，例如，跨语言集成、跨语言异常处理、增强的安全性、版本控制和部署支持、简化的组件交互模型、调试和分析服务等。

如果准备使公共语言运行库向托管代码提供服务，语言编译器必须生成一些元数据，这些元数据可以描述代码中的类型、成员和引用。通常将元数据与代码一起存储，每个可加载的公共语言运行库可移植执行文件包含的元数据。公共语言运行库可以使用元数据来完成各种任务，例如，常见的查找类和加载类等。

公共语言运行库可以自动处理对象布局，并且能够管理对象引用，当不再使用对象时可以释放它们。按上述方式实现生存期管理的对象被称为托管数据。使用垃圾回收机制，可以消除内存泄漏以及其他一些常见的编程错误。如果编写的代码是托管代码，就可以在.NET Framework 应用程序中使用托管数据、非托管数据或者同时使用这两种数据。因为语言编译器会提供自己的类型，例如，基元类型，所以很可能用户并不总是知道（或需要知道）这些数据是否是托管的。

使用公共语言运行库，可以很容易地设计出跨语言交互的组件和应用程序。用不同语言编写的对象之间可以互相通信，并且可以紧密集成它们的行为。例如，可以定义一个类，然后使用不同的语言从原始类派生出另一个类或调用原始类的方法，也可以将一个类的实例传递到用不同的语言编写的另一个类的方法。因为基于公共语言运行库的语言编译器和工具都使用由公共语言运行库定义的通用类型系统，所以使跨语言集成为了可能，并且它们遵循公共语言运行库关于定义新类型以及创建、使用、保持和绑定到类型的规则。

在.NET 中，所有托管组件都附带生成它们所基于的组件和资源的信息，这些信息成为了元数据的一部分。当在公共语言运行库中使用这些信息后，能够保证组件或应用程序具有它需要的所有内容的指定版本，这样会使代码不太可能因为某些未满足的依赖项而发生中断。另外，因为在注册表中很难建立和维护这些信息，所以注册信息和状态数据不再保存在注册表中。取而代之的是定义的类型及其依赖项的信息，它们作为元数据与代码存储在一起，这样就大大降低了组件复制和移除任务的复杂性。

当使用语言编译器和工具公开公共语言运行库的功能后，对开发人员来说将更加有用并且直观。也就是说，公共语言运行库的某些功能可能在一个环境中比在另一个环境中更突出。公共语言运行库的主要优点如下所示：

（1）改进了性能。
（2）能够轻松使用其他语言开发的组件。
（3）通过类库提供了可扩展类型。
（4）具备高级面向对象的功能，例如，面向对象的编程的继承、接口和重载；允许创建多线程的可缩放应用程序的显式自由线程处理支持；结构化异常处理和自定义属性支持。

虽然 C#完全符合公共语言规范，但是 C#本身不具有单独的运行时库。事实上.NET 框架就是 C#的运行时库，C#的编程库是.NET 类库，所以能够使用.NET 框架类库的所有类。因此 C#能够实现.NET 框架所支持的全部功能，具体来说支持如下所示的功能：

- ☑ Windows 窗体编程。
- ☑ ADO.NET 数据库编程。
- ☑ XML 编程。
- ☑ ASP.NET 的 Web 编程。
- ☑ Web 服务编程。
- ☑ 和 COM 和 COM+互操作性编程。
- ☑ 通过 P/Invoke 来调用 Windows API 和任何动态链接库中的函数。

当前较新的版本是.NET Framework 4.5，和以往版本相比，.NET Framework 4.5 的新增功能如下：

（1）适用于 Windows 应用商店应用的.NET

Windows 应用商店 App 为特定窗体因素而设计并利用 Windows 操作系统的功能，通过使用 C#或 Visual Basic，.NET Framework 4.5 的子集可用于生成 Windows 的 Windows 应用商店应用程序。这个子集称为适用于 Windows 应用商店应用.NET。

（2）可移植类库

在 Visual Studio 2012 中的可移植类库可让用户编写和生成在多个.NET Framework 平台上运行的托管程序集。使用"可移植类库"项目可以选择这些平台（如 Windows Phone 和适用于 Windows 应用商店应用的.NET）作为目标，可用的类型、成员项目的自动限制公共类型和成员在这些平台上。

（3）并行计算

.NET Framework 4.5 为并行计算提供若干新功能和功能的提高，包括各性能的提高、增加的控件、为异步编程改进的支持、新的数据流库和为并行调试器及性能分析改进的支持。ASP.NET 4.5 包括如下新功能：

- ☑ 对新 HTML 5 窗体类型的支持。
- ☑ 在 Web 窗体中能够对程序提供模型联编支持，允许开发人员直接将数据控件绑定到数据访问方法，并自动将用户输入转换为.NET Framework 支持的数据类型。
- ☑ 为客户端验证脚本中不明显的 JavaScript 支持。
- ☑ 通过改进页性能的绑定和缩减改进客户端脚本的处理。
- ☑ 借助 AntiXSS 库（以前的外部库）中的集成编码例程，可以有效避免跨站点式的脚本攻击。
- ☑ 支持全新的 WebSockets 协议。
- ☑ 用于读取和写入 HTTP 请求和响应支持异步。
- ☑ 支持异步模块和处理程序。
- ☑ ScriptManager 控件支持（CDN）内容分布式网络回退。

1.3.3 公共语言运行时

CLR（Common Language Runtime，公共语言运行时）是所有.NET 应用程序运行时环境，也是所有.NET 应用程序的编程基础，CLR 的作用如同支持.NET 程序的.NET Framework，必须在一个运行的.NET 程序环境中安装.NET Framework。CLR 也可以看作一个在执行时管理代码的代理，管理代码是 CLR 的基本原则，能够被管理的代码称为托管代码，反之称为非托管代码。CLR 包含两个组成部分，即 CLS（公共语言规范）和 CTS（通用类型系统）。下面通过理解.NET 的编程技术来具体了解这两个组件的功能。

1. CTS

C#和 VB.NET 都是公共语言运行时的托管代码，二者语法和数据类型各不相同。CLR 是如何对这两种不同的语言进行托管的呢？通用类型系统（Common Type System）用于解决不同语言的数据类型不同的问题，如 C#中的整型是 int，而 VB.NET 中是 Integer，通过 CTS，可以把它们编译成通用的类型 Int32。所有的.NET 语言共享这一类型系统，在它们之间实现无缝互操作。

2. CLS

编程语言的区别不仅仅在于类型、语法，语言规范也有很大的区别，因此.NET 通过定义公共语言规范（Common Language Specification），限制了由这些不同点引发的互操作性问题。CLS 是一种最低的语言标准，制定了一种以.NET 平台为目标的语言所必须支持的最小特征，以及该语言与其他.NET 语言之间实现互操作性所需要的完备特征。凡是遵守这个标准的语言在.NET 框架下都可以实现互相调用。例如，在C#中命名是区分大小写的，而VB.NET不区分大小写，这样，CLS规定，编译后的中间代码必须除了大小写之外有其他的不同之处。

3．NET编译技术

为了实现跨语言开发和跨平台的战略目标，用.NET编写的所有应用都不是编译为本地代码，而是编译成微软中间代码MSIL（Microsoft Intermediate Language）。它将由JIT（Just In Time）编译器转换成机器代码。C#和VB.NET代码通过它们各自的编译器编译成MSIL，MSIL遵守通用的语法，CPU不需要了解它，再通过JIT编译器编译成相应的平台专用代码，这里所说的平台是指操作系统。这种编译方式不但实现了代码托管，而且能够提高程序的运行效率。

1.4 配置ASP.NET环境

> 知识点讲解：光盘\视频讲解\第1章\配置ASP.NET环境.avi

因为ASP.NET应用程序的宿主是IIS，包含在微软的Windows系统中，所以，对于个人用户，可以通过IIS将计算机虚拟为Web服务器，这样就可以在本地测试使用ASP.NET程序。在本节的内容中，将详细讲解为ASP.NET配置开发环境的基本知识。

1.4.1 安装IIS

IIS（Internet Information Services，互联网信息服务）是由微软公司提供的基于运行Microsoft Windows的互联网基本服务。最初是Windows NT版本的可选包，随后内置在Windows 2000、Windows XP Professional、Windows Server 2003、Windows 7中一起发行，但在Windows XP Home版本上并没有IIS。由此可见，对于当前最普遍的Windows 7系统来说，因为已经内置了IIS，所以无须单独进行安装。如果用户使用的是比较老的系统版本，则需要单独安装IIS。下面以Windows XP系统为例，讲解安装IIS的基本方法。

（1）依次选择"开始"|"设置"|"控制面板"命令，打开"控制面板"窗口，如图1-5所示。

（2）双击"添加或删除程序"图标，打开"添加或删除程序"窗口，如图1-6所示。

（3）在"添加或删除程序"窗口左侧，单击"添加/删除Windows组件"图标，打开"Windows组件向导"对话框，如图1-7所示。

（4）选中"组件"列表框中的"Internet信息服务（IIS）"复选框，单击"下一步"按钮，组件向导即开始安装所选组件。

图1-5 "控制面板"窗口

（5）在安装向导的最后一页单击"完成"按钮，完成组件的安装。

（6）在"控制面板"窗口中双击"管理工具"图标，弹出"管理工具"窗口，在其中双击"Internet

信息服务"图标，打开"Internet 信息服务"窗口，如图 1-8 所示。

图 1-6 "添加或删除程序"窗口

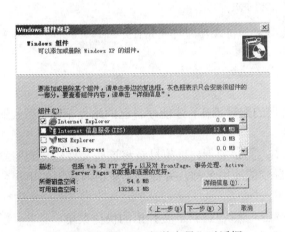

图 1-7 "Windows 组件向导"对话框

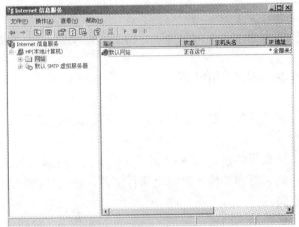

图 1-8 "Internet 信息服务"窗口

注意：如果此处"默认网站"状态为停止，应右击后在弹出的快捷菜单中选择"启动"或者"重新启动"命令，即可运行IIS服务器，如图1-9所示。

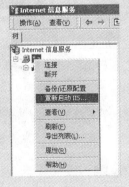

图 1-9 启动 IIS 效果图

IIS 安装完成后，在浏览器地址栏中输入"http://localhost/iishelp/iis/misc/"，即可看到 IIS 自带的帮助文档和 ASP 文档，如图 1-10 所示。

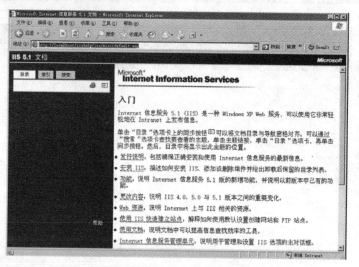

图 1-10 IIS 帮助文档主页

注意：安装IIS默认主目录是C:\Inetpub\wwwroot，不需要做任何改动即可使用IIS。

1.4.2 IIS 的配置

成功安装并启动运行 IIS 后，还需要做一些正确合理的配置工作，才能使自己的站点正确、高效地运行。

如果网站包含的 ASP 执行文件不在主目录文件夹中，则必须创建虚拟目录将这些文件包含到网站中。如果要在其他计算机上执行文件，还需要指定此目录的通用名称，并提供具有访问权限的用户名和密码。

（1）在图 1-8 所示的"Internet 信息服务"窗口中右击"默认网站"，在弹出的快捷菜单中选择"新建"|"虚拟目录"命令，打开"虚拟目录创建向导"对话框，如图 1-11 所示。

（2）单击"下一步"按钮，进入"虚拟目录别名"界面，如图 1-12 所示，在"别名"文本框中输入别名。

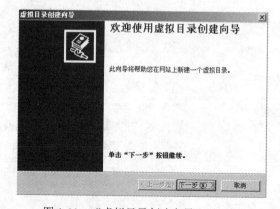

图 1-11 "虚拟目录创建向导"对话框

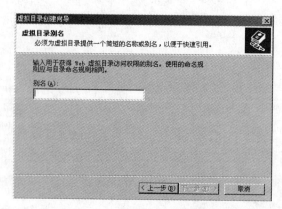

图 1-12 "虚拟目录别名"界面

（3）单击"下一步"按钮，进入"网站内容目录"界面，如图1-13所示。在"目录"文本框中输入要发布到的位置（本书实例为 E:\123），然后在打开的"访问权限"对话框中增加该目录开放的权限，选中"执行"复选框。

完成 IIS 的配置工作后，还是不能运行 ASP.NET 程序，只有安装了.NET Framework 后才能够测试和配置 ASP.NET 程序。因为在微软的 Visual Studio 2012 集成开发工具中，已经包含了.NET Framework 4.0，所以在此处省略了安装和配置.NET Framework 4.0 的方法讲解。

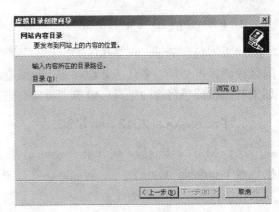

图 1-13　网站内容目录

1.5　全新的 Visual Studio 2012

知识点讲解：光盘\视频讲解\第 1 章\全新的 Visual Studio 2012.avi

Visual Studio.NET 是微软为使用.NET 平台而推出的专用开发工具，它是一个集成的开发环境工具，在这个平台中能够用 Visual Basic.NET、Visual C++ .NET、Visual C#.NET 和 Visual J# .NET 等专业编程语言进行编程。通过 Visual Studio 2012 可以在同一项目内使用不同的语言，并能实现它们之间的相互无缝接口处理，共同实现指定的功能。微软.NET 的推出被称为软件行业的革命，而 Visual Studio.NET 则为这个跨时代的革命提供了强有力的实现支持，为.NET 的推广和程序员的学习、使用带来了极大的方便。所以 Visual Studio.NET 一经推出后，便受到了用户的欢迎，并且随着技术的成熟，各种版本也随之被推出发布。当前较新版本是 Visual Studio 2012，本节将详细介绍 Visual Studio 2012 集成开发工具的基本知识，为读者学习后面的知识打下基础。

1.5.1　Visual Studio 2012 基础知识

2012 年 9 月 12 日，微软公司在西雅图发布 Visual Studio 2012。其实早在 8 月 16 日，Visual Studio 2012 和.NET Framework 4.5 已经可以下载，微软负责 Visual Studio 部门的公司副总裁 Jason Zander 还发表博客，列举了升级到 Visual Studio 2012 版本的 12 大理由。当时主要是分发给 MSDN 订阅用户。9 月 1 日批量许可（VL）发布，而在 12 号这天面向全球用户上市。

微软公司为不同的团队需求和规模及其成员的不同角色量身定制了不同的版本。这些版本的具体说明如下。

1．Ultimate 2012 with MSDN

这是 MSDN 旗舰版，包含最全的 Visual Studio 套件功能及 Ultimate MSDN 订阅，除了包含 Premium 版的所有功能外，还包含可视化项目依赖分析组件、重现错误及漏洞组件（IntelliTrace）、可视化代码更改影响、性能分析诊断、性能及负载测试及架构设计工具。

2. Premium 2012 with MSDN：MSDN 高级版

此版本包含 Premium 版 MSDN 订阅，除了包含 Professional 2012 with MSDN 所有功能外，也包含同级代码评审功能、多任务处理时的挂起恢复功能（TFS）、自动化 UI 测试功能、测试用例及测试计划工具、敏捷项目管理工具、虚拟实验室、查找重复代码功能及测试覆盖率工具。

3. Professional 2012 with MSDN

这是 MSDN 专业版，包含 Professional 版 MSDN 订阅，除了包含 Professional 2012 所有功能包外，也包含 Windows Azure 账号、Windows 在线商店账号、Windows Phone 商店账号、TFS 生产环境许可以及在线持续获取更新的服务。

4. Professional 2012

这是专业版，包含在一个 IDE 中为 Web、桌面、服务器、Azure 和 Windows Phone 开发解决方案的功能、应用程序调试、分析及代码优化的功能，通过单元测试进行代码质量验证的功能。

5. Test Professional 2012 with MSDN

这是测试专业版，包含 Test Professional 版本的 MSDN 订阅，包含测试、质量分析、团队管理的功能，但不包含代码编写及调试的功能，拥有 TFS 生产环境授权及 Windows Azure 账号、Windows 在线商店账号、Windows Phone 商店账号。

6. 免费版本

针对面向不同平台的学生和初学者，提供了面向不同应用的速成免费版的 Visual Studio，具体说明如下。

- ☑ Visual Studio Express 2012 for Web：针对 Web 开发者。
- ☑ Visual Studio Express 2012 for Windows 8：针对 Windows UI（Metro）应用程序的开发者。
- ☑ Visual Studio Express 2012 for Windows Desktop：针对传统 Windows 桌面应用开发者。
- ☑ Visual Studio Express 2012 for Windows Phone：针对 Windows Phone 7/7.5/8 应用的开发者。

1.5.2　Visual Studio 2012 的全新功能

到目前为止，Visual Studio 2012 是 Visual Studio.NET 家族最新的、最卓越的版本。Visual Studio 2012 的目的就是帮助用户在贵在创意、重在速度的市场中发展壮大。和以往的版本相比，Visual Studio 2012 的全新功能介绍如下。

1. 全新的外观和感受

一打开 IDE，就会看到与以往版本的不同之处。整个界面经过了重新设计，简化了工作流程，并且提供了访问常用工具的捷径。工具栏经过了简化，减少了选项卡的混乱性，用户可以使用全新快速的方式找到代码。所有这些改变都可以让用户更轻松地导航应用程序，以喜爱的方式工作。

2. 为 Windows 8 做好准备

随着 Windows 8 的发布，世界已经发生了显著的变化。Visual Studio 2012 提供了新的模板、设计工具以及测试和调试工具,在尽可能短的时间内构建了具有强大吸引力的应用程序所需要的一切。同时,Blend for Visual Studio 还为用户提供了一款可视化工具集,这样可以充分利用 Windows 8 全新而美观的界面。其实 Visual Studio 2012 最有价值的地方在于创建应用程序之后。在以前,要想将一款客户需要的产品展现在客户面前并不是一件容易的事情。但是现在通过 Windows Store 这一广泛的分布式渠道,可以接触到数百万的用户,开发人员可以轻松编写代码和销售软件。

3. Web 开发升级

对于 Web 开发,Visual Studio 2012 也为开发人员提供了新的模板、更优秀的发布工具和对新标准(如 HTML 5 和 CSS 3)的全面支持,以及 ASP.NET 中的最新优势。此外,开发人员还可以利用 Page Inspector 在 IDE 中与正在编码的页面进行交互,从而更轻松地进行调试。那么对于移动设备又如何呢?通过 ASP .NET 技术,可以使用优化的控件针对手机、平板电脑以及其他小屏幕来创建应用程序。

4. 新增了一些可以增进团队生产力的新功能

Visual Studio 2012 新增了一些可以增进团队生产力的新功能,如下所示。

- ☑ Intellitrace in Production:开发者一般无法使用本地调试会话来调试生成程序,因此重现、诊断和解决生成程序的问题非常困难。而通过新的 Intellitrace in Production 功能,开发团队可以通过运行 powershell 命令来激活 intellitracecollector 来收集数据,然后 intellitrace 会将数据传输给开发团队,开发者就可以使用这些信息在一个类似于本地调试的会话中调试程序。目前 Intellitrace in Production 仅为 Visual Studio 2012 旗舰版客户提供。
- ☑ task/suspend resume:此功能解决了困扰多年的中断问题。假设开发者正在试图解决某个问题或者缺陷,然后领导需要开发者做其他事情,开发者不得不放下手头工作,然后过几小时以后才能回来继续调试代码。task/suspend resume 功能会保存所有的工作(包括断点)到 visual studio team foundation server(tfs)。开发者回来之后,单击几下即可恢复整个会话。
- ☑ 代码检阅功能:新的代码检阅功能允许开发者将代码发送给另外的开发者检阅。启用"查踪"后,可以确保修改的代码会被送到高级开发者那里检阅,这样可以得到确认。
- ☑ powerpoint storyboarding 工具:此新工具是为了方便开发者和客户之间的交流而设计的。使用 powerpoint 插件,开发者可以生成程序 mockups,这有助于客户与开发者就所需的功能进行交流。

5. 云功能

以前都需要单独维护各台服务器,仅扩展容量这一项便占用了基础架构投资的一大半。而现在可以利用云环境中动态增加存储空间和计算能力的功能快速访问无数虚拟服务器。Visual Studio 提供了新的工具来让用户将应用程序发布到 Windows Azure(包括新模板和发布选项),并且支持分布式缓存,维护时间更少。

6. 为重要业务做好准备

在 SharePoint 开发中会发现很多重要的改进,包括新设计工具、模板以及部署选项。用户可以利用为 SharePoint 升级的应用生命周期管理功能,如性能分析、单元测试和 IntelliTrace。但是最令人惊讶的还是 LightSwitch,有了它,用户只需编写少量代码即可创建业务级应用程序。

7. 灵活敏捷的流程,可靠的应用生命周期管理

随着应用程序变得越来越复杂,需要能帮助开发团队提供更快更智能工作的工具,这就是大家要

加入一种灵活的敏捷方法的原因。利用 Visual Studio 和 Team Foundation Server，可以根据自己的步调采用效率更高的方法，同时还不会影响现有工作流程。另外还可以让用户的整个组织来参与整个开发测试过程，通过新的方法让利益相关方、客户和业务团队成员跟踪项目进度并提出新的需求和反馈。

1.5.3 安装 Visual Studio 2012

安装 Visual Studio 2012 对计算机的硬件要求如下：
- ☑ 酷睿 II 2.0GHz 以上的 CPU。
- ☑ 至少应有 2GB 的 RAM 内存，其中 1GB 用于维持操作系统。
- ☑ 至少 10GB 的硬盘空间。

Visual Studio 2012 的具体安装步骤如下：

（1）将安装盘放入光驱，或双击存储在硬盘内的安装文件 autorun.exe，弹出安装界面，如图 1-14 所示。

（2）在弹出的安装路径中选择安装路径，并选中"我同意许可条款和条件"复选框，如图 1-15 所示。

（3）单击"下一步"按钮后弹出"安装起始页"对话框，在此对话框中选择将要安装的功能，如图 1-16 所示。此处建议全部选中，避免以后安装时遇到不可预知的问题。

图 1-14　开始安装界面

图 1-15　选择安装路径

图 1-16　选择安装的功能

（4）单击"安装"按钮进入安装进度界面开始安装，如图 1-17 所示。

（5）安装进度完成后界面提示"需要重新启动才能完成安装"，在此单击"立即重新启动"按钮，如图 1-18 所示。

第 1 章 ASP.NET 开发基础

图 1-17 "安装进度"对话框　　　　　　　　　图 1-18 "重启"对话框

（6）重启后弹出"执行安装"对话框，进度完成后将完成所有的安装工作，如图 1-19 所示。

（7）完成安装后，可以从"开始"菜单中启动 Visual Studio 2012，如图 1-20 所示。

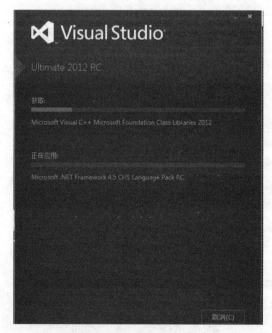

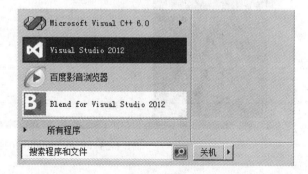

图 1-19 "执行安装"对话框　　　　　　　　图 1-20 启动 Visual Studio 2012

1.5.4　设置默认环境

首次打开安装后的 Visual Studio 2012，将弹出"选择默认环境设置"对话框。因为在本书中使用

C#开发 ASP.NET 程序，所以此处选择"Visual C#开发设置"选项，如图 1-21 所示。然后单击"启动 Visual Studio"按钮后开始配置，如图 1-22 所示。

图 1-21 "选择默认环境设置"对话框

图 1-22 环境配置

配置完成后将打开 Visual Studio 2012 的集成开发界面，如图 1-23 所示。

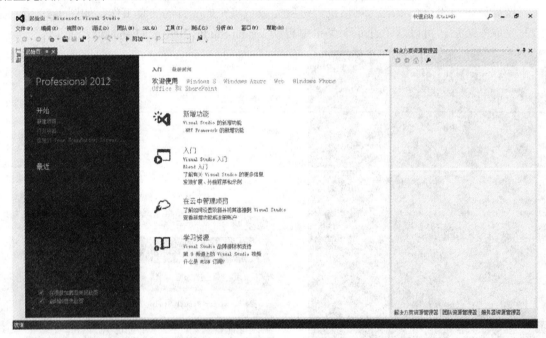

图 1-23 Visual Studio 2012 默认集成开发界面

1.5.5 新建项目

通过 Visual Studio 2012 可以迅速地创建一个项目，包括 Windows 应用程序、控制台程序和 Web 应用程序等常用项目。方法是在默认集成开发界面菜单栏中选择"文件"|"新建"|"项目"命令，弹出"新建项目"对话框，在此可以设置项目的类型，如图 1-24 所示。

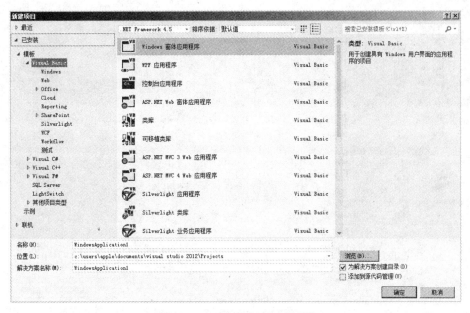

图 1-24 "新建项目"对话框

在菜单栏中选择"文件"|"新建"|"网站"命令,弹出"新建网站"对话框,在此可以迅速创建一个不同模板类型的网站项目,如图 1-25 所示。

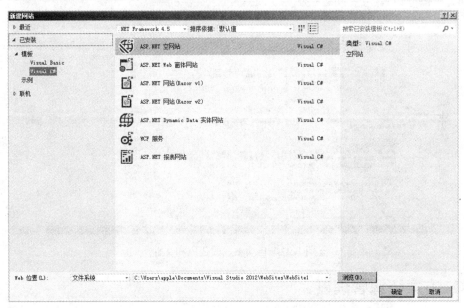

图 1-25 "新建网站"对话框

在菜单栏中选择"文件"|"新建"|"文件"命令,弹出"新建文件"对话框,在此可以迅速创建一个不同模板类型的文件,如图 1-26 所示。

在 Visual Studio 2012 中创建一个项目,可以自动生成必需的代码。例如,新建一个 Visual C#的 ASP.NET Web 项目后,将在项目文件内自动生成必需格式的代码,并且在右侧的"解决方案资源管理器"中显示自动生成的项目文件,如图 1-27 所示。

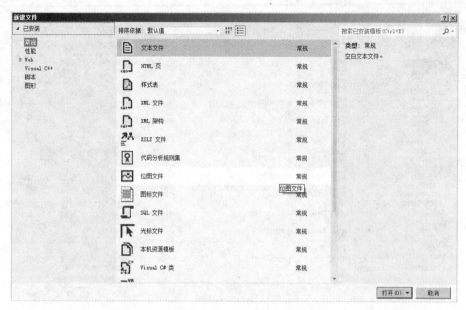

图 1-26 "新建文件"对话框

图 1-27 自动生成的代码和文件

1.5.6 解决方案资源管理器

解决方案和类视图是 Visual Studio 2012 的重要组成工具，通过它们可以更加灵活地对项目进行控制和管理。下面将对 Visual Studio 2012 解决方案和类视图的基本知识进行简要介绍。

1. 解决方案

当创建一个项目后，会在"解决方案资源管理器"中显示自动生成的项目文件。解决方案中包含一个或多个"项目"，每个项目都对应于软件中的一个模块。在资源管理器中，Visual Studio 2012 将同类的文件放在一个目录下，当单击这个目录后，会将对应目录下的文件全部显示出来。例如，双击

"引用"目录后则将引用的程序集显示出来,如图 1-28 所示。

右击"解决方案资源管理器"中的每个节点,都将弹出一个上下文菜单,通过其中的菜单命令可以对节点对象进行操作。例如,右击项目名,在弹出的快捷菜单中选择"添加"|"新建项"命令后,可以在项目内添加一个新的项目文件,如图 1-29 所示。

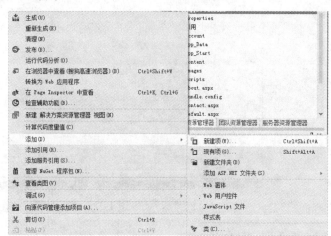

图 1-28 "引用"目录的程序集   图 1-29 新建一个项目

2.类视图

"解决方案资源管理器"是以文件为角度的项目管理,而 C#是一种面向对象的编程语言,其基本的对象编程单位是类。为此,Visual Studio 2012 提供了类视图来对项目对象进行管理。

在菜单栏中选择"视图"|"类视图"命令,将在"解决方案资源管理器"中显示当前项目内的所有类对象,如图 1-30 所示。

在图 1-30 中显示了项目的命名空间、基类和各种子类,具体说明如下。

- ☑ 符号{ }:表示命名空间。
- ☑ 符号 :表示基类。
- ☑ 符号 :表示普通类或子类。

在上方类视图中选中一个类类型,然后右击,将弹出一系列和类相关的操作命令,如图 1-31 所示。例如,选择"查看类图"命令可以查看这个类的关系图结构,并且可以在 Visual Studio 2012 的底部窗口查看类的详细信息,如图 1-32 所示。

图 1-30 项目类视图   图 1-31 类操作命令

ASP.NET 项目开发详解

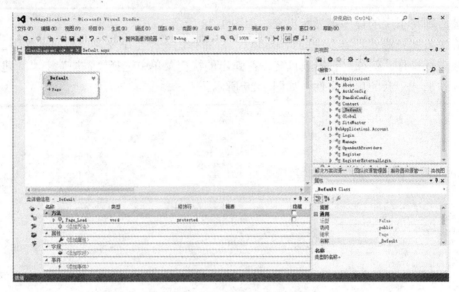

图 1-32　类关系结构和详细信息

1.5.7　文本编辑器

用户双击"解决方案资源管理器"的文件名，即可查看此文件的源代码。如果在 Visual Studio 2012 下打开多个项目文件，会在栏目内显示多个文件的文件名，如图 1-33 所示。

Visual Studio 2012 文本编辑器主要有如下几个特点。

1．用不同的颜色显示不同的语法代码

在 Visual Studio 2012 文本编辑器中，使用蓝色显示 C#的关键字，用青色来显示类名。

2．代码段落格式自动调整

Visual Studio 2012 中文件源代码段落会自动缩进，这样可以加深代码对用户的视觉冲击。如图 1-34 所示的就是段落缩进的代码格式。

图 1-33　文件名栏　　　　　　　　　　图 1-34　源代码段落缩进

3. 语法提示

当用户使用文本编辑器编写代码时，编辑器能够根据用户的输入代码来提供对应的语法格式和关键字。例如，在如图 1-34 所示的代码界面中输入字符"na"后，编辑器将自动弹出对应的提示字符，如图 1-35 所示。

4. 显示行数

在 Visual Studio 2012 中会显示文件源代码的行数标记，这和 Dreamweaver 等工具一样，便于用户对程序进行维护，迅速找到对应的代码所在。在初始安装 Visual Studio 2012 时，默认不显示代码行数，要解决这一问题需要进行以下操作：

（1）选择"工具"｜"选项"命令，弹出"选项"对话框，如图 1-36 所示。

图 1-35　语法提示　　　　　　　　　　图 1-36　"选项"对话框

（2）在左侧下拉列表中依次选择"文本编辑器"、"所有语言"选项，然后选中右侧的"行号"复选框，如图 1-37 所示。

（3）单击"确定"按钮后返回代码界面，此时文件中每行源代码前都将显示一个行号，如图 1-38 所示。

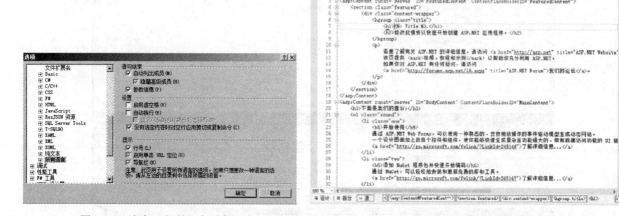

图 1-37　选中"行号"复选框　　　　　　图 1-38　显示行号

1.5.8　生成与查错

选择 Visual Studio 2012 中的"生成"｜"生成解决方案"命令，可以生成当前解决方案的所有项目。当使用"生成"命令时,不会编译已经生成过并且生成后没有被修改的文件。如果使用"重新生成"命令,则将重新生成所有的文件。

解决方案和项目有如下两种生成模式。

- ☑ 调试模式:即 Debug 模式,生成的代码中含有调试信息,可以进行源代码级的调试。
- ☑ 发布模式:即 Release 模式,生成的代码中不含有调试信息,不能进行源代码级的调试,但是运行的速度快。

开发人员可以选择"生成"|"配置管理器"命令,在弹出的"配置管理器"对话框中设置项目的生成模式,如图 1-39 所示。

图 1-39 "配置管理器"对话框

如果项目中的代码出现错误,则不能成功生成,并在"错误列表内"输出错误提示,如图 1-40 所示。

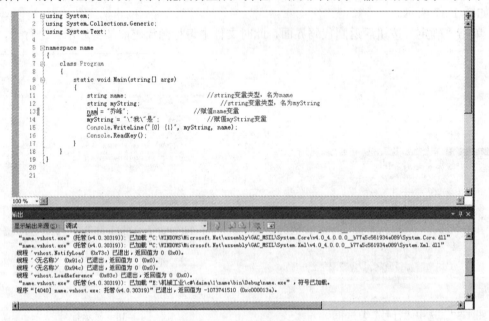

图 1-40 生成错误提示

Visual Studio 2012 能够进行查错处理,在"代码段输出"可将出现错误的信息详细地显示出来,如图 1-41 所示。

将错误修改后则能正确生成,并在"输出"框内显示对应的生成处理结果,如图 1-42 所示。

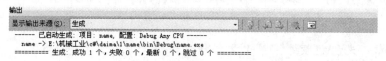

图 1-41 查错结果详情

图 1-42 生成处理结果

1.5.9 史上最强大的工具箱

在 Visual Studio 2012 的工具箱中,包含了.NET 开发所需要的一切控件,这是计算机工具史上最大的工具集。在 Visual Studio 2012 中,对不同类型的控件进行了分类。例如,在创建 ASP.NET 项目时,工具箱界面如图 1-43 所示。

其中默认的是如下 8 类:

☑ 标准

包含 ASP.NET 开发过程中经常使用的控件,例如,Label 控件和 TextBox 控件等。

☑ 数据

包含和数据交互相关的控件,通常是一些常用的数据源控件和数据绑定控件,能够连接不同格式的数据源并显示指定的库内容。

图 1-43 Visual Studio 2012 工具箱界面

☑ 验证

包含了所有和数据验证有关的控件,可以实现简单的数据验证功能。

☑ 导航

包含了用于实现站内导航的控件,这是从.NET Framework 2.0 版本开始新加入的一组控件,它可以迅速地实现页面导航。

☑ 登录

包含了和用户登录相关的所有控件,也是从.NET Framework 2.0 版本开始新加入的一组控件,它可以迅速地实现用户登录功能。

☑ WebParts

包含了和 WebParts 相关的所有控件,也是从.NET Framework 2.0 版本开始新加入的一组控件,它能够实现页面的灵活布局,为用户提供个性化的页面服务。

☑ HTML

包含常用的 HTML 控件。

☑ 常规

这是一个空组,用户可以将自定义的常用控件添加到该组中。

注意： 在实际开发应用中，可能随时需要第三方控件来实现自己的功能。为此开发人员可以下载第三方控件，并将其添加到Visual Studio 2012工具箱中。

1.6 编译和部署 ASP.NET 程序

知识点讲解： 光盘\视频讲解\第1章\编译和部署 ASP.NET 程序.avi

在实际开发应用中，只有在部署之后才能使用 ASP.NET 程序。当一个 ASP.NET 项目程序设计完毕后，需要运行后才能浏览执行效果，并且可以通过部署将网站发布到目录中，然后只需将此目录的文件部署到 IIS 中即可。

1.6.1 编译、运行 ASP.NET 程序

通过使用 Visual Studio 2012 的菜单选项可以对 ASP.NET 代码进行编译和运行。具体方法是选择菜单栏中的"生成"|"生成网站"命令，如图1-44所示。也可以在"解决方案资源管理器"中右击方案名，然后在弹出的快捷菜单中选择"生成网站"命令，如图1-45所示。

图 1-44 从菜单栏中编译、运行 ASP.NET 程序　　图 1-45 在"解决方案资源管理器"中编译、运行 ASP.NET 程序

在开发网页的过程中，也可以用 Visual Studio 2012 顶部的 ▶ Internet Explorer ▼ Debug ▼ 中的相关选项测试当前的网页，例如，使用 IE 浏览器测试一个 ASP.NET 网页的执行效果，如图1-46所示。

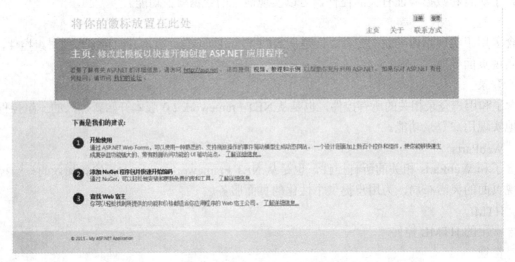

图 1-46 测试 ASP.NET 网页的执行效果

1.6.2 部署 ASP.NET 程序

和编译 ASP.NET 程序一样,代码经过部署之后才能在远程服务器上运行。部署 ASP.NET 程序的方法也有两种:

- ☑ 选择菜单栏中的"生成"|"发布网站"命令,如图 1-47 所示。
- ☑ 在"解决方案资源管理器"中右击方案名,然后在弹出的快捷菜单中选择"发布网站"命令,如图 1-48 所示。

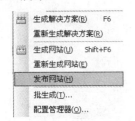
图 1-47 从菜单栏中部署 ASP.NET 程序

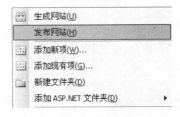
图 1-48 从快捷菜单中部署 ASP.NET 程序

选择"发布网站"命令后会弹出"发布网站"对话框,在对话框中可以对发布的网站进行设置,具体如图 1-49 所示。

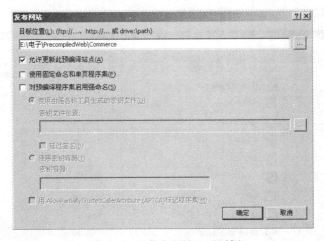
图 1-49 "发布网站"对话框

1.7 第一个 ASP.NET 4.5 程序

📽 知识点讲解:光盘\视频讲解\第 1 章\第一个 ASP.NET 4.5 程序.avi

了解了搭建 ASP.NET 开发环境的基本知识后,本节将详细讲解利用 Visual Studio 2012 创建一个 ASP.NET 4.5 程序的基本知识。其具体操作流程如下:

(1)打开 Visual Studio 2012,在菜单栏中选择"文件"|"新建网站"命令。在弹出的"新建网站"对话框的左侧选择 Visual C#选项,在顶部的下拉列表中选择.NET Framework 4.5 选项,在对话框的中间部分选择"ASP.NET 空网站"选项,如图 1-50 所示。

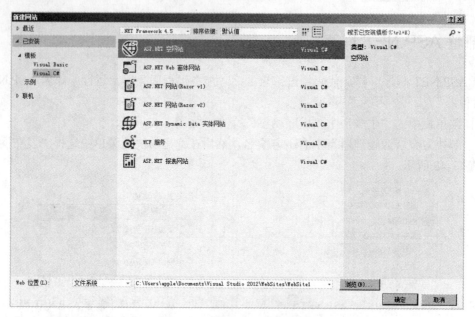

图 1-50 "新建网站"对话框

（2）选择"文件"|"新建文件"命令，在弹出的"添加新项"对话框的左侧选择 Visual C#选项，在中间部分选择"Web 窗体"选项，如图 1-51 所示。

图 1-51 "添加新项"对话框

（3）单击"添加"按钮后会自动创建名为 Default.aspx 和 Default.aspx.cs 的文件。其中，.aspx 是 ASP.NET 程序的后缀名。

文件 Default.aspx 用于表现内容页面，负责显示网页内容，具体代码如下：

```
<%@ Page Language="C#" AutoEventWireup="true" CodeFile="Default.aspx.cs" Inherits="_Default" %>
<!DOCTYPE html>
```

```
<html xmlns="http://www.w3.org/1999/xhtml">
<head runat="server">
<meta http-equiv="Content-Type" content="text/html; charset=utf-8"/>
    <title></title>
</head>
<body>
    <form id="form1" runat="server">
    <div>

    </div>
    </form>
</body>
</html>
```

而文件 Default.aspx.cs 是一个 C#文件，负责处理动态内容，处理的结果会在 Default.aspx 中显示。文件 Default.aspx.cs 具体代码如下：

```
using System;
using System.Collections.Generic;
using System.Linq;
using System.Web;
using System.Web.UI;
using System.Web.UI.WebControls;

public partial class _Default : System.Web.UI.Page
{
    protected void Page_Load(object sender, EventArgs e)
    {

    }
}
```

由此可见，ASP.NET 实现了表现和处理的分离。因为上述网页都是 Visual Studio 2012 自动创建的，并且是一个空白页面，所以用 ▶ Internet Explorer ▾ ⊕ Debug ▾ 中的选项调试执行后会显示一个空白页面，如图 1-52 所示。

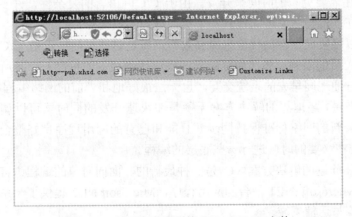

图 1-52　显示空白页面的 ASP.NET 4.5 文件

第 2 章　C# 4.5 基础

ASP.NET 技术是一门功能强大的 Web 开发技术，但它并不是一门编程语言，还需要使用专门的编程语言来实现 Web 功能。和 ASP.NET 开发最为绝配的编程语言是 C#，它是微软为.NET 平台专门指定的开发语言。C#通过和.NET Framework 相结合，实现了强大的 Web 功能。本章将简要介绍.NET Framework 和 C#语言的基础性知识，为读者学习后面的内容打好铺垫。

2.1　什么是 C#

> 知识点讲解：光盘\视频讲解\第 2 章\什么是 C#.avi

微软为新一代.NET 平台打造了一种全新的语言——C#，ASP.NET 就是用 C#语言来实现动态 Web 功能的。C#读作 C Sharp，是从 C 和 C++进化而来的新一代的编程语言。C#是微软公司发布的一种面向对象的、运行于.NET Framework 之上的高级程序设计语言，是微软公司研究员 Anders Hejlsberg 的最新成果。从表面看来 C#与 Java 惊人的相似，它包括了诸如单一继承和界面，并且和 Java 拥有几乎相同的语法。但是 C#与 Java 也有着明显的不同，它与 COM（组件对象模型）是直接集成的，而且它是微软公司.NET Windows 网络框架的主角。C#是微软为.NET 平台打造的全新语言，当前的最新版本是 C# 4.5。本节将简单讲解 C# 4.5 的基本知识。

2.1.1　C#的推出背景

在过去的 20 年里，C 和 C++已经成为在商业软件的开发领域中使用最广泛的语言。它们为程序员提供了十分灵活的操作，但是同时也牺牲了一定的效率。例如，和 Visual Basic 等语言相比，同等级别的 C/C++应用程序往往需要更长的时间来开发。由于 C/C++语言的复杂性，许多程序员都试图寻找一种新的语言，希望能在功能与效率之间找到一个更为理想的权衡点。

目前有些语言，以牺牲灵活性的代价来提高效率。可是这些灵活性正是 C/C++程序员所需要的。这些解决方案对编程人员的限制过多（如屏蔽一些底层代码控制的机制），其所提供的功能难以令人满意。这些语言无法方便地同早先的系统交互，也无法很好地和当前的网络编程相结合。

对于 C/C++用户来说，最理想的解决方案无疑是在快速开发的同时又可以调用底层平台的所有功能。用户想要一种和最新的网络标准保持同步并且能和已有的应用程序良好整合的环境。另外，一些 C/C++开发人员还需要在必要的时候进行一些底层的编程。

C#是微软针对上述问题的解决方案。C#是一种最新的、面向对象的编程语言。它使得程序员可以快速地编写各种基于 Microsoft .NET 平台的应用程序，Microsoft.NET 提供了一系列的工具和服务来最大程度地开发利用计算与通信领域。

正是由于 C#面向对象的卓越设计，使它成为构建各类组件的理想之选——无论是高级的商业对象还是系统级的应用程序。使用简单的C#语言结构，这些组件可以方便地转化为XML网络服务，从而使它们可以由任何语言在任何操作系统上通过Internet进行调用。最重要的是，C#使得C++程序员可以高效地开发程序，而绝不损失C/C++原有的强大的功能。因为这种继承关系，C#与C/C++具有极大的相似性，熟悉类似语言的开发者可以很快地掌握C#。

2.1.2 C#的特点

微软C#语言的定义主要是从C和C++继承而来的，而且语言中的许多元素也反映了这一点。C#在设计者从C++继承的可选选项方面比Java要广泛一些，它还增加了自己独有的新特点。但是C#还太不成熟，需要进化成一种开发者能够接受和采用的语言。微软当前为它的这种新语言大造声势，其目的是挑战Java语言的地位。

和C、C++相比，C#更像Java一些。Java给软件产业和编程行业带来了巨大影响，并且大家对Java都广泛地接受。因为这种语言写成的应用程序的数量是令人惊讶的，并渗透了每一个级别的计算，包括无线计算和移动电话等。

和其他主流的开发语言相比，C#的特点主要体现在如下3个方面。

1．从Java继承来的特点

C#从Java中继承了大多数特点，包括实用语法和范围等。例如，最基本的"类"，在C#中类的声明方式和在Java中很相似。Java的关键字import在C#中被替换成了using，但是它们起到了同样的作用，并且一个类开始执行的起点是静态方法Main()。

2．从C和C++继承的特点

C#从C和C++继承的特点主要体现在如下3个方面。

- ☑ 编译：程序直接编译成标准的二进制可执行形式，但C#的源程序并不是被编译成二进制可执行形式，而是一种中间语言，类似于Java字节码。例如，一个名为Hello.cs的程序文件，将被编译成命名Hello.exe的可执行程序。
- ☑ 结构体：一个C#的结构体与C++的结构体是相似的，因为它能够包含数据声明和方法。但是和C++是不同的，C#结构体与类是不同的，并且不支持继承。
- ☑ 预编译：C#中存在预编译指令支持条件编译、警告、错误报告和编译行控制。

3．C#独有的特点

C#最引人入胜的地方是它和Java的不同，和C、C++及Java相比，C#的特点主要体现在如下几个方面。

- ☑ 中间代码：微软在用户选择何时MSIL应该编译成机器码时留了很大的余地。微软公司声称MSIL不是解释性的，而是被编译成了机器码。
- ☑ 命名空间中的声明：当创建一个程序时，若在一个命名空间中创建了一个或多个类，同在这个命名空间中还有可能声明界面、枚举类型和结构体，并必须使用using关键字来引用其他命名空间的内容。
- ☑ 基本的数据类型：C#拥有比C、C++或Java更广泛的数据类型，如bool、byte、ubyte、short、ushort、int、uint、long、ulong、float、double和decimal。和Java一样，上述所有类型都有一

个固定的大小。也和 C 和 C++一样，每个数据类型都分为有符号类型和无符号类型两种。
- ☑ 两个基本类：在 C#中 object 类是所有其他类的基类，而 string 的类也和 object 一样是这个语言的一部分。这样编译器就可以灵活地使用它，无论何时在程序中写入一句带引号的字符串，编译器都会创建一个 string 对象来保存它。
- ☑ 参数传递：方法可以被声明为接受可变数目的参数，默认的参数传递方法是对基本数据类型进行值传递。
- ☑ 与 COM 的集成：C#对 Windows 程序实现了与 COM 的无缝集成。COM 是微软的 Win32 组件技术，最有可能在.NET 语言里编写 COM 客户和服务器端。
- ☑ 索引下标：一个索引与属性不使用属性名来引用类成员，而是用一个方括号中的数字匿名引用。

4．基本特点

C#的基本特点主要体现在如下几点。

- ☑ 简单：C#具有 C++所没有的一个优势，就是学习简单。该语言中省去了 C++的一些功能，更易于学习。
- ☑ 现代：C#是为编写 NGWS 应用程序的主要语言而设计，在使用过程中将会发现很多自己用 C++可以实现或者很费力实现的功能，在 C#中不过是一部分基本的功能而已。
- ☑ 面向对象：C#支持所有关键的面向对象的概念，例如，封装、继承和多态性。完整的 C#类模式构建在 NGWS 运行时的虚拟对象系统的上层，对象模式只是基础的一部分，不再是编程语言的一部分。
- ☑ 类型安全：C#实施最严格的类型安全，以保护自己及垃圾收集器，所以在使用过程中必须遵守 C#中一些相关变量的规则。例如，不能使用没有初始化的变量，取消了不安全的类型转换，实施边界检查。
- ☑ 兼容：C#并不是封闭的，它允许使用 NGWS 的通用语言规定访问不同的 API。CLS 规定了一个标准，用于符合这种标准的语言内部之间的操作。为了加强 CLS 的编译，C#编译器检测所有的公共出口编译，并在通不过时列出错误。
- ☑ 灵活：C#对原始 Win32 代码的访问有时导致对非安全类指定指针的使用，尽管 C#代码的默认状态是类型安全的，但是可以声明一些类或者仅声明类的方法是非安全类型的。这样的声明允许用户使用指针、结构，静态地分配数组。

2.1.3 几个常见的概念

下面将简要介绍几个和 C#、ASP.NET 相关的重要概念。

1．命名约定

.NET Framework 类型使用点语法命名方案，该方案隐含了层次结构的意思。此技术将相关类型分为不同的命名空间组，以便可以更容易地搜索和引用它们。全名的第一部分（最右边的点之前的内容）是命名空间名，全名的最后一部分是类型名。例如，System.Collections.ArrayList 表示 ArrayList 类型，该类型属于 System.Collections 命名空间。System.Collections 中的类型可用于操作对象集合。

此命名方案使扩展.NET Framework 的库开发人员可以轻松创建分层类型组，并用一致的、带有提示性的方式对其进行命名。库开发人员在创建命名空间的名称时应遵循"公司名称.技术名称"格式，例如，Microsoft.Word 命名空间就符合此原则。

利用命名模式将相关类型分组为命名空间是生成和记录类库的一种非常有用的方式。但是，此命名方案对可见性、成员访问、继承、安全性或绑定无效。一个命名空间可以被划分在多个程序集中，而单个程序集可以包含来自多个命名空间的类型。程序集为公共语言运行库中的版本控制、部署、安全性、加载和可见性提供外形结构。

2．系统命名空间

System 命名空间是.NET Framework 中基本类型的根命名空间。此命名空间包括表示所有应用程序使用的基础数据类型的类：Object（继承层次结构的根）、Byte、Char、Array、Int32 和 String 等。在这些类型中，有许多与编程语言所使用的基元数据类型相对应。当使用.NET Framework 类型编写代码时，可以在应使用.NET Framework 基础数据类型时使用编程语言的相应关键字。

实例 2-1：手动编译 C#程序

源码路径：光盘\codes\2\1\

本实例的实现文件为 name.cs，具体实现代码如下：

```
using System;
using System.Collections.Generic;
using System.Text;
namespace name
{
    class Program
    {
        static void Main(string[] args)
        {
            string name;                          //string 变量类型，名为 name
            string myString;                      //string 变量类型，名为 myString
            name = "西门吹雪 ";                    //赋值 name 变量
            myString = "\"我\"是";                //赋值 myString 变量
            Console.WriteLine("{0} {1}", myString, name);
            Console.ReadKey();
        }
    }
}
```

上述实例代码的具体实现流程说明如下：

- ☑ 通过 using 指令引用类命名。
- ☑ 通过 namespace 定义命名空间 name。
- ☑ 设置函数方法 Main()，方法 Main()是项目程序的入口点，即程序运行后就执行它里面的代码。
- ☑ 定义变量 name，类型为 string，并设置其值为"西门吹雪"。
- ☑ 定义变量 myString，类型为 string，并设置其值为""我\"是"。其中字符"\""的功能是转义双引号。
- ☑ 通过 WriteLine()方法输出变量的值。WriteLine()方法是 System.Console 类的重要方法，功能是

将变量值输出到控制台中。

然后编译上述程序文件，具体方法是打开"Visual Studio 2012 命令提示"窗口，然后输入"csc/out:name.exe name.cs"，并按回车键。此时将成功地在指定位置处生成指定名称的可执行文件 name.exe，如图 2-1 所示。

运行文件 name.exe 后，将会输出控制台程序的执行结果，如图 2-2 所示。

图 2-1 "Visual Studio 2012 命令提示"窗口

图 2-2 name.exe 运行结果

2.2 C#的基本语法

知识点讲解：光盘\视频讲解\第 2 章\C#的基本语法.avi

因为 C#是从 C 和 C++进化而来的，所以从外观和语法定义上看，C#和两者有着很多相似之处。C#作为一种面向对象的高级语言，为初学者提供了清晰的样式，使初学者不用花费太多的时间就能编写出可读性强的代码。

在编写 C#程序的过程中，必须遵循它本身的独有特性，即基本的语法结构。C#程序代码语句具有如下 4 个主要特性。

1．字符过滤性

和其他常用语言的编译器不同，无论代码中是否含有空格、回车或 tab 字符，C#都会忽略不计。这样程序员在编写代码时，会有很大的自由度，而不会因疏忽加入空白字符而造成程序的错误。

2．语句结构

C#程序代码是由一系列的语句构成的，并且每个语句都必须以分号";"结束。因为 C#中的空格和换行等字符被忽略，所以可以在同行代码中放置多个处理语句。

3．代码块

因为 C#是面向对象的语言，所以其代码结构十分严谨和清晰。同功能的 C#代码语句构成了独立的代码块，通过这些代码块可以使整个代码的结构更加清晰。所以说，C#代码块是整个 C#代码的核心。

4．严格区分大小写

在 C#语言中，大小字符代表不同的含义。所以在代码编写过程中，必须注意每个字符的大小写格式，避免出现因大小写而出现名称错误。

C#的代码块以"{"开始,以"}"结束,具体代码块的基本语法结构如下:

```
语句 1;
{
语句 2;
语句 3;
...
}
{
语句 m;
    {
        语句 n;
...
}
}
```

在上述格式中,使用了缩进格式和非过滤处理。这样做可使整个C#代码变得更加清晰,提高代码的可读性。在此向读者提出如下两点建议。

- ☑ 独立语句独立代码行:虽然 C#允许在同行内放置多个 C#语句,但为了提高代码的可读性,建议将每个语句放置在独立的代码行中,即每个代码行都以分号结束。
- ☑ 代码缩进处理:对程序内的每个代码块都设置独立的缩进原则,使各代码块在整个程序中以更加清晰的效果展现出来。在使用 Visual Studio 2012 进行 C#开发时,Visual Studio 2012 能够自动地实现代码缩进。

另外,在 C#程序中的必要构成元素是注释。通过注释可以使程序员和使用人员快速了解当前语句的功能,特别是在大型应用程序中,因为整个项目内的代码块繁多,所以加入合理的注释必不可少。在 C#中加入注释的方法有如下两种。

1. 两端放置

两端放置即在程序的开头和结尾放置,具体格式是在开头插入"/*",在结尾插入"*/",在两者之间输入注释的内容。例如下面的代码:

```
/* 代码开始了 */
static void Main(string[] args)
    {
        int myInteger;
        string myString;
```

2. 单"//"标记

单"//"标记和上面的两端放置不同,其最大特点是以"//"为注释的开始,在注释内容编写完毕后而不必以任何标注结束,只需注释内容和在开头"//"同行即可。例如下面的代码:

```
//代码开始了
static void Main(string[] args)
    {
        int myInteger;
         string myString;
```

但下面的代码是错误的:

```
//代码开始了
还是注释
static void Main(string[] args)
{
    int myInteger;
    string myString;
```

2.3 变　　量

知识点讲解：光盘\视频讲解\第2章\变量.avi

数据是C#体系中的必备元素，可以将C#中的数据分为变量和常量两种。通过C#变量可以影响到应用程序中数据的存储，因为应用的数据可以被存储在变量中。在编程语言中，变量是表示内存地址的名称。变量包括名称、类型和值3个主要元素。各元素的具体说明如下。

- ☑ 变量名：变量在程序代码中的标识。
- ☑ 变量类型：决定其所代表的内存大小和类型。
- ☑ 变量值：变量所代表的内存块中的数据。

本节将对C#变量的基本构成元素知识进行简要介绍。

2.3.1 C#的类型

因为C#支持.NET框架定义的类，所以C#的变量类型是用类来定义的，即所有的类型都是类。C#类型的具体说明如表2-1所示。

表2-1　C#类型信息

类型		描述
值类型	简单类型	符号整型：sbyte, short, int, long
		无符号整型：byte, ushort, uint, ulong
		Unicode字符：char
		浮点型：float, double
		精度小数：decimal
		布尔型：bool
	枚举类型	枚举定义：enum name{}
	结构类型	结构定义：short name{}
引用类型	类类型	最终基类：object
		字符串：string
		定义类型：class name
	接口类型	接口定义：interface
	数组类型	数组定义：int[]
	委托类型	委托定义：delegate name

由表 2-1 所示的信息可以看出，C#变量的常用类型有引用类型和值类型两大类。

1．引用类型

引用类型是 C#的主要类型，在引用变量中保存的是对象的内存地址。引用类型具有如下 5 个特点：
- ☑ 需要在委托中为引用类型变量分配内存。
- ☑ 需要使用 new 运算符创建引用类型的变量，并返回创建对象的地址。
- ☑ 引用类型变量是由垃圾回收机制来处理的。
- ☑ 多个引用类型变量都可以引用同一对象，对一个变量的操作会影响到另一个变量所引用的同一对象。
- ☑ 引用类型变量在被赋值前的值都是 null。

在 C#中，所有被称为类的变量类型都是引用类型，包括类、接口、数组和委托。具体说明如下。
- ☑ 类类型：功能是定义包含数据成员、函数成员和嵌套类型的数据结构，其中的数据成员包括常量和字段，函数成员包括方法、属性和事件等。
- ☑ 接口：功能是定义一个协定，实现某接口的类或结构必须遵循该接口定义的协定。
- ☑ 数组：是一种数据结构，包含可通过计算索引访问的任意变量。
- ☑ 委托：是一种数据结构，能够引用一个或多个方法。

2．值类型

如果程序中只有引用类型，那么往往会影响整个程序的性能，而值类型的出现便很好地解决了这个问题。值类型是组成应用程序的最为常见的类型，功能是存储应用数值。例如，通过一个名为 mm 的变量存储数值 100，这样在应用时只需调用变量名 mm，即可实现对其数值 100 的调用。

值类型的主要特点如下：
- ☑ 值类型变量被保存在堆栈中。
- ☑ 在访问值类型变量时，一般直接访问其实例名。
- ☑ 每个值类型变量都有本身的副本，所以对一个值类型变量的操作不会影响到其他变量。
- ☑ 在值类型变量复制时，复制的是变量的值，而不是变量的地址。
- ☑ 值类型变量的值不能是 null。

值类型是从 System.ValueType 类中继承类，包括结构、枚举和大多数的基本类型。具体说明如下。
- ☑ 结构类型：功能是声名常量、字段、方法和属性等。
- ☑ 枚举类型：是具有命名常量的独特类型，每个枚举类型都有一个基础的类型，是通过枚举来声名的。

3．基本类型

基本类型是编译器直接支持的类型。基本类型的命名都使用关键字，它是构造其他类型的基础。其中值类型的基本类型通常被称为简单类型，例如，下面的代码声名了 int 类型变量：

```
int mm=123;
```

下面将详细介绍常用的基本类型。
- ☑ 整型

在 C#中定义了 8 种整型，具体说明如表 2-2 所示。

表2-2 C#整型信息

类　型	允许值的范围
sbyte	-128～127 之间的整数
byte	0～255 之间的整数
short	-32768～32767 之间的整数
ushort	0～65535 之间的整数
int	-2147483648～2147483647 之间的整数
uint	0～4294967295 之间的整数
long	-9223372036854775808～-2147483647 之间的整数
ulong	0～18446744073709551615 之间的整数

注意：某变量前的字符"u"表示不能在此变量存储负值。

☑ 浮点型

浮点型包括 float 和 double 两种，具体说明如表 2-3 所示。

表2-3 C#浮点型信息

类　型	允许值的范围
float	IEEE 32-bit 浮点数，精度是 7 位，取值范围为 1.5×10^{-45}
double	IEEE 62-bit 浮点数，精度是 15～16 位，取值范围为 50×10^{-324}

☑ 布尔型

布尔型有两个取值，分别是 true 和 false，即代表"是"和"否"的含义。

☑ 字符型

字符型的取值和 Unicode 的字符集相对应，通过字符型可以表示世界上所有语言的字符。字符型文本一般用一对单引号来标识，例如，'MM'和'NN'。

使用字符型的转义字符可以表示一些特殊字符，常用的转义字符如表 2-4 所示。

表2-4 C#转义字符列表

转　义　字　符	描　　述
\'	转义单引号
\"	转义双引号
\\	转义反斜杠
\0	转义空字符
\a	转义感叹号
\b	转义退格
\f	转义换页
\n	转义新的行
\r	转义回车
\t	转义水平制表符
\v	转义垂直制表符
\x	后面接 2 个二进制数字，表示一个 ASCII 字符
\u	后面接 4 个二进制数字，表示一个 ASCII 字符

☑ decimal 型

decimal 型是一种高精度的、128 位的数据类型，常用于金融和货币计算项目。decimal 型表示 28 或 29 个有效数字，取值范围是从 $\pm 1.0\times10\sim 7\times10$。

☑ string 型

string 型用来表示字符串，常用于文本字符的代替，是字符型对象（char）的连续集合。string 型的字符串值一旦被创建，就不能再修改，除非重新赋值。string 型的变量赋值需要用双引号括起来，例如下面的代码：

```
string mm="管西京";
```

另外，string 的变量可以使用"+"连接变量字符串。例如，下面的代码将输出"你好，电子工业出版社！"。

```
string mm="你好";
string nn=",";
string zz="电子工业出版社";
string ff="！";
string jieguo=mm+nn+zz+ff;
Console.WriteLine(jieguo);
```

注意：使用"+"也可以连接不同数据类型的字符串。例如，下面的代码将输出"你好，123！"。

```
string mm="你好";
string nn=",";
 int zz=123;
string ff="！";
string jieguo=mm+nn+zz+ff;
Console.WriteLine(jieguo);
```

☑ object 型

object 型是 C#的最基础类型，可以表示任何类型的值。

2.3.2 给变量命名

在 C#中不能给变量任意命名，必须遵循如下两个原则：

☑ 变量名的第一个字符必须是字母、下划线_或@。

☑ 第一个字符后的字符可以是字母、下划线或数字。

另外，还需要特别注意 C#编译器中的关键字，例如，关键字 using。如果错误地使用了编译器中的关键字，程序将会出现编译错误。

2.4 常　　量

知识点讲解：光盘\视频讲解\第 2 章\常量.avi

常量是指其值固定不变的变量，并且它的值在编译时就已经确定下来。在 C#中的常量类型只能是下列类型中的一种：sbyte、byte、ushort、short、int、uint、ulong、long、char、float、double、decimal、bool、string 或枚举。

C#有文本常量和符号常量两种。其中文本常量是输入到程序中的值，例如，"12"和"Mr 王"等；符号常量和文本常量类似，是代表内存地址的名称，在定义后就不能修改了。

符号常量的声明方法和变量的声明方法类似，唯一的区别是常量在声明前必须使用修饰关键字 const 开头，并且常量在定义时被初始化。常量一旦被定义后，在常量的作用域内其本身的名字和初始化值是等价的。

符号常量的命名规则和变量的命名规则相同，但是符号常量名的第一个字母最好是大写字母，并且在同一个作用域内，所有的变量名和常量不能重名。

2.5 类型转换

知识点讲解：光盘\视频讲解\第 2 章\类型转换.avi

在计算机的数据类型中，所有的数据都是由 0 和 1 构成的。C#中最简单的是 char 类型，它可以用一个数字来表示 Unicode 字符集中的一个字符。在默认情况下，不同类型的变量使用不同的模式来表示数据。这意味着在变量值经过移位处理后，所得到的结果将会不同。为此，就需要类型转换来解决上述问题。C#中的类型转换有隐式转换和显式转换两种，本节将详细讲解这两种类型转换的基本知识。

2.5.1 隐式转换

隐式转换是系统的默认转换方式，即不需要特别声明即可在所有情况下进行。在进行 C#隐式转换时，编译器不需要进行检查就能进行安全的转换处理。C#的隐式转换一般不会失败，也不会导致信息丢失。例如，下面的代码从 int 类型隐式地转换为了 long 类型：

```
int mm=20;
long nn=mm;
```

在 C#中的简单类型有许多隐式转换，但是其中的 bool 和 string 是没有隐式转换的。编译器可以隐式执行的数值转换类型如表 2-5 所示。

表 2-5　C#可隐式转换的数值类型列表

类　　型	可　转　换　为
byte	short、ushort、uint、int、ulong、long、float、double、decimal
sbyte	short、int、long、float、double、decimal
short	int、long、double、decimal
ushort	uint、int、ulong、long、float、double、decimal
int	long、float、double、decimal
uint	ulong、long、float、double、decimal
long	float、double、decimal
ulong	float、double、decimal
float	double
char	ushort、uint、int、ulong、long、float、double、decimal

2.5.2 显式转换

顾名思义，显式转换是一种强制性的转换方式。在使用显式转换时，必须在代码中明确地声明要转换的类型。这就意味着需要编写特定的额外代码，并且代码的格式会随着转换方式的不同而不同。

虽然 C#允许变量进行显式转换，但需要注意下面两点：
- ☑ 隐式转换是显式转换的一种特例，所以将隐式转换的转换书写成显式转换格式是合法的。
- ☑ 显式转换并不安全，因为不同类型的变量取值范围是不同的，所以如果强制执行显式转换，则可能会造成数据的丢失。

C#显式转换的语法格式如下：

类型 变量名=(类型)变量名

看下面的两段代码来区分显式转换和隐式转换的区别。隐式转换的代码如下：

```
int mm=20;
long nn=mm;                              //隐式转换
```

显式转换的代码如下：

```
int mm=20;
long nn=(long)mm;                        //显式转换
```

显式数值的转换是从一个数值的类型向另一个数值类型进行转换的过程，由于显式转换包括隐式转换和显式的数值转换，所以总是能强制转换表达式从任何数值类型转换为任何的其他类型，虽然在转换过程中会出现数据丢失。

编译器可以显式执行的数值转换类型如表 2-6 所示。

表 2-6 C#可显式转换的数值类型列表

类　　型	可　转　换　为
byte	sbyte、char
sbyte	byte、ushort、uint、ulong、char
short	sbyte、byte、ushort、uint、ulong、long、char
ushort	sbyte、byte、short、char
int	sbyte、byte、short、ushort、uint、ulong、char
uint	sbyte、byte、short、ushort、int、char
long	sbyte、byte、short、ushort、uint、int、ulong、char
ulong	sbyte、byte、short、ushort、uint、int、long、char
float	sbyte、byte、short、ushort、uint、int、ulong、long、char、float
char	sbyte、byte、short
decimal	sbyte、byte、short、ushort、uint、int、ulong、long、char、float、double
double	sbyte、byte、short、ushort、uint、int、ulong、long、char、float、decimal

2.5.3 装箱与拆箱

C#中的值类型和引用类型在实质上讲是同源的，所以不但可以在值类型之间和引用类型之间进行转换，也可以在值类型和引用类型之间进行转换。但是由于两者使用的内存类型不同，使它们之间的转换变得比较复杂。在C#中将值类型转换为引用类型的过程叫做装箱，将引用类型转换为值类型的过程叫做拆箱。

装箱和拆箱是整个C#类型系统的核心模块，在值类型和引用类型之间架起了一座沟通的桥梁，最终使任何值类型的值都可以转换为object类型值，object类型值也可以转换为任何类型的值，并把类型值作为一个对象来处理。

下面将对装箱与拆箱的基本知识进行简要介绍。

1. 装箱

装箱允许将值类型转换为引用类型，具体说明如下：

- ☑ 从任何值类型到类型 object 的转换。
- ☑ 从任何值类型到类型 System.ValueType 的转换。
- ☑ 从任何值类型到值类型的接口转换。
- ☑ 从任何枚举类型到类型 System.Enum 的转换。

在C#中将一个值类型装箱为一个引用类型的流程如下：

（1）在托管堆中创建一个新的对象实例，并分配对应的内存。
（2）将值类型变量值复制到对象实例中。
（3）将对象实例地址复制到堆栈中，并指向一个引用类型。

实例 2-2：演示 C#装箱操作的实现过程
源码路径：光盘\codes\2\2\

实例文件 Zhuangxiang.cs 的实现代码如下：

```
namespace Zhuangxiang
{
    class Program
    {
        public static void Main()
        {
            int mm = 50;                                              //定义值类型变量
            object nn = mm;                                           //将值类型变量值装箱到引用类型对象
            Console.WriteLine("值为{0}，装箱对象为{1}", mm, nn);
            mm = 100;                                                 //改变值
            Console.WriteLine("值为{0}，装箱对象为{1}", mm, nn);
            Console.ReadKey();
        }
    }
}
```

在上述实例代码中，首先定义了变量 mm 的数值类型为 int，且初始值为 50；然后对 mm 的值进行装箱处理为对象 nn，具体如下：

- ☑ 将变量 mm 的值 50 进行装箱，转换为对象 nn。
- ☑ 将变量 mm 的值修改为 100 然后进行装箱，转换为对象 nn。

经过"csc/out:zhuangxiang.exe zhuangxiang.cs"命令编译处理后，程序执行后显示对应的变量结果，如图 2-3 所示。

2. 拆箱

拆箱允许将引用类型转换为值类型,具体说明如下:
- ☑ 从类型 object 到任何值类型的转换。
- ☑ 从类型 System.ValueType 到任何值类型的转换。
- ☑ 从任何接口类型到对应的任何值类型的转换。
- ☑ 从类型 System.Enum 到任何枚举类型的转换。

在 C#中将一个值类型装箱为一个引用类型的流程如下:
(1)检查该对象实例是否是某个给定的值类型装箱后的值。
(2)如果是,则将值从实例中复制出来。
(3)赋值给值类型变量。

 实例 2-3:演示拆箱操作的实现过程
源码路径:光盘\codes\2\3\

实例文件 Chaixiang.cs 的主要实现代码如下:

```
namespace Chaixiang
{
    class Program
    {
        public static void Main()
        {
            int mm = 50;                                   //定义值类型变量
            //将值类型变量值装箱到引用类型对象
            object nn = mm;
            Console.WriteLine("装箱:值为{0},装箱对象为{1}", mm, nn);
            int zz = (int)nn;                              //取消装箱
            Console.WriteLine("拆箱:装箱对象为{0},值为{1}", nn, zz);
            Console.ReadKey();
        }
    }
}
```

在上述代码中,首先定义了变量 mm 的数值类型为 int,且初始值为 50;然后对 mm 的值装箱处理为对象 nn,具体流程如下:
(1)将变量 mm 的值 50 进行装箱,转换为对象 nn。
(2)将变量 nn 的值进行拆箱处理,转换为变量 zz。

经过"csc/out:zhuangxiang.exe zhuangxiang.cs"命令编译处理后,执行代码将显示对应的结果,如图 2-4 所示。

图 2-3 实例执行结果

图 2-4 实例执行结果

在上述拆箱处理过程中，必须保证处理变量的类型一致，否则将会出现异常。例如，将上述实例中的拆箱处理代码进行如下修改：

```
double zz = (double)nn;
```

修改后执行结果如图 2-5 所示。

从图 2-5 所示的执行结果可以看出，程序只执行了装箱结果，而没有执行拆箱结果。如果使用 Visual Studio 2012 运行，则会输出异常提示信息，如图 2-6 所示。

图 2-5　实例执行结果

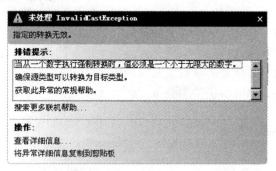

图 2-6　Visual Studio 2012 异常提示

2.6　其他数据类型

知识点讲解：光盘\视频讲解\第 2 章\其他数据类型.avi

在本章前面的内容中，已经介绍了 C#中常用的变量类型。但是在现实应用中，还有几种常见的、比较复杂的变量类型，例如：

- ☑　枚举。
- ☑　结构。
- ☑　数组。

本节将对上述更加复杂的变量类型进行详细介绍。

2.6.1　枚举

前面介绍的各种变量类型基本上都有明确的取值范围，string 类型除外。但是在现实应用中，某个项目可能只需要变量取值范围内的一个或几个值，这样就可以使用枚举来实现。

C#中的枚举使用 enum 关键字来定义，具体语法格式如下：

```
enum 枚举名称:类型
{
枚举值 1,
枚举值 2,
...
枚举值 n;
}
```

在应用程序内可以声明新类型的变量并赋值,具体语法格式如下:

```
类型名;
名=枚举名称.枚举值;
```

枚举通常使用一个基本类型来存储,其默认类型是 int。枚举的基本类型有 sbyte、byte、short、ushort、uint、int、ulong 和 long。

在默认情况下,每个枚举值都会根据定义的顺序自动赋给对应的基本类型值。例如,下面的代码是按照默认顺序从 1 逐一开始递增的。

2.6.2 结构

结构是由几个数组构成的数据结构,这些构成数据可以是不同的数据类型,并且根据结构可以定义需要的变量类型。

C#中的结构使用 struct 关键字来定义,具体语法格式如下:

```
struct 名
{
结构变量 1;
枚举变量 2;
…
枚举变量 n;
}
```

其中的结构变量定义方法和普通变量的定义方法相同,例如,下面的代码定义了一个结构,并在结构中定义了两个结构变量。

```
struct jiegou
    {
        orientation mm;
        double nn;
    }
```

上述代码中的变量 mm 和 nn 是结构变量。如果需要使上述结构变量在整个项目中能够调用,则可以在变量前添加关键字 public。具体代码如下:

```
struct jiegou
    {
        public orientation mm;
        public double nn;
    }
```

经过上述定义后,结构变量 mm 和 nn 即可在整个项目中调用。

2.6.3 数组

数组是一个变量的下拉列表,通过数组可以同时存储多个数值,并同时存储类型相同的值。每个数组都有自己的类型,并且数组内的各数值都是这个类型。

C#中声明数组的语法结构如下：

类型 [] 数组名;

其中的类型可以是任意变量的类型，包括本节介绍的结构和枚举类型。

数组在使用前必须初始化，例如，下面的代码是错误的：

int [] mm;
int=5;

数组的初始化方式有两种，具体如下。

☑ 字面值指定

字面值形式可以指定整个数组的完整内容，并且实现方法比较简单，只需使用逗号对各数组值进行分割即可。例如下面的代码：

int [] mm={1,3,35,6,9,100};

☑ 指定大小

指定大小即使用特定的格式指定数组的大小范围，具体格式如下：

类型 [] 数组名=new 类型(大小值);

其中，上面的两个类型值是相同的，大小值是整数格式。例如，在下面的代码中，指定了数组内有 5 个数值。

int [] mm=new int(5);

其中字面值指定方式和指定大小方式可以组合使用，例如下面的代码：

int [] mm=new int(5)   {1,3,35,6,9};

注意：在两种方式组合混用时，必须确保小括号"( )"内数组的大小和大括号"{}"内的数据个数相同。例如，下面的代码是错误的：

int [] mm=new int(3)   {1,3,35,6,9};

2.7 基本.NET 框架类

知识点讲解：光盘\视频讲解\第 2 章\基本.NET 框架类.avi

.NET 框架类是整个.NET 框架的核心，也是 C#的基础。.NET 框架类中的 Console 类能实现数据的输入和输出功能。本节将详细讲解 C#中常用.NET 框架类的基本知识。

2.7.1 Console 类

Console 类的功能是给控制台应用程序提供字符的读写支持。Console 类的所有方法都是静态的，只能通过类名 Console 来调用。

Console 类的常用方法有 WriteLine()、Write()、Read()和 ReadLine() 4 个，下面将分别进行介绍。

1．方法 WriteLine()

方法 WriteLine()的功能是将控制台内的指定数据输出，并在字符的后面自动输出一个换行符。在本书前面的实例中，已经多次用到了 WriteLine()方法。

WriteLine()方法的具体使用格式主要有如下 3 种：

```
Public static void WriteLine(mm);
Public static void WriteLine(string,object);
Public static void WriteLine(string,object,object);
```

2．方法 Write()

方法 Write()的功能是将控制台内的指定数据输出，但是不能在字符的后面自动输出一个换行符。方法 Write()和方法 WriteLine()的使用方法完全一样，唯一的区别是方法 Write()在输出数据时不会在后面自动添加一个换行符。

3．方法 Read()

方法 Read()的功能是从控制台的输入流中读取下一个字符，如果没有字符则返回-1。当读操作结束后，这个方法才会被返回。如果存在可用的数据，则会读取输入流中的数据，并自动加上一个换行符作为后缀。

4．方法 ReadLine()

方法 ReadLine()的功能是从控制台的输入流中读取下一行字符，如果没有字符则返回 null。当读操作结束后，这个方法才会被返回。因为 ReadLine()方法能返回回车键前的整行字符，所以这和方法 Read()有本质上的区别。

2.7.2 Convert 类

Convert 类的功能是将一种基本类型转换为另一种基本类型。在 C#编程处理过程中，经常需要实现变量类型间的转换操作，而通过 Convert 类可以很好地实现上述功能。

Convert 类的所有方法都是静态的，其具体使用的基本格式如下：

```
public static  类型 1 To 类型(类型 2  值);
```

其中，参数"类型 2"是被转换的类型，"类型 1"是要转换得到的目标类型，并且参数"To 类型"要使用 CTS 类型名称，例如，类型 int 要使用 Int32，而类型 string 要使用 String。例如，下面的代码实现了从 string 类型到 int 类型的转换。

```
public static int To Int32(string mm);
```

2.7.3 Math 类

Math 类的功能是以静态的方法提供数学函数的计算方法。例如，常见的绝对值、最大值和三角函数等，并且 Math 类还以静态成员的形式提供了 e 值和 π 值。

Math 类的所有方法都是静态的，其具体使用的基本格式如下：

Math.函数(参数);

其中，参数"函数"是用于计算的数学函数，"参数"是被用来计算的数值。

2.8 表 达 式

知识点讲解：光盘\视频讲解\第 2 章\表达式.avi

运算符和表达式是一个对程序进行处理的处理方式。通俗一点讲，运算符和表达式就是加、减、乘、除之类的运算符号，需要使用加法时就用+，需要使用减法时就用-。表达式犹如交流中所要表达的含义。表达很重要，C#表达式的功能是，把变量和字面值组合起来进行特定运算处理，以实现特定的应用目的。运算符的范围十分广泛，有的十分简单，而有的十分复杂。

所有的表达式都是由运算符和被操作数构成的。具体说明如下。

- ☑ 运算符：功能是指定对特定被操作数进行什么运算，例如，常用的+、-、*、/运算。
- ☑ 被操作数：功能是指定被运算操作的对象，可以是数字、文本、常量和变量等。

例如，下面的代码就是几个常见的表达式例子：

```
int i=8;
i=i*i+l;
string mm="ab";
string nn="cd";
string ff;
ff=mm+nn;
```

在 C#中，如果表达式的最终计算结果为需要类型的值，那么表达式就可以出现在需要值或对象的任意位置。例如，在前面例子中的表达式值，就可以通过如下代码输出：

```
System.WriteLine(mm);
System.WriteLine(nn);
System.WriteLine(ff);
System.WriteLine(Math.Sqrt(i));
```

2.9 运 算 符

知识点讲解：光盘\视频讲解\第 2 章\运算符.avi

运算符是程序设计中重要的构成元素之一，运算符可以细分为算术运算符、位运算符、关系运算符、逻辑运算符和其他运算符。处理运算符是表达式的核心。现实中常用的运算符分为如下 3 大类。

- ☑ 一元运算符：只处理一个运算数。
- ☑ 二元运算符：处理两个运算数。
- ☑ 三元运算符：处理 3 个运算数。

而在日常应用中，可以根据被操作数的类型进一步划分。下面将对C#运算符的基本知识进行详细介绍。

2.9.1 基本运算符

在C#中用于基本操作的运算符被称为基本运算符。常用的C#基本运算符主要包括如下几种。

1. 点运算符"."

点运算符"."的功能是实现项目内不同成员的访问，主要包括命名空间的访问类、类的访问方法和字段等。例如，在某项目中有一个mm类，而类mm内有一个方法nn。则当程序需要调用方法nn进行特定处理操作时，只需使用"mm.nn"语句即可实现调用。

2. 括号"()"运算符

括号"()"运算符的功能是定义方法和委托，并实现对方法和委托的调用。括号内可以包含需要的参数，也可以为空。例如，下面的代码使用了括号定义和调用：

```
int i=int32.Convert("1234");
System.Console.WriteLine("i={0}",i);
```

3. "[]"运算符

"[]"运算符的功能是存储项目预访问的元素，通常用于C#的数组处理。"[]"内可以为空，也可以有一个或多个参数。例如，下面的代码通过"[]"实现了数组定义和读取：

```
int [] mm=new int(3);
mm[0]=7;
mm[1]=3;
mm[2]=5;
```

4. "++"和"--"运算符

"++"和"--"运算符的功能是分别实现数据的递增处理和递减处理。"++"和"--"运算符支持后缀表示法和前缀表示法。例如，m++和m--的运算结果是先赋值后递增和递减处理；而++m和--m的运算结果是先递增和递减处理后赋值。即前缀形式是先增减后使用，而后缀形式是先使用后增减。

5. new运算符

new运算符的功能是创建项目中引用类型的新实例，即创建类、数组和委托的新实例。例如，下面的代码分别创建了一个新实例对象mm和新类型数组nn：

```
object mm=new object();
int [] nn=new int[32];
```

6. sizeof运算符

sizeof运算符的功能是返回指定类型变量所占用的字节数。因为涉及数量的问题，所以sizeof只能计算值类型所占用的字节数量，并且返回结果的类型是int。

在基本类型中，sizeof 运算符的处理结果如表 2-7 所示。

表 2-7 sizeof 运算结果

表 达 式	结 果	表 达 式	结 果
sizeof(byte)	1	sizeof(ulong)	8
sizeof(sbyte)	1	sizeof(char)	2
sizeof(short)	2	sizeof(float)	2
sizeof(ushort)	2	sizeof(double)	4
sizeof(int)	4	sizeof(bool)	1
sizeof(uint)	4	sizeof(decimal)	16
sizeof(long)	8		

注意：sizeof 运算符只能对类型名进行操作，而不能对具体的变量或常量进行操作。

7．typeof 运算符

typeof 运算符的功能是获取某类型的 System.Type 对象。typeof 运算符的处理对象只能是类型名或 void 关键字。如果被操作对象是一个类型名，则返回这个类型的系统类型名；如果被操作对象是 void 关键字，则返回 System.Void。

同样，typeof 运算符只能对类型名进行操作，而不能对具体的变量或常量进行操作。

2.9.2 数学运算符

数学运算符即用于算术运算的"+"、"-"、"*"、"/"和"%"等运算符，在其中包括一元运算符和二元运算符。数学运算符适用于整型、字符型、浮点型和 decimal 型。数学运算符所连接生成的表达式叫数学表达式，其处理结果的类型是参与运算类型中精度最高的类型。

C#中数学运算符的具体信息如表 2-8 所示。

表 2-8 C#数学运算符

运 算 符	类 别	处理表达式	运 算 结 果
+	二元	mm=nn+zz	mm 的值是 nn 和 zz 的和
-	二元	mm=nn-zz	mm 的值是 nn 和 zz 的差
*	二元	mm=nn*zz	mm 的值是 nn 和 zz 的积
/	二元	mm=nn/zz	mm 的值是 nn 除以 zz
%	二元	mm=nn%zz	mm 的值是 nn 除以 zz 的余数
+	一元	mm=+nn	mm 的值等于是 nn 的值
-	一元	mm=-nn	mm 的值等于 nn 乘以-1 的值

2.9.3 赋值运算符

赋值运算符的功能是为项目中的变量、属性、事件或所引器元素赋一个值。除了前面经常用到的"="外，C#中还有其他的赋值运算符。下面将对其他常用的赋值运算符进行简要介绍。

C#赋值运算符的具体说明如表 2-9 所示。

表 2-9　C#赋值运算符

运 算 符	类 别	处理表达式	运 算 结 果
=	二元	mm=nn	mm 被赋予 nn 的值
+=	二元	mm+=nn	mm 被赋予 mm 和 nn 的和
-=	二元	mm-=nn	mm 被赋予 mm 和 nn 的差
*=	二元	mm*=nn	mm 被赋予 mm 和 nn 的积
/=	二元	mm/=nn	mm 被赋予 mm 除以 nn 的结果值
%=	二元	mm%=nn	mm 被赋予 mm 除以 nn 后的余数值

例如，下面两段代码的含义是相同的：

```
mm=mm+nn;
mm+=nn;
```

2.9.4　比较运算符

比较运算符的功能是对项目内的数据进行比较，并返回一个比较结果。在 C#中有多个比较运算符，具体说明如表 2-10 所示。

表 2-10　C#比较运算符

运 算 符	说　　明
mm= =nn	如果 mm 等于 nn 则返回 true，反之则返回 false
mm!=nn	如果 mm 不等于 nn 则返回 true，反之则返回 false
mm<nn	如果 mm 小于 nn 则返回 true，反之则返回 false
mm>nn	如果 mm 大于 nn 则返回 true，反之则返回 false
mm<=nn	如果 mm 小于等于 nn 则返回 true，反之则返回 false
mm>=nn	如果 mm 大于等于 nn 则返回 true，反之则返回 false

2.9.5　逻辑运算符

在日常应用中，通常使用类型 bool 来对数据进行比较处理。bool 的功能是通过返回值 true 和 false 来记录操作的结果。上述比较操作就是一种逻辑运算符，例如，表 2-10 中一些操作会返回对应的操作结果。在 C#中除了上述逻辑处理外，还有多种其他的方式，具体如表 2-11 所示。

表 2-11　C#逻辑运算符

运 算 符	类 别	处理表达式	运 算 结 果
!	一元	mm=!nn	如果 mm 值是 true，则 nn 值就是 false，即两者相反
&	二元	mm=nn&zz	如果 nn 和 zz 都是 true，则 mm 就是 true，否则为 false
|	二元	mm= nn | zz	如果 nn 或 zz 的值是 true，则 mm 就是 true，反之是 false
~	二元	mm= nn~zz	如果 nn 和 zz 中只有一个值是 true，则 mm 就是 true，反之是 false
&&	二元	mm= nn&&zz	如果 nn 和 zz 的值都是 true，则 mm 就是 true，反之是 false
||	二元	mm= nn || zz	如果 nn 或 zz 的值是 true 或都是 true，则 mm 就是 true，反之是 false

2.9.6 移位运算符

移位运算符即"<<"和">>",功能是对指定字符进行向右或向左的移位处理,具体格式如下:

```
<<数值        //向左移动指定数值位
>>数值        //向右移动指定数值位
```

移位运算符的具体使用规则如下:

(1) 被移位操作的字符类型只能是 int、uint、long 和 ulong 中的一种,或者是通过显式转换为上述类型的字符。
(2) "<<"将指定字符向左移动指定位数,被空出的低位位置用 0 来代替。
(3) ">>"将指定字符向右移动指定位数,被空出的高位位置用 0 来代替。
(4) 移位运算符可以与简单的赋值运算符结合使用,组合成"<<="和">>="。具体说明如下。

- mm<<=nn:等价于 mm=mm<<nn,即将 mm<<nn 的值转换为 mm 的类型。
- mm>>=nn:等价于 mm=mm>>nn,即将 mm>>nn 的值转换为 mm 的类型。

2.9.7 三元运算符

三元运算符即"?:"运算符,又被称为条件运算符。其具体格式如下:

```
mm?nn:zz
```

三元运算符的运算原则如下:

(1) 计算条件 mm 的结果。
(2) 如果条件 mm 为 true,则计算 nn,计算出的结果就是运算结果。
(3) 如果条件 mm 为 false,则计算 zz,计算出的结果就是运算结果。
(4) 遵循向右扩充原则,即如果表达式为"mm?nn:zz?ff:dd",则按照顺序"mm?nn(zz?ff:dd)"计算处理。

在使用三元运算符"?:"时,必须注意如下两点:

(1) "?:"运算符的第一个操作数必须是可隐式转换为布尔类型的表达式。
(2) "?:"运算符的第二个和第三个操作数决定了条件表达式的类型。具体说明如下。

- 如果 nn 和 zz 的类型相同,则这个类型是条件表达式的类型。
- 如果存在从 nn 向 zz 的隐式转换,但不存在从 zz 到 nn 的隐式转换,则 zz 类型为条件表达式的类型。
- 如果存在从 zz 向 nn 的隐式转换,但不存在从 nn 到 zz 的隐式转换,则 nn 类型为条件表达式的类型。

2.9.8 运算符的优先级

表达式中的运算符顺序是由运算符的优先级决定的。在一个表达式中,默认的顺序是从左到右进行计算的。如果在一个表达式内有多个运算符,则必须按照它们的优先级顺序进行计算。即首先计算优先级别高的，然后计算优先级别低的。

C#中运算符的优先级顺序如表2-12所示。

表2-12　C#运算符优先级顺序

类　　别	运　　算　　符	左　右　顺　序	优先级次序
基本运算符	mm.nn、f(x)、mm++、mm--、new、typeof、checked、unchecked	从左到右	优先级顺序由高到低
一元运算符	+、-、! 等	从右到左	
乘除	*、/和%	从左到右	
加减	+、-	从左到右	
移位	<<、>>	从左到右	
关系和类型检查	<、>、<=、>=、is、as	从左到右	
相等	==、!=	从左到右	
逻辑 and	&	从左到右	
逻辑 or	|	从左到右	
条件 and	&&	从左到右	
条件 or	||	从左到右	
空合并	??	从右到左	
条件	?:	从右到左	
赋值	=、*=、/=、%=、+=、-=、<<=、>>=、&=、~=、|=	从右到左	

当在某表达式中同时出现多个同优先级运算符时，则按照左右顺序进行计算处理，并且有以下3个通用原则：

（1）赋值运算符外的二元与运算符都是从左到右进行计算的。

（2）赋值运算符、条件运算符和空合并运算符是从右向左进行计算的。

（3）有括号的要首先计算括号里面的，括号的优先级顺序是（）>[]>{}。

2.10　语句和流程控制

知识点讲解：光盘\视频讲解\第2章\语句和流程控制.avi

语句是C#程序完成某特定操作的基本单位。每一个C#语句都有一个起始点和结束点，并且每个语句并不是独立的，可能和其他的语句有着某种对应的关系。在C#中常用的语句有如下几种。

- ☑ 空语句：只有分号";"结尾。
- ☑ 声明语句：用来声明变量和常量。
- ☑ 表达式语句：由实现特定应用的处理表达式构成。
- ☑ 流程控制语句：制定应用程序内语句块的执行顺序。

例如，下面的代码都是语句：

```
int mm=5;
int nn=10;
mm=mm+nn;
Console.WriteLine("你好，我的朋友！")
```

在默认情况下，上述C#语句是按照程序顺序执行的。但是，通过流程控制语句，可以指定语句顺序的执行先后。根据流程语句的特点，C#流程语句可以划分为如下3种：

- 选择语句。
- 循环语句。
- 跳转语句。

而语句块是由一个或多个语句构成的，C#的常见独立的语句块一般由大括号来分隔限定。在语句块内可以没有任何元素，被称为空块。在一个语句块内声明的局部变量或常量的作用域是块的本身。

C#语句块的执行规则如下：

- 如果是空语句块，则控制转到块的结束点。
- 如果不是空语句块，则控制转到语句的执行列表。

2.10.1　if 选择语句

if 语句属于选择语句，功能是从程序表达式内的多个语句中选择一个指定的语句来执行。C#中的选择语句有 if 语句和 switch 语句。

1．if 语句

C#内的 if 语句即 if...else 语句，其功能是根据 if 后的布尔表达式的结果值进行执行语句的选择。if 语句的基本语法格式如下：

```
if (布尔表达式)
{
    处理语句;
    ...
}
else
{
    处理语句;
    ...
}
```

其中，处理语句可以是空语句，即只有一个分号；如果有处理语句或有多个处理语句，则必须使用大括号；else 子句是可选的，可以没有。

if 语句的执行顺序规则如下：

（1）首先计算 if 后的布尔表达式。

（2）如果表达式的结果是 true，则执行第一个嵌套的处理语句。执行此语句完毕后，将返回 if 语句的结束点。

（3）如果表达式的结果是 false，并且存在 else 嵌套子句，则执行 else 部分的处理语句。执行此语句完毕后，将返回 if 语句的结束点。

（4）如果表达式的结果是 false，但是不存在 else 嵌套子句，则不执行处理语句，并将返回 if 语句的结束点。

看下面的一段代码：

```
int mm,nn,
mm=2;
```

```
nn=3;
if (mm<nn)
{
   mm=3;
   nn=4;
}
else
{
   mm=1;
   nn=2;
}
```

在上述代码中,首先定义了两个 int 类型的变量 mm 和 nn。然后通过 if 语句进行判断处理,具体处理如下:

- ☑ 设置布尔判断语句,通过"mm<nn"比较语句返回布尔结果。
- ☑ 如果 mm 小于 nn,则执行 if 后的处理语句,即赋值变量 mm=3,变量 nn=4。
- ☑ 如果 mm 不小于 nn,则执行 else 后的处理语句,即赋值变量 mm=1,变量 nn=2。

2. switch 语句

C#内的 switch 即多选项选择语句,其功能是根据测试表达式的值从多个分支选项中选择一个执行语句。switch 语句的基本语法格式如下:

```
switch (表达式)
 {
    case 常量表达式:
    处理语句;
    case 常量表达式:
    处理语句;
    case 常量表达式:
    处理语句;
    default:
    处理语句;
    ...
 }
```

其中,switch 后的表达式必须是 sbyte、byte、short、ushort、uint、int、ulong、long、char、string 和枚举类型中的一种,或者是可以隐式转换为上述类型的类型。case 后的表达式必须是常量表达式,即只能是一个常量值。

看下面的一段代码:

```
int mm,nn,zz;
mm=7;
switch (mm)
{
    case 0:
      nn=1;
      zz=2;
      break;
```

```
            case 1:
                nn=2;
                zz=3;
                break;
            case 2:
                nn=3;
                zz=4;
                break;
            default:
                nn=4;
                zz=5;
}
```

在上述代码中，首先定义了 3 个 int 类型的变量 mm、nn 和 zz，然后通过 switch 语句根据 mm 的值进行判断处理，具体处理如下：

- ☑ 如果 mm 值为 0，则赋值变量 nn=1，变量 zz=2。
- ☑ 如果 mm 值为 1，则赋值变量 nn=2，变量 zz=3。
- ☑ 如果 mm 值为 2，则赋值变量 nn=3，变量 zz=4。
- ☑ 如果没有匹配的值，则赋值变量 nn=4，变量 zz=5。

2.10.2 循环语句

循环语句即重复执行的一些语句，通过循环语句可以重复执行指定操作，从而避免编写大量的代码执行某项操作。在 C#中有如下 3 种常用的循环语句。

1．while 语句

while 语句的功能是按照不同的条件执行一次或多次处理语句，基本语法格式如下：

```
while (布尔表达式)
处理语句;
```

其中，while 后的表达式必须是布尔表达式。
C#while 语句的执行顺序规则如下：
（1）首先计算 while 后的布尔表达式。
（2）如果表达式的结果是 true，则执行后面的处理语句。执行此语句完毕后，将返回 while 语句的开头。
（3）如果表达式的结果是 false，则返回 while 语句的结束点，循环结束。

实例 2-4：计算出经过多少年得到指定目标的存款
源码路径：光盘\codes\2\4\

实例文件 while.cs 的实现代码如下：

```
namespace whilezhixing
{
    class Program
    {
```

```csharp
static void Main(string[] args)
{
    double cunkuan, lilu, lixicunkuan;
    Console.WriteLine("你现在有多少钱?");
    cunkuan = Convert.ToDouble(Console.ReadLine());
    Console.WriteLine("现在的利率是?(千分之几格式)");
    lilu = 1 + Convert.ToDouble(Console.ReadLine()) / 1000.0;
    Console.WriteLine("你希望得到多少钱?");
    lixicunkuan = Convert.ToDouble(Console.ReadLine());
    int totalYears = 0;
    while (cunkuan < lixicunkuan)
    {
        cunkuan *= lilu;
        ++totalYears;
    }
    Console.WriteLine("存款{0} 年后将得到的钱数是{2} 。 ",
                    totalYears, totalYears == 1 ? "" : "s", cunkuan);
    Console.ReadKey();
}
}
```

上述实例代码的设计流程如下：

（1）通过 WriteLine()方法分别输出 3 段指定文本。

（2）分别定义变量 cunkuan、lilu 和 lixicunkuan，用于分别获取用户输入的存款数、利率数和目标存款数。

（3）通过 while 语句执行存款处理。

（4）将处理后的结果输出。

经过编译执行后，将首先显示指定的文本，当输入 3 个数值并按回车键后，将显示对应的处理结果，如图 2-7 所示。

图 2-7　实例执行结果

2．do…while 语句

在 while 语句中，如果表达式的值是 false，则处理语句将不会被执行。然而有时为了特定需求，需要执行指定的特殊处理语句。而 C#中 do…while 语句的功能是，无论布尔表达式值为多少，都要至少执行一次处理语句。

使用 do…while 语句的基本语法格式如下：

```
do
处理语句;
while (布尔表达式)
```

do...while 语句的执行顺序规则如下：

（1）执行转到 do 后的处理语句。

（2）当执行到处理语句的结束点时，计算布尔表达式。

（3）如果表达式的结果是 true，则执行将返回到 do 语句的开始。否则，将返回到 do 语句的结束点。

3. for 语句

C#中 for 语句的功能是在项目中循环执行指定次数的某语句，并维护其自身的计数器。计算一个初始化的表达式，并判断条件表达式的值。如果值为 true，则重复执行指定的处理语句。如果为 false，则终止循环。

for 语句的基本语法格式如下：

```
for(初始化表达式;条件表达式;迭代表达式)
{
处理语句
}
```

其中，for 后的初始化语句可以有多个，但必须用分号";"隔开。

for 语句的执行顺序规则如下：

（1）如果有初始化的表达式，则按照初始语句的编写顺序执行。

（2）如果有条件表达式则计算。

（3）如果没有条件表达式则执行处理语句。

（4）如果条件表达式结果是 true，则执行处理语句。

（5）如果条件表达式结果是 false，则执行 if 语句的结束点。

 实例 2-5：将指定数组内的数据按从小到大进行排列

源码路径：光盘\codes\2\5\

实例文件 for.cs 的具体实现代码如下：

```
namespace forzhixing
{
    class Program
    {
        public static void Main()
        {
            int[] items = { 3, 5, -7, 8, 2, 1, -200, 1200, 24, 2, 7, 14 };
            for (int i = 1; i < items.Length; ++i)
            {
                for (int j = items.Length - 1; j >= i; --j)
                {
                    //不符合排序要求则交换相邻的两个数
                    if (items[j - 1] > items[j])
                    {
                        int temp = items[j - 1];
                        items[j - 1] = items[j];
                        items[j] = temp;
                    }
```

```
                }
            }
            for (int i = 0; i < items.Length; ++i)
                Console.Write("{0} \n", items[i]);
            Console.ReadKey();
        }
    }
}
```

上述实例代码的设计流程如下：

（1）定义 int 类型的数组 items，在数组内存储任意个数的数字。

（2）利用 for 语句进行相邻数据比较，然后将小的数字前置。

（3）将比较处理后的数据按从小到大的顺序排列。

实例执行后将数组内的数字按照从小到大的顺序排列显示出来，执行效果如图 2-8 所示。

图 2-8　实例执行结果

2.10.3　跳转语句

跳转语句就像走捷径一样，直接命令程序跳出原来的流程，而去执行指定的某个语句。跳转语句常用于项目内的无条件转移控制。通过跳转语句，可以将执行转到指定的位置。在 C#程序中有如下 3 种常用的跳转语句。

1．break 语句

在本书前面的实例中，已经多次使用了 break 语句。break 语句只能用于 switch、while、do 或 for 语句中，其功能是退出其本身所在的处理语句。但是，break 语句只能退出直接包含它的语句，而不能退出包含它的多个嵌套语句。

2．continue 语句

continue 语句只能用于 while、do 或 for 语句中，其功能是用来忽略循环语句块内位于它后面的代码，从而直接开始新的循环。但 continue 语句只能使直接包含它的语句开始新的循环，而不能作用于包含它的多个嵌套语句。

3．return 语句

return 语句的功能是，控制返回到使用 return 语句的函数成员的调用者。return 语句后面可以紧跟一个可选的表达式，不带任何表达式的 return 语句只能被用在没有返回值的函数中。为此，不带表达式的 return 语句只能用于返回类型为如下类别的对象中：

- ☑ 返回类型是 void 的方法。
- ☑ 属性和索引器中的 set 访问器。
- ☑ 事件中的 add 和 remove 访问器。
- ☑ 实例构造函数。
- ☑ 静态构造函数。
- ☑ 析构函数。

而带表达式的 return 语句只能用于有返回值的类型中，即返回类型为如下类别的对象中：
- ☑ 返回类型不是 void 的方法。
- ☑ 属性和索引器中的 get 访问器或用户自定义的运算符。

另外，return 语句的表达式类型必须能够被隐式地转换为包含它的函数成员的返回类型。

4．goto 语句

goto 语句的功能是，将执行转到使用标签标记的处理语句。这里的标签包括 switch 语句内的 case 标签和 default 标签，以及常用标记语句内声明的标签。例如下面的格式：

标签名:处理语句

在上述格式内声明了一个标签，这个标签的作用域是声明它的整个语句块，包括里面包含的嵌套语句块。如果里面同名标签的作用域重叠，则会出现编译错误。并且，如果当前函数中不存在具有某名称的标签，或 goto 语句不在这个标签的范围内，也会出现编译错误。所以说，goto 语句和前面介绍的 break 语句和 continue 语句等有很大的区别，它不但能够作用于定义它的语句块内，而且能够作用于该语句块的外部。但是，goto 语句不能将执行转到该语句所包含的嵌套语句块的内部。

实例 2-6：根据分支参数的值执行对应的处理程序
源码路径：光盘\codes\2\6\

实例文件 goto.cs 的具体实现代码如下：

```
namespace gototiaozhuan
{
    class Program
    {
        public static void Main()
        {
            for (; ; )
            {
                Console.Write("请输入一个整数（输入负数结束程序），按 Enter 键结束：");
                string str = Console.ReadLine();
                int i = Int32.Parse(str);
                if (i < 0)
                    break;
                switch (i)
                {
                    case 0:
                        Console.Write("->   0 ");
                        goto case 3;
                    case 1:
                        Console.Write("->   1 ");
                        goto default;
                    case 2:
                        Console.Write("->   2 ");
                        goto outLabel;
                    case 3:
                        Console.WriteLine("->   3 ");
```

```
                    break;
                default:
                    Console.WriteLine("-> default ");
                    break;
            }
        }
    outLabel:
        Console.WriteLine("-> 离开分支 ");
        }
    }
}
```

上述实例代码的设计流程如下：

（1）通过 Write 语句输出指定的文本语句。
（2）定义变量 str 获取用户输入的数值。
（3）分别定义 0、1、2、3 和 default 5 个标签。
（4）根据 switch 的标签值执行语句选择。
（5）将用户输入的数值显示对应的执行语句的标签值。

上述实例代码执行后，当用户输入标签数字后将显示对应的执行语句标签，具体如图 2-9 所示。

图 2-9　实例执行结果

当用户输入数值"2"后会引入 goto 语句，执行外层的 outLabel 分支，从而退出程序。

第 3 章　在线留言本系统

随着 Internet 的普及和发展，日常生活中对互联网的应用也越来越多。人们将更多地使用网络进行交流，而作为交流方式之一的在线留言系统，更是深受人们的青睐。通过在线留言系统，可以实现用户间信息的在线交流。本章将向读者介绍在线留言本系统的运行流程，并通过具体的实例来讲解其具体的实现过程。

3.1　项　目　分　析

知识点讲解：光盘\视频讲解\第 3 章\项目分析.avi

在线留言本系统的实现原理很简单，是一个添加、删除、修改和显示数据库的过程。基本的开发流程如图 3-1 所示。系统规划是一个项目的基础，是任何项目的第一步工作。

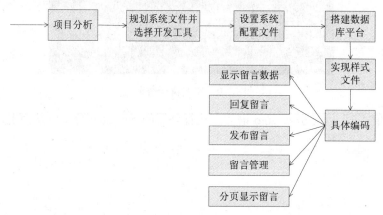

图 3-1　开发流程图

图 3-1 中各个模块的具体功能介绍如下。
- ☑ 项目分析：分析整个系统所需要的功能。
- ☑ 规划系统文件：预期规划整个项目的模块文件。
- ☑ 设置系统配置文件：编写 ASP.NET 独有的配置文件 Web.config。
- ☑ 搭建数据库平台：选择数据库工具，设计数据结构，设计数据库表。
- ☑ 实现样式文件：确定整个系统的风格和样式，编写具体的 CSS 样式文件和皮肤文件。
- ☑ 具体编码：编写系统的具体实现代码。

3.1.1　功能分析

典型的在线留言本系统的界面效果如图 3-2 所示。

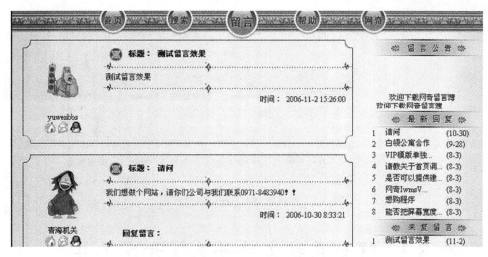

图 3-2 在线留言本界面

3.1.2 在线留言本系统模块功能原理

Web 站点的在线留言本系统的实现原理比较清晰明了,其主要操作是对数据库数据进行添加和删除操作。在其实现过程中,往往是根据系统的需求而进行不同功能模块的设置。在线留言本系统模块的必备功能如下:

(1)提供信息发布表单供用户发布新的留言。

(2)将用户发布的留言添加到系统库中。

(3)在页面内显示系统库中的留言数据。

(4)对某条留言数据进行在线回复。

(5)删除系统内不需要的留言。

3.1.3 在线留言本系统构成模块

一个典型的在线留言本系统的模块构成如下。

- ☑ 信息发表模块:用户可以在系统上发布新的留言信息。
- ☑ 信息显示模块:用户发布的留言信息能够在系统上显示。
- ☑ 留言回复模块:可以对用户发布的留言进行回复,以实现相互间的交互。
- ☑ 系统管理模块:站点管理员能够对发布的信息进行管理控制。

上述应用模块的具体运行流程如图 3-3 所示。

通过前面的介绍,初步了解了在线留言本模块的原理和具体的运行流程。下面将通过一个具体的在线留言本系统实例,向读者讲解一个典型的在线留言本系统的具体设计流程。

> **注意:** 到此为止,整个总体设计工作全部完成。总体设计是一个项目的开始,也是后续工作得以顺利进行的前提。所以在此阶段要一丝不苟,考虑到一切影响因素,尽量为后续工作打好坚实的基础。这样看似前面工作花费了更多的时间,但实际上是节约了后面的时间。

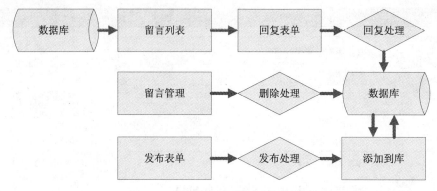

图 3-3　在线留言本系统运行流程图

3.2　规划系统文件并选择开发工具

知识点讲解：光盘\视频讲解\第 3 章\规划系统文件并选择开发工具.avi

根据总结的模块功能和规划的结构图，可以规划出整个项目的实现文件。
- ☑　系统配置文件：其功能是对项目程序进行总体配置。
- ☑　样式设置模块：其功能是设置系统文件的显示样式。
- ☑　数据库文件：其功能是搭建系统数据库平台，保存系统的登录数据。
- ☑　留言本列表文件：其功能是将系统内的留言信息以列表样式显示出来。
- ☑　发布留言模块：其功能是向系统内添加新的留言数据。
- ☑　留言管理页面：其功能是删除系统内部需要的留言数据。

完成了规划文件，接下来就可以选择开发工具。本项目将使用 Visual Studio 2012，这是本书写作时的最新版本。

3.3　系统配置文件

知识点讲解：光盘\视频讲解\第 3 章\系统配置文件.avi

接下来就可以根据各功能模块进行实质性工作。具体来说，主要完成如下两项工作：
- ☑　新建网站项目。
- ☑　配置系统文件。

3.3.1　新建网站项目

整个留言系统的核心内容是显示留言、留言回复和管理留言。整个项目就是实现这三大功能，实质性工作的第一步是创建一个 Visual Studio 2012 项目，操作步骤如下：

（1）打开 Visual Studio 2012，选择"文件"|"项目"|"网站"命令，在弹出的"新建项目"对话框中创建一个名为 liuyan 的网站项目，如图 3-4 所示。

（2）根据规划文件，分别创建对应的程序文件，并分别命名。创建完成后的效果如图 3-5 所示。

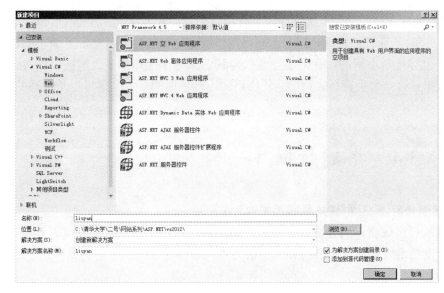

图 3-4 新建网站项目

图 3-5 创建程序文件

3.3.2 配置系统文件

建立网站项目并规划好实现文件之后,即可进行具体的配置工作。因为这个在线留言本项目是由几个程序文件实现的,要想这些程序成功运行,需要特别配置系统文件。在用 Visual Studio 2012 开发 ASP.NET 程序时,系统配置文件是 Web.config,其主要功能是设置数据库的连接参数,并配置了系统与 Ajax 服务器的相关内容。

配置连接字符串参数即设置系统程序连接数据库的参数,其对应的实现代码如下:

```
<connectionStrings>
        <add name="SQLCONNECTIONSTRING" connectionString="data source= AAA;user id=sa;pwd=666888;database=liuyan" providerName="System.Data.SqlClient"/>
</connectionStrings>
```

其中,source 设置连接的数据库服务器;user id 和 pwd 分别指定数据库的登录名和密码;database 设置连接数据库的名称。

Web.config 文件是 ASP.NET 的基本文件,通常用于存储系统的公用信息,数据库的连接语句就在里面建立。而上述代码是通用的 ASP.NET 配置代码,但是在 ASP.NET 代码调试时需要加入如下调试代码:

```
<compilation
defaultLanguage="c#"
debug="true"
 />
```

设置"compilation debug="true""后就启用了 ASPX 调试。如果将此值设置为 false,将提高此应用程序的运行时性能。设置为 true 后以将调试符号(.pdb 信息)插入到编译页中。因为这将创建执行速度较慢的大文件,所以应该只在调试时将此值设置为 true,而在非调试时都设置为 false。

在 ASP.NET 中,资源的配置信息包含在一组配置文件中,每个文件名都为 Web.config。每个配置文件都包含 XML 标记和子标记的嵌套层次结构,这些标记带有指定配置设置的属性。因为这些标记必须是格式正确的 XML,所以标记、子标记和属性是区分大小写的。标记名和属性名是 Camel 大小写形式的,这意味着标记名的第一个字符是小写的,任何后面连接单词的第一个字母都是大写的。属性值是 Pascal 大小写形式的,这意味着第一个字符是大写的,任何后面连接单词的第一个字母也是大写的。true 和 false 例外,它们总是小写的。

3.4 搭建数据库平台

知识点讲解:光盘\视频讲解\第 3 章\搭建数据库平台.avi

本项目系统的开发主要包括后台数据库的建立、维护以及前端应用程序的开发两个方面。数据库设计是开发留言本系统的一个重要组成部分。本节将详细讲解为本项目搭建数据库平台的基本知识。

3.4.1 设计数据库

开发数据库管理信息系统需要选择后台数据库和相应的数据库访问接口。后台数据库的选择需要考虑用户需求、系统功能和性能要求等因素。考虑到系统所要管理的数据量比较大,且需要多用户同时运行访问,本项目将使用 SQL Server 2005 作为后台数据库管理平台。

在 SQL Server 2005 中创建一个名为 liuyan 的数据库,并新建如下所示的两个表。

(1)表 Message 用于保存留言信息,具体设计结构如表 3-1 所示。

表 3-1 Message 信息表结构

字 段 名 称	数 据 类 型	是 否 主 键	默 认 值	功 能 描 述
ID	int	是	递增 1	编号
Title	varchar(200)	否	Null	标题
Message	text	否	Null	内容
CreateDate	datetime	否	Null	时间
IP	varchar(20)	否	Null	IP 地址
Email	varchar(250)	否	Null	邮箱
Status	tinyint	否	0	状态

(2)表 Reply 用于保存留言回复信息,具体设计结构如表 3-2 所示。

表 3-2 Reply 信息表结构

字 段 名 称	数 据 类 型	是 否 主 键	默 认 值	功 能 描 述
ID	int	是	递增 1	编号
Reply	varchar(1000)	否	Null	内容
CreateDate	datetime	否	Null	时间
IP	varchar(20)	否	Null	IP 地址
MessageID	int	否	Null	留言编号

3.4.2 设计数据库访问层

考虑到系统的可移植性和可扩充性，本系统将使用数据库访问层实现。本系统的数据库访问层文件是 lei.cs，主要功能是在 ASPNETAJAXWeb.AjaxLeaveword 空间内建立 Message 类，并实现对系统库中数据的处理。上述功能的实现流程如图 3-6 所示。

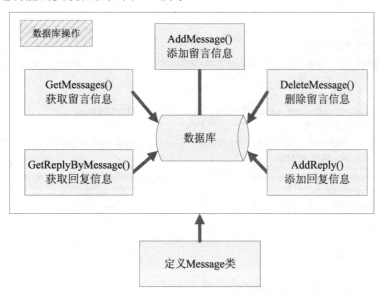

图 3-6　数据访问层实现流程图

下面将详细分析文件 lei.cs 的具体实现流程。

1．定义 Message 类

定义 Message 类的实现代码如下：

```
using System;
using System.Data;
using System.Configuration;
using System.Data.SqlClient;
namespace ASPNETAJAXWeb.AjaxLeaveword
{
    public class Message
    {
        public Message()
        {
            ...
        }
```

2．获取系统内留言信息

获取系统内留言信息即获取系统库内已存在的留言信息，此功能是由方法 GetMessages() 来实现的。其具体实现步骤如下：

（1）从系统配置文件 Web.config 内获取数据库连接参数，并将其保存在 connectionString 内。

（2）使用连接字符串创建 con 对象，实现数据库连接。
（3）新建获取数据库留言数据的 SQL 查询语句。
（4）创建获取数据的对象 da。
（5）打开数据库连接，获取查询数据。
（6）将获取的查询结果保存在 ds 中，并返回 ds。

实现上述功能所对应的代码如下：

```csharp
public DataSet GetMessages()
    {
        //获取连接字符串
        string connectionString = ConfigurationManager.ConnectionStrings["SQLCONNECTIONSTRING"].ConnectionString;
        //创建连接
        SqlConnection con = new SqlConnection(connectionString);
        //创建 SQL 语句
        string cmdText = "SELECT * FROM Message Order by CreateDate DESC";
        //创建 SqlDataAdapter
        SqlDataAdapter da = new SqlDataAdapter(cmdText,con);
        //定义 DataSet
        DataSet ds = new DataSet();
        try
        {   //打开连接
            con.Open();
            //填充数据
            da.Fill(ds,"DataTable");
        }
        catch(Exception ex)
        {
            //抛出异常
            throw new Exception(ex.Message,ex);
        }
        finally
        {   //关闭连接
            con.Close();
        }
        return ds;
    }
```

数据库的设计很重要，因为几乎所有的动态 Web 站点的内容都是基于数据库数据的，所以对数据库的操作应该充分考虑效率问题。建议读者充分利用所在机器内存中的缓存机制来帮助提高效率。

3．添加系统留言信息

添加系统留言信息即将新发布的留言信息添加到系统库中，此功能是由方法 AddMessage(string title, string message,string ip,string email)来实现的。其具体实现步骤如下：

（1）从系统配置文件 Web.config 内获取数据库连接参数，并将其保存在 connectionString 内。
（2）使用连接字符串创建 con 对象，实现数据库连接。
（3）使用 SQL 添加语句，然后创建 cmd 对象准备插入操作。
（4）打开数据库连接，执行新数据插入操作。

（5）将数据插入操作所涉及的行数保存在 result 中。
（6）插入成功则返回 result 值，失败则返回-1。

实现上述功能所对应的代码如下：

```csharp
public int AddMessage(string title,string message,string ip,string email)
{
        string connectionString = ConfigurationManager.ConnectionStrings["SQLCONNECTIONSTRING"].ConnectionString;
        SqlConnection con = new SqlConnection(connectionString);
        //创建 SQL 语句
        string cmdText = "INSERT INTO Message(Title,Message,IP,Email,CreateDate,Status)VALUES(@Title,@Message,@IP,@Email,GETDATE(),0)";
        SqlCommand cmd = new SqlCommand(cmdText,con);
        //创建参数并赋值
        cmd.Parameters.Add("@Title",SqlDbType.VarChar,200);
        cmd.Parameters.Add("@Message",SqlDbType.Text);
        cmd.Parameters.Add("@Ip",SqlDbType.VarChar,20);
        cmd.Parameters.Add("@Email",SqlDbType.VarChar,255);
        cmd.Parameters[0].Value = title;
        cmd.Parameters[1].Value = message;
        cmd.Parameters[2].Value = ip;
        cmd.Parameters[3].Value = email;
        int result = -1;
        try
        {   //打开连接
            con.Open();
            //操作数据
            result = cmd.ExecuteNonQuery();
        }
        catch(Exception ex)
        {   //抛出异常
            throw new Exception(ex.Message,ex);
        }
        finally
        {   //关闭连接
            con.Close();
        }
        return result;
}
```

4．删除系统留言信息

删除系统留言信息即将系统内存在的留言数据从系统库中删除，此功能是由方法 DeleteMessage(int messageID)来实现的。其具体实现步骤如下：

（1）从系统配置文件 Web.config 内获取数据库连接参数，并将其保存在 connectionString 内。
（2）使用连接字符串创建 con 对象，实现数据库连接。
（3）使用 SQL 删除语句，然后创建 cmd 对象准备删除操作。
（4）打开数据库连接，执行新数据删除操作。
（5）将数据删除操作所涉及的行数保存在 result 中。

(6) 删除成功则返回 result 值，失败则返回-1。

实现上述功能所对应的代码如下：

```
public int DeleteMessage(int messageID)
    {
            string connectionString = ConfigurationManager.ConnectionStrings["SQLCONNECTIONSTRING"].ConnectionString;
            SqlConnection con = new SqlConnection(connectionString);
            //创建 SQL 语句
            string cmdText = "DELETE Message WHERE ID = @ID";
            SqlCommand cmd = new SqlCommand(cmdText,con);
            //创建参数并赋值
            cmd.Parameters.Add("@ID",SqlDbType.Int,4);
            cmd.Parameters[0].Value = messageID;
            int result = -1;
            try
            {   //打开连接
                con.Open();
                //操作数据
                result = cmd.ExecuteNonQuery();
            }
            catch(Exception ex)
            {   //抛出异常
                throw new Exception(ex.Message,ex);
            }
            finally
            {   //关闭连接
                con.Close();
            }
            return result;
    }
```

5. 获取系统内留言回复信息

获取系统内留言回复信息即查询系统库内用户对留言的回复信息数据，此功能是由方法 GetReplyByMessage(int messageID)来实现的。其具体实现步骤如下：

（1）从系统配置文件 Web.config 内获取数据库连接参数，并将其保存在 connectionString 内。

（2）使用连接字符串创建 con 对象，实现数据库连接。

（3）新建查询数据库留言回复数据的 SQL 查询语句。

（4）创建获取数据的对象 da。

（5）打开数据库连接，获取查询数据。

（6）将获取的查询结果保存在 ds 中，并返回 ds。

实现上述功能所对应的代码如下：

```
public DataSet GetReplyByMessage(int messageID)
    {
            string connectionString = ConfigurationManager.ConnectionStrings["SQLCONNECTIONSTRING"].ConnectionString;
            SqlConnection con = new SqlConnection(connectionString);
```

```csharp
            //创建 SQL 语句
            string cmdText = "SELECT * FROM Reply WHERE MessageID = @MessageID Order by CreateDate DESC";
            SqlDataAdapter da = new SqlDataAdapter(cmdText,con);
            //创建参数并赋值
            da.SelectCommand.Parameters.Add("@MessageID",SqlDbType.Int,4);
            da.SelectCommand.Parameters[0].Value = messageID;
            //定义 DataSet
            DataSet ds = new DataSet();
            try
            {
                con.Open();
                //填充数据
                da.Fill(ds,"DataTable");
            }
            catch(Exception ex)
            {
                throw new Exception(ex.Message,ex);
            }
            finally
            {   //关闭连接
                con.Close();
            }
            return ds;
        }
```

6．添加留言回复信息

添加留言回复信息即将新发布的留言回复信息添加到系统库中，此功能是由方法 AddReply(string message,string ip,int messageID)来实现的。其具体实现步骤如下：

（1）从系统配置文件 Web.config 内获取数据库连接参数，并将其保存在 connectionString 内。
（2）使用连接字符串创建 con 对象，实现数据库连接。
（3）使用 SQL 添加语句，然后创建 cmd 对象准备插入操作。
（4）打开数据库连接，执行新数据插入操作。
（5）将数据插入操作所涉及的行数保存在 result 中。
（6）插入成功则返回 result 值，失败则返回-1。

实现上述功能所对应的代码如下：

```csharp
public int AddReply(string message,string ip,int messageID)
        {
            string connectionString = ConfigurationManager.ConnectionStrings["SQLCONNECTIONSTRING"].ConnectionString;
            SqlConnection con = new SqlConnection(connectionString);
            string cmdText = "INSERT INTO Reply(Reply,IP,CreateDate,MessageID)VALUES(@Reply,@IP,GETDATE(),@MessageID)";
            SqlCommand cmd = new SqlCommand(cmdText,con);
            //创建参数并赋值
            cmd.Parameters.Add("@Reply",SqlDbType.VarChar,1000);
            cmd.Parameters.Add("@Ip",SqlDbType.VarChar,20);
```

```
        cmd.Parameters.Add("@MessageID",SqlDbType.Int,4);
        cmd.Parameters[0].Value = message;
        cmd.Parameters[1].Value = ip;
        cmd.Parameters[2].Value = messageID;
        int result = -1;
        try
        {    //打开连接
            con.Open();
            //操作数据
            result = cmd.ExecuteNonQuery();
        }
        catch(Exception ex)
        {    //抛出异常
            throw new Exception(ex.Message,ex);
        }
        finally
        {    //关闭连接
            con.Close();
        }
        return result;
    }
}
```

在上述各处理方法中，使用了 SQL 的查询、添加和删除语句，对系统数据库内的数据进行了操作处理。在现实 Web 应用系统中，各类应用的数据库相关操作都是基于上述 3 种操作的。SQL 语句是数据库技术的核心知识之一，读者可以从相关资料中获取有关知识。

3.5　实现样式文件

　　知识点讲解：光盘\视频讲解\第 3 章\实现样式文件.avi

在 ASP.NET 项目中，样式文件也称为皮肤，它对系统页面元素进行修饰，使各页面以指定的样式效果显示。本节将详细讲解本项目样式文件的实现过程。

3.5.1　设置按钮元素样式

文件 mm.skin 的功能是对页面内的各按钮元素进行修饰，使之以指定样式显示出来。文件 mm.skin 的主要代码如下：

```
<asp:Button runat="server" SkinID="anniu" BackColor="red" Font-Names="Tahoma" Font-Size="9pt" CssClass=
"Button" />
<asp:TextBox runat="server" SkinID="nn" BackColor="green" Font-Names="Tahoma" />
<asp:GridView SkinID="mm" runat="server" GridLines="Both" CssClass="Text" BackColor="White" BorderColor=
"Black"
    BorderStyle="Solid" BorderWidth="1px" CellPadding="4" AutoGenerateColumns="False" Font-Names=
"Tahoma" Width="100%">
```

```
        <FooterStyle BackColor="#E8F4FF" ForeColor="#330099" />
        <AlternatingRowStyle BorderColor="Black" BorderStyle="Solid" BorderWidth="1px" />
        <RowStyle BorderColor="Black" BorderStyle="Solid" BorderWidth="1px" />
        <SelectedRowStyle BackColor="#E8F4FF" Font-Bold="True" ForeColor="#663399" />
        <PagerStyle BackColor="#E8F4FF" ForeColor="#330099" HorizontalAlign="Center" />
        <HeaderStyle BackColor="#333333" Font-Bold="True" ForeColor="yellow" Font-Names="Tahoma"
BorderStyle="Solid" BorderWidth="1px" />
</asp:GridView>
```

3.5.2 设置页面元素样式

文件 web.css 的功能是对页面内的整体样式和 Ajax 控件的样式进行修饰，使之以指定样式显示出来。文件 web.css 的主要代码如下：

```css
body {
    font-family: "Tahoma";
    font-size:9pt;
    margin-top:0;
    background-color:#99CC66;
}
.Text {
    font:Tahoma;
    font-size:9pt;
}
.Table {
    width:80%;
    font-size: 9pt;
    background-color:#CC66FF;
    border:1;
    font-family: Tahoma;
}
A {
    font-size: 9pt;
    color: #006699;
    text-decoration: none;
}
A:ACTIV {
    color: red;
    text-decoration: none;
}
A:FOCUS {
    color: red;
    text-decoration: none;
}
A:HOVER {
    color: red;
    text-decoration: underline;
} A:LINK
{
```

```
        text-decoration: none;
}
Hr {
        width:95%;
        color:red;
}
.Watermark {
        background-color:Gray;
        color:#666666;
}
.Validator {
        background-color:Red;
}
.PopulatePanel {
        background-repeat:no-repeat;
        padding:2px;
        height:2em;
        margin:5px;
}
```

其实 ASP.NET 的皮肤是基于 CSS 技术的，CSS 技术是 Web 2.0 的核心知识之一，它的推出给传统网页布局带来了巨大冲击。虽然有些用户忽略了 CSS 技术，但是随着 Web 标准的普及和浏览器的更新，迫使用户必须使用 CSS 技术来实现网页布局，只有这样才能使自己设计的网页能够在不同的浏览器中正确显示。

3.6 显示留言数据

知识点讲解：光盘\视频讲解\第 3 章\显示留言数据.avi

留言数据显示模块的功能是将系统库内的留言信息以列表的样式显示出来，并提供新留言发布表单，将发表的数据添加到系统库中。本功能的实现文件有 Index.aspx、Index.aspx.cs、Yanzhengma.aspx 和 AjaxService.cs。

3.6.1 留言列表页面

文件 Index.aspx 的功能是插入专用控件将系统内的数据读取并显示出来，然后提供发布表单供用户发布新留言。下面将详细介绍其实现过程。

1. 列表显示留言数据

本流程的功能是将系统内的留言数据显示出来，其具体实现步骤如下：
（1）插入一个 GridView 控件，以列表样式显示库内的数据。
（2）在表格内显示各留言的数据内容。
（3）添加 3 个超链接供留言发布、留言回复和留言管理操作。
（4）调用 Ajax 程序集内的 DynamicPopulate 控件，实现动态面板显示留言回复内容。

文件 Index.aspx 的主要实现代码如下：

```aspx
<%@ Page Language="C#" AutoEventWireup="true" CodeFile="Index.aspx.cs" StylesheetTheme="css" Inherits="Board" %>
...
    <form id="form1" runat="server">
      <asp:ScriptManager ID="sm" runat="server" >
         <Services>
            <asp:ServiceReference Path="AjaxService.asmx" />
         </Services>
      </asp:ScriptManager>
      <table class="Table" border="0" cellpadding="0" cellspacing="0" align="center">
         <tr><td colspan="2">
            <asp:UpdatePanel runat="server" ID="up">
            <ContentTemplate>
                <asp:GridView ID="gvMessage" runat="server" Width="100%" AutoGenerateColumns="False" SkinID="mm" ShowHeader="False">
                <Columns>
                <asp:TemplateField>
                <ItemTemplate>
                <table align="center" cellpadding="3" cellspacing="0" class="Table">
                <tr>
                   <td>作者：<a href='mailto:<%# Eval("Email") %>'><%# Eval("Email") %></a>于[<%# Eval("IP") %>]、[<%# Eval("CreateDate") %>] 留言</td>
                </tr>
                <tr><td><hr size="1" /></td></tr>
                <tr><td class="Title">    <%# Eval("Title") %></td></tr>
                <tr><td> <%# Eval("Message") %></td></tr>
                <tr>
<td align="right"><a href="#message">我要留言</a> 
<a href='Huifu.aspx?MessageID=<%# Eval("ID") %>'>我要回复</a>
 <asp:HyperLink runat="server" ID="hlShowReply" NavigateUrl="#">展开>></asp:HyperLink>
                <asp:Panel runat="server" ID="pReply"></asp:Panel>
                <ajaxToolkit:DynamicPopulateExtender ID="dpeReply" runat="server"
 ClearContentsDuringUpdate="true" UpdatingCssClass="PopulatePanel"
 ServiceMethod="GetReplyByMessage" ServicePath="AjaxService.asmx"
 ContextKey='<%# Eval("ID") %>' TargetControlID="pReply"
 PopulateTriggerControlID="hlShowReply">
</ajaxToolkit:DynamicPopulateExtender>
                </td>
                </tr>
            </table>
            </ItemTemplate>
            </asp:TemplateField>
            </Columns>
            </asp:GridView>
            </ContentTemplate>
            </asp:UpdatePanel>
         </td></tr>
```

上述代码执行后将在页面内显示系统内已存在的留言数据，如图 3-7 所示。

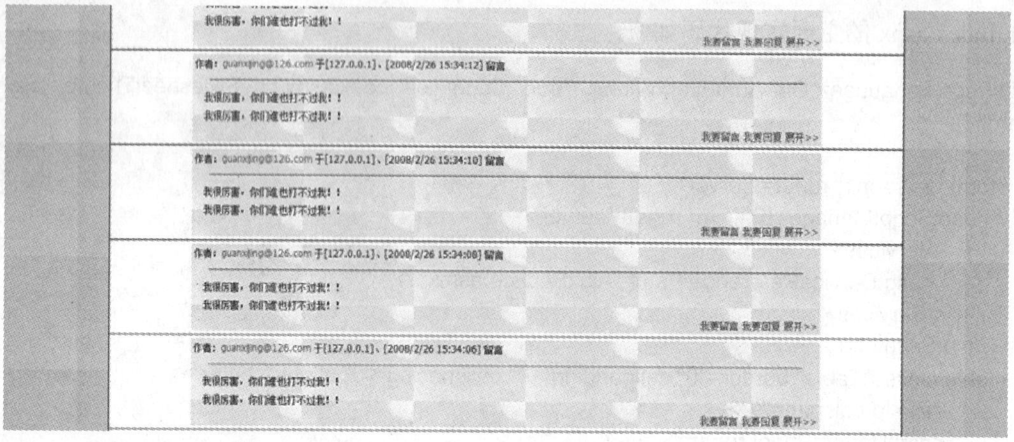

图 3-7 留言列表显示效果图

2. 留言发布表单

留言发布单的功能是为用户提供新留言的发布表单，其具体实现步骤如下：

（1）插入 5 个 TextBox 控件，分别用于输入留言标题、IP 地址、邮件地址、留言内容和验证码。

（2）插入 TextBoxWatermark 控件，用于确保留言标题不为空。

（3）调用 TextBoxWatermark 控件，用于确保邮件格式的合法性。

（4）调用 ValidatorCallout 控件，用于显示邮件非法提示水印效果。

（5）调用 TextBoxWatermark 控件，用于确保邮件内容的合法性。

（6）插入激活按钮，用于执行相关操作事件。

（7）定义 MessageValidator()函数确保留言内容大于 10 字符而不多于 8000 字符。

（8）调用验证码生成文件。

文件 Index.aspx 的主要实现代码如下：

```
<td>留言标题：</td>
<td width="90%"><asp:TextBox ID="tbTitle" runat="server" SkinID="nn" Width="80%"></asp:TextBox>
          <asp:RequiredFieldValidator ID="rfTitle" runat="server" ControlToValidate="tbTitle"ErrorMessage="标题不能为空！"></asp:RequiredFieldValidator>
          <asp:RegularExpressionValidator ID="revTitle" runat="server" ControlToValidate="tbTitle" Display="Dynamic" ErrorMessage="标题不能为空！" ValidationExpression=".+">
</asp:RegularExpressionValidator>
          <ajaxToolkit:TextBoxWatermarkExtender ID="wmeTitle" runat="server" TargetControlID="tbTitle" WatermarkText="请输入留言标题" WatermarkCssClass="Watermark">
</ajaxToolkit:TextBoxWatermarkExtender>
          </td>
        </tr>
        <tr bgcolor="white">
          <td>IP 地址</td>
          <td width="90%"><asp:TextBox ID="tbIP" runat="server" Enabled="false" SkinID="nn" Width="40%"></asp:TextBox></td>
        </tr>
        <tr bgcolor="white">
```

```
                <td>电子邮件：</td>
                <td width="90%"><asp:TextBox ID="tbEmail" runat="server" SkinID="nn" Width="40%"></asp:TextBox>
                    <asp:RequiredFieldValidator ID="rfEmail" runat="server" ErrorMessage="不能为空！" ControlToValidate="tbEmail" Display="Dynamic"></asp:RequiredFieldValidator>
                    <asp:RegularExpressionValidator ID="revEmail" runat="server" ControlToValidate="tbEmail" Display="None" ErrorMessage="电子邮件格式不正确，请输入如下形式的电子邮件：<br />mmmm@nnn.com" ValidationExpression="\w+([-+.']\w+)*@\w+([-.]\w+)*\.\w+([-.]\w+)*">
                    </asp:RegularExpressionValidator>
                    <ajaxToolkit:TextBoxWatermarkExtender ID="wmeEmail" runat="server" TargetControlID="tbEmail" WatermarkText="请输入电子邮件" WatermarkCssClass="Watermark">
                    </ajaxToolkit:TextBoxWatermarkExtender>
                    <ajaxToolkit:ValidatorCalloutExtender ID="vceEmail" runat="server" TargetControlID="revEmail" HighlightCssClass="Validator">
                    </ajaxToolkit:ValidatorCalloutExtender>
                </td></tr>
            <tr bgcolor="white">
                <td valign="top">留言内容：</td>
                <td width="90%">
                    <asp:TextBox ID="tbMessage" runat="server" Height="200px" SkinID="nn" TextMode="MultiLine" Width="80%"></asp:TextBox>
                    <asp:CustomValidator ID="cvMessage" runat="server"
 ClientValidationFunction="MessageValidator" ControlToValidate="tbMessage" Display="None"ErrorMessage="长度至少为 10，最多为 8000。">
                    </asp:CustomValidator>
                    <ajaxToolkit:TextBoxWatermarkExtender ID="wmeMessage" runat="server" TargetControlID="tbMessage" WatermarkText="请输入留言内容" WatermarkCssClass="Watermark">
                    </ajaxToolkit:TextBoxWatermarkExtender>
                    <ajaxToolkit:ValidatorCalloutExtender ID="vceMessage" runat="server" TargetControlID="cvMessage" HighlightCssClass="Validator">
                    </ajaxToolkit:ValidatorCalloutExtender>
                </td></tr>
            <tr bgcolor="white">
                <td>验 证 码：</td>
                <td width="90%">
                    <asp:TextBox ID="tbCode" runat="server" SkinID="nn" Width="80px"></asp:TextBox>
                    <asp:Image ID="imgCode" runat="server" ImageUrl = "Yanzhengma.aspx" />
                    <asp:Label ID="lbMessage" runat="server" ForeColor="red" CssClass="Text"></asp:Label>
                </td></tr>
            <tr bgcolor="white">
                <td> </td>
                <td width="90%">
                    <asp:UpdatePanel ID="upbutton" runat="server">
    <ContentTemplate>
                    <asp:Button ID="btnCommit" runat="server" Text="提交" SkinID="anniu" Width="100px" OnClick="btnCommit_Click" />   
                    <asp:Button ID="btnReview" runat="server" Text="预览" SkinID="anniu" Width="100px" />   
```

```
            <asp:Button ID="btnClear" runat="server" Text="清空" SkinID="anniu" Width="100px" Causes
Validation="False" OnClick="btnClear_Click" />
          </ContentTemplate>
          <Triggers>
          <asp:PostBackTrigger ControlID="btnClear" />
          </Triggers>
          </asp:UpdatePanel>
          </td> </tr>
</table>
    <script language="javascript" type="text/javascript">
    function MessageValidator(source,argument)
    {
          if(argument.Value.length > 10 && argument.Value.length < 8000)argument.IsValid = true;
          else argument.IsValid = false;
    }
    </script>
    </form>
```

上述代码执行后将在页面内显示留言发布表单，如图 3-8 所示。

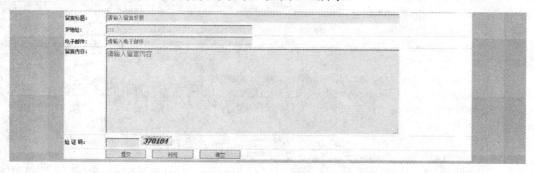

图 3-8　留言发布表单效果图

如果输入的邮件地址格式非法，则调用 Ajax 控件显示对应的提示，如图 3-9 所示。

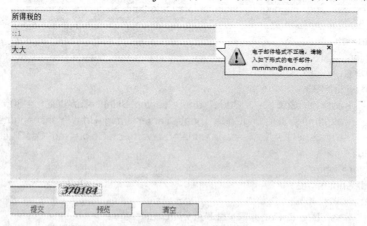

图 3-9　邮件格式非法提示效果图

3．调用验证码文件

验证码文件 Yanzhengma.aspx 的功能是调用 bin 目录内的 ASPNETAJAXWeb.ValidateCode.dll 控件，

实现验证码显示效果。文件 Yanzhengma.aspx 的具体实现代码如下：

```
<%@ Page Language="C#" AutoEventWireup="false" Inherits="ASPNETAJAXWeb.ValidateCode.Page.ValidateCode" %>
```

3.6.2 留言回复

留言展开回复模块的功能是当单击某留言后的"展开"超链接后，将动态显示此留言的回复数据。其具体实现步骤如下：

（1）调用 Ajax 的 DynamicPopulate 控件，用于实现动态显示效果。

（2）调用文件 AjaxService.cs 内的 GetReplyByMessage()方法，获取回复内容。

留言回复功能的运行流程如图 3-10 所示。

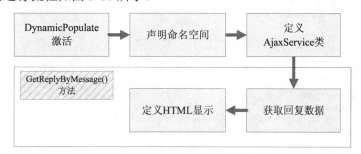

图 3-10 动态回复列表运行流程图

文件 AjaxService.cs 的具体实现代码如下：

```
//开始引入新的命名空间
using System.Data;
using System.Text;
using System.Web.Script.Services;
using ASPNETAJAXWeb.AjaxLeaveword;
//AjaxService 的摘要说明
[WebService(Namespace = "http://tempuri.org/")]
[WebServiceBinding(ConformsTo = WsiProfiles.BasicProfile1_1)]
//添加脚本服务
[System.Web.Script.Services.ScriptService()]
public class AjaxService : System.Web.Services.WebService {
    public AjaxService ()
    {
    }
    [WebMethod]
    public string GetReplyByMessage(string contextKey)
    {   //获取参数 ID
        int messageID = -1;
        if(Int32.TryParse(contextKey,out messageID) == false)
        {
            return string.Empty;
        }
        Message message = new Message();
        DataSet ds = message.GetReplyByMessage(messageID);
```

```
            if(ds == null || ds.Tables.Count <= 0 || ds.Tables[0].Rows.Count <= 0)
            {
                return string.Empty;
            }
            StringBuilder returnHtml = new StringBuilder();
            foreach(DataRow row in ds.Tables[0].Rows)
            {
                returnHtml.AppendFormat("<div>{0}于[{1}] 回复</div>",row["IP"],row["CreateDate"]);
                returnHtml.Append("<br />");
                returnHtml.AppendFormat("<div>{0}</div>",row["Reply"]);
                returnHtml.Append("<br />");
            }
            return returnHtml.ToString();
        }
}
```

通过上述代码处理，执行系统留言列表页面后，将首先默认显示留言数据，而不显示留言的回复数据。当单击某留言后的"展开"超链接后，此留言的回复信息将动态地显示出来，如图3-11所示。

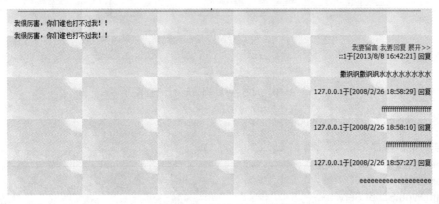

图 3-11　动态展开留言回复信息效果图

注意：在上面的留言回复处理过程中，通过foreach语句对内容进行了HTML化处理，因为只有处理后，才能使回复内容以浏览者希望的格式显示。但是这里有一个问题，如果是一名初学者，在代码中添加HTML转换代码变得十分复杂。不但在视觉上使程序员感觉到繁琐，而且在后期维护上也会感到无所适从，并且也不能保证所有的特殊字符都能被成功转换。其实在网络中有专门处理HTML标记的第三方工具，如HtmlArea。HtmlArea是一款很简洁的WTYSWTYG编辑器，是纯JS+Html的编辑器，理论上可以用于任何语言平台上，经实际证明，它可以和ASP.NET+Ajax很好地结合在一起。

3.7　分页列表显示留言

知识点讲解：光盘\视频讲解\第3章\分页列表显示留言.avi

一页网页的容量是有限的。为了方便用户浏览留言本系统的留言内容，不可能将很多条留言信息显示在一个网页上，所以本系统将使用分页技术。留言分页列表显示模块的功能是，将系统库内的留言信息以分页列表的样式显示出来。留言分页列表显示功能的实现文件是 LiuyanFen.aspx 和 LiuyanFen.aspx.cs。

3.7.1 留言分页显示页面

留言分页显示页面文件 LiuyanFen.aspx 的功能是插入专用控件将系统内的数据读取出来，然后将获取的留言数据以分页样式显示。其具体实现步骤如下：

（1）插入一个 GridView 控件，用于以列表样式显示留言的信息。包括留言者、邮箱地址、时间和留言内容等。

（2）通过 GridView 控件设置分页显示留言数为 5。

（3）通过 GridView 控件设置分页处理事件为 gvMessage_PageIndexChanging。

（4）通过 PagerSettings 设置分页模式为 NumericFirstLast。

文件 LiuyanFen.aspx 的主要代码如下：

```
<%@ Page Language="C#" AutoEventWireup="true" CodeFile="LiuyanFen.aspx.cs" StylesheetTheme="css" Inherits="BoardPaging" %>
...
    <form id="form1" runat="server">
    <asp:ScriptManager ID="sm" runat="server" />
    <table class="Table" border="0" cellpadding="0" cellspacing="0" align="center">
        <asp:UpdatePanel runat="server" ID="up">
            <ContentTemplate>
                <asp:GridView ID="gvMessage" runat="server" Width="100%" AutoGenerateColumns="False" SkinID="mm" ShowHeader="False" AllowPaging="True" OnPageIndexChanging="gvMessage_PageIndexChanging" PageSize="5">
                <Columns>
                <asp:TemplateField>
                <ItemTemplate>
                <table class="Table" cellpadding="3" cellspacing="0">
                    <tr>
                        <td>作者：<a href='mailto:<%# Eval("Email") %>'><%# Eval("Email") %></a>于[<%# Eval("IP") %>]、[<%# Eval("CreateDate") %>] 留言</td>
                    </tr>
                    <tr><td><hr size="1" /></td></tr>
                    <tr><td class="Title">　<%# Eval("Title") %></td></tr>
                    <tr><td>　<%# Eval("Message") %></td></tr>
                </table>
                </ItemTemplate>
                </asp:TemplateField>
                </Columns>
                <PagerSettings Mode="NumericFirstLast" />
                </asp:GridView>
            </ContentTemplate>
        </asp:UpdatePanel>
            </td></tr>
    </table>
    </form>
```

3.7.2 分页处理

分页处理文件 LiuyanFen.aspx.cs 的功能是定义分页事件对留言数据进行重新处理。其具体实现步骤如下：

（1）引入 AjaxLeaveword 命名空间。
（2）定义 Page_Load 载入页面文件。
（3）定义 BindPageData()读取并显示留言信息。
（4）声明分页事件 gvMessage_PageIndexChanging(object sender,GridViewPageEventArgs e)，设置 gvMessage 控件的新页码，然后重新绑定 gvMessage 控件数据。

文件 LiuyanFen.aspx.cs 的主要代码如下：

```csharp
public partial class BoardPaging : System.Web.UI.Page
{
    protected void Page_Load(object sender,EventArgs e)
    {
        if(!Page.IsPostBack)
        {
            BindPageData();
        }
    }
    private void BindPageData()
    {
        //获取数据
        Message message = new Message();
        DataSet ds = message.GetMessages();
        //显示数据
        gvMessage.DataSource = ds;
        gvMessage.DataBind();
    }
    protected void gvMessage_PageIndexChanging(object sender,GridViewPageEventArgs e)
    {
        //设置新页面并重新绑定数据
        gvMessage.PageIndex = e.NewPageIndex;
        BindPageData();
    }
}
```

经过上述代码设置，程序执行后将首先按照分页模式显示第一分页数据，如图 3-12 所示。当单击下方对应分页链接后将跳转到指定的页面。

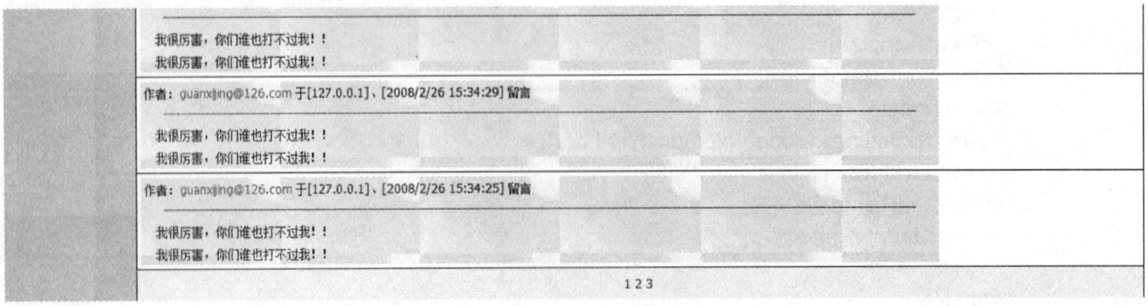

图 3-12 分页默认显示效果图

分页模块是 Web 系统中的常用模块之一，对于各种动态站点来说，通过分页计数能够用更好的效果将站点内容展示在浏览用户面前。ASP.NET 固有的 GridView 控件很好地实现了分页处理功能，并且通过它本身的属性可以灵活设置。除了使用 GridView 控件进行分页处理外，还可以结合数据在库中的保存方式来分页。常见的分页方式有存储过程分页和控件分页两种。

3.8 回复留言

知识点讲解：光盘\视频讲解\第 3 章\回复留言.avi

回复留言模块的原理是向数据库中添加新的数据，即通过数据访问层的 SQL 语句向系统数据库内添加新的数据。留言回复模块的功能是提供系统内留言的回复表单，供用户发布对某留言的回复信息。回复留言功能的实现文件是 Huifu.aspx 和 Huifu.aspx.cs。

3.8.1 留言回复表单页面

留言回复表单页面文件 Huifu.aspx 的功能是提供留言回复表单，供用户发布对某留言的回复信息。其具体实现步骤如下：

（1）插入 3 个 TextBox 控件，分别用于 IP 地址、回复内容和验证码的输入框。
（2）插入一个 CustomValidator 控件，用于对回复内容的验证。
（3）插入一个 TextBoxWatermarkExtender 控件，用于显示水印提示。
（4）插入一个 ValidatorCalloutExtender 控件，用于实现多样式验证。
（5）调用验证码文件 Yanzhengma.aspx 实现验证码显示。
（6）定义 MessageValidator(source,argument)来控制输入的回复内容。

文件 Huifu.aspx 的主要代码如下：

```
<%@ Page Language="C#" AutoEventWireup="true" CodeFile="Huifu.aspx.cs" StylesheetTheme="css" Inherits=
"Reply" %>
…
    <form id="form1" runat="server">
    <asp:ScriptManager ID="sm" runat="server" />
    <table class="Table" border="0" cellpadding="2" bgcolor="Black" cellspacing="1" align="center">
        <tr bgcolor="white"><td colspan="2"><hr /></td></tr>
        <tr bgcolor="white">
            <td>IP 地址：</td>
            <td width="90%"><asp:TextBox ID="tbIP" runat="server" Enabled="false" SkinID="nn" Width=
"40%"></asp:TextBox></td>
        </tr>
        <tr bgcolor="white">
            <td valign="top">回复内容：</td>
            <td width="90%">
                <asp:TextBox ID="tbMessage" runat="server" Height="200px" SkinID="nn" TextMode=
"MultiLine" Width="80%"></asp:TextBox>
                <asp:CustomValidator ID="cvMessage" runat="server"
ClientValidationFunction="MessageValidator" ControlToValidate="tbMessage"
```

```
                Display="None" ErrorMessage="长度至少为 10，最多为 1000。">
            </asp:CustomValidator>
                            <ajaxToolkit:TextBoxWatermarkExtender ID="wmeMessage" runat="server"
    TargetControlID="tbMessage" WatermarkText="请输入留言内容"
    WatermarkCssClass="Watermark">
            </ajaxToolkit:TextBoxWatermarkExtender>
                            <ajaxToolkit:ValidatorCalloutExtender ID="vceMessage" runat="server"
    TargetControlID="cvMessage" HighlightCssClass="Validator">
            </ajaxToolkit:ValidatorCalloutExtender>
                </td></tr>
            <tr bgcolor="white">
                <td>验 证 码：</td>
                <td width="90%">
                    <asp:TextBox ID="tbCode" runat="server" SkinID="nn" Width="80px"></asp:TextBox>
                    <asp:Image ID="imgCode" runat="server" ImageUrl = "Yanzhengma.aspx" />
                    <asp:Label ID="lbMessage" runat="server" ForeColor="red" CssClass="Text"></asp:Label>
                </td></tr>
            <tr bgcolor="white"><td> </td><td width="90%">
                <asp:UpdatePanel ID="upbutton" runat="server">
                <ContentTemplate>
                    <asp:Button ID="btnCommit" runat="server" Text="提交" SkinID="anniu" Width="100px" OnClick=
    "btnCommit_Click" />   
                    <asp:Button ID="btnClear" runat="server" Text="清空" SkinID="anniu" Width="100px" Causes
    Validation="False" OnClick="btnClear_Click" />
                </ContentTemplate>
                <Triggers><asp:PostBackTrigger ControlID="btnClear" /></Triggers>
                </asp:UpdatePanel>
                </td></tr>
        </table>
        <script language="javascript" type="text/javascript">
        function MessageValidator(source,argument)
        {
            if(argument.Value.length > 10 && argument.Value.length < 8000)argument.IsValid = true;
            else argument.IsValid = false;
        }
        </script>
    </form>
```

上述实例代码执行后，将首先显示一个回复表单界面，如图 3-13 所示。当输入的回复内容非法时，则调用 Ajax 控件显示对应的提示，如图 3-14 所示。

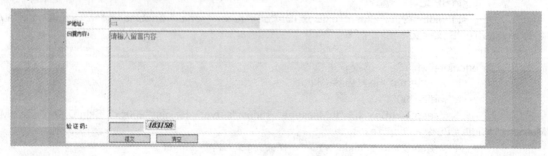

图 3-13　回复表单界面效果图

图 3-14 回复内容非法提示效果图

3.8.2 处理回复数据

回复数据处理页面文件 Huifu.aspx.cs 的功能是获取用户回复表单的数据，并将获取的回复数据添加到系统库中。其具体实现步骤如下：

（1）引入命名空间，声明类 Reply。
（2）通过 Page_Load 载入初始化回复表单界面。
（3）IP 地址判断处理，如果 IP 为空则停止处理。
（4）定义 btnCommit_Click，进行数据处理。
（5）验证码判断处理，如果非法则输出提示。
（6）将数据添加到系统库中。

上述过程的运行流程如图 3-15 所示。

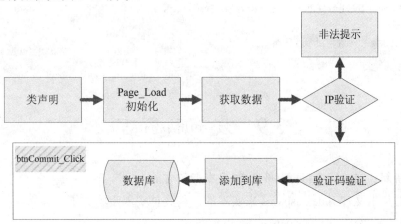

图 3-15 留言回复处理流程图

文件 Huifu.aspx.cs 的主要代码如下：

```
...
using ASPNETAJAXWeb.ValidateCode.Page;
public partial class Reply : System.Web.UI.Page
{
    int messageID = -1;
    protected void Page_Load(object sender, EventArgs e)
```

```
        {
            //获取客户端的IP地址
            tbIP.Text = Request.UserHostAddress;
            if(Request.Params["MessageID"] != null)
            {
                messageID = Int32.Parse(Request.Params["MessageID"].ToString());
            }
            btnCommit.Enabled = messageID > 0 ? true : false;
        }
        protected void btnCommit_Click(object sender,EventArgs e)
        {
            if(Session[ValidateCode.VALIDATECODEKEY] != null)
            {   //验证验证码是否相等
                if(tbCode.Text != Session[ValidateCode.VALIDATECODEKEY].ToString())
                {
                    lbMessage.Text = "验证码输入错误，请重新输入";
                    return;
                }
                Message message = new Message();
                //发表回复
                if(message.AddReply(tbMessage.Text,Request.UserHostAddress,messageID) > 0)
                {   //重定向到留言页面
                    Response.Redirect("Index.aspx");
                }
            }
        }
        protected void btnClear_Click(object sender,EventArgs e)
        {
            tbMessage.Text = string.Empty;
        }
}
```

3.9 发布新留言

知识点讲解：光盘\视频讲解\第3章\发布新留言.avi

留言发布功能是由文件 Index.aspx.cs 来实现的，其具体实现步骤如下：
（1）引入命名空间，声明类 Board。
（2）通过 Page_Load 载入初始化发布表单界面。
（3）IP 地址判断处理，如果 IP 为空则停止处理。
（4）定义 btnCommit_Click，进行数据处理。
（5）验证码判断处理，如果非法则输出提示。
（6）将数据添加到系统库中。
上述过程的运行流程如图 3-16 所示。

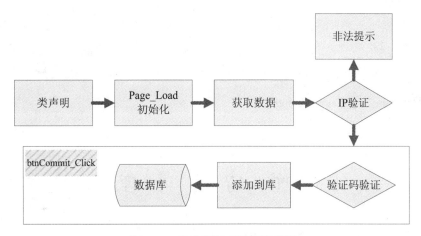

图 3-16 发布新留言处理流程图

文件 Index.aspx.cs 的主要代码如下：

```
public partial class Board : System.Web.UI.Page
{
    protected void Page_Load(object sender, EventArgs e)
    {
        //获取客户端的 IP 地址
        tbIP.Text = Request.UserHostAddress;
        if(!Page.IsPostBack)
        {
            BindPageData();
        }
        sm.RegisterAsyncPostBackControl(tbMessage);
    }
    private void BindPageData()
    {
        //获取数据
        Message message = new Message();
        DataSet ds = message.GetMessages();
        //显示数据
        gvMessage.DataSource = ds;
        gvMessage.DataBind();
    }
    protected void btnCommit_Click(object sender,EventArgs e)
    {
        if(Session[ValidateCode.VALIDATECODEKEY] != null)
        {
            //验证验证码是否相等
            if(tbCode.Text != Session[ValidateCode.VALIDATECODEKEY].ToString())
            {
                lbMessage.Text = "验证码输入错误，请重新输入";
                return;
            }
            Message message = new Message();
            //发表留言
            if(message.AddMessage(tbTitle.Text,tbMessage.Text,Request.UserHostAddress,tbEmail.Text) > 0)
            {
                //重新显示数据
                BindPageData();
```

```
            }
        }
    }
    protected void btnClear_Click(object sender,EventArgs e)
    {
        tbMessage.Text = string.Empty;
    }
}
```

3.10 留言管理

 知识点讲解：光盘\视频讲解\第 3 章\留言管理.avi

在线留言本系统中一定要禁止违法言论的出现，所以在前期功能分析时特意为本系统添加了一个留言管理模块，这不仅是保证系统数据库够用，删除不需要的留言数据，更重要的功能是删除违法的言论信息。留言管理功能的实现文件有 Guanli.aspx 和 Guanli.aspx.cs。

3.10.1 留言管理列表

留言管理列表页面文件 Guanli.aspx 的功能是将系统内的留言数据以分页列表样式显示出来，并提供每条留言的删除按钮。其具体实现步骤如下：

（1）插入一个 GridView 控件，用于以列表样式显示留言的信息。包括留言者、邮箱地址、时间和留言内容等。

（2）通过 GridView 控件设置分页显示留言数为 5。

（3）通过 GridView 控件设置分页处理事件为 gvMessage_PageIndexChanging。

（4）在每条留言的后面插入一个 Button 按钮，用于激活删除处理事件。

（5）通过 PagerSettings 设置分页模式为 NextPreviousFirstLas。

文件 Guanli.aspx 的主要代码如下：

```
<%@ Page Language="C#" AutoEventWireup="true" CodeFile="Guanli.aspx.cs" Inherits="BoardManage" Stylesheet
Theme="css" %>
...
    <form id="form1" runat="server">
    <asp:ScriptManager ID="sm" runat="server" />
    <table class="Table" border="0" cellpadding="0" cellspacing="0" align="center">
        <tr><td colspan="2">
        <asp:UpdatePanel runat="server" ID="up">
        <ContentTemplate>
        <asp:GridView ID="gvMessage" runat="server" Width="100%" AutoGenerateColumns="False"
  SkinID="mm" ShowHeader="False" AllowPaging="True"
  OnPageIndexChanging="gvMessage_PageIndexChanging"
PageSize="5" OnRowDataBound="gvMessage_RowDataBound"
OnRowCommand="gvMessage_RowCommand">
        <Columns>
        <asp:TemplateField>
```

```
                <ItemTemplate>
                <table class="Table" cellpadding="3" cellspacing="0">
                    <tr><td>作者：<a href='mailto:<%# Eval("Email") %>'><%# Eval("Email") %></a>
于[<%# Eval("IP") %>]、[<%# Eval("CreateDate") %>] 留言</td>
                    <td align="right">
                    <asp:Button ID="btnDelete" CommandArgument='<%# Eval("ID") %>' CommandName="del"
runat="server" Text="删除该留言" CssClass="Button" CausesValidation="false" />
                    </td></tr>
                    <tr><td colspan="2"><hr size="1" /></td></tr>
                    <tr><td colspan="2" class="Title">  <%# Eval("Title") %></td></tr>
                    <tr><td colspan="2">  <%# Eval("Message") %></td></tr>
                </table>
                </ItemTemplate>
                </asp:TemplateField>
                </Columns>
            <PagerSettings Mode="NextPreviousFirstLast" />
            </asp:GridView>
            </ContentTemplate>
            </asp:UpdatePanel>
            </td></tr>
    </table>
    </form>
```

上述实例代码执行后，将以分页列表的样式显示系统内的留言数据，并在每条留言的后面显示一个删除操作按钮，如图 3-17 所示。当单击某留言后的"删除该留言"按钮后，将会激活删除处理程序。

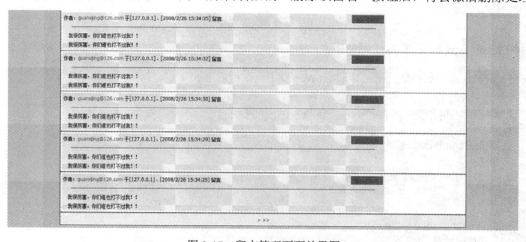

图 3-17 留言管理页面效果图

3.10.2 留言删除处理页面

留言删除处理页面文件 Guanli.aspx.cs 的功能是将系统留言数据进行分页处理，并将用户选中的留言数据从系统库中删除。其具体实现步骤如下：

（1）引入命名空间，声明类 BoardManage。
（2）通过 Page_Load 载入初始化留言管理列表界面。

(3) 获取并显示系统内的数据。
(4) 设置分页处理事件，对数据进行重新邦定。
(5) 定义 gvMessage_RowDataBound(object sender,GridViewRowEventArgs e)，弹出"删除确认"对话框。
(6) 定义 gvMessage_RowCommand(object sender,GridViewCommandEventArgs e)，将用户选中的数据从系统库中删除。

上述过程的运行流程如图 3-18 所示。

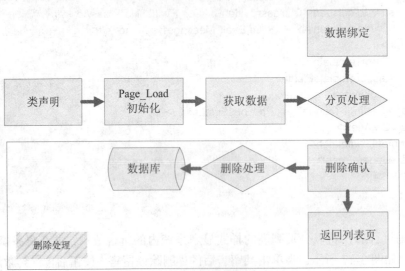

图 3-18 留言删除处理流程图

文件 Guanli.aspx.cs 的主要代码如下：

```
public partial class BoardManage : System.Web.UI.Page
{
    protected void Page_Load(object sender,EventArgs e)
    {
        if(!Page.IsPostBack)
        {
            BindPageData();
        }
    }
    private void BindPageData()
    {
        //获取数据
        Message message = new Message();
        DataSet ds = message.GetMessages();
        //显示数据
        gvMessage.DataSource = ds;
        gvMessage.DataBind();
    }
    protected void gvMessage_PageIndexChanging(object sender,GridViewPageEventArgs e)
    {
        //设置新页面并重新绑定数据
        gvMessage.PageIndex = e.NewPageIndex;
```

```
            BindPageData();
        }
        protected void gvMessage_RowDataBound(object sender,GridViewRowEventArgs e)
        {
            Button button = (Button)e.Row.FindControl("btnDelete");
            if(button != null)
            {
button.Attributes.Add("onclick","return confirm(\"您确认要删除当前行的留言吗？\");");
            }
        }
        protected void gvMessage_RowCommand(object sender,GridViewCommandEventArgs e)
        {
            if(e.CommandName.ToLower() == "del")
            {   //删除选择的留言
            Message message = new Message();
            if(message.DeleteMessage(Int32.Parse(e.CommandArgument.ToString())) > 0)
                {   //重新绑定数据
                    BindPageData();
                }
            }
        }
}
```

上述代码执行后的显示效果如下：当用户单击"删除该留言"按钮后，将首先弹出提示"删除确认"对话框，如图 3-19 所示；如果单击"取消"按钮则返回列表页面，如果单击"确定"按钮则将此留言数据从系统内删除。

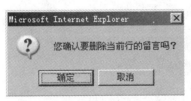

图 3-19　"删除确认"对话框

3.11　技 术 总 结

知识点讲解：光盘\视频讲解\第 3 章\两点总结.avi

到此为止，本章的在线留言本系统的具体实现全部讲解完毕，最后将讲解在开发本项目过程中的心得体会。

3.11.1　让提示更加详细

应用程序的调试十分重要，当写好的网页运行出错后，ASP.NET 就会在页面上告知程序有错了，但究竟错在哪里，是没有提示的。为了能让 ASP.NET 进一步提示出错的详细信息，就需要编辑

Config.web 中的配置信息。

具体做法是在 Config.web 文件中输入下面的语句：

```
<configuration>
<customerrors mode="off"></customerrors>
</configuration>
```

输入完成后选择保存，将它保存到当前页面相同的文件夹中即可。经过上述操作后，即可在调试程序时详细地查看程序出错的原因。

3.11.2 使用缓存来优化页面

对于动态 Web 站点来说，如果系统数据太多则可能会引发数据显示过缓的问题。特别是当前的在线交互系统，总是能吸引大量的用户来发布和回复数据。此时，可以使用缓存技术来实现性能优化。

但如果只是需要立即获得足够高的性能，缓存就是最佳选择，开发人员可以在以后有时间的时候再尽快重新设计应用程序。页面级输出缓存作为最简单的缓存形式，输出缓存只是在内存中保留为响应请求而发送的 HTML 的副本。其后再有请求时将提供缓存的输出，直到缓存到期，这样，性能有可能得到很大的提高。要实现页面输出缓存，只需将下面的 OutputCache 指令添加到页面即可。

```
<%@ OutputCache Duration="60" VaryByParam="*" %>
```

第4章 个人相册展示系统

随着网络的普及和网络技术的迅速发展，各种 Web 站点也纷纷建立起来。为了满足用户的需求，各种个人站点也应运而生。例如，个人博客和个人相册展示等。并且随着网民的日益增多，相册系统迅速向大型站点蔓延，成为 Web 站点的重要组成部分。本章将向读者介绍个人相册展示系统的运行流程，并通过具体的实例来讲解其具体的实现过程。

4.1 系统概述和总体设计

知识点讲解：光盘\视频讲解\第4章\系统概述和总体设计.avi

本项目包括后台数据库的建立、维护以及前端应用程序的开发两个方面。应用程序的开发采用目前比较流行的 ADO 数据库访问技术，并将每个数据库表的字段和操作封装到相应的类中，使应用程序的各个窗体都能够共享对表的操作，而不需要重复编码，使程序更加易于维护，从而将面向对象的程序设计思想成功应用于应用程序的设计中，这也是本系统的优势和特色。具体流程如图 4-1 所示。

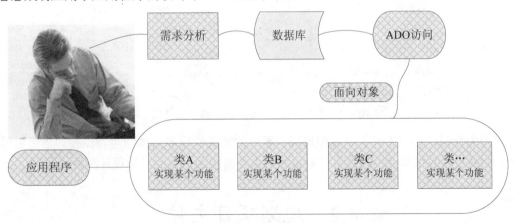

图 4-1 实现流程

系统规划是一个项目的基础，是任何项目的第一步工作。特别是在软件项目中，前期规划分析愈发重要。因为一个项目通常由一个团队来完成，良好的规划分析能更加有针对性地分配任务。

4.1.1 系统需求分析

Web 站点的个人相册展示系统的实现原理比较清晰明了，其主要操作是对数据库数据进行添加和删除操作，并且设置了不同的类别使信息在表现上更加清晰明了。在不同个人相册展示系统实现过程中，往往会根据系统的需求而进行不同功能模块的设置。

一个典型的个人相册展示系统的必备功能如下：
（1）提供信息添加模块供用户添加新的系统数据，包括常见的分类数据和相片数据。
（2）将系统数据清晰地展现出来，包括常见的分类数据和相片数据。
（3）提供上传模块向系统内添加新的相片信息。
（4）提供分类管理模块对系统相片类别进行管理。
（5）设置特有模块对系统数据进行特殊处理。例如，个人类站点中常见的类别加密。

4.1.2 系统运行流程

一个典型的个人相册展示系统的构成模块如下。
- ☑ 相片展示模块：将系统内的相片信息按照指定样式显示出来。
- ☑ 分类处理模块：对系统内的相片进行分类处理。
- ☑ 相片上传模块：向系统内上传新的相片信息。
- ☑ 分类管理模块：对系统内的相片类别进行管理。

上述应用模块的具体运行流程如图 4-2 所示。

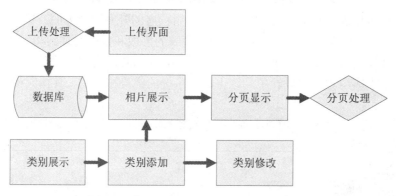

图 4-2　个人相册展示系统功能模块示意图

通过前面的介绍，初步了解了个人相册展示系统的实现原理和具体的运行流程。下面将通过一个具体的个人相册展示系统实例，向读者讲解典型个人相册展示系统的具体设计流程。

4.2 规划项目文件

知识点讲解：光盘\视频讲解\第 4 章\规划项目文件.avi

针对本章实例，规划的各构成模块文件的具体说明分别如下。
- ☑ 系统配置文件：功能是对项目程序进行总体配置。
- ☑ 样式设置模块：功能是设置系统文件的显示样式。
- ☑ 数据库文件：功能是搭建系统数据库平台，保存系统的登录数据。
- ☑ 相片展示模块：将系统内的相片信息按照指定样式显示出来。
- ☑ 分类处理模块：对系统内的相片进行分类处理。
- ☑ 相片上传模块：向系统内上传新的相片信息。

☑ 分类管理模块：对系统内的相片类别进行管理。

在 Visual Studio 2012 中，规划的项目文件结构如图 4-3 所示。

图 4-3　Visual Studio 2012 中的项目文件结构

在上述目录结构中，包含了如下所示的两个文件夹。

☑ 文件夹 photo：保存系统的项目文件。

☑ 文件夹 database：保存系统的数据库文件。

> **注意**：系统规划是一个项目的基础，是任何项目的第一步工作。特别是在软件项目中，前期规划分析愈发重要。因为一个项目通常由一个团队来完成，良好的规划分析能更加有针对性地分配任务。

4.3　设计数据库

知识点讲解：光盘\视频讲解\第 4 章\设计数据库.avi

本项目系统的开发主要包括后台数据库的建立、维护以及前端应用程序的开发两个方面。数据库设计是个人相册展示系统设计开发的一个重要组成部分。

4.3.1　后台数据库及数据库访问接口的选择

开发数据库管理信息系统需要选择后台数据库和相应的数据库访问接口。后台数据库的选择需要考虑用户需求、系统功能和性能要求等因素。考虑到系统所要管理的数据量比较大，且需要多用户同时运行访问，本项目将使用 SQL Server 2005 作为后台数据库管理平台。

4.3.2　数据库结构的设计

由需求分析的规划可知，整个项目对象有 5 种信息，所以对应的数据库也需要包含这 5 种信息，从而系统需要包含如下两个数据库表。

- ☑ photo：相片信息表。
- ☑ category：相片类别信息表。

（1）相片信息表 photo，具体结构如表 4-1 所示。

表 4-1 相片信息表结构

字 段 名 称	数 据 类 型	是 否 主 键	默 认 值	功 能 描 述
ID	int	是	递增 1	编号
Title	varchar(50)	否	Null	名称
Url	varchar(255)	否	Null	地址
CreateDate	datetime	否	Null	时间
Type	varchar(50)	否	Null	格式
Size	int	否	Null	大小
CategoryID	int	否	Null	所属类别号

（2）相片类别信息表 category，用来保存专业信息，表结构如表 4-2 所示。

表 4-2 相片类别信息表结构

字 段 名 称	数 据 类 型	是 否 主 键	默 认 值	功 能 描 述
ID	int	是	递增 1	编号
Name	varchar(50)	否	Null	名称
Status	tinyint	否	Null	状态

4.4 参数设置和数据库访问层

知识点讲解：光盘\视频讲解\第 4 章\参数设置和数据库访问层.avi

参数设置和数据库访问层的工作是整个项目的基础，项目中的具体功能将以此为基础进行扩展。根据前面的规划文件和数据库设计，可以总结出此过程需要如下两个阶段的工作：

（1）设置系统内上传相片的最大数量，并设置合法的上传相片类型。
（2）设置数据库访问层。

4.4.1 编写参数设置文件

系统参数设置文件 shezhi.cs 的功能是，设置系统内上传相片的最大数量，并设置合法的上传相片类型。其具体实现步骤如下：

（1）定义 AjaxAlbum 类，保存系统参数。
（2）定义 MAXPHOTOCOUNT，设置同时上传相片的最大数量。
（3）定义 ALLOWPHOTOFILELIST 数组，设置允许上传相片的类型。
上述功能的实现代码如下：

```
using System;
using System.Data;
using System.Configuration;
```

```
using System.Web;
using System.Web.Security;
using System.Web.UI;
using System.Web.UI.WebControls;
using System.Web.UI.WebControls.WebParts;
using System.Web.UI.HtmlControls;
namespace ASPNETAJAXWeb.AjaxAlbum
{
    public class AjaxAlbumSystem
    {
        public const string TOTALPAGEINDEX = "TOTALPAGEINDEX";
        public const string CURRENTPAGEINDEX = "CURRENTPAGEINDEX";
        public const int MAXPHOTOCOUNT = 5;
        public static string[] ALLOWPHOTOFILELIST = new string[]{
            ".bmp",
            ".gif",
            ".jpg",
            ".mht",
            ".png"
        };
        public AjaxAlbumSystem()
        {
            ...
        }
```

4.4.2 实现相片上传数据库访问层

相片上传处理的数据库访问层由文件 photo.cs 实现，其主要功能是在 ASPNETAJAXWeb.Ajax AjaxAlbum 空间内建立 AjaxAlbum 类，并定义多个方法实现对各系统文件在数据库中的处理，包括上传相片的处理和相片分类的处理。其具体实现方法如下：

- ☑ 方法 GetFenlei()。
- ☑ 方法 GetFenleiAndPhoto()。
- ☑ 方法 GetFenleiAndPhoto(int start,int max)。
- ☑ 方法 GetSingleFenlei(int categoryID)。
- ☑ 方法 GetSinglePhoto(int photoID)。
- ☑ 方法 AddPhoto(string title,string url,string type,int size,int categoryID)。

1. 定义 AjaxAlbum 类

定义 AjaxAlbum 类的实现代码如下：

```
using System;
using System.Data;
using System.Configuration;
using System.Data.SqlClient;
namespace ASPNETAJAXWeb.AjaxAlbum
{
    public class Album
```

```
{
    public Album()
    {
        ...
    }
```

2. 获取系统分类信息

获取系统分类信息即获取系统库内已存在的相片类别，其功能是由方法 GetFenlei() 实现的。其具体实现流程如下：

（1）从系统配置文件 Web.config 内获取数据库连接参数，并将其保存在 connectionString 内。
（2）使用连接字符串创建 con 对象，实现数据库连接。
（3）新建获取数据库分类数据的 SQL 查询语句。
（4）创建获取数据的对象 da。
（5）打开数据库连接，获取查询数据。
（6）将获取的查询结果保存在 ds 中，并返回 ds。

上述功能的对应实现代码如下：

```
public DataSet GetFenlei()
{
    //获取连接字符串
    string connectionString = ConfigurationManager.ConnectionStrings["SQLCONNECTIONSTRING"].ConnectionString;
    SqlConnection con = new SqlConnection(connectionString);
    //创建 SQL 语句
    string cmdText = "SELECT * FROM Category";
    //创建 SqlDataAdapter
    SqlDataAdapter da = new SqlDataAdapter(cmdText,con);
    //定义 DataSet
    DataSet ds = new DataSet();
    try
    {   //打开连接
        con.Open();
        //填充数据
        da.Fill(ds,"DataTable");
    }
    catch(Exception ex)
    {   //抛出异常
        throw new Exception(ex.Message,ex);
    }
    finally
    {
        con.Close();
    }
    return ds;
}
```

3. 获取系统分类、相片信息

获取系统分类、相片信息，即获取系统库内的相片类别及其对应的相片信息，其功能是由方法

GetFenleiAndPhoto()实现的。其具体实现流程如下：

（1）从系统配置文件 Web.config 内获取数据库连接参数，并将其保存在 connectionString 内。
（2）使用连接字符串创建 con 对象，实现数据库连接。
（3）新建获取数据库分类数据和相片数据的 SQL 查询语句。
（4）创建获取数据的对象 da。
（5）打开数据库连接，获取查询数据。
（6）将获取的查询结果保存在 ds 中，并返回 ds。

上述功能的对应实现代码如下：

```
public DataSet GetFenleiAndPhoto()
        {
            //获取连接字符串
            string connectionString = ConfigurationManager.ConnectionStrings["SQLCONNECTIONSTRING"].ConnectionString;
            //创建连接
            SqlConnection con = new SqlConnection(connectionString);
            //创建 SQL 语句
            string cmdText = "SELECT A.*, "
                + "(SELECT COUNT(*) FROM Photo AS B WHERE B.CategoryID = A.ID) AS PhotoCount, "
                + "(SELECT TOP 1 C.ID FROM Photo AS C WHERE C.CategoryID = A.ID ORDER BY CreateDate DESC) AS PhotoID, "
                + "(SELECT TOP 1 D.Title FROM Photo AS D WHERE D.CategoryID = A.ID ORDER BY CreateDate DESC) AS PhotoTitle, "
                + "(SELECT TOP 1 E.Url FROM Photo AS E WHERE E.CategoryID = A.ID ORDER BY CreateDate DESC) AS PhotoUrl "
                + "FROM Category AS A";
            SqlDataAdapter da = new SqlDataAdapter(cmdText,con);
            //定义 DataSet
            DataSet ds = new DataSet();
            try
            {
                con.Open();
                da.Fill(ds,"DataTable");
            }
            catch(Exception ex)
            {
                throw new Exception(ex.Message,ex);
            }
            finally
            {   //关闭连接
                con.Close();
            }
            return ds;
        }
```

4．方法 GetFenleiAndPhoto(int start,int max)

方法 GetFenleiAndPhoto(int start,int max)的功能是获取系统分类及对应照片的信息，并指定获取数据的起始位置和最大数量。其具体实现流程如下：

（1）从系统配置文件 Web.config 内获取数据库连接参数，并将其保存在 connectionString 内。

（2）使用连接字符串创建 con 对象，实现数据库连接。
（3）新建获取数据库分类数据和相片数据的 SQL 查询语句。
（4）创建获取数据的对象 da。
（5）打开数据库连接，获取查询数据。
（6）将获取的查询结果保存在 ds 中，并返回 ds。

上述功能的对应实现代码如下：

```
public DataSet GetFenleiAndPhoto(int start,int max)
        {
            //获取连接字符串
            string connectionString = ConfigurationManager.ConnectionStrings["SQLCONNECTIONSTRING"].ConnectionString;
            SqlConnection con = new SqlConnection(connectionString);
            //创建 SQL 语句
            string cmdText = "SELECT A.*, "
                + "(SELECT COUNT(*) FROM Photo AS B WHERE B.CategoryID = A.ID) AS PhotoCount, "
                + "(SELECT TOP 1 C.ID FROM Photo AS C WHERE C.CategoryID = A.ID ORDER BY CreateDate DESC) AS PhotoID, "
                + "(SELECT TOP 1 D.Title FROM Photo AS D WHERE D.CategoryID = A.ID ORDER BY CreateDate DESC) AS PhotoTitle, "
                + "(SELECT TOP 1 E.Url FROM Photo AS E WHERE E.CategoryID = A.ID ORDER BY CreateDate DESC) AS PhotoUrl "
                + "FROM Category AS A";
            SqlDataAdapter da = new SqlDataAdapter(cmdText,con);
            //定义 DataSet
            DataSet ds = new DataSet();
            try
            {
                con.Open();
                //填充数据
                da.Fill(ds,start,max,"DataTable");
            }
            catch(Exception ex)
            {
                //抛出异常
                throw new Exception(ex.Message,ex);
            }
            finally
            {
                //关闭连接
                con.Close();
            }
            return ds;
        }
```

5. 方法 GetSinglePhoto(int photoID)

方法 GetSinglePhoto(int photoID)的功能是获取系统内某张相片的详细信息，其具体实现流程如下：
（1）从系统配置文件 Web.config 内获取数据库连接参数，并将其保存在 connectionString 内。
（2）使用连接字符串创建 con 对象，实现数据库连接。
（3）新建获取某编号相片数据的 SQL 查询语句。
（4）创建获取数据的对象 cmd。

（5）打开数据库连接，获取查询数据。

（6）将获取的查询结果保存在 dr 中，并返回 dr。

上述功能的对应实现代码如下：

```
public SqlDataReader GetSinglePhoto(int photoID)
    {
        string connectionString = ConfigurationManager.ConnectionStrings["SQLCONNECTIONSTRING"].ConnectionString;
        SqlConnection con = new SqlConnection(connectionString);
        //创建 SQL 语句
        string cmdText = "SELECT * FROM Photo WHERE ID=@ID";
        SqlCommand cmd = new SqlCommand(cmdText,con);
        //创建参数并赋值
        cmd.Parameters.Add("@ID",SqlDbType.Int,4);
        cmd.Parameters[0].Value = photoID;
        //定义 SqlDataReader
        SqlDataReader dr;
        try
        {
            con.Open();
            //读取数据
            dr = cmd.ExecuteReader(CommandBehavior.CloseConnection);
        }
        catch(Exception ex)
        {
            //抛出异常
            throw new Exception(ex.Message,ex);
        }
        return dr;
    }
```

6．方法 AddPhoto(string title,string url,string type,int size,int categoryID)

方法 AddPhoto(string title,string url,string type,int size,int categoryID)的功能是将上传表单内指定的相片添加到系统库内。其具体实现流程如下：

（1）从系统配置文件 Web.config 内获取数据库连接参数，并将其保存在 connectionString 内。

（2）使用连接字符串创建 con 对象，实现数据库连接。

（3）新建数据库相片数据添加的 SQL 语句。

（4）创建获取数据的对象 cmd。

（5）打开数据库连接，执行添加处理。

（6）将操作结果保存在 result 中，并返回 result。

上述功能的对应实现代码如下：

```
public int AddPhoto(string title,string url,string type,int size,int categoryID)
    {
        string connectionString = ConfigurationManager.ConnectionStrings["SQLCONNECTIONSTRING"].ConnectionString;
        SqlConnection con = new SqlConnection(connectionString);
        //创建 SQL 语句
        string cmdText = "INSERT INTO Photo(Title,Url,[Type],[Size],CreateDate,CategoryID)VALUES
```

```
            (@Title,@Url,@Type,@Size,GETDATE(),@CategoryID)";
                    SqlCommand cmd = new SqlCommand(cmdText,con);
                    //创建参数并赋值
                    cmd.Parameters.Add("@Title",SqlDbType.VarChar,50);
                    cmd.Parameters.Add("@Url",SqlDbType.VarChar,255);
                    cmd.Parameters.Add("@Type",SqlDbType.VarChar,50);
                    cmd.Parameters.Add("@Size",SqlDbType.Int,4);
                    cmd.Parameters.Add("@CategoryID",SqlDbType.Int,4);
                    cmd.Parameters[0].Value = title;
                    cmd.Parameters[1].Value = url;
                    cmd.Parameters[2].Value = type;
                    cmd.Parameters[3].Value = size;
                    cmd.Parameters[4].Value = categoryID;
                    int result = -1;
                    try
                    {
                        con.Open();
                        //操作数据
                        result = cmd.ExecuteNonQuery();
                    }
                    catch(Exception ex)
                    {
                        //抛出异常
                        throw new Exception(ex.Message,ex);
                    }
                    finally
                    {
                        //关闭连接
                        con.Close();
                    }
                    return result;
                }
```

注意：上面介绍的6个方法并不是文件photo.cs内所有的数据库访问层方法。本实例的上传模块主要应用到上述6个方法，至于其他方法的实现过程，将在实例的其他功能模块中进行详细介绍。

4.4.3 实现相片显示数据库访问层

相片显示模块的数据库访问层也是由文件 photo.cs 实现的，并且此模块使用的访问层方法，也包括前面介绍的上传模块中使用的方法。在文件 photo.cs 中，与系统相片显示相关的方法如下：

- ☑ 方法 GetFenlei()。
- ☑ 方法 GetFenleiAndPhoto()。
- ☑ 方法 GetFenleiAndPhoto(int start,int max)。
- ☑ 方法 GetSinglePhoto(int photoID)。
- ☑ 方法 GetPhotoByFenlei(int categoryID)。
- ☑ 方法 GetPhotoByFenlei(int categoryID,int start,int max)。

1. 获取系统分类信息

获取系统分类信息即获取系统库内已存在的相片类别，其功能是由方法 GetFenlei()实现的。其具体实现流程如下：

（1）从系统配置文件 Web.config 内获取数据库连接参数，并将其保存在 connectionString 内。

（2）使用连接字符串创建 con 对象，实现数据库连接。

（3）新建获取数据库分类数据的 SQL 查询语句。

（4）创建获取数据的对象 da。

（5）打开数据库连接，获取查询数据。

（6）将获取的查询结果保存在 ds 中，并返回 ds。

上述功能的对应实现代码如下：

```
public DataSet GetFenlei()
        {
            //获取连接字符串
            string connectionString = ConfigurationManager.ConnectionStrings["SQLCONNECTIONSTRING"].ConnectionString;
            SqlConnection con = new SqlConnection(connectionString);
            //创建 SQL 语句
            string cmdText = "SELECT * FROM Category";
            //创建 SqlDataAdapter
            SqlDataAdapter da = new SqlDataAdapter(cmdText,con);
            //定义 DataSet
            DataSet ds = new DataSet();
            try
            {   //打开连接
                con.Open();
                //填充数据
                da.Fill(ds,"DataTable");
            }
            catch(Exception ex)
            {   //抛出异常
                throw new Exception(ex.Message,ex);
            }
            finally
            {
                con.Close();
            }
            return ds;
        }
```

2．获取系统分类、相片信息

获取系统分类、相片信息，即获取系统库内的相片类别及其对应的相片信息，其功能是由方法 GetFenleiAndPhoto()实现的。其具体实现流程如下：

（1）从系统配置文件 Web.config 内获取数据库连接参数，并将其保存在 connectionString 内。

（2）使用连接字符串创建 con 对象，实现数据库连接。

（3）新建获取数据库分类数据和相片数据的 SQL 查询语句。

（4）创建获取数据的对象 da。

（5）打开数据库连接，获取查询数据。

（6）将获取的查询结果保存在 ds 中，并返回 ds。

上述功能的对应实现代码如下：

```csharp
public DataSet GetFenleiAndPhoto()
        {
            //获取连接字符串
            string connectionString = ConfigurationManager.ConnectionStrings["SQLCONNECTIONSTRING"].ConnectionString;
            //创建连接
            SqlConnection con = new SqlConnection(connectionString);
            //创建 SQL 语句
            string cmdText = "SELECT A.*, "
                + "(SELECT COUNT(*) FROM Photo AS B WHERE B.CategoryID = A.ID) AS PhotoCount, "
                + "(SELECT TOP 1 C.ID FROM Photo AS C WHERE C.CategoryID = A.ID ORDER BY CreateDate DESC) AS PhotoID, "
                + "(SELECT TOP 1 D.Title FROM Photo AS D WHERE D.CategoryID = A.ID ORDER BY CreateDate DESC) AS PhotoTitle, "
                + "(SELECT TOP 1 E.Url FROM Photo AS E WHERE E.CategoryID = A.ID ORDER BY CreateDate DESC) AS PhotoUrl "
                + "FROM Category AS A";
            SqlDataAdapter da = new SqlDataAdapter(cmdText,con);
            //定义 DataSet
            DataSet ds = new DataSet();
            try
            {
                con.Open();
                da.Fill(ds,"DataTable");
            }
            catch(Exception ex)
            {
                throw new Exception(ex.Message,ex);
            }
            finally
            {   //关闭连接
                con.Close();
            }
            return ds;
        }
```

3．方法 GetFenleiAndPhoto(int start,int max)

方法 GetFenleiAndPhoto(int start,int max)的功能是获取系统分类及对应照片的信息，并指定获取数据的起始位置和最大数量。其具体实现流程如下：

（1）从系统配置文件 Web.config 内获取数据库连接参数，并将其保存在 connectionString 内。
（2）使用连接字符串创建 con 对象，实现数据库连接。
（3）新建获取数据库分类数据和相片数据的 SQL 查询语句。
（4）创建获取数据的对象 da。
（5）打开数据库连接，获取查询数据。
（6）将获取的查询结果保存在 ds 中，并返回 ds。

上述功能的对应实现代码如下：

```csharp
public DataSet GetFenleiAndPhoto(int start,int max)
    {
        //获取连接字符串
        string connectionString = ConfigurationManager.ConnectionStrings["SQLCONNECTIONSTRING"].ConnectionString;
        SqlConnection con = new SqlConnection(connectionString);
        //创建 SQL 语句
        string cmdText = "SELECT A.*, "
            + "(SELECT COUNT(*) FROM Photo AS B WHERE B.CategoryID = A.ID) AS PhotoCount, "
            + "(SELECT TOP 1 C.ID FROM Photo AS C WHERE C.CategoryID = A.ID ORDER BY CreateDate DESC) AS PhotoID, "
            + "(SELECT TOP 1 D.Title FROM Photo AS D WHERE D.CategoryID = A.ID ORDER BY CreateDate DESC) AS PhotoTitle, "
            + "(SELECT TOP 1 E.Url FROM Photo AS E WHERE E.CategoryID = A.ID ORDER BY CreateDate DESC) AS PhotoUrl "
            + "FROM Category AS A";
        SqlDataAdapter da = new SqlDataAdapter(cmdText,con);
        //定义 DataSet
        DataSet ds = new DataSet();
        try
        {
            con.Open();
            //填充数据
            da.Fill(ds,start,max,"DataTable");
        }
        catch(Exception ex)
        {
            //抛出异常
            throw new Exception(ex.Message,ex);
        }
        finally
        {   //关闭连接
            con.Close();
        }
        return ds;
    }
```

4．方法 GetSinglePhoto(int photoID)

方法 GetSinglePhoto(int photoID)的功能是获取系统内某幅相片的详细信息，其具体实现流程如下：

（1）从系统配置文件 Web.config 内获取数据库连接参数，并将其保存在 connectionString 内。
（2）使用连接字符串创建 con 对象，实现数据库连接。
（3）新建获取某编号相片数据的 SQL 查询语句。
（4）创建获取数据的对象 cmd。
（5）打开数据库连接，获取查询数据。
（6）将获取的查询结果保存在 dr 中，并返回 dr。

上述功能的对应实现代码如下：

```csharp
public SqlDataReader GetSinglePhoto(int photoID)
    {
        string connectionString = ConfigurationManager.ConnectionStrings["SQLCONNECTIONSTRING"].
```

```
ConnectionString;
            SqlConnection con = new SqlConnection(connectionString);
            //创建 SQL 语句
            string cmdText = "SELECT * FROM Photo WHERE ID=@ID";
            SqlCommand cmd = new SqlCommand(cmdText,con);
            //创建参数并赋值
            cmd.Parameters.Add("@ID",SqlDbType.Int,4);
            cmd.Parameters[0].Value = photoID;
            //定义 SqlDataReader
            SqlDataReader dr;
            try
            {
                con.Open();
                //读取数据
                dr = cmd.ExecuteReader(CommandBehavior.CloseConnection);
            }
            catch(Exception ex)
            {   //抛出异常
                throw new Exception(ex.Message,ex);
            }
            return dr;
        }
```

5．方法 GetPhotoByFenlei(int categoryID)

方法 GetPhotoByFenlei(int categoryID)的功能是根据系统相片分类获取对应的相片信息，其具体实现流程如下：

（1）从系统配置文件 Web.config 内获取数据库连接参数，并将其保存在 connectionString 内。
（2）使用连接字符串创建 con 对象，实现数据库连接。
（3）新建 SQL 语句，获取某分类下的对应相片数据。
（4）创建获取数据的对象 da。
（5）打开数据库连接，获取查询数据。
（6）将获取的查询结果保存在 ds 中，并返回 ds。

上述功能的对应实现代码如下：

```
public DataSet GetPhotoByFenlei(int categoryID)
        {   //获取连接字符串
            string connectionString = ConfigurationManager.ConnectionStrings["SQLCONNECTIONSTRING"].ConnectionString;
            SqlConnection con = new SqlConnection(connectionString);
            //创建 SQL 语句
            string cmdText = "SELECT Photo.* FROM Photo WHERE CategoryID = @CategoryID Order by CreateDate DESC";
            SqlDataAdapter da = new SqlDataAdapter(cmdText,con);
            //创建参数并赋值
            da.SelectCommand.Parameters.Add("@CategoryID",SqlDbType.Int,4);
            da.SelectCommand.Parameters[0].Value = categoryID;
            //定义 DataSet
            DataSet ds = new DataSet();
```

```
            try
            {
                con.Open();
                da.Fill(ds,"DataTable");
            }
            catch(Exception ex)
            {
                throw new Exception(ex.Message,ex);
            }
            finally
            {
                con.Close();
            }
            return ds;
        }
```

6. 方法 GetPhotoByFenlei(int categoryID,int start,int max)

方法 GetPhotoByFenlei(int categoryID,int start,int max)的功能是根据系统相片分类获取对应的相片信息，并指定获取数据的起始位置和最大数量。其具体实现流程如下：

（1）从系统配置文件 Web.config 内获取数据库连接参数，并将其保存在 connectionString 内。
（2）使用连接字符串创建 con 对象，实现数据库连接。
（3）新建 SQL 语句，按照顺序获取某分类下的对应相片数据。
（4）创建获取数据的对象 da。
（5）打开数据库连接，获取查询数据。
（6）将获取的查询结果保存在 ds 中，并返回 ds。

上述功能的对应实现代码如下：

```
public DataSet GetPhotoByFenlei(int categoryID,int start,int max)
        {
            //获取连接字符串
            string connectionString = ConfigurationManager.ConnectionStrings["SQLCONNECTIONSTRING"].ConnectionString;
            SqlConnection con = new SqlConnection(connectionString);
            //创建 SQL 语句
            string cmdText = "SELECT Photo.* FROM Photo WHERE CategoryID = @CategoryID Order by CreateDate DESC";
            SqlDataAdapter da = new SqlDataAdapter(cmdText,con);
            da.SelectCommand.Parameters.Add("@CategoryID",SqlDbType.Int,4);
            da.SelectCommand.Parameters[0].Value = categoryID;
            //定义 DataSet
            DataSet ds = new DataSet();
            try
            {
                con.Open();
                //填充数据
                da.Fill(ds,start,max,"DataTable");
            }
            catch(Exception ex)
            {   //抛出异常
```

```
                throw new Exception(ex.Message,ex);
            }
            finally
            {
                con.Close();
            }
            return ds;
        }
```

4.4.4　实现类别管理数据访问层

类别管理相关的数据访问层功能也是由文件 photo.cs 实现的，并且此模块使用的访问层方法，也包括前面介绍的上传模块中使用的方法。在文件 photo.cs 中，与分类管理模块相关的方法如下：

- ☑ 方法 GetFenlei()。
- ☑ 方法 GetSingleFenlei(int categoryID)。
- ☑ 方法 AddFenlei(string name,byte status)。
- ☑ 方法 UpdateFenlei(int categoryID,string name,byte status)。
- ☑ 方法 DeleteFenlei(int categoryID)。

1．获取指定分类信息

获取指定分类信息即获取系统库内某相片类别的信息，其功能是由方法 GetSingleFenlei(int categoryID) 实现的。其具体实现流程如下：

（1）从系统配置文件 Web.config 内获取数据库连接参数，并将其保存在 connectionString 内。
（2）使用连接字符串创建 con 对象，实现数据库连接。
（3）新建获取数据库内某编号分类数据的 SQL 查询语句。
（4）创建获取数据的对象 cmd。
（5）打开数据库连接，获取查询数据。
（6）将获取的查询结果保存在 dr 中，并返回 dr。

上述功能的对应实现代码如下：

```
public SqlDataReader GetSingleFenlei(int categoryID)
        {
            //获取连接字符串
            string connectionString = ConfigurationManager.ConnectionStrings["SQLCONNECTIONSTRING"].ConnectionString;
            SqlConnection con = new SqlConnection(connectionString);
            //创建 SQL 语句
            string cmdText = "SELECT * FROM Category WHERE ID=@ID";
            SqlCommand cmd = new SqlCommand(cmdText,con);
            //创建参数并赋值
            cmd.Parameters.Add("@ID",SqlDbType.Int,4);
            cmd.Parameters[0].Value = categoryID;
            //定义 SqlDataReader
            SqlDataReader dr;
            try
            {
                con.Open();
```

```
            //读取数据
            dr = cmd.ExecuteReader(CommandBehavior.CloseConnection);
        }
        catch(Exception ex)
        {
            throw new Exception(ex.Message,ex);
        }
        return dr;
    }
```

2．添加分类信息

添加分类信息即向系统库内添加新的类别信息，其功能是由方法 AddFenlei(string name,byte status) 实现的。其具体实现流程如下：

（1）从系统配置文件 Web.config 内获取数据库连接参数，并将其保存在 connectionString 内。
（2）使用连接字符串创建 con 对象，实现数据库连接。
（3）新建向数据库内添加数据的 SQL 处理语句。
（4）创建获取数据的对象 cmd。
（5）打开数据库连接，执行插入操作。
（6）将操作所影响的行数保存在 result 中，并返回 result。

上述功能的对应实现代码如下：

```
public int AddFenlei(string name,byte status)
    {
            string connectionString = ConfigurationManager.ConnectionStrings["SQLCONNECTIONSTRING"].ConnectionString;
            //创建连接
            SqlConnection con = new SqlConnection(connectionString);
            string cmdText = "INSERT INTO Category(Name,Status)VALUES(@Name,@Status)";
            SqlCommand cmd = new SqlCommand(cmdText,con);
            //创建参数并赋值
            cmd.Parameters.Add("@Name",SqlDbType.VarChar,50);
            cmd.Parameters.Add("@Status",SqlDbType.TinyInt,1);
            cmd.Parameters[0].Value = name;
            cmd.Parameters[1].Value = status;
            int result = -1;
            try
            {
                con.Open();
                //操作数据
                result = cmd.ExecuteNonQuery();
            }
            catch(Exception ex)
            {
                throw new Exception(ex.Message,ex);
            }
            finally
            {
                con.Close();
```

```
            }
            return result;
        }
```

3. 修改分类信息

修改分类信息即修改系统库内某类别的信息,其功能是由方法 UpdateFenlei(int categoryID,string name,byte status)实现的。其具体实现流程如下:

(1) 从系统配置文件 Web.config 内获取数据库连接参数,并将其保存在 connectionString 内。
(2) 使用连接字符串创建 con 对象,实现数据库连接。
(3) 新建对数据库内数据进行修改操作的 SQL 语句。
(4) 创建获取数据的对象 cmd。
(5) 打开数据库连接,执行修改操作。
(6) 将操作所影响的行数保存在 result 中,并返回 result。

上述功能的对应实现代码如下:

```
public int UpdateFenlei(int categoryID,string name,byte status)
        {
            string connectionString = ConfigurationManager.ConnectionStrings["SQLCONNECTIONSTRING"].ConnectionString;
            SqlConnection con = new SqlConnection(connectionString);
            //创建 SQL 语句
            string cmdText = "UPDATE Category SET Name=@Name,Status=@Status WHERE ID=@ID";
            //创建 SqlCommand
            SqlCommand cmd = new SqlCommand(cmdText,con);
            //创建参数并赋值
            cmd.Parameters.Add("@Name",SqlDbType.VarChar,50);
            cmd.Parameters.Add("@Status",SqlDbType.TinyInt,1);
            cmd.Parameters.Add("@ID",SqlDbType.Int,4);
            cmd.Parameters[0].Value = name;
            cmd.Parameters[1].Value = status;
            cmd.Parameters[2].Value = categoryID;
            int result = -1;
            try
            {
                con.Open();
                //操作数据
                result = cmd.ExecuteNonQuery();
            }
            catch(Exception ex)
            {
                throw new Exception(ex.Message,ex);
            }
            finally
            {
                con.Close();
            }
            return result;
        }
```

4. 删除分类信息

删除分类信息即删除系统库内某类别的信息,其功能是由方法 DeleteFenlei(int categoryID)实现的。其具体实现流程如下:

(1) 从系统配置文件 Web.config 内获取数据库连接参数,并将其保存在 connectionString 内。
(2) 使用连接字符串创建 con 对象,实现数据库连接。
(3) 新建对数据库内数据进行删除操作的 SQL 语句。
(4) 创建获取数据的对象 cmd。
(5) 打开数据库连接,执行删除操作。
(6) 将操作所影响的行数保存在 result 中,并返回 result。

上述功能的对应实现代码如下:

```
public int DeleteFenlei(int categoryID)
        {   //获取连接字符串
            string connectionString = ConfigurationManager.ConnectionStrings["SQLCONNECTIONSTRING"].ConnectionString;
            //创建连接
            SqlConnection con = new SqlConnection(connectionString);
            //创建 SQL 语句
            string cmdText = "DELETE Category WHERE ID = @ID";
            //创建 SqlCommand
            SqlCommand cmd = new SqlCommand(cmdText,con);
            //创建参数并赋值
            cmd.Parameters.Add("@ID",SqlDbType.Int,4);
            cmd.Parameters[0].Value = categoryID;
            int result = -1;
            try
            {   //打开连接
                con.Open();
                //操作数据
                result = cmd.ExecuteNonQuery();
            }
            catch(Exception ex)
            {   //抛出异常
                throw new Exception(ex.Message,ex);
            }
            finally
            {   //关闭连接
                con.Close();
            }
            return result;
        }
```

4.5 具体编码

知识点讲解:光盘\视频讲解\第 4 章\具体编码.avi

因为在系统框架设计中已经编写好了共用类,完成了数据访问层的设计,所以编码工作的思路就十分清晰了。接下来只需在已经编写类的基础上进行扩充，即可完成整个编码工作。

4.5.1 相片上传处理

相片上传模块的功能是，在系统库内发布新的相片。上述功能的实现文件如下：

- ☑ 文件 AddPhoto.aspx。
- ☑ 文件 AddPhoto.aspx.cs。
- ☑ 文件 AddDuoPhoto.aspx。
- ☑ 文件 AddDuoPhoto.aspx.cs。

1．上传单张相片

单张相片上传是指在上传表单内一次只能上传一张相片。该功能的实现文件如下。

- ☑ 文件 AddPhoto.aspx：上传表单界面文件。
- ☑ 文件 AddPhoto.aspx.cs：上传处理文件。

（1）上传表单界面文件 AddPhoto.aspx 的功能是提供单相片上传表单，供用户选择要上传的相片文件。其具体实现流程如下。

第 1 步：插入一个 TextBox 控件，供用户输入上传相片的名称。
第 2 步：插入两个 RequiredFieldValidator 控件，用于验证输入名称的合法性。
第 3 步：添加一个 TextBoxWatermarkExtender 控件，用于显示默认提示。
第 4 步：调用 3 个 Ajax 程序集内的 ValidatorCallout 控件，实现多样式验证。
第 5 步：插入一个 DropDownList 控件，用于用户选择相片所属分类。
第 6 步：插入一个 FileUpload 控件，供用户输入上传相片路径。
第 7 步：插入一个 Button 控件，用于激活上传处理事件。

文件 AddPhoto.aspx 的具体实现代码如下：

```
<%@ Page Language="C#" AutoEventWireup="true" CodeFile="AddPhoto.aspx.cs" Inherits="AddPhoto" StylesheetTheme="ASPNETAjaxWeb" %>
…
    <form id="form1" runat="server">
    <asp:ScriptManager ID="sm" runat="server"></asp:ScriptManager>
    <table class="Table" border="0" cellpadding="2" bgcolor="green" cellspacing="1">
        <tr bgcolor="white">
            <td colspan="2"><hr /><a name="message"></a></td>
        </tr>
        <tr bgcolor="white"><td valign="top">照片名称：</td>
            <td width="90%"><asp:TextBox ID="tbName" runat="server" SkinID="mm" Width="60%" MaxLength="50"></asp:TextBox>
                <asp:RequiredFieldValidator ID="rfNameBlank" runat="server" ControlToValidate="tbName" Display="none" ErrorMessage="名称不能为空！"></asp:RequiredFieldValidator>
                <asp:RequiredFieldValidator ID="rfNameValue" runat="server" ControlToValidate="tbName" Display="none" InitialValue="请输入分类名称" ErrorMessage="名称不能为空！"></asp:RequiredFieldValidator>
                <asp:RegularExpressionValidator ID="revName" runat="server" ControlToValidate="tbName" Display="none" ErrorMessage="分类名称的长度最大为 50，请重新输入。" ValidationExpression=".{1,50}"></asp:RegularExpressionValidator>
                <ajaxToolkit:TextBoxWatermarkExtender ID="wmeName" runat="server" TargetControlID="tbName" WatermarkText="请输入分类名称" WatermarkCssClass="Watermark">
```

```
</ajaxToolkit:TextBoxWatermarkExtender>
              <ajaxToolkit:ValidatorCalloutExtender ID="vceNameBlank" runat="server" TargetControlID=
"rfNameBlank" HighlightCssClass="Validator">
</ajaxToolkit:ValidatorCalloutExtender>
              <ajaxToolkit:ValidatorCalloutExtender ID="vceNameValue" runat="server" TargetControlID=
"rfNameValue" HighlightCssClass="Validator">
</ajaxToolkit:ValidatorCalloutExtender>
              <ajaxToolkit:ValidatorCalloutExtender ID="vceNameRegex" runat="server" TargetControlID=
"revName" HighlightCssClass="Validator">
</ajaxToolkit:ValidatorCalloutExtender>
    </td></tr>
    <tr bgcolor="white"><td>所属分类：</td>
    <td width="90%">
    <asp:DropDownList ID="ddlCategory" runat="server" SkinID="nn" Width="300px"></asp:DropDownList>
    </td></tr>
    <tr bgcolor="white"><td>选择照片：</td>
    <td width="90%">
    <asp:FileUpload ID="fuPhoto" runat="server" CssClass="Button" Width="400px" />
              <asp:Label ID="lbMessage" runat="server" CssClass="Text" ForeColor="Red"></asp:Label>
      </td></tr>
      <tr bgcolor="white"><td> </td>
        <td width="90%">
              <asp:Button ID="btnCommit" runat="server" Text="提交" SkinID="anniu" Width="100px"
OnClick="btnCommit_Click" /> 
        </td> </tr>
    </table>
    </form>
```

上述实例代码执行后，将首先按照指定样式显示相片上传表单，如图 4-4 所示；当用户输入相片名称为空时，则调用 Ajax 控件显示对应的验证提示，如图 4-5 所示。

图 4-4 上传表单界面效果图

图 4-5 验证提示效果图

（2）上传表单界面文件 AddPhoto.aspx.cs 的功能是将上传表单内的数据添加到系统库中，并将上传相片保存在指定目录下。其具体实现流程如下。

第 1 步：定义 AddPhoto 类。

第 2 步：声明 Page_Load，进行页面初始化处理，判断选择项控件的可用性。

第 3 步：激活 btnCommit_Click 事件，开始相片上传处理。

第 4 步：判断用户是否指定上传文件。

第 5 步：获取上传相片的文件类型和大小。

第 6 步：判断上传文件类型是否合法。

第 7 步：创建上传文件的保存路径。

第 8 步：判断被上传相片名是否已存在。

第 9 步：调用 SaveAs(fullPath) 方法上传相片。

第 10 步：调用数据库访问层中的 AddPhoto 方法向库中添加相片数据。

第 11 步：上传成功后重定向返回类别页面。

文件 AddPhoto.aspx.cs 的具体实现代码如下：

```csharp
public partial class AddPhoto : System.Web.UI.Page
{
    int categoryID = -1;
    protected void Page_Load(object sender,EventArgs e)
    {   //获取相册分类 ID 值
        if(Request.Params["CategoryID"] != null)
        {
            categoryID = Int34.Parse(Request.Params["CategoryID"].ToString());
        }
        if(!Page.IsPostBack)
        {
            BindPageData(categoryID);
        }
        btnCommit.Enabled = ddlCategory.Items.Count > 0 ? true : false;
    }
    private void BindPageData(int categoryID)
    {   //获取相册分类信息
        Album album = new Album();
        DataSet ds = album.GetFenlei();
        //显示相册分类信息
        ddlCategory.DataSource = ds;
        ddlCategory.DataTextField = "Name";
        ddlCategory.DataValueField = "ID";
        ddlCategory.DataBind();
        //设置被选择的分类
        AjaxAlbumSystem.ListSelectedItemByValue(ddlCategory,categoryID.ToString());
        if(ddlCategory.SelectedIndex == -1 && ddlCategory.Items.Count > 0)
        {
            ddlCategory.SelectedIndex = 0;
        }
    }
    protected void btnCommit_Click(object sender,EventArgs e)
```

```csharp
        {
            //判断上传文件的内容是否为空
            if(fuPhoto.HasFile == false || fuPhoto.PostedFile.ContentLength <= 0)
            {
                lbMessage.Text = "上传文件的内容为空，请重新选择文件！";
                return;
            }
            //获取上传文件的值
            string type = fuPhoto.PostedFile.ContentType;
            int size = fuPhoto.PostedFile.ContentLength;
            //创建基于时间的文件名称
            string fileName = AjaxAlbumSystem.CreateDateTimeString();
            string extension = Path.GetExtension(fuPhoto.PostedFile.FileName);
            //判断文件是否合法
            bool isAllow = false;
            foreach(string ext in AjaxAlbumSystem.ALLOWPHOTOFILELIST)
            {
                if(ext == extension.ToLower())
                {
                    isAllow = true;
                    break;
                }
            }
            if(isAllow == false) return;
            string url = "Photoes/" + fileName + extension;
            string fullPath = Server.MapPath(url);
            if(File.Exists(fullPath) == true)
            {
                lbMessage.Text = "上载的文件已经存在，请重新选择文件！";
                return;
            }
            try
            {
                //上载文件
                fuPhoto.SaveAs(fullPath);
                Album album = new Album();
                //添加到数据库中
                if(album.AddPhoto(tbName.Text,url,type,size,Int34.Parse(ddlCategory.SelectedValue)) > 0)
    {
    Response.Redirect("~/Fenlei.aspx?CategoryID=" + ddlCategory.SelectedValue);
                }
            }
            catch(Exception ex)
            {
                //显示错误信息
                lbMessage.Text = "上传文件错误，错误原因为：" + ex.Message;
                return;
            }
        }
}
```

2. 多张相片同时上传

多张相片同时上传是指在上传表单页面内一次可以上传多张相片。该功能的实现文件如下。

☑ 文件 AddDuoPhoto.aspx：上传表单界面文件。

☑ 文件 AddDuoPhoto.aspx.cs：上传处理文件。

（1）上传表单界面文件 AddDuoPhoto.aspx 的功能是提供可以同时上传 4 张相片的上传表单，供用户选择上传相片文件。其具体实现流程如下。

第 1 步：插入一个 DropDownList 控件，用于用户选择相片所属分类。

第 2 步：插入一个 File 控件，供用户输入上传相片路径。

第 3 步：插入一个 Button 控件，用于激活 addFile()。

第 4 步：定义 addFile()方法，用于弹出增加文本框。

第 5 步：插入一个 Button 控件，用于激活上传处理事件 btnCommit_Click。

注意：本系统实例的设置文件 shezhi.cs 中，指定了同时最多文件上传数量为4，所以单击"增加一张照片"按钮后，最多只能显示4个上传文本框。读者可以打开文件 shezhi.cs，根据个人需要而随意设置。

（2）多相片上传处理文件 AddDuoPhoto.aspx.cs 的功能是，将上传表单内的数据添加到系统库中，并将上传相片保存在指定目录下。其具体实现流程如下。

第 1 步：定义 AddPhotos 类。

第 2 步：声明 Page_Load 进行页面初始化处理。

第 3 步：通过 GetFenlei()获取 ddlCategory 中的分类信息。

第 4 步：激活 btnCommit_Click 事件，开始相片上传处理。

第 5 步：HttpFileCollection fileList 获取上传表单文件。

第 6 步：依次处理 fileList 的各上传文件。

第 7 步：判断用户是否选择上传文件。

第 8 步：获取上传相片的文件类型和大小。

第 9 步：调用 CreateDateTimeString()方法创建上传文件名称。

第 10 步：判断上传文件类型是否合法。

第 11 步：创建上传文件的保存路径。

第 12 步：判断被上传相片名是否已存在。

第 13 步：调用 SaveAs(fullPath)方法上传相片。

第 14 步：调用数据库访问层中的 AddPhoto()方法向库中添加相片数据。

第 15 步：上传成功后重定向返回类别页面。

文件 AddPhoto.aspx 的具体实现代码如下：

```
public partial class AddPhotoes : System.Web.UI.Page
{
    protected int MAXPHOTOCOUNT = AjaxAlbumSystem.MAXPHOTOCOUNT;
    int categoryID = -1;
    protected void Page_Load(object sender,EventArgs e)
    {    //获取相册分类 ID 值
        if(Request.Params["CategoryID"] != null)
        {
            categoryID = Int34.Parse(Request.Params["CategoryID"].ToString());
        }
        if(!Page.IsPostBack)
        {
```

```csharp
            BindPageData();
        }
        btnCommit.Enabled = ddlCategory.Items.Count > 0 ? true : false;
}
private void BindPageData()
{
        //获取相册分类信息
        Album album = new Album();
        DataSet ds = album.GetFenlei();
        ddlCategory.DataSource = ds;
        ddlCategory.DataTextField = "Name";
        ddlCategory.DataValueField = "ID";
        ddlCategory.DataBind();
        //设置被选择的分类
AjaxAlbumSystem.ListSelectedItemByValue(ddlCategory,categoryID.ToString());
        //设置第一项为选择项
        if(ddlCategory.SelectedIndex == -1 && ddlCategory.Items.Count > 0)
        {
            ddlCategory.SelectedIndex = 0;
        }
}
protected void btnCommit_Click(object sender,EventArgs e)
{
        if(ddlCategory.SelectedIndex <= 0) return;
        HttpFileCollection fileList = HttpContext.Current.Request.Files;
        if(fileList == null) return;
        Album album = new Album();
        try
        {
            for(int i = 0; i < fileList.Count; i++)
            {   //获取当前上传的文件
                HttpPostedFile postedFile = fileList[i];
                if(postedFile == null) continue;
                //获取上传文件的文件名称
                string fileName = Path.GetFileNameWithoutExtension(postedFile.FileName);
                string extension = Path.GetExtension(postedFile.FileName);
                if(string.IsNullOrEmpty(extension) == true) continue;
                //判断文件是否合法
                bool isAllow = false;
                foreach(string ext in AjaxAlbumSystem.ALLOWPHOTOFILELIST)
                {
                    if(ext == extension.ToLower())
                    {
                        isAllow = true;
                        break;
                    }
                }
                if(isAllow == false) continue;
                string timeFilename = AjaxAlbumSystem.CreateDateTimeString();
                string url = "Photoes/" + timeFilename + extension;
                //获取全路径
                string fullPath = Server.MapPath(url);
```

```
                postedFile.SaveAs(fullPath);
                //添加文件到数据库中
                album.AddPhoto(fileName,url,postedFile.ContentType,postedFile.ContentLength,
                    Int34.Parse(ddlCategory.SelectedValue));
            }
        }
        catch(Exception ex)
        {   //显示上传文件的操作失败消息
            lbMessage.Text = "上传文件错误，错误原因为：" + ex.Message;
            return;
        }
        Response.Redirect("~/Fenlei.aspx?CategoryID=" + ddlCategory.SelectedValue);
    }
}
```

4.5.2 显示相片

相片显示模块的功能是将系统库中的相片信息按照分类逐一显示出来。

1．首页显示

系统首页显示模块的功能是设置在首页中显示系统信息的格式，该功能的实现文件如下。

☑ 文件 Default.aspx：按照样式和显示参数显示系统信息。

☑ 文件 Default.aspx.cs：设置首页信息的显示参数。

（1）系统首页界面文件 Default.aspx 的功能是调用文件 Default.aspx.cs 设置的显示参数，将系统相片按照分类、分页的样式显示。其具体实现流程如下。

第1步：插入一个 DataList 控件，用于以分页、列表的样式显示系统相片的类别。

第2步：定义两个<ItemTemplate>模板，用于提供两个超链接，分别是基于相片的链接 Fenlei.aspx?CategoryID 和基于类别名称的链接 Fenlei.aspx?CategoryID=<%# Eval("ID") %>。

第3步：通过"<%# Eval("ID") %>"获取相片类别的编号。

第4步：通过"<%# Eval("Name") %>"获取相片类别的名称。

第5步：通过"<%# Eval("PhotoCount") %>"获取此类相片的张数。

第6步：插入一个 Label 控件，用于显示分页的信息。

第7步：插入 4 个 ImageButton 控件，用于显示分页的跳转链接。

第8步：通过 tbMove 控件输入分页的跳转页数。

第9步：插入一个名为 btnAdd 的 Button 控件，用于跳转到分类添加页面。

（2）首页显示参数设置文件 Default.aspx.cs 的功能是设置系统首页的分页参数，并对页数的跳转和翻页功能进行处理。

☑ 分页总体设置

分页总体设置的功能是定义_Default 类，并分别设置分页的显示信息数和当前默认显示页数。上述功能的对应实现代码如下：

```
public partial class _Default : System.Web.UI.Page
{
    private int PageCount = 12;
    //当前页码
```

```
        private int CurrentPageIndex = -1;
        //总页码数量
        private int TotalPageIndex = 0;
```

☑ 首页初始化

首页初始化功能是由 Page_Load 事件实现的，其具体实现流程如下。

第 1 步：分别设置总页数和当前页的值。

第 2 步：调用函数 PagingDataInit()，初始化分页所需要的数据源参数。

第 3 步：调用函数 BindCurrentPageData()，设置分页控件当前页所对应的数据源。

上述功能的对应实现代码如下：

```
protected void Page_Load(object sender, EventArgs e)
    {
        //获取总页码数量
        if(ViewState[AjaxAlbumSystem.TOTALPAGEINDEX] != null)
        {
            TotalPageIndex = Int34.Parse(ViewState[AjaxAlbumSystem.TOTALPAGEINDEX].ToString());
        }
        //获取当前页码
        if(ViewState[AjaxAlbumSystem.CURRENTPAGEINDEX] != null)
        {
            CurrentPageIndex = Int34.Parse(ViewState[AjaxAlbumSystem.CURRENTPAGEINDEX].ToString());
        }
        //初始化页面的数据，并设置为第一页
        if(!Page.IsPostBack)
        {
            PagingDataInit();
            BindCurrentPageData();
        }
    }
```

☑ 分页初始化

分页初始化功能是由函数 PagingDataInit()实现的，其具体实现流程如下。

第 1 步：调用类数据库访问层中的 GetFenleiAndPhoto()方法，获取分页所需要的分类数据。

第 2 步：根据数据源 ds 和分页显示信息数计算页数。具体计算方法如下：

☑ 用数据源 ds 中的总信息数除以分页显示信息数 PageCount，如果有正值余数，则将计算出的整数结果加 1 后的数值作为页数。

☑ 将计算出的页数保存在 ViewState 中。

上述功能的对应实现代码如下：

```
private void PagingDataInit()
    {
        //获取数据
        Album album = new Album();
        DataSet ds = album.GetFenleiAndPhoto();
        if(ds == null || ds.Tables.Count <= 0 || ds.Tables[0].Rows.Count <= 0) return;
        if(PageCount == 0) return;
        //计算总页码数量
        TotalPageIndex = ds.Tables[0].Rows.Count / PageCount;
```

```csharp
    if(TotalPageIndex * PageCount < ds.Tables[0].Rows.Count)
    {
        TotalPageIndex++;
    }
    //保存总页码数量
    ViewState[AjaxAlbumSystem.TOTALPAGEINDEX] = TotalPageIndex;
    //如果总页码大于 0，则设置当前页码为第一页
    if(TotalPageIndex > 0)
    {
        CurrentPageIndex = 0;
        //保存当前页码
        ViewState[AjaxAlbumSystem.CURRENTPAGEINDEX] = CurrentPageIndex;
    }
}
```

- ☑ 翻页、跳转处理

在系统首页内，当用户单击"首页"、"上一页"和"下一页"等按钮时，将会跳转到对应的分页上。该功能通过分页控件调用方法函数 BindCurrentPageData()、btnAdd_Click(object sender,EventArgs e) 和 Page_Command(object sender,CommandEventArgs e)实现。

> ➢ 函数 BindCurrentPageData()：功能是将分页控件的数据源设置为当前页码所对应的数据源。其具体实现流程如下。

第 1 步：调用数据库访问层中的方法 GetFenleiAndPhoto(PageCount * CurrentPageIndex,PageCount)，获取当前页数所对应的数据。

第 2 步：通过表达式 PageCount*CurrentPageIndex 指定 start 参数，通过表达式 PageCount 指定 max 参数。

> ➢ 函数 btnAdd_Click(object sender,EventArgs e)：功能是重定向类别添加页面。
> ➢ 函数 Page_Command(object sender,CommandEventArgs e)：功能是实现分页按钮激活后的页码修改。其具体实现流程如下。

第 1 步：通过参数 first 实现首页显示。
第 2 步：通过参数 prev 实现上一页显示。
第 3 步：通过参数 next 实现下一页显示。
第 4 步：通过参数 last 实现末页显示。
第 5 步：通过参数 move 实现指定跳转页码的显示。
上述功能的对应实现代码如下：

```csharp
private void BindCurrentPageData()
{
    if(PageCount <= 0 && CurrentPageIndex < 0) return;
    Album album = new Album();
    DataSet dsCurrent = album.GetFenleiAndPhoto(PageCount * CurrentPageIndex,PageCount);
    dlCategory.DataSource = dsCurrent;
    dlCategory.DataBind();
    //控制分页按钮的可用性
    SetPageButtonEnable();
    ShowCurrentIndex();
}
protected void btnAdd_Click(object sender,EventArgs e)
```

```
{
    //重定向到添加相册分类页面
    Response.Redirect("~/AddFenlei.aspx");
}
protected void Page_Command(object sender,CommandEventArgs e)
{
    string commandName = e.CommandName.ToLower();
    if(string.IsNullOrEmpty(commandName) == true) return;
    //判断总页码数量是否合法
    if(TotalPageIndex <= 0) return;
    switch(commandName)
    {
        case "first":    //首页
            {
                CurrentPageIndex = 0;
                break;
            }
        case "prev":    //上一页
            {
                CurrentPageIndex = Math.Max(0,CurrentPageIndex - 1);
                break;
            }
        case "next":    //下一页
            {
                CurrentPageIndex = Math.Min(TotalPageIndex - 1,CurrentPageIndex + 1);
                break;
            }
        case "last":    //末页
            {
                CurrentPageIndex = TotalPageIndex - 1;
                break;
            }
        case "move":    //直接跳转到指定的页码
            {
                int page = Int34.Parse(tbMove.Text.Trim());
                if(page > 0 && page <= PageCount)
                {
                    CurrentPageIndex = page - 1;
                }
                break;
            }
        default: break;
    }
    //保存当前页码
    ViewState[AjaxAlbumSystem.CURRENTPAGEINDEX] = CurrentPageIndex;
    //重新绑定控件的数据
    BindCurrentPageData();
}
```

☑ 可用性设置

可用性设置是指当用户在分页跳转或转换处理时，根据具体的情况设置不同操作按钮的样式，使某按钮处于不可用状态，避免用户的错误操作。例如，某系统中当前只有一个分页，通过可用性设置后,"上一页"和"下一页"等按钮处于不可操作状态。本实例的可用性设置功能的实现函数如下。

> 函数 SetPageButtonEnable():功能是设置按钮的可用性样式。如果总页数小于1,则所有按钮不可用;如果当前页为第一页,则"上一页"按钮不可用;如果当前页为末页,则"下一页"按钮不可用。

> 函数 ShowCurrentIndex():功能是显示当前页码和系统的总页数。

上述功能的对应实现代码如下:

```
private void SetPageButtonEnable()
    {
        //判断总页码数量是否合法
        if(TotalPageIndex <= 0) return;
        if(TotalPageIndex <= 1)
        {
            ibtFirst.Enabled = ibtPrev.Enabled = ibtNext.Enabled = ibtLast.Enabled = ibtMove.Enabled = false;
            return;
        }
        //如果是第一页,"上一页"按钮不可用
        ibtPrev.Enabled = CurrentPageIndex == 0 ? false : true;
        //如果是最后一页,"下一页"按钮不可用
        ibtNext.Enabled = CurrentPageIndex == TotalPageIndex - 1 ? false : true;
        tbMove.Enabled = true;
    }
private void ShowCurrentIndex()
    {
        //判断总页码数量是否合法
        if(TotalPageIndex <= 0) return;
        //显示页码信息
        lbCurrentIndex.Text = "当前第" + (CurrentPageIndex + 1).ToString()
            + "页,共" + TotalPageIndex.ToString() + "页";
    }
```

经过上述处理后,整个系统首页文件设计完毕。程序执行后的默认显示效果如图 4-6 所示。

图 4-6 首页默认显示效果图

2. 类别显示

相片类别显示模块的功能是将系统内某类别的相片信息集中在某页中以列表的形式显示出来。上述功能的实现文件如下。

- ☑ 文件 Fenlei.aspx：按照样式和显示参数显示系统信息。
- ☑ 文件 Fenlei.aspx.cs：设置首页信息的显示参数。

类别相片列表显示页面文件 Fenlei.aspx 的功能是调用文件 Fenlei.aspx.cs 设置的显示参数，将获取编号的类别相片以分页的样式显示出来。其具体实现流程如下。

第 1 步：插入一个 DataList 控件，用于以分页、列表的样式显示系统内某类别的相片。

第 2 步：定义两个<ItemTemplate>模板，用于提供两个超链接，分别是基于相片图片的链接 XianPhoto.aspx?CategoryID=<%# Eval("CategoryID") %>&PhotoID=<%# Eval("ID") %>和基于相片名称的链接 XianPhoto.aspx?CategoryID=<%# Eval("CategoryID") %>&PhotoID=<%# Eval("ID") %>。

第 3 步：通过<%# Eval("CategoryID") %>获取相片类别的编号，通过<%# Eval("ID") %>获取相片的名称，通过<%# Eval("Title") %>获取此相片的名称，通过<%# Eval("Url") %>获取某相片的存放路径。

第 4 步：插入一个 Label 控件显示分页的信息。

第 5 步：插入 4 个 ImageButton 控件，用于显示分页的跳转链接。

第 6 步：通过 tbMove 控件，用于输入分页的跳转页数。

第 7 步：在页面底部插入 3 个 Button 控件，分别是 btnAddPhoto，用于跳转到上传单张相片界面；btnAddPhotoes，用于跳转到上传多张相片界面；btnPlayPhotoes，用于跳转到播放相片界面。

类别页面显示参数设置文件 Fenlei.aspx.cs 的功能是，设置系统类别相片显示的分页参数，并对页数的跳转和翻页功能进行处理。

- ☑ 分页总体设置

分页总体设置的功能是定义 Category 类，并分别设置分页的显示信息数和当前默认显示页数。上述功能的对应实现代码如下：

```
public partial class Category:System.Web.UI.Page
{
    int categoryID = -1;
    //每一页显示的记录数量，默认值为 12
    private int PageCount = 12;
    //当前页码
    private int CurrentPageIndex = -1;
    //总页码数量
    private int TotalPageIndex = 0;
```

- ☑ 首页初始化

首页初始化功能是由 Page_Load 事件实现的，其具体实现流程如下。

第 1 步：分别设置类别编号、总页数和当前页的值。

第 2 步：获取所要显示的类别编号。

第 3 步：调用函数 PagingDataInit()，初始化分页所需要的数据源参数。

第 4 步：调用函数 BindCurrentPageData()，设置分页控件当前页所对应的数据源。

上述功能的对应实现代码如下：

```
protected void Page_Load(object sender,EventArgs e)
    {
        //获取当前分类的 ID 值
        if(Request.Params["CategoryID"] != null)
        {
            categoryID = Int34.Parse(Request.Params["CategoryID"].ToString());
        }
        //获取总页码数量
        if(ViewState[AjaxAlbumSystem.TOTALPAGEINDEX] != null)
        {
            TotalPageIndex = Int34.Parse(ViewState[AjaxAlbumSystem.TOTALPAGEINDEX].ToString());
        }
        //获取当前页码
        if(ViewState[AjaxAlbumSystem.CURRENTPAGEINDEX] != null)
        {
            CurrentPageIndex = Int34.Parse(ViewState[AjaxAlbumSystem.CURRENTPAGEINDEX].ToString());
        }
        //初始化页面的数据,并设置为第一页
        if(!Page.IsPostBack && categoryID > 0)
        {
            PagingDataInit(categoryID);
            BindCurrentPageData(categoryID);
        }
    }
```

☑ 分页初始化

分页初始化功能是由函数 PagingDataInit()实现的,其具体实现流程如下。

第 1 步:调用类数据库访问层中的 GetPhotoByFenlei()方法,获取分页所需要的分类数据和分类下的相片数据。

第 2 步:根据数据源 ds 和分页显示信息数计算页数,并将计算出的结果保存在 ViewState 中。

上述功能的对应实现代码如下:

```
private void PagingDataInit(int categoryID)
    {
        //获取数据
        Album album = new Album();
        DataSet ds = album.GetPhotoByFenlei(categoryID);
        if(ds == null || ds.Tables.Count <= 0 || ds.Tables[0].Rows.Count <= 0) return;
        if(PageCount == 0) return;
        //计算总页码数量
        TotalPageIndex = ds.Tables[0].Rows.Count / PageCount;
        if(TotalPageIndex * PageCount < ds.Tables[0].Rows.Count)
        {
            TotalPageIndex++;
        }
        ViewState[AjaxAlbumSystem.TOTALPAGEINDEX] = TotalPageIndex;
        //如果总页码大于 0,则设置当前页码为第一页
        if(TotalPageIndex > 0)
        {
            CurrentPageIndex = 0;
            //保存当前页码
```

```
                ViewState[AjaxAlbumSystem.CURRENTPAGEINDEX] = CurrentPageIndex;
        }
}
```

- ☑ 翻页、跳转处理

在系统首页内,当用户单击"首页"、"上一页"和"下一页"等按钮时,将会跳转到对应的分页上。上述功能通过分页控件调用如下方法实现。

函数 BindCurrentPageData():功能是将分页控件的数据源设置为当前页码所对应的数据源。其具体实现流程如下。

第 1 步:调用数据库访问层中的方法 GetPhotoByFenlei(),获取当前页数所对应的显示数据。

第 2 步:通过表达式 PageCount * CurrentPageIndex 指定 start 参数,通过表达式 PageCount 指定 max 参数。函数 Page_Command(object sender,CommandEventArgs e)的功能是实现分页按钮激活后的页码修改。各参数的具体说明如下:

- ☑ 通过参数 first 实现首页显示。
- ☑ 通过参数 prev 实现上一页显示。
- ☑ 通过参数 next 实现下一页显示。
- ☑ 通过参数 last 实现末页显示。
- ☑ 通过参数 move 实现指定跳转页码的显示。

上述功能的对应实现代码如下:

```
private void BindCurrentPageData(int categoryID)
    {
        if(PageCount <= 0 && CurrentPageIndex < 0) return;
        //获取数据
        Album album = new Album();
        DataSet dsCurrent = album.GetPhotoByFenlei(categoryID,PageCount * CurrentPageIndex,PageCount);
        dlPhoto.DataSource = dsCurrent;
        dlPhoto.DataBind();
        //控制分页按钮的可用性
        SetPageButtonEnable();
        ShowCurrentIndex();
    }
//分页函数,执行上一页、下一页和直接跳转到指定页码的操作
protected void Page_Command(object sender,CommandEventArgs e)
    {
        string commandName = e.CommandName.ToLower();
        if(string.IsNullOrEmpty(commandName) == true) return;
        //判断总页码数量是否合法
        if(TotalPageIndex <= 0) return;
        switch(commandName)
        {
            case "first":    //首页
                {
                    CurrentPageIndex = 0;
                    break;
                }
            case "prev":    //上一页
```

```csharp
                {
                    CurrentPageIndex = Math.Max(0,CurrentPageIndex - 1);
                    break;
                }
            case "next":    //下一页
                {
                    CurrentPageIndex = Math.Min(TotalPageIndex - 1,CurrentPageIndex + 1);
                    break;
                }
            case "last":    //末页
                {
                    CurrentPageIndex = TotalPageIndex - 1;
                    break;
                }
            case "move":    //直接跳转到指定的页码
                {
                    int page = Int34.Parse(tbMove.Text.Trim());
                    if(page > 0 && page <= PageCount)
                    {
                        CurrentPageIndex = page - 1;
                    }
                    break;
                }
            default: break;
    }
    //保存页码
    ViewState[AjaxAlbumSystem.CURRENTPAGEINDEX] = CurrentPageIndex;
    //重新绑定数据
    BindCurrentPageData(categoryID);
}
```

- ☑ 可用性设置

本实例的可用性设置功能的实现函数是 SetPageButtonEnable()，其具体功能如下：
- ➢ 如果总页数小于1则所有按钮不可用。
- ➢ 如果当前页为第一页，则"上一页"按钮不可用。
- ➢ 如果当前页为末页，则"下一页"按钮不可用。

上述功能的对应实现代码如下：

```csharp
private void SetPageButtonEnable()
{
    //判断总页码数量是否合法
    if(TotalPageIndex <= 0) return;
    //如果页数量小于1，则所有分页按钮不可用
    if(TotalPageIndex <= 1)
    {
        ibtFirst.Enabled = ibtPrev.Enabled = ibtNext.Enabled = ibtLast.Enabled = ibtMove.Enabled = false;
        return;
    }
    //如果是第一页，则"上一页"按钮不可用
    ibtPrev.Enabled = CurrentPageIndex == 0 ? false : true;
```

```csharp
        //如果是最后一页，则"下一页"按钮不可用
        ibtNext.Enabled = CurrentPageIndex == TotalPageIndex - 1 ? false : true;
        tbMove.Enabled = true;
    }
```

☑ 显示分页信息

函数 ShowCurrentIndex()的功能是显示当前页码和系统的总页数。其具体实现代码如下：

```csharp
private void ShowCurrentIndex()
    {
        //判断总页码数量是否合法
        if(TotalPageIndex <= 0) return;
        //显示页码信息
        lbCurrentIndex.Text = "当前第" + (CurrentPageIndex + 1).ToString()
            + "页，共" + TotalPageIndex.ToString() + "页";
    }
    protected void btnAddPhoto_Click(object sender,EventArgs e)
    {
        Response.Redirect("~/AddPhoto.aspx?CategoryID=" + categoryID.ToString());
    }
    protected void btnAddPhotoes_Click(object sender,EventArgs e)
    {
        Response.Redirect("~/AddDuoPhoto.aspx?CategoryID=" + categoryID.ToString());
    }
    protected void btnPlayPhotoes_Click(object sender,EventArgs e)
    {
        Response.Redirect("~/BofangPhoto.aspx?CategoryID=" + categoryID.ToString());
    }
```

经过上述处理后，整个系统分类列表页面文件设计完毕。上述实例文件执行后，将按照默认样式显示此类别的相片信息，如图 4-7 所示。

图 4-7　分类页面默认显示效果图

3．相片详情

相片详情模块的功能是显示系统内某编号相片的详细信息。该功能的实现文件如下。

☑ 文件 XianPhoto.aspx：按照样式和显示参数显示相片信息。

☑ 文件 XianPhoto.aspx.cs：设置相片的显示参数。

（1）相片详情显示页面文件 XianPhoto.aspx 的功能是调用文件 XianPhoto.aspx.cs 设置的显示参数，将指定编号的相片显示出来。其具体实现流程如下：

第 1 步：插入一个 Image 控件，用于显示指定编号的相片。

第 2 步：定义一个 Label 控件，用于显示相片的标题。

第 3 步：在页面底部插入两个 Button 控件，分别是 btnPrev，用于显示下一张此类别的相片；btnNext s，用于显示上一张此类别的相片。

（2）相片详情参数设置文件 XianPhoto.aspx.cs 的功能是获取相片的编号参数，并获取此编号相片的数据。

☑ 总体设置

总体设置的功能是引入命名空间，并分别设置保存相片编号的 ID 值变量 photoID 和保存相片分类的 ID 值变量 categoryID。上述功能的对应实现代码如下：

```
//引入命名空间
using ASPNETAJAXWeb.AjaxAlbum;
using System.Data.SqlClient;
using AjaxControlToolkit;
public partial class ShowPhoto : System.Web.UI.Page
{
//保存相片分类的 ID 值变量
private int categoryID = -1;
//保存相片编号的 ID 值变量
int photoID = -1;
```

☑ 初始化设置

本模块的页面初始化功能是由事件 Page_Load 实现的，其具体实现流程如下。

第 1 步：分别设置 photoID 和 categoryID 变量值。

第 2 步：调用函数 ShowCurrentPhoto(photoID)，显示当前相片的信息。

上述功能的对应实现代码如下：

```
protected void Page_Load(object sender,EventArgs e)
    {     //获取当前分类的 ID 值
        if(Request.Params["CategoryID"] != null)
        {
            categoryID = Int34.Parse(Request.Params["CategoryID"].ToString());
        }
        //获取当前相片的 ID 值
        if(Request.Params["PhotoID"] != null)
        {
            photoID = Int34.Parse(Request.Params["PhotoID"].ToString());
        }
        //显示当前相片
        if(!Page.IsPostBack && photoID > 0)
        {
            ShowCurrentPhoto(photoID);
            return;
        }
    }
```

☑ 显示对应相片

相片的显示功能是由函数 ShowCurrentPhoto(int photoID)实现的,其具体实现流程如下。

第 1 步:调用数据库访问层的方法 GetSinglePhoto(photoID)获取当前相片的信息,并显示此相片的详情信息。

第 2 步:调用数据库访问层的方法 GetPhotoByFenlei(categoryID)获取此相片所属的分类,并将此分类所有的相片信息保存在 ds 中。

第 3 步:新建数组 photoes,保存相片类型。

第 4 步:将 ds 中的相片信息添加到数组 photoes 中,并设置对应索引。

第 5 步:将相片信息和索引信息保存到 ViewState 中。

上述功能的对应实现代码如下:

```csharp
private void ShowCurrentPhoto(int photoID)
{
    //获取相片的数据
    Album album = new Album();
    SqlDataReader dr = album.GetSinglePhoto(photoID);
    if(dr == null) return;
    if(dr.Read())
    {
        //显示相片的数据
        imgShow.ImageUrl = dr["Url"].ToString();
        lbShow.Text = dr["Title"].ToString();
    }
    dr.Close();
    int currentIndex = -1;
    //根据分类 ID 获取其相片
    DataSet ds = album.GetPhotoByFenlei(categoryID);
    if(ds == null || ds.Tables.Count <= 0 || ds.Tables[0].Rows.Count <= 0) return;
    //创建被播放相片的数组
    Slide[] photoes = new Slide[ds.Tables[0].Rows.Count];
    for(int i = 0; i < ds.Tables[0].Rows.Count; i++)
    {
        //创建存放一张相片的数组
        Slide photo = new Slide();
        photo.Name = photo.Description = ds.Tables[0].Rows[i]["Title"].ToString();
        photo.ImagePath = ds.Tables[0].Rows[i]["Url"].ToString();
        photoes[i] = photo;
        //设置当前索引
        if(lbShow.Text.ToLower() == photo.Name.ToLower())
        {
            currentIndex = i;
        }
    }
    //保存当前索引值
    ViewState["CurrentIndex"] = currentIndex;
    //保存相片数据
    ViewState["Photoes"] = photoes;
}
```

☑ 导航按钮处理

导航按钮处理,即设置用户激活页面底部的导航按钮后的处理程序。实现上述功能的函数是

btnPrev_Click()和 btnNext_Click()。

函数 btnPrev_Click()，其功能是设置单击"上一张"按钮后的处理程序。其具体实现流程如下。

第 1 步：从 ViewState 中获取数组 photoes 的数据。

第 2 步：获取此相片的上一张相片的信息。

第 3 步：显示上一张相片的信息。

函数 btnPrev_Click()的对应实现代码如下：

```
protected void btnPrev_Click(object sender,EventArgs e)
    {
            if(ViewState["Photoes"] == null || ViewState["CurrentIndex"] == null)
            {
                return;
            }
            Slide[] photoes = (Slide[])ViewState["Photoes"];
            //获取当前索引
            int currentIndex = Int34.Parse(ViewState["CurrentIndex"].ToString());
            if(currentIndex == 0)
            {   //修正索引值
                currentIndex = photoes.Length;
            }
            //计算新的当前索引
            int prevIndex = (currentIndex - 1) % photoes.Length;
            //存储新的当前索引，该索引作为下一张相片的当前索引
            ViewState["CurrentIndex"] = prevIndex;
            Slide currentSlide = photoes[prevIndex];
            //显示相片的数据
            imgShow.ImageUrl = currentSlide.ImagePath;
            lbShow.Text = currentSlide.Name;
    }
```

函数 btnNext_Click()，其功能是设置单击"下一张"按钮后的处理程序。其具体实现流程如下。

第 1 步：从 ViewState 中获取数组 photoes 的数据。

第 2 步：获取此相片的下一张相片的信息。

第 3 步：显示下一张相片的信息。

函数 btnNext_Click()的对应实现代码如下：

```
protected void btnNext_Click(object sender,EventArgs e)
    {
            if(ViewState["Photoes"] == null || ViewState["CurrentIndex"] == null)
            {
                return;
            }
            Slide[] photoes = (Slide[])ViewState["Photoes"];
            //获取当前索引
            int currentIndex = Int34.Parse(ViewState["CurrentIndex"].ToString());
            //计算新的当前索引
            int nextIndex = (currentIndex + 1) % photoes.Length;
            ViewState["CurrentIndex"] = nextIndex;
```

```
            Slide currentSlide = photoes[nextIndex];
            //显示相片的数据
            imgShow.ImageUrl = currentSlide.ImagePath;
            lbShow.Text = currentSlide.Name;
        }
```

经过上述处理后，整个系统相片详情页面文件设计完毕。当单击类别列表页面的某张相片后，将显示此相片的详细信息，如图 4-8 所示；当单击相片下方的"上一张"或"下一张"按钮后，将显示对应相片的详细信息。

图 4-8　相片详情信息显示效果图

4．相片播放模块

此模块的功能是以幻灯机的样式播放系统内的相片。上述功能的实现文件如下。

- ☑　文件 BofangPhoto.aspx：相片播放界面。
- ☑　文件 AjaxService.cs：获取播放相片的数据。
- ☑　文件 BofangPhoto.aspx.cs：设置播放参数。

相片播放页面文件 BofangPhoto.aspx 的功能是调用文件 BofangPhoto.aspx.cs 的设置参数，将某类相片播放出来。其具体实现流程如下。

第 1 步：插入一个 Image 控件，用于显示播放的相片。

第 2 步：定义一个 Label 控件，用于显示相片的标题。

第 3 步：在页面底部插入 3 个 Button 控件，分别是 btnPrev，用于播放显示上一张此类别的相片；btnPlay，用于开始播放的激活按钮；btnNext，用于播放显示下一张此类别的相片。

第 4 步：调用 Ajax 程序集内的 SlideShowExtender 控件，实现相片播放的显示效果。

5．播放相片的数据处理

本过程的功能是对播放类别下的相片数据进行处理。上述功能是由文件 AjaxService.cs 实现的，其具体实现流程如下。

第 1 步：引入命名空间。

第 2 步：定义类 AjaxService，使 Web 服务能够被 Ajax 程序集内的控件所使用。

ASP.NET 项目开发详解

第 3 步：定义方法 GetPhotoes(string contextKey)，获取播放列表的相片数据。

文件 AjaxService.cs 的主要实现代码如下：

```
...
//开始引入新的名字空间
using System.Data;
using System.Web.Script.Services;
using AjaxControlToolkit;
using ASPNETAJAXWeb.AjaxAlbum;
//AjaxService 的摘要说明
 [WebService(Namespace = "http://tempuri.org/")]
[WebServiceBinding(ConformsTo = WsiProfiles.BasicProfile1_1)]
//添加脚本服务
[System.Web.Script.Services.ScriptService()]
public class AjaxService : System.Web.Services.WebService
{
    public AjaxService ()
     {
     ...
     }
    [System.Web.Services.WebMethod()]
    [System.Web.Script.Services.ScriptMethod()]
    public AjaxControlToolkit.Slide[] GetPhotoes(string contextKey)
    {    //检测参数是否为空
        if(string.IsNullOrEmpty(contextKey) == true) return null;
        //获取参数的值，并转换为分类的 ID 值
        int categoryID = -1;
        if(Int34.TryParse(contextKey,out categoryID) == false)
        {
            return null;
        }
        //根据分类 ID 获取相片
        Album album = new Album();
        DataSet ds = album.GetPhotoByFenlei(categoryID);
        if(ds == null || ds.Tables.Count <= 0 || ds.Tables[0].Rows.Count <= 0) return null;
        //创建被播放相片的数组
        Slide[] photoes = new Slide[ds.Tables[0].Rows.Count];
        for(int i = 0; i < ds.Tables[0].Rows.Count; i++)
        {    //创建存放一张相片的数组
            Slide photo = new Slide();
            photo.Name = photo.Description = ds.Tables[0].Rows[i]["Title"].ToString();
            photo.ImagePath = ds.Tables[0].Rows[i]["Url"].ToString();
            photoes[i] = photo;
        }
        return photoes;
    }
}
```

相片播放参数设置文件 BofangPhoto.aspx.cs 的功能是获取相片类别的编号参数，然后设置 SlideShowExtender 控件的各属性值。文件 BofangPhoto.aspx.cs 的主要实现代码如下：

```
public partial class PlayPhoto : System.Web.UI.Page
{
    private int categoryID = -1;
    protected void Page_Load(object sender,EventArgs e)
    {   //获取当前分类的 ID 值
        if(Request.Params["CategoryID"] != null)
        {
            categoryID = Int34.Parse(Request.Params["CategoryID"].ToString());
        }
        if(categoryID > 0)
        {   //设置播放相片控件的属性
            ssePhoto.AutoPlay = true;
            ssePhoto.UseContextKey = true;
            ssePhoto.ContextKey = categoryID.ToString();
            return;
        }
    }
}
```

经过上述处理后,整个系统的播放模块页面文件设计完毕。当单击类别列表页面的"播放照片"按钮后,按照指定的样式自动播放此类别的相片,如图 4-9 所示;当单击相片下方的"上一张"、"下一张"或"停止"按钮后,将执行对应的操作。

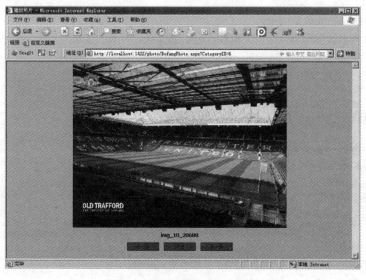

图 4-9　相片播放页面效果图

4.5.3　相片类别管理

相片类别管理模块的功能是对系统内各相片的分类进行管理维护。该功能的实现文件如下:

- ☑　文件 AddFenlei.aspx。
- ☑　文件 AddFenlei.aspx.cs。
- ☑　文件 FenleiGuan.aspx。
- ☑　文件 FenleiGuan.aspx.cs。

☑ 文件 UpdateFenlei.aspx。
☑ 文件 UpdateFenlei.aspx.cs。

1．添加分类

分类添加模块的功能是向系统库中添加新的相片分类信息。上述功能的实现文件如下。

☑ 文件 AddFenlei.aspx：类别添加表单页面。

☑ 文件 AddFenlei.aspx.cs：类别添加处理页面。

（1）类别添加表单页面文件 AddFenlei.aspx 的功能是提供类别添加表单，供用户向系统内添加新的相片分类。其具体实现流程如下。

第 1 步：插入一个 TextBox 控件，用于输入新分类的名称。

第 2 步：插入一个 DropDownList 控件，用于设置分类的状态。

第 3 步：插入两个 RequiredFieldValidator 控件，用于验证输入名称。

第 4 步：分别插入一个 RequiredFieldValidator 控件和 RegularExpressionValidator 控件，用于验证输入名称。

第 5 步：调用 Ajax 程序集中的 TextBoxWatermark 控件和 ValidatorCallout 控件，用于验证输入名称。

（2）类别添加处理页面文件 AddFenlei.aspx.cs 的功能是，将获取添加表单内的数据添加到系统库中。其具体实现代码如下：

```
using System.Web.UI.HtmlControls;
using ASPNETAJAXWeb.AjaxAlbum;
public partial class AddFenlei : System.Web.UI.Page
{
    protected void Page_Load(object sender, EventArgs e)
    {
    }
    protected void btnCommit_Click(object sender,EventArgs e)
    {
        Album album = new Album();
        //创建新的相册分类
        if(album.AddFenlei(tbName.Text,byte.Parse(ddlStatus.SelectedValue)) > 0)
        {   //重定向到管理页面
            Response.Redirect("~/FenleiGuan.aspx");
        }
    }
    protected void btnClear_Click(object sender,EventArgs e)
    {
        tbName.Text = string.Empty;
    }
}
```

2．类别管理模块

类别管理模块的功能是对系统库中存在的相片分类信息进行管理维护。对应实现文件如下。

☑ 文件 FenleiGuan.aspx：类别管理列表页面。

☑ 文件 FenleiGuan.aspx.cs：类别管理处理页面。

☑ 文件 UpdateFenlei.aspx：类别修改表单页面。

☑ 文件 UpdateFenlei.aspx.cs：类别修改处理页面。

（1）类别管理列表页面文件 FenleiGuan.aspx 的功能是将系统内的相片类别数据以列表的样式显示出来。其具体实现流程如下。

第 1 步：插入一个 GridView 控件，用于以列表的样式显示相片类别的信息，包括类别的名称和状态。

第 2 步：通过<%# Eval("ID") %>参数设置对应的操作标识。

第 3 步：插入两个 ImageButton 控件，分别用于激活类别修改和类别删除事件。

（2）类别管理处理页面文件 FenleiGuan.aspx.cs 的功能是将系统内的相片类别数据以列表的样式显示出来。

☑ 初始化处理

本模块的页面初始化处理功能是由事件 Page_Load 实现的，其对应的实现代码如下：

```
using System.Web.UI.HtmlControls;
using ASPNETAJAXWeb.AjaxAlbum;
public partial class CategoryManage : System.Web.UI.Page
{
    protected void Page_Load(object sender, EventArgs e)
    {
        if(!Page.IsPostBack)
        {
            BindPageData();
        }
    }
}
```

☑ 数据处理

数据处理的功能是通过数据库访问层方法 GetFenleiAndPhoto()获取系统分类的信息，然后将数据读取出来。其对应的实现代码如下：

```
private void BindPageData()
{
    //获取数据
    Album album = new Album();
    DataSet ds = album.GetFenleiAndPhoto();
    //显示数据
    gvCategory.DataSource = ds;
    gvCategory.DataBind();
}
```

☑ 操作处理

操作处理的功能是根据用户的单击事件进行对应的操作处理，具体说明如下：如果用户单击修改图标，则重定向修改表单界面；如果用户单击删除图标，则将执行删除处理。操作完毕后，重新载入列表界面，显示修改后的数据。对应的实现代码如下：

```
protected void gvCategory_RowCommand(object sender,GridViewCommandEventArgs e)
{
    if(e.CommandName.ToLower() == "update")
    {   //重定向到修改分类页面
        Response.Redirect("~/UpdateFenlei.aspx?CategoryID=" + e.CommandArgument.ToString());
        return;
```

```
            }
            if(e.CommandName.ToLower() == "del")
            {
                //删除选择的相册分类
                Album album = new Album();
                if(album.DeleteFenlei(Int34.Parse(e.CommandArgument.ToString())) > 0)
                {
                    BindPageData();
                }
                return;
            }
        }
        protected void gvCategory_RowDataBound(object sender,GridViewRowEventArgs e)
        {
            //添加删除确认的对话框
            ImageButton imgDelete = (ImageButton)e.Row.FindControl("imgDelete");
            if(imgDelete != null)
            {
                imgDelete.Attributes.Add("onclick","return confirm(\"您确认要删除当前行的相册分类吗？\");");
            }
        }
        protected void gvCategory_PageIndexChanging(object sender,GridViewPageEventArgs e)
        {
            //设置新的页码，并重新显示数据
            gvCategory.PageIndex = e.NewPageIndex;
            BindPageData();
        }
        protected void btnAdd_Click(object sender,EventArgs e)
        {
            Response.Redirect("~/AddFenlei.aspx");
        }
}
```

3．类别修改表单页面

（1）类别修改表单页面文件 UpdateFenlei.aspx 的功能是在表单内显示某类别的信息，当用户输入新数据并单击提交按钮后，将修改后的数据在系统库中更新。其具体实现流程如下。

第 1 步：插入一个 TextBox 控件，用于显示原类别名称，并输入修改后的类别名称。

第 2 步：插入两个 RequiredFieldValidator 控件，用于对输入修改名称进行验证。

第 3 步：插入一个 RegularExpressionValidator 控件，用于对输入修改名称进行验证。

第 4 步：分别插入一个 TextBoxWatermark 控件和 3 个 ValidatorCallout 控件，实现 Ajax 验证提示效果。

（2）修改处理页面文件 UpdateFenlei.aspx.cs 的功能是在表单内将被修改类的数据显示出来，并将输入的修改数据在系统库中更新。

☑ 初始化处理

本模块页面初始化功能是由事件 Page_Load 实现的，其具体实现流程如下。

第 1 步：设置类别编号的 CategoryID 值。

第 2 步：调用 BindPageData(categoryID)函数获取此编号分类的数据。

上述功能的对应代码如下：

```
using ASPNETAJAXWeb.AjaxAlbum;
using System.Data.SqlClient;
```

```
public partial class UpdateFenlei : System.Web.UI.Page
{
     int categoryID = -1;
    protected void Page_Load(object sender, EventArgs e)
    {
        //获取被修改数据的 ID
        if(Request.Params["CategoryID"] != null)
        {
             categoryID = Int34.Parse(Request.Params["CategoryID"].ToString());
        }
        //显示被修改的数据
        if(!Page.IsPostBack && categoryID > 0)
        {
             BindPageData(categoryID);
        }
        //设置按钮是否可用
        btnCommit.Enabled = categoryID > 0 ? true : false;
    }
}
```

☑ 数据处理

数据处理的功能是通过数据库访问层的方法 GetSingleFenlei(categoryID)获取此分类的信息，然后将信息显示出来。对应的实现代码如下：

```
private void BindPageData(int categoryID)
{
    //读取数据
    Album album = new Album();
    SqlDataReader dr = album.GetSingleFenlei(categoryID);
    if(dr == null) return;
    if(dr.Read())
    {
        //显示数据
        tbName.Text = dr["Name"].ToString();
        AjaxAlbumSystem.ListSelectedItemByValue(ddlStatus,dr["Status"].ToString());
    }
    dr.Close();
}
```

☑ 修改处理

修改处理的功能是根据修改表单内的数据对此分类信息进行修改处理。处理完毕后则重定向管理列表页面，并清空表单数据。对应的实现代码如下：

```
protected void btnCommit_Click(object sender,EventArgs e)
{
    {
        Album album = new Album();
            //修改相册分类的属性
        if(album.UpdateFenlei(categoryID,tbName.Text,byte.Parse(ddlStatus.SelectedValue)) > 0)
        {    //重定向到管理页面
             Response.Redirect("~/FenleiGuan.aspx");
        }
    }
}
```

```
protected void btnClear_Click(object sender,EventArgs e)
{
    tbName.Text = string.Empty;
}
```

4.6 技术总结

 知识点讲解：光盘\视频讲解\第 4 章\两点心得体会.avi

到此为止，本章的个人相册展示系统的具体实现全部讲解完毕，最后将讲解在开发本项目过程中的心得体会，并做了两点总结。

4.6.1 三层结构

使用 ASP.NET 进行 Web 开发，三层结构是最佳的开发模式。三层结构包含数据访问层（DAL）、业务逻辑层（BLL）和表示层（USL）。

1．数据访问层

主要是对原始数据（数据库或者文本文件等存放数据的形式）的操作层，而不是指原始数据，也就是说，是对数据的操作，而不是数据库，具体为业务逻辑层或表示层提供数据服务。

2．业务逻辑层

主要是针对具体问题的操作，也可以理解成对数据层的操作，对数据业务逻辑处理，如果说数据层是积木，那逻辑层就是对这些积木的搭建。

3．表示层

主要表示 Web 方式，也可以表示成 WINFORM 方式，Web 方式也可以表现成:aspx，如果逻辑层相当强大和完善，无论表现层如何定义和更改，逻辑层都能完善地提供服务。

对于很多初学者，最大的困惑是不知当前工作哪些属于数据访问层，哪些属于逻辑层。其实辨别的方法很简单，介绍如下。

- ☑ 数据访问层：主要看数据层里面有没有包含逻辑处理，实际上各个函数主要完成对数据文件的操作，而不必管其他操作。
- ☑ 业务逻辑层：主要负责对数据层的操作，也就是把一些数据层的操作进行组合。
- ☑ 表示层：主要接受用户的请求，以及返回数据，为客户端提供应用程序的访问。

笔者个人认为，完善的三层结构的要求是：修改表现层而不用修改逻辑层，修改逻辑层而不用修改数据层。否则应用是不是多层结构，或者层结构的划分和组织上是不是有问题就很难说。

4.6.2 使用 Ajax 技术

Ajax 是 Asynchronous JavaScript and XML（异步 JavaScript 和 XML）的缩写，随着当前网络技术的发展，Ajax 迅速成为当前最为火爆的技术之一。Ajax 是一种创建交互式网页的开发技术。其中，

XMLHttpRequest 是最为核心的内容，它能够为页面中的 JavaScript 脚本提供特定的通信方式，从而使页面通过 JavaScript 脚本和服务器之间实现动态交互。另外，XMLHttpRequest 的最大优点是页面内的 JavaScript 脚本可以不用刷新页面，而直接可以和服务器完成数据交互。

在本书第 1 章和第 2 章的实例中，都采用了 Ajax 技术，并且在后面的实例中还将继续使用。其最大的好处是实现无刷新处理，在浏览者眼中形成一个模式：页面没有刷新而实现了数据处理和交互。

1. Ajax 原理

在传统的 Web 应用模型中，浏览器负责向服务器提出访问请求，并显示服务器返回的处理结果。而在 Ajax 处理模型中，使用了 Ajax 中间引擎来处理上述通信。Ajax 中间引擎实质上是一个 JavaScript 对象或函数，只有当信息必须从服务器上获得时才调用它。和传统的处理模型不同，Ajax 不再需要为其他资源提供链接，而只是当需要调度和执行时才执行这些请求。这些请求都是通过异步传输完成的，而不必等到收到响应之后才执行。

当 Ajax 引擎收到服务器响应时，将会触发一些操作，通常是完成数据解析，以及基于所提供的数据对用户界面做一些修改。图 4-10 和图 4-11 分别列出了传统模型和 Ajax 模型的处理方式。

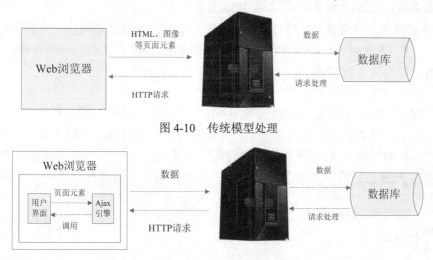

图 4-10　传统模型处理

图 4-11　Ajax 模型处理

2. Ajax 技术特点

（1）页面独立性。传统的 Web 应用程序一般由多个页面构成，协同完成特定处理功能。而对于一个典型的 Ajax 应用程序，用户无须在不同的页面中切换，只要停留在一个页面中，由 XMLHttpRequest 对象从服务器取得数据，然后由 JavaScript 操作页面上的元素并更新其中的内容。

（2）符合标准性。作为 Ajax 技术的核心，W3C 正在对 XMLHttpRequest 的规范进行标准化处理，XMLHttpRequest 成为标准已经指日可待。而在 Ajax 领域所使用的其他组成技术，包括 JavaScript、XML、CSS 和 DOM 等，均早已成为标准并被所有的主流浏览器所实现。这样，典型的 Ajax 应用程序无须客户端进行任何形式的安装部署，即可兼容地运行于每一个主流浏览器之上。

（3）能够获取服务器数据后灵活更新页面内的指定内容，而不需要刷新整个页面。

（4）页面和服务器间的数据交互可以通过异步传输来实现，而不需要中断用户当前的操作。

（5）减少了页面和服务器间的数据传输数量，从而大大提高了应用程序的处理效率。

第 5 章 RSS 采集器

在 Web 系统的开发过程中，为了满足系统的特殊需求，一方面需要提供一些及时性的信息供用户浏览，另一方面，开发独立的在线新闻系统需要大量的精力和物力。RSS 技术推出后，很好地解决了上述问题，实现了整个网络资源的共享。本章将向读者介绍在线 RSS 采集器的运作流程，并通过具体的实例来讲解其具体的实现过程。

5.1 RSS 基础

> 知识点讲解：光盘\视频讲解\第 5 章\RSS 基础.avi

RSS 是一种描述和同步网站内容的格式，搭建了一个信息迅速传播的技术平台，使得每个人都成为潜在的信息提供者。当发布一个 RSS 文件后，这个 RSS Feed 中包含的信息就能直接被其他站点调用，而且由于这些数据都是标准的 XML 格式，所以也能在其他的终端和服务中使用。

如果从 RSS 阅读者的角度来看，完全不必考虑 RSS 到底是什么意思，只要简单地理解为一种方便的信息获取工具即可。RSS 获取信息的模式与加入邮件列表模式雷同，不必登录各个提供信息的站点即可自动获取。例如，如果采用了 RSS 订阅后，可以通过 RSS 阅读器，同时浏览新浪新闻，也可以浏览搜狐或者百度的新闻。使用 RSS 获取信息的前提是，首先安装一个 RSS 阅读器，然后将提供 RSS 服务的网站加入到 RSS 阅读器的频道即可。大部分 RSS 阅读器本身也预设了部分 RSS 频道，如新浪新闻、百度新闻等。

5.1.1 使用 RSS

对于浏览用户来说，RSS 的使用比较简单，只需下载客户端工具安装后即可使用。目前 RSS 客户端工具多种多样，其中最为常用的是"周博通"阅读器和"看天下"网络资讯浏览器，读者可以选择适合自己的下载。"周博通"阅读器的界面效果如图 5-1 所示。

RSS 通过 XML 标准定义内容的包装和发布格式，使内容提供者和接收者都能从中获益。对内容提供者来说，RSS 技术提供了一个实时、高效、安全、低成本的信息发布渠道；对内容接收者来说，RSS 技术提供了一个崭新的阅读体验。RSS 技术具有如下特点：

（1）来源多样化特性。

RSS 技术秉承"推"信息的概念，当新内容在服务器数据库中出现时，即被发送到用户端阅读器中，极大地提高了信息的时效性和价值。

（2）无垃圾信息、便利内容管理特性。

RSS 用户端阅读器完全由用户个人订阅信息来源，如"新华网国际新闻"和"中国汽车网市场行情"等。RSS 阅读器软件可以完全屏蔽掉没有被订阅的内容以及信息，并且可将订阅的内容下载到本地,进行离线阅读、存档、搜索和相关分类等多种管理操作。

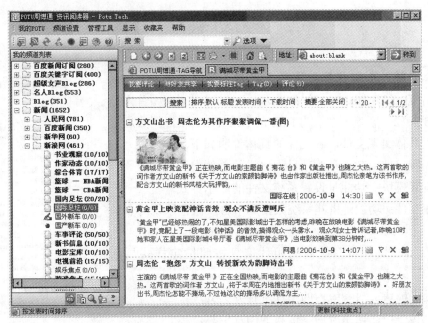

图 5-1 "周博通"阅读器效果图

5.1.2 RSS 组成模块的运行流程

一个典型 RSS 采集器的组成模块由如下 3 部分构成。
(1)列表展示模块:将系统内的 RSS 信息以列表样式显示出来。
(2)信息详情模块:将某条信息的详情显示出来。
(3)系统管理模块:对系统内的 RSS 信息进行管理维护。
上述 3 个模块的具体运行流程如图 5-2 所示。

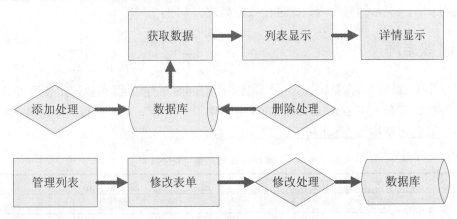

图 5-2 RSS 组成模块运行流程图

注意:上面的运行流程使用了第三方的RSS资源,如果读者希望开发自己的RSS资源库,则需要使用专门技术。在此超出了项目的范围,读者可以参阅相关书籍和资料。

5.2　规划项目文件

知识点讲解：光盘\视频讲解\第5章\规划项目文件.avi

本系统使用 Visual Studio 2012 + SQL Server 2005 来实现。首先打开 Visual Studio 2012，新建一个名为 RSS 的 ASP.NET 项目；然后规划各构成模块的具体实现文件，各文件的具体说明如下。

- ☑ 系统配置文件：功能是对项目程序进行总体配置。
- ☑ 样式设置模块：功能是设置系统文件的显示样式。
- ☑ 数据库文件：功能是搭建系统数据库平台，保存系统的登录数据。
- ☑ 相片展示模块：将系统内的相片信息按照指定样式显示出来。
- ☑ 分类处理模块：对系统内的相片进行分类处理。
- ☑ 相片上传模块：向系统内上传新的图片信息。
- ☑ 分类管理模块：对系统内的相片类别进行管理。

在 Visual Studio 2012 中规划的项目文件结构如图 5-3 所示。

图 5-3　Visual Studio 2012 中的项目文件结构

5.3　数据库设计

知识点讲解：光盘\视频讲解\第5章\数据库设计.avi

为了便于实例程序的实现，可将系统内所有的信息数据存储在专用数据库内。这样，将方便地对系统进行管理维护，并灵活地对库内数据进行操作处理。

5.3.1　搭建数据库

考虑到系统所要管理的数据量比较大，且需要多用户同时运行访问，所以决定使用 SQL Server 2005 作为后台数据库管理平台。在 SQL Server 2005 中新建了一个名为 RSS 的数据库，数据库很简单，只有一个表 RSS，其具体结构如表 5-1 所示。

表 5-1　系统留言信息表（RSS）

字段名称	数据类型	是否主键	默认值	功能描述
ID	int	是	递增1	编号
Name	varchar(50)	否	Null	标题
Url	varchar(255)	否	Null	内容
CreateDate	datetime	否	Null	时间

5.3.2 设计数据访问层

数据访问层是三层结构中的重要一层,专门用于实现数据访问处理。因为此层的重要性,所以专门编写了一个文件 Rss1.cs 实现。文件 Rss1.cs 的主要功能是,在 ASPNETAJAXWeb.AjaxRss 空间内建立 Rss 类,然后定义数据库访问层方法,实现对系统库中数据的操作处理。文件 Rss1.css 内定义的各实现方法如下。

- ☑ 方法 GetRsses()。
- ☑ 方法 GetSingleRss(int rssID)。
- ☑ 方法 AddRss(string name,string url)。
- ☑ 方法 UpdateRss(int rssID,string name,string url)。
- ☑ 方法 DeleteRss(int rssID)。

上述功能的实现流程如图 5-4 所示。

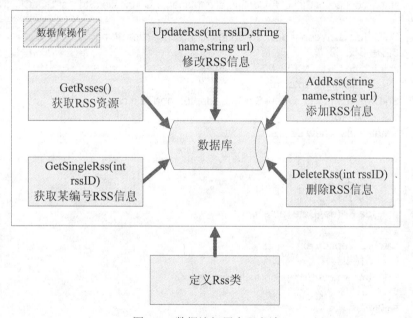

图 5-4　数据访问层实现方法

1. 定义 Rss 类

定义 Rss 类的实现代码如下:

```
namespace ASPNETAJAXWeb.AjaxRss
{
    public class Rss
    {
        public Rss()
        {
            ...
        }
```

2. 获取 RSS 源信息

获取 RSS 源信息即获取系统库内已存在的 RSS 源信息，其功能是由方法 GetRsses()实现的。其具体实现流程如下：

（1）从系统配置文件 Web.config 内获取数据库连接参数，并将其保存在 connectionString 内。
（2）使用连接字符串创建 con 对象，实现数据库连接。
（3）新建获取数据库中 RSS 源数据的 SQL 查询语句。
（4）创建获取数据的对象 da。
（5）打开数据库连接，获取查询数据。
（6）将获取的查询结果保存在 ds 中，并返回 ds。

上述功能的对应实现代码如下所示：

```
public DataSet GetRsses()
{
    //获取连接字符串
    string connectionString = ConfigurationManager.ConnectionStrings["SQLCONNECTIONSTRING"].ConnectionString;
    SqlConnection con = new SqlConnection(connectionString);
    //创建 SQL 语句
    string cmdText = "SELECT * FROM Rss";
    //创建 SqlDataAdapter
    SqlDataAdapter da = new SqlDataAdapter(cmdText,con);
    //定义 DataSet
    DataSet ds = new DataSet();
    try
    {
        con.Open();
        //填充数据
        da.Fill(ds,"DataTable");
    }
    catch(Exception ex)
    {
        //抛出异常
        throw new Exception(ex.Message,ex);
    }
    finally
    {
        //关闭连接
        con.Close();
    }
    return ds;
}
```

3. 获取指定 RSS 信息

获取指定 RSS 信息即获取系统库内某编号 RSS 的信息，其功能是由方法 GetSingleRss(int rssID)实现的。其具体实现流程如下：

（1）从系统配置文件 Web.config 内获取数据库连接参数，并将其保存在 connectionString 内。
（2）使用连接字符串创建 con 对象，实现数据库连接。
（3）新建 SQL 查询语句，获取某编号 RSS 的信息。

(4)创建获取数据的对象 cmd。

(5)打开数据库连接,获取查询数据。

(6)将获取的查询结果保存在 dr 中,并返回 dr。

上述功能的对应实现代码如下:

```
public SqlDataReader GetSingleRss(int rssID)
        {
                string connectionString = ConfigurationManager.ConnectionStrings["SQLCONNECTIONSTRING"].ConnectionString;
                SqlConnection con = new SqlConnection(connectionString);
                string cmdText = "SELECT * FROM Rss WHERE ID=@ID";
                //创建 SqlCommand
                SqlCommand cmd = new SqlCommand(cmdText,con);
                //创建参数并赋值
                cmd.Parameters.Add("@ID",SqlDbType.Int,4);
                cmd.Parameters[0].Value = rssID;
                //定义 SqlDataReader
                SqlDataReader dr;
                try
                {
                        con.Open();
                        //读取数据
                        dr = cmd.ExecuteReader(CommandBehavior.CloseConnection);
                }
                catch(Exception ex)
                {
                        throw new Exception(ex.Message,ex);
                }
                return dr;
        }
```

4. 添加 RSS 信息

添加 RSS 信息即向系统库内添加新的资源信息,其功能是由方法 AddRss(string name,string url)实现的。其具体实现流程如下:

(1)从系统配置文件 Web.config 内获取数据库连接参数,并将其保存在 connectionString 内。

(2)使用连接字符串创建 con 对象,实现数据库连接。

(3)新建 SQL 添加语句,添加新的 RSS 信息。

(4)创建添加操作的对象 cmd。

(5)打开数据库连接,执行添加处理。

(6)将操作结果保存在 result 中,并返回 result。

上述功能的对应实现代码如下:

```
public int AddRss(string name,string url)
        {
                string connectionString = ConfigurationManager.ConnectionStrings["SQLCONNECTIONSTRING"].ConnectionString;
                SqlConnection con = new SqlConnection(connectionString);
```

```
            //创建 SQL 语句
            string cmdText = "INSERT INTO Rss(Name,Url,CreateDate)VALUES(@Name,@Url,GETDATE())";
            //创建 SqlCommand
            SqlCommand cmd = new SqlCommand(cmdText,con);
            //创建参数并赋值
            cmd.Parameters.Add("@Name",SqlDbType.VarChar,50);
            cmd.Parameters.Add("@Url",SqlDbType.VarChar,255);
            cmd.Parameters[0].Value = name;
            cmd.Parameters[1].Value = url;
            int result = -1;
            try
            {
                con.Open();
                //操作数据
                result = cmd.ExecuteNonQuery();
            }
            catch(Exception ex)
            {
                throw new Exception(ex.Message,ex);
            }
            finally
            {
                con.Close();
            }
            return result;
        }
```

5. 修改 RSS 信息

修改 RSS 信息即对系统库内某 RSS 信息进行修改处理，其功能是由方法 UpdateRss(int rssID,string name,string url)实现的。其具体实现流程如下：

（1）从系统配置文件 Web.config 内获取数据库连接参数，并将其保存在 connectionString 内。
（2）使用连接字符串创建 con 对象，实现数据库连接。
（3）新建 SQL 修改语句，对指定数据进行修改。
（4）创建修改操作的对象 cmd。
（5）打开数据库连接，执行修改处理。
（6）将操作结果保存在 result 中，并返回 result。

上述功能的对应实现代码如下：

```
public int UpdateRss(int rssID,string name,string url)
        {
            string connectionString = ConfigurationManager.ConnectionStrings["SQLCONNECTIONSTRING"].ConnectionString;
            //创建连接
            SqlConnection con = new SqlConnection(connectionString);
            string cmdText = "UPDATE Rss SET Name=@Name,Url=@Url WHERE ID=@ID";
            //创建 SqlCommand
            SqlCommand cmd = new SqlCommand(cmdText,con);
            //创建参数并赋值
```

```
        cmd.Parameters.Add("@Name",SqlDbType.VarChar,50);
        cmd.Parameters.Add("@Url",SqlDbType.VarChar,255);
        cmd.Parameters.Add("@ID",SqlDbType.Int,4);
        cmd.Parameters[0].Value = name;
        cmd.Parameters[1].Value = url;
        cmd.Parameters[2].Value = rssID;
        int result = -1;
        try
        {
            con.Open();
            //操作数据
            result = cmd.ExecuteNonQuery();
        }
        catch(Exception ex)
        {
            throw new Exception(ex.Message,ex);
        }
        finally
        {
            con.Close();
        }
        return result;
    }
```

6．删除 RSS 信息

删除 RSS 信息即将系统库内某编号的 RSS 信息删除，其功能是由方法 DeleteRss(int rssID)实现的。其具体实现流程如下：

（1）从系统配置文件 Web.config 内获取数据库连接参数，并将其保存在 connectionString 内。
（2）使用连接字符串创建 con 对象，实现数据库连接。
（3）新建 SQL 删除语句，删除指定编号的 RSS 信息。
（4）创建删除操作的对象 cmd。
（5）打开数据库连接，执行删除操作。
（6）将操作结果保存在 result 中，并返回 result。

上述功能的对应实现代码如下：

```
public int DeleteRss(int rssID)
{
    {
        string connectionString = ConfigurationManager.ConnectionStrings["SQLCONNECTIONSTRING"].ConnectionString;
        SqlConnection con = new SqlConnection(connectionString);
        //SQL 语句
        string cmdText = "DELETE Rss WHERE ID = @ID";
        //创建 SqlCommand
        SqlCommand cmd = new SqlCommand(cmdText,con);
        //创建参数并赋值
        cmd.Parameters.Add("@ID",SqlDbType.Int,4);
        cmd.Parameters[0].Value = rssID;
```

```
            int result = -1;
            try
            {
                con.Open();
                //操作数据
                result = cmd.ExecuteNonQuery();
            }
            catch(Exception ex)
            {
                throw new Exception(ex.Message,ex);
            }
            finally
            {
                con.Close();
            }
            return result;
        }
    }
```

5.4 样式修饰

知识点讲解：光盘\视频讲解\第5章\样式修饰.avi

在本实例中，文件 mm.skin 是一个皮肤文件，功能是对页面内的各按钮元素进行修饰，使之以指定样式显示出来。文件 mm.skin 的主要代码如下：

```
<asp:Button runat="server" SkinID="btnSkin" BackColor="red" Font-Names="Tahoma" Font-Size="9pt" CssClass="Button" />
<asp:TextBox runat="server" SkinID="tbSkin" BackColor="blue" Font-Names="Tahoma" />
<asp:ListBox SkinID="lbSkin" runat="server" BackColor="blue" Font-Names="Tahoma" Font-Size="9pt" />
<asp:DropDownList SkinID="ddlSkin" runat="server" BackColor="#daeeee" Font-Names="Tahoma" Font-Size="9pt" />
<asp:GridView SkinID="gvSkin" runat="server" GridLines="Both" CssClass="Text" BackColor="yellow" BorderColor="red"
     BorderStyle="Solid" BorderWidth="1px" CellPadding="4" AutoGenerateColumns="False" Font-Names="Tahoma" Width="100%">
    <FooterStyle BackColor="#E8F4FF" ForeColor="#330099" />
    <AlternatingRowStyle BorderColor="Black" BorderStyle="Solid" BorderWidth="1px" />
    <RowStyle BorderColor="Black" BorderStyle="Solid" BorderWidth="1px" />
    <SelectedRowStyle BackColor="#E8F4FF" Font-Bold="True" ForeColor="#663399" />
    <PagerStyle BackColor="#E8F4FF" ForeColor="#330099" HorizontalAlign="Center" />
    <HeaderStyle BackColor="#DAEEEE" Font-Bold="True" ForeColor="#0361D4" Font-Names="Tahoma" BorderStyle="Solid" BorderWidth="1px" />
</asp:GridView>
<asp:DataList SkinID="dlSkin" runat="server" RepeatColumns="5" RepeatDirection="Horizontal" BackColor="White" BorderColor="#DAEEEE" BorderStyle="Double" BorderWidth="3px" CellPadding="4" GridLines="Horizontal" Width="100%" CssClass="Text">
    <FooterStyle BackColor="White" ForeColor="#333333" />
    <SelectedItemStyle BackColor="#DAEEEE" Font-Bold="True" ForeColor="Blue" Font-Names="Tahoma"
```

```
Font-Size="9pt" HorizontalAlign="Center" />
    <ItemStyle BackColor="White" ForeColor="#333333" Font-Names="Tahoma" HorizontalAlign="Center" />
    <HeaderStyle BackColor="#336666" Font-Bold="True" ForeColor="White" />
</asp:DataList>
```

文件 web.css 是一个样式修饰文件，功能是对页面内的整体样式和 Ajax 控件的样式进行修饰，使之以指定样式显示出来。文件 web.css 的主要代码如下：

```
body {
    font-family: "Tahoma";
    font-size:9pt;
        margin-top:0;
}
.Text
{
    font:Tahoma;
    font-size:9pt;
}
.Table{
    width:100%;
    font-size: 9pt;
    border:0;
    font-family: Tahoma;
}
.ListBox{
    font-family: "Tahoma";
    font-size:9pt;
    scrollbar-3dlight-color:#e8f4ff;
    scrollbar-arrow-color:#daeeee;
    scrollbar-darkshadow-color:#e8f4ff;
    scrollbar-base-color:#e8f4ff;
}
hr{
    width:95%;
    color:red;
}
.Watermark{
    background-color:Gray;
    color:#666666;
}
.Validator{
    background-color:Red;
}
.PopulatePanel{
    background-repeat:no-repeat;
    padding:2px;
    height:2em;
    margin:5px;
}
.RssExpandCollapse{
```

```
        cursor:hand;
}
```

5.5 显示 RSS 信息

📹 知识点讲解：光盘\视频讲解\第 5 章\显示 RSS 信息.avi

显示 RSS 信息模块的功能是将系统内的 RSS 信息显示出来，对应的实现文件如下：
- ☑ 文件 Default.aspx。
- ☑ 文件 Default.aspx.cs。
- ☑ 文件 YueduRss.aspx。
- ☑ 文件 YueduRss.aspx.cs。

5.5.1 显示 RSS 源模块

RSS 源显示模块的功能是将系统内的 RSS 源信息以列表样式显示出来。下面将详细介绍其实现过程。

1. RSS 源列表显示页面

RSS 源列表显示页面文件 Default.aspx 的功能是按照指定样式将系统库中的 RSS 源信息显示出来。其具体实现流程如下：

（1）插入一个 GridView 控件，以列表样式显示库内的 RSS 源数据。
（2）插入<ItemTemplate>，指定面板内的显示内容是 RSS 详情页面。
（3）调用 Ajax 程序集内的 CollapsiblePanel 控件，实现动态折叠式面板效果。
（4）设置分页模式为 NextPreviousFirstLast。

文件 Default.aspx 的主要实现代码如下：

```
<%@ Page Language="C#" AutoEventWireup="true" CodeFile="Default.aspx.cs" Inherits="_Default" Stylesheet
Theme="ASPNETAjaxWeb" %>
...
    <form id="form1" runat="server">
    <asp:ScriptManager ID="sm" runat="server" ></asp:ScriptManager>
    <table class="Table" border="0" cellpadding="5" cellspacing="0">
        <tr><td colspan="2">
            <asp:UpdatePanel runat="server" ID="up">
            <ContentTemplate>
            <asp:GridView ID="gvUrl" runat="server" Width="100%" AutoGenerateColumns="False" SkinID=
"gvSkin" AllowPaging="True" OnPageIndexChanging="gvUrl_PageIndexChanging">
            <Columns>
            <asp:TemplateField HeaderText="AJAX RSS 阅读器">
            <ItemTemplate>
                <asp:Label ID="lbName" runat="server" Width="100%" BackColor="#DAEEEE" CssClass=
"RssExpandCollapse" Font-Bold="True" ForeColor="#0361D4" Font-Names="Tahoma" BorderStyle="Solid"
BorderWidth="1px">
```

```
<a href='YueduRss.aspx?RssUrl=<%# Eval("Url") %>'><%# Eval("Name") %></a>
</asp:Label><br />
                <asp:Panel ID="pContent" runat="server">
                <iframe frameborder="0" src='YueduRss.aspx?RssUrl=<%# Eval("Url") %>' width="100%" height="200"></iframe>
                </asp:Panel>
                <ajaxToolkit:CollapsiblePanelExtender ID="cpeRss" runat="server"
ExpandControlID="lbName" CollapseControlID="lbName" AutoCollapse="true"
AutoExpand="true" ExpandDirection="Vertical" ExpandedSize="200"
ScrollContents="false" TargetControlID="pContent" TextLabelID="lbName">
</ajaxToolkit:CollapsiblePanelExtender>
                </ItemTemplate>
                <ItemStyle HorizontalAlign="Left"/>
                <HeaderStyle HorizontalAlign="Left" />
                </asp:TemplateField>
                </Columns>
                <PagerSettings Mode="NextPreviousFirstLast" />
                </asp:GridView>
                </ContentTemplate>
                </asp:UpdatePanel>
                </td></tr>
        </table>
    </form>
```

上述代码执行后，将首先按照指定样式显示系统的 RSS 源。当将鼠标指针置于源标题处时，则调用 Ajax 控件将面板内的信息自动隐藏，如图 5-5 所示。

图 5-5 面板隐藏后的效果图

2. RSS 源列表显示处理文件

RSS 源列表显示处理文件 Default.aspx.cs 的功能是对首页的列表显示进行处理，使首页将对应的数据显示出来。其具体实现流程如下：

（1）定义 class _Default 类。

（2）声明 Page_Load，进行页面初始化处理。

（3）定义 BindPageData()，获取并显示库内信息。

（4）定义 gvUrl_PageIndexChanging (object sender,GridViewPageEventArgs e)，执行分页处理数据。

上述操作实现的具体运行流程如图 5-6 所示。

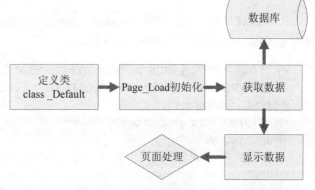

图 5-6 RSS 源列表显示处理流程图

文件 Default.aspx.cs 的具体实现代码如下：

```csharp
using System.Web.UI.WebControls.WebParts;
using System.Web.UI.HtmlControls;
//引入新的名字空间
using ASPNETAJAXWeb.AjaxRss;
public partial class _Default : System.Web.UI.Page
{
    protected void Page_Load(object sender,EventArgs e)
    {
        if(!Page.IsPostBack)
        {
            BindPageData();
        }
    }
    private void BindPageData()
    {
        //获取数据
        Rss rss = new Rss();
        DataSet ds = rss.GetRsses();
        //显示数据
        gvUrl.DataSource = ds;
        gvUrl.DataBind();
    }
    protected void gvUrl_PageIndexChanging(object sender,GridViewPageEventArgs e)
    {
        //设置新的页码，并重新显示数据
        gvUrl.PageIndex = e.NewPageIndex;
        BindPageData();
    }
}
```

5.5.2 详情显示

此模块的功能显示系统内 RSS 源的详细信息。下面详细介绍其实现过程。

1. RSS 源详情显示页面

RSS 源详情显示页面文件 YueduRss.aspx 的功能是调用处理文件使页面跳转到指定的显示页面。文件 YueduRss.aspx 的主要实现代码如下：

```aspx
<%@ Page Language="C#" AutoEventWireup="true" CodeFile="YueduRss.aspx.cs" Inherits="ReaderRss" %>
<!DOCTYPE html PUBLIC "-//W3C//DTD XHTML 1.0 Transitional//EN" "http://www.w5.org/TR/xhtml1/DTD/xhtml1-transitional.dtd">
<html xmlns="http://www.w5.org/1999/xhtml" >
<head runat="server">
    <title>无标题页</title>
</head>
<body>
    <form id="form1" runat="server">
```

```
        <div>
        </div>
        </form>
</body>
</html>
```

2. RSS 源详情显示处理文件

RSS 源详情显示处理文件 Default.aspx.cs 的功能是对首页的显示参数进行设置，指定跳转处理的链接地址。其具体实现流程如下：

（1）定义 ReaderRss 类。
（2）声明 Page_Load，进行页面初始化处理。
（3）定义 BindPageData()，获取并显示库内信息。
（4）获取此 RSS 源的链接地址，并重定向到此链接页面。

上述操作实现的具体运行流程如图 5-7 所示。

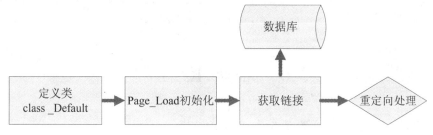

图 5-7 RSS 源详情显示处理流程图

文件 YueduRss.aspx.cs 的主要实现代码如下：

```
using System.Web.UI.WebControls;
using System.Web.UI.WebControls.WebParts;
using System.Web.UI.HtmlControls;
public partial class ReaderRss : System.Web.UI.Page
{
    string url = string.Empty;
    protected void Page_Load(object sender, EventArgs e)
    {
        //重定向到 RSS 的网页
        if(Request.Params["RssUrl"] != null)
        {
            url = Request.Params["RssUrl"].ToString();
            Response.Redirect(url);
        }
    }
}
```

上述实例代码设计完毕后，如果单击首页内的某 RSS 源，则跳转到此 RSS 源的详情列表界面，如图 5-8 所示。

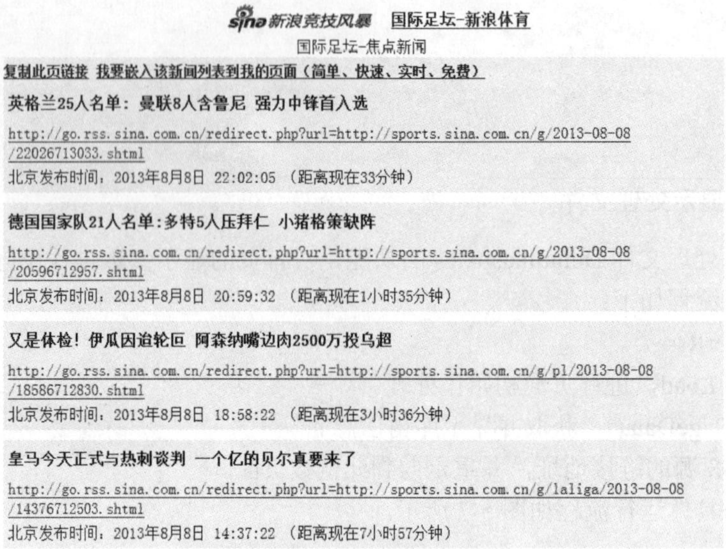

ASP.NET 项目开发详解

图 5-8 RSS 源详情界面效果图

5.6 添加 RSS 源

> 知识点讲解：光盘\视频讲解\第 5 章\添加 RSS 源.avi

添加 RSS 信息源模块的功能是向系统内添加新的 RSS 源信息。对应的实现文件有 AddUrl.aspx 和 AddUrl.aspx.cs。

5.6.1 添加表单界面

信息源添加表单界面文件 AddUrl.aspx 的功能是提供信息添加表单，供用户向系统内添加新的 RSS 源数据。其具体实现流程如下：

（1）插入一个 TextBox 控件，供用户输入 RSS 源的标识。
（2）插入两个 RequiredFieldValidator，对输入的标识进行验证。
（3）插入一个 RegularExpressionValidator 控件，对输入标识的字符进行控制。
（4）调用一个 Ajax 程序集内的 TextBoxWatermark 控件，实现对输入标识的水印验证。
（5）调用 3 个 Ajax 程序集内的 ValidatorCallout 控件，实现对输入标识的多样式验证。
（6）插入一个 TextBox 控件，供用户输入 RSS 源的链接地址。
（7）插入两个 RequiredFieldValidator，对输入的链接地址进行验证。
（8）插入一个 RegularExpressionValidator 控件，对输入地址的字符进行控制。
（9）调用一个 Ajax 程序集内的 TextBoxWatermark 控件，实现对输入地址的水印验证。
（10）调用 3 个 Ajax 程序集内的 ValidatorCallout 控件，实现对输入地址的多样式验证。

文件 AddUrl.aspx 的主要实现代码如下：

```
<%@ Page Language="C#" AutoEventWireup="true" CodeFile="AddUrl.aspx.cs" Inherits="AddUrl" Stylesheet
Theme="ASPNETAjaxWeb" %>
```

……
```
<form id="form1" runat="server">
<asp:ScriptManager ID="sm" runat="server"></asp:ScriptManager>
<table class="Table" border="0" cellpadding="2" bgcolor="Black" cellspacing="1">
    <tr bgcolor="white"><td colspan="2"><hr/><a name="message"></a></td></tr>
    <tr bgcolor="white">
        <td>地址标识：</td>
        <td width="90%"><asp:TextBox ID="tbName" runat="server" SkinID="tbSkin" Width="60%" MaxLength="50"></asp:TextBox>
            <asp:RequiredFieldValidator ID="rfNameBlank" runat="server" ControlToValidate="tbName" Display="none" ErrorMessage="标识不能为空！"></asp:RequiredFieldValidator>
            <asp:RequiredFieldValidator ID="rfNameValue" runat="server" ControlToValidate="tbName" Display="none" InitialValue="请输入标识" ErrorMessage="标识不能为空！"></asp:RequiredFieldValidator>
            <asp:RegularExpressionValidator ID="revName" runat="server" ControlToValidate="tbName" Display="none" ErrorMessage="标识的长度最大为 50，请重新输入。" ValidationExpression=".{1,50}"></asp:RegularExpressionValidator>
            <ajaxToolkit:TextBoxWatermarkExtender ID="wmeName" runat="server" TargetControlID="tbName" WatermarkText="请输入标识" WatermarkCssClass="Watermark"></ajaxToolkit:TextBoxWatermarkExtender>
            <ajaxToolkit:ValidatorCalloutExtender ID="vceNameBlank" runat="server" TargetControlID="rfNameBlank" HighlightCssClass="Validator"></ajaxToolkit:ValidatorCalloutExtender>
            <ajaxToolkit:ValidatorCalloutExtender ID="vceNameValue" runat="server" TargetControlID="rfNameValue" HighlightCssClass="Validator"></ajaxToolkit:ValidatorCalloutExtender>
            <ajaxToolkit:ValidatorCalloutExtender ID="vceNameRegex" runat="server" TargetControlID="revName" HighlightCssClass="Validator"></ajaxToolkit:ValidatorCalloutExtender>
        </td>
    </tr>
    <tr bgcolor="white">
        <td>链接地址：</td>
        <td width="90%"><asp:TextBox ID="tbUrl" runat="server" SkinID="tbSkin" Width="60%" MaxLength="50"></asp:TextBox>
            <asp:RequiredFieldValidator ID="rfUrlBlank" runat="server" ControlToValidate="tbUrl" Display="none" ErrorMessage="地址不能为空！"></asp:RequiredFieldValidator>
            <asp:RequiredFieldValidator ID="rfUrlValue" runat="server" ControlToValidate="tbUrl" Display="none" InitialValue="请输入地址" ErrorMessage="地址不能为空！"></asp:RequiredFieldValidator>
            <asp:RegularExpressionValidator ID="revUrl" runat="server" ControlToValidate="tbUrl" Display="none" ErrorMessage="链接地址的格式不正确，请重新输入。" ValidationExpression="http(s)?://([\w-]+\.)+[\w-]+(/[\w- ./?%&=]*)?"></asp:RegularExpressionValidator>
            <ajaxToolkit:TextBoxWatermarkExtender ID="tweUrl" runat="server" TargetControlID="tbUrl" WatermarkText="请输入地址" WatermarkCssClass="Watermark"></ajaxToolkit:TextBoxWatermarkExtender>
            <ajaxToolkit:ValidatorCalloutExtender ID="vceUrlBlank" runat="server" TargetControlID="rfUrlBlank" HighlightCssClass="Validator"></ajaxToolkit:ValidatorCalloutExtender>
            <ajaxToolkit:ValidatorCalloutExtender ID="vceUrlValue" runat="server" TargetControlID="rfUrlValue" HighlightCssClass="Validator"></ajaxToolkit:ValidatorCalloutExtender>
            <ajaxToolkit:ValidatorCalloutExtender ID="vceUrlRegex" runat="server" TargetControlID="revUrl" HighlightCssClass="Validator"></ajaxToolkit:ValidatorCalloutExtender>
        </td></tr>
    <tr bgcolor="white">
        <td> </td>
        <td width="90%">
            <asp:UpdatePanel ID="upbutton" runat="server">
```

```
                <ContentTemplate>
                    <asp:Button ID="btnCommit" runat="server" Text="提 交 " SkinID="btnSkin" Width="100px" OnClick="btnCommit_Click" />
                </ContentTemplate>
            </asp:UpdatePanel>
        </td>
    </tr>
</table>
</form>
```

上述实例代码执行后，将首先按照指定样式显示添加表单界面，如图 5-9 所示。当用户输入的表单数据非法时，则调用 Ajax 控件显示对应的验证提示，如图 5-10 所示。

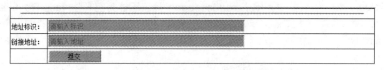

图 5-9 添加表单界面效果图

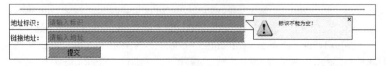

图 5-10 验证提示效果图

5.6.2 添加处理

添加处理文件 AddUrl.aspx.cs 的功能是将获取修改表单的合法数据添加到系统库中。其具体实现流程如下：

（1）引入命名空间，定义 AddUrl 类。
（2）声明 Page_Load，进行页面初始化处理。
（3）定义 btnCommit_Click(object sender,EventArgs e)，进行添加处理。
（4）重定向返回管理列表界面。

上述操作实现的具体运行流程如图 5-11 所示。

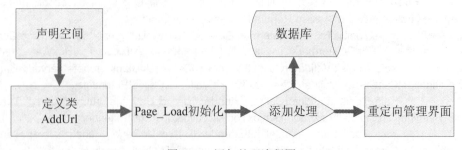

图 5-11 添加处理流程图

文件 AddUrl.aspx.cs 的具体实现代码如下：

```
using System.Web.UI.WebControls.WebParts;
using System.Web.UI.HtmlControls;
```

```
//引入新的名字空间
using ASPNETAJAXWeb.AjaxRss;
public partial class AddUrl : System.Web.UI.Page
{
    protected void Page_Load(object sender, EventArgs e)
    {
    }
    protected void btnCommit_Click(object sender,EventArgs e)
    {           //添加新的链接地址
        Rss rss = new Rss();
        if(rss.AddRss(tbName.Text,tbUrl.Text) > 0)
        {   //重定向到管理页面
            Response.Redirect("~/Manage.aspx");
        }
    }
}
```

5.7 RSS管理模块

知识点讲解：光盘\视频讲解\第5章\RSS管理模块.avi

RSS管理模块的功能是将系统内的RSS源数据以列表样式显示出来，并提供对某RSS源进行修改和删除的操作链接。对应的实现文件有Manage.aspx和Manage.aspx.cs。

5.7.1 管理列表文件

系统管理列表界面文件Manage.aspx的功能是将系统内的RSS源信息以列表样式显示出来。其具体实现流程如下：

（1）插入一个GridView控件，用于以列表样式显示系统RSS源信息。

（2）通过<%# Eval("Url") %>，获取RSS源的地址参数；通过<%# Eval("Name") %>，获取RSS源的标识名字。

（3）插入一个Button控件，用于激活聊天室添加模块。

（4）设置页面分页模式为NextPreviousFirstLast。

文件Manage.aspx的主要实现代码如下：

```
<%@ Page Language="C#" AutoEventWireup="true" CodeFile="Manage.aspx.cs" Inherits="UrlManage" StylesheetTheme="ASPNETAjaxWeb" %>
...
    <form id="form1" runat="server">
    <asp:ScriptManager ID="sm" runat="server" ></asp:ScriptManager>
    <table class="Table" border="0" cellpadding="5" cellspacing="0">
        <tr><td colspan="2">
            <asp:UpdatePanel runat="server" ID="up">
            <ContentTemplate>
            <asp:GridView ID="gvUrl" runat="server" Width="100%" AutoGenerateColumns="False" SkinID=
```

```
"gvSkin" OnRowCommand="gvUrl_RowCommand" OnRowDataBound="gvUrl_RowDataBound" AllowPaging=
"True" OnPageIndexChanging="gvUrl_PageIndexChanging">
                <Columns>
                <asp:TemplateField HeaderText="地址标识">
                <ItemTemplate><a href='<%# Eval("Url") %>'><%# Eval("Name") %></a></ItemTemplate>
                <ItemStyle HorizontalAlign="Left" Width="30%" />
                    <HeaderStyle HorizontalAlign="Left" />
                </asp:TemplateField>
                <asp:TemplateField HeaderText="链接地址">
                <ItemTemplate><%# Eval("Url") %> </ItemTemplate>
                <ItemStyle HorizontalAlign="Center" Width="60%" />
                    <HeaderStyle HorizontalAlign="Center" />
                </asp:TemplateField>
                <asp:TemplateField HeaderText="操作">
                <ItemTemplate>
                <asp:ImageButton ID="imgUpdate" runat="server" CommandArgument='<%# Eval("ID") %>'
ImageUrl="edit.PNG" CommandName="update" /> 
                <asp:ImageButton ID="imgDelete" runat="server" CommandArgument='<%# Eval("ID") %>'
ImageUrl="delete.PNG" CommandName="del" />
                </ItemTemplate>
                <ItemStyle HorizontalAlign="Center" Width="10%" />
                    <HeaderStyle HorizontalAlign="Center" />
                </asp:TemplateField>
                </Columns>
                <PagerSettings Mode="NextPreviousFirstLast" />
                </asp:GridView>
                </ContentTemplate>
                </asp:UpdatePanel>
                </td></tr>
        <tr><td><br />
                <asp:Button ID="btnAdd" runat="server" Text="添加新的 RSS 地址" OnClick="btnAdd_Click"
SkinID="btnSkin" />
                </td></tr>
    </table>
    </form>
```

上述实例代码执行后，将按照指定样式显示系统内的 RSS 源信息，如图 5-12 所示。

图 5-12 系统管理界面效果图

5.7.2 管理列表处理文件

管理列表处理文件 Manage.aspx.cs 的功能是根据用户列表界面的操作执行对应的处理程序。其具

体实现流程如下:

(1) 引入命名空间,定义 UrlManage 类。

(2) 声明 Page_Load,进行页面初始化处理。

(3) 定义 BindPageData(),获取并显示 RSS 源数据。

(4) 定义 gvUrl_RowCommand(object sender,GridViewCommandEventArgs e),执行修改重定向处理,并弹出"删除确认"对话框。

(5) 定义 gvUrl_PageIndexChanging(object sender,GridViewPageEventArgs e),重新绑定操作处理后的数据。

(6) 定义 btnAdd_Click(object sender,EventArgs e),执行添加重定向处理。

上述操作实现的具体运行流程如图 5-13 所示。

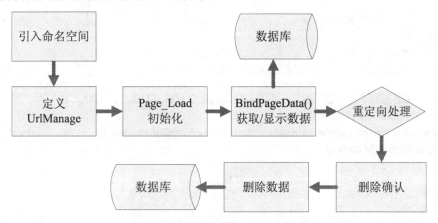

图 5-13 聊天室列表处理运行流程图

文件 Manage.aspx.cs 的具体实现代码如下:

```
using System.Web.UI.WebControls.WebParts;
using System.Web.UI.HtmlControls;
//引入新的名字空间
using ASPNETAJAXWeb.AjaxRss;
public partial class UrlManage : System.Web.UI.Page
{
    protected void Page_Load(object sender,EventArgs e)
    {
        if(!Page.IsPostBack)
        {
            BindPageData();
        }
    }
    private void BindPageData()
    {   //获取数据
        Rss rss = new Rss();
        DataSet ds = rss.GetRsses();
        //显示数据
        gvUrl.DataSource = ds;
        gvUrl.DataBind();
```

```
        protected void gvUrl_RowCommand(object sender,GridViewCommandEventArgs e)
        {
            if(e.CommandName.ToLower() == "update")
            {
                //重定向到修改 RSS 地址页面
                Response.Redirect("~/XiugaiUrl.aspx?UrlID=" + e.CommandArgument.ToString());
                return;
            }
            if(e.CommandName.ToLower() == "del")
            {
                //删除选择的 RSS 地址
                Rss rss = new Rss();
                if(rss.DeleteRss(Int32.Parse(e.CommandArgument.ToString())) > 0)
                {
                    BindPageData();
                }
                return;
            }
        }
        protected void gvUrl_RowDataBound(object sender,GridViewRowEventArgs e)
        {
            //添加删除确认的对话框
            ImageButton imgDelete = (ImageButton)e.Row.FindControl("imgDelete");
            if(imgDelete != null)
            {
                imgDelete.Attributes.Add("onclick","return confirm(\"您确认要删除当前行的 RSS 地址吗？\");");
            }
        }
        protected void gvUrl_PageIndexChanging(object sender,GridViewPageEventArgs e)
        {
            //设置新的页码，并重新显示数据
            gvUrl.PageIndex = e.NewPageIndex;
            BindPageData();
        }
        protected void btnAdd_Click(object sender,EventArgs e)
        {
            Response.Redirect("~/AddUrl.aspx");
        }
}
```

上述模块程序执行后，如果单击 图标，则重定到修改表单界面；如果单击 图标，则弹出"删除确认"对话框，进行删除处理。

5.8 修改 RSS 源

知识点讲解：光盘\视频讲解\第 5 章\修改 RSS 源.avi

修改 RSS 源模块的功能是对系统内某 RSS 源的信息进行修改。对应的实现文件有 XiugaiUrl.aspx 和 XiugaiUrl.aspx.cs。

5.8.1 修改表单页面

系统修改表单界面文件 XiugaiUrl.aspx 的功能是提供对系统内某 RSS 源的修改表单。其具体实现流程如下：

（1）插入一个 TextBox 控件，显示原 RSS 源的标识名称，并供用户输入修改数据。
（2）插入两个 RequiredFieldValidator 控件，用于验证输入 RSS 源标识的合法性。
（3）插入一个 RequiredFieldValidator 控件，用于验证输入 RSS 源标识的合法性。
（4）调用一个 Ajax 程序集内的 TextBoxWatermark 控件，实现水印验证提示。
（5）调用 3 个 Ajax 程序集内的 ValidatorCallout 控件，实现多样式验证。
（6）插入一个 TextBox 控件，显示原 RSS 源的链接地址，并输入修改后的链接地址。
（7）插入两个 RegularExpressionValidator 控件，用于对输入链接地址的验证。
（8）插入一个 RequiredFieldValidator 控件，用于验证输入链接地址的合法性。
（9）调用一个 Ajax 程序集内的 TextBoxWatermark 控件，实现水印验证提示。
（10）调用 3 个 Ajax 程序集内的 ValidatorCalloutExtender 控件，实现多样式验证。
（11）插入一个 Button 控件，供用户激活修改处理程序。

文件 XiugaiUrl.aspx 的主要实现代码如下：

```
<%@ Page Language="C#" AutoEventWireup="true" CodeFile="XiugaiUrl.aspx.cs" Inherits="UpdateUrl" StylesheetTheme="ASPNETAjaxWeb" %>
...
    <form id="form1" runat="server">
    <asp:ScriptManager ID="sm" runat="server"></asp:ScriptManager>
    <table class="Table" border="0" cellpadding="2" bgcolor="Black" cellspacing="1">
        <tr bgcolor="white"><td colspan="2"><hr /><a name="message"></a></td></tr>
        <tr bgcolor="white"><td>地址标识：</td>
            <td width="90%"><asp:TextBox ID="tbName" runat="server" SkinID="tbSkin" Width="60%" MaxLength="50"></asp:TextBox>
                <asp:RequiredFieldValidator ID="rfNameBlank" runat="server" ControlToValidate="tbName" Display="none" ErrorMessage="标识不能为空！"></asp:RequiredFieldValidator>
                <asp:RequiredFieldValidator ID="rfNameValue" runat="server" ControlToValidate="tbName" Display="none" InitialValue="请输入标识" ErrorMessage="标识不能为空！"></asp:RequiredFieldValidator>
                <asp:RegularExpressionValidator ID="revName" runat="server" ControlToValidate="tbName" Display="none" ErrorMessage="标识的长度最大为 50，请重新输入。" ValidationExpression=".{1,50}"></asp:RegularExpressionValidator>
                <ajaxToolkit:TextBoxWatermarkExtender ID="wmeName" runat="server" TargetControlID="tbName" WatermarkText="请输入标识" WatermarkCssClass="Watermark"></ajaxToolkit:TextBoxWatermarkExtender>
                <ajaxToolkit:ValidatorCalloutExtender ID="vceNameBlank" runat="server" TargetControlID="rfNameBlank" HighlightCssClass="Validator"></ajaxToolkit:ValidatorCalloutExtender>
                <ajaxToolkit:ValidatorCalloutExtender ID="vceNameValue" runat="server" TargetControlID="rfNameValue" HighlightCssClass="Validator"></ajaxToolkit:ValidatorCalloutExtender>
                <ajaxToolkit:ValidatorCalloutExtender ID="vceNameRegex" runat="server" TargetControlID="revName" HighlightCssClass="Validator"></ajaxToolkit:ValidatorCalloutExtender>
```

```
</td></tr>
            <tr bgcolor="white"><td>链接地址：</td>
                <td width="90%"><asp:TextBox ID="tbUrl" runat="server" SkinID="tbSkin" Width="60%" MaxLength="50"></asp:TextBox>
                    <asp:RequiredFieldValidator ID="rfUrlBlank" runat="server" ControlToValidate="tbUrl" Display="none" ErrorMessage="地址不能为空！"></asp:RequiredFieldValidator>
                    <asp:RequiredFieldValidator ID="rfUrlValue" runat="server" ControlToValidate="tbUrl" Display="none" InitialValue="请输入地址" ErrorMessage="地址不能为空！"></asp:RequiredFieldValidator>
                    <asp:RegularExpressionValidator ID="revUrl" runat="server" ControlToValidate="tbUrl" Display="none" ErrorMessage="链接地址的格式不正确，请重新输入。" ValidationExpression="http(s)?: //([\w-]+\.)+[\w-]+(/[\w- ./?%&=]*)?"></asp:RegularExpressionValidator>
                    <ajaxToolkit:TextBoxWatermarkExtender ID="tweUrl" runat="server" TargetControlID="tbUrl" WatermarkText="请输入地址" WatermarkCssClass="Watermark"></ajaxToolkit:TextBoxWatermarkExtender>
                    <ajaxToolkit:ValidatorCalloutExtender ID="vceUrlBlank" runat="server" TargetControlID="rfUrlBlank" HighlightCssClass="Validator"></ajaxToolkit:ValidatorCalloutExtender>
                    <ajaxToolkit:ValidatorCalloutExtender ID="vceUrlValue" runat="server" TargetControlID="rfUrlValue" HighlightCssClass="Validator"></ajaxToolkit:ValidatorCalloutExtender>
                    <ajaxToolkit:ValidatorCalloutExtender ID="vceUrlRegex" runat="server" TargetControlID="revUrl" HighlightCssClass="Validator"></ajaxToolkit:ValidatorCalloutExtender>
                </td></tr>
            <tr bgcolor="white"><td> </td><td width="90%">
                <asp:UpdatePanel ID="upbutton" runat="server">
                <ContentTemplate>
                <asp:Button ID="btnCommit" runat="server" Text="提交" SkinID="btnSkin" Width="100px" OnClick="btnCommit_Click" />
                </ContentTemplate>
                </asp:UpdatePanel>
                </td></tr>
    </table>
    </form>
```

上述实例代码执行后，将首先在修改表单内显示此编号 RSS 源的信息，如图 5-14 所示。当用户输入的修改数据非法时，则调用 Ajax 控件显示对应的验证提示。

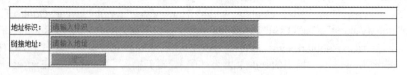

图 5-14 修改表单界面效果图

5.8.2 修改处理页面

修改 RSS 源处理页面文件 XiugaiUrl.aspx.cs 的功能是将获取的修改表单数据在系统库内进行更新处理。其具体实现流程如下：

（1）引入命名空间，定义 UpdateUrl 类。
（2）获取修改 RSS 源的 ID 编号。

（3）声明 Page_Load，进行页面初始化处理。
（4）定义 BindPageData(int urlID)，显示此 RSS 源的原始数据。
（5）设置操作按钮是否可用。
（6）btnCommit_Click(object sender,EventArgs e)，对此编号 RSS 源的数据进行更新处理。
（7）重定向返回管理列表界面。

上述操作实现的具体运行流程如图 5-15 所示。

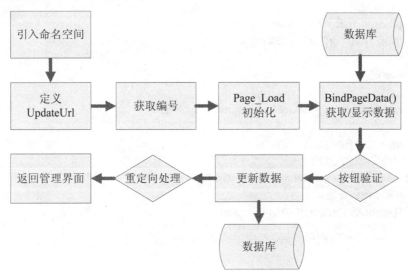

图 5-15　聊天室修改处理流程图

文件 XiugaiUrl.aspx.cs 的具体实现代码如下：

```
using System.Web.UI.WebControls.WebParts;
using System.Web.UI.HtmlControls;
//引入新的命名空间
using ASPNETAJAXWeb.AjaxRss;
using System.Data.SqlClient;
public partial class UpdateUrl : System.Web.UI.Page
{
    int urlID = -1;
    protected void Page_Load(object sender,EventArgs e)
    {   //获取被修改数据的 ID
        if(Request.Params["UrlID"] != null)
        {
            urlID = Int32.Parse(Request.Params["UrlID"].ToString());
        }
        //显示被修改的数据
        if(!Page.IsPostBack && urlID > 0)
        {
            BindPageData(urlID);
        }
        //设置按钮是否可用
        btnCommit.Enabled = urlID > 0 ? true : false;
```

```csharp
    }
    private void BindPageData(int urlID)
    {
        //读取数据
        Rss rss = new Rss();
        SqlDataReader dr = rss.GetSingleRss(urlID);
        if(dr == null) return;
        if(dr.Read())
        {    //显示数据
            tbName.Text = dr["Name"].ToString();
            tbUrl.Text = dr["Url"].ToString();
        }
        dr.Close();
    }
    protected void btnCommit_Click(object sender,EventArgs e)
    {
        Rss rss = new Rss();
        //修改 RSS 地址的属性
        if(rss.UpdateRss(urlID,tbName.Text,tbUrl.Text) > 0)
        {    //重定向到管理页面
            Response.Redirect("~/Manage.aspx");
        }
    }
}
```

第 6 章 心灵聊天室系统

当今网上冲浪风行,越来越多的人们纷纷加入其中,网络聊天也日益成为人们必不可少的通信方式和休闲方式之一。为此,各种聊天工具和聊天网站纷纷建立。本章将向读者介绍心灵聊天室系统的运行流程,并通过具体的实例讲解其具体的实现过程。

6.1 项目规划分析

知识点讲解:光盘\视频讲解\第 6 章\项目规划分析.avi

聊天系统是一个综合性的系统,不仅包括表单数据的发布处理过程,而且在实现过程中会应用到前面章节中介绍的模块知识,并实现了对数据库的整合处理。本节将对心灵聊天系统的基本知识进行简要介绍。

6.1.1 聊天系统功能原理

Web 站点的聊天室系统的实现原理比较清晰明了,其主要操作是对数据库中数据进行添加和删除操作,并且设置了不同的类别使信息在表现上更加清晰。在不同聊天系统的实现过程中,往往会根据系统的需求而进行不同功能模块的设置。

一个典型的聊天系统的必备功能如下:
(1)提供用户登录验证功能。
(2)设置聊天语句发布功能。
(3)聊天内容动态显示功能。
(4)聊天页面刷新功能。
(5)系统管理功能。

6.1.2 聊天系统构成模块

一个典型的聊天系统的构成模块如下:
(1)用户登录验证。
用户登录验证模块是聊天室系统的重要模块之一,系统用户登录成功后,将在用户列表中显示用户的用户名或昵称。而系统的其他用户可以及时了解本系统的人气状况。
(2)显示聊天语句。
聊天者发表谈话内容后,需要将内容在系统中显示,这样双方用户才能实现及时交互。
(3)页面刷新。
因为聊天者不定期地发表谈话,所以要求能使谈话对象及时接收到谈话内容。为此,系统页面必须具备及时刷新的功能。

（4）用户更新。

为解决聊天用户离开系统后，其用户信息在用户列表中依然显示的问题，系统必须设置用户更新功能。所以在系统中应专门设置一个超链接，用户退出时通过单击此链接告知管理员退出系统，使用户列表做出相应的更新。

（5）聊天内容更新。

当用户发布聊天内容后，能够使发布的内容及时在页面内显示，使对方用户及时浏览。

（6）提供多个聊天室。

为满足不同类型客户的需求，应该提供不同的聊天室供用户选择登录，从而提高站点的人气。

（7）聊天室管理功能。

为方便对系统的管理控制，通过对聊天室的设置以实现对整个聊天系统的灵活管理。

上述应用模块的具体运行流程如图6-1所示。

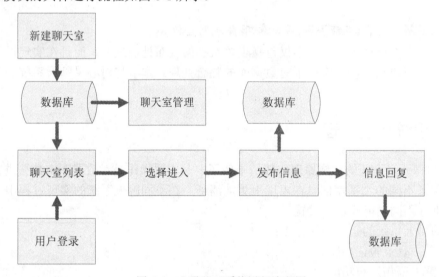

图6-1 心灵聊天系统运行流程图

6.2 系统配置文件

知识点讲解：光盘\视频讲解\第6章\系统配置文件.avi

根据用户的需求编写配置文件 Web.config，其主要功能是设置数据库的连接参数，并配置了系统与 Ajax 服务器的相关内容。

1．配置连接字符串参数

配置连接字符串参数即设置系统程序连接数据库的参数，其对应实现代码如下：

```
<connectionStrings>
    <add name="SQLCONNECTIONSTRING" connectionString="data source=AAA;user id=sa;pwd= 666888; database=Liao" providerName="System.Data.SqlClient"/>
</connectionStrings>
```

其中，source 设置连接的数据库服务器；user id 和 pwd 分别指定数据库的登录名和密码；database 设置连接数据库的名称。

2．配置 Ajax 服务器参数

配置 Ajax 服务器参数即配置 Ajax Control Toolkit 程序集参数，为 AjaxControlToolkit.dll 程序集提供了一个前缀字符串 AjaxControlToolkit。这样，系统页面在引用 AjaxControlToolkit.dll 中的控件时，不需要额外添加<Register>代码。

上述功能在<controls>元素内的对应实现代码如下：

```
<pages>
    <controls>
        <add namespace="AjaxControlToolkit" assembly="AjaxControlToolkit" tagPrefix="ajaxToolkit"/>
        <add tagPrefix="asp" namespace="System.Web.UI" assembly="System.Web.Extensions, Version=1.0.61325.0, Culture=neutral, PublicKeyToken=31bf3856ad364e35"/>
    </controls>
</pages>
```

6.3　搭建数据库

知识点讲解：光盘\视频讲解\第 6 章\搭建数据库.avi

本系统采用 SQL Server 2005 数据库，创建了一个名为 Liao 的数据库。里面包含了两个表，分别用于存储聊天内容和用户信息。

6.3.1　设计数据库

表 Message 的具体设计结构如表 6-1 所示。

表 6-1　系统聊天内容信息表（Message）

字 段 名 称	数 据 类 型	是 否 主 键	默 认 值	功 能 描 述
ID	int	是	递增 1	编号
Message	varchar(1000)	否	Null	内容
UserID	int	否	Null	用户编号
ChatID	int	否	Null	聊天室编号
CreateDate	datetime	否	Null	时间

表 User 的具体设计结构如表 6-2 所示。

表 6-2　系统用户信息表（User）

字 段 名 称	数 据 类 型	是 否 主 键	默 认 值	功 能 描 述
ID	int	是	递增 1	编号
Username	varchar(1000)	否	Null	用户名
Password	int	否	Null	密码
Status	int	否	Null	状态

表 Chat 用于存储聊天室房间的信息，表 Chat 的具体设计结构如表 6-3 所示。

表 6-3　系统聊天室信息表（Chat）

字 段 名 称	数 据 类 型	是 否 主 键	默 认 值	功 能 描 述
ID	int	是	递增 1	编号
ChatName	varchar(50)	否	Null	名称
MaxNumber	int	否	Null	允许最多在线人数
CurrentNumber	int	否	Null	当前在线人数
Status	tinyint	否	Null	状态
CreateDate	datetime	否	Null	时间
Remark	varchar(1000)	否	Null	说明

6.3.2　设置系统参数

设置系统参数功能由文件 Global.asax 和文件 chat.cs 实现。

1．文件 chat.cs

文件 chat.cs 的功能是声明类 UserInfo，用以封装保存当前登录用户的信息，并定义数据库访问层的操作方法。文件 chat.cs 内系统参数设置的相关代码如下：

```
namespace ASPNETAJAXWeb.AjaxChat
{
    public class UserInfo
    {
        private int userID;
        private int chatID = -1;
        private string username;
        public int ChatID
        {
            get
            {
                return chatID;
            }
            set
            {
                chatID = value;
            }
        }
        public int UserID
        {
            get
            {
                return userID;
            }
            set
            {
                userID = value;
            }
        }
```

```
            public string Username
            {
                get
                {
                    return username;
                }
                set
                {
                    username = value;
                }
            }
        }
}
```

2．文件 Global.asax

文件 Global.asax 的功能是当系统项目启动时初始化保存处理当前用户列表，当项目结束运行时把用户列表信息清空。主要实现代码如下：

```
//保存登录用户的列表
public static List<UserInfo> Users = new List<UserInfo>();
void Application_Start(object sender, EventArgs e)
{   //登录用户列表初始化
    Users.Clear();
}
void Application_End(object sender, EventArgs e)
{
{
void Application_Error(object sender, EventArgs e)
{
}
void Session_Start(object sender, EventArgs e)
{
    ...
}
void Session_End(object sender, EventArgs e)
{
    if(Session["UserID"] != null)
    {   //用户离开时，清空用户登录的信息
        string userID = Session["UserID"].ToString();
        foreach(UserInfo ui in Users)
        {   //根据用户 ID 找到离开的用户
            if(ui.UserID.ToString() == userID)
            {
                Users.Remove(ui);
                break;
            }
        }
    }
}
</script>
```

在 ASP.NET 项目中，Global.asax 文件也是一个重要的配置文件，有时叫做 ASP.NET 应用程序文

件。Global.asax 文件位于应用程序根目录下，提供了一种在一个中心位置响应应用程序级或模块级事件的方法。可以使用这个文件实现应用程序安全性以及其他一些任务。虽然 Visual Studio 2012 会自动插入这个文件到所有的 ASP.NET 项目中，但它实际上是一个可选文件。删除它不会出问题——当然是在没有使用它的情况下。.asax 文件扩展名指出它是一个应用程序文件，而不是一个使用 aspx 的 ASP.NET 文件。因为在文件 Global.asax 中，设置了任何通过 URL 窗体的 HTTP 请求会被自动拒绝，所以用户不能下载或查看其内容。ASP.NET 页面框架能够自动识别出对 Global.asax 文件所做的任何更改。在 Global.asax 被更改后，ASP.NET 页面框架会重新启动应用程序，包括关闭所有的浏览器会话，清除所有状态信息，并重新启动应用程序域。

6.4 实现数据库访问层

知识点讲解：光盘\视频讲解\第 6 章\实现数据库访问层.avi

数据库访问层是整个项目的核心和难点，一共分为如下所示的 4 个部分：
- ☑ 登录验证。
- ☑ 聊天室主页。
- ☑ 聊天交流处理。
- ☑ 系统管理。

为了便于后期维护，专门编写了文件 Chat.cs 实现数据库访问层。其主要功能是在 ASPNETAJAXWeb.AjaxChat 空间内建立 Chat 类，并定义多个方法实现对各系统文件在数据库中的处理。

6.4.1 登录验证处理

在文件 chat.cs 中，与用户登录验证模块相关的是方法 GetUser(string username,string password)，其运行流程如图 6-2 所示。

下面将分别介绍上述方法的实现流程。

1. 定义 Chat 类

定义 Chat 类的实现代码如下：

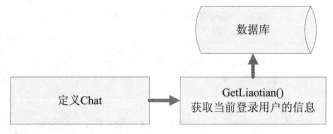

图 6-2　登录验证模块数据访问层运行流程图

```
using System;
using System.Data;
using System.Configuration;
using System.Data.SqlClient;
namespace ASPNETAJAXWeb.AjaxChat
…
public class Chat
    {
            public Chat()
            {
                ///
            }
    }
```

2. 获取登录用户信息

获取登录用户信息即获取当前登录用户的用户名和密码，确保合法用户才能登录系统。上述功能是由方法 GetUser(string username,string password)实现的，其具体实现流程如下：

（1）从系统配置文件 Web.config 内获取数据库连接参数，并将其保存在 connectionString 内。
（2）使用连接字符串创建 con 对象，实现数据库连接。
（3）新建获取数据库内用户名和密码信息的 SQL 查询语句。
（4）创建获取数据的对象 cmd。
（5）打开数据库连接，获取查询数据。
（6）将获取的查询结果保存在 dr 中，并返回 dr。

上述功能的对应实现代码如下：

```
public SqlDataReader GetUser(string username,string password)
    {   //获取连接字符串
        string connectionString = ConfigurationManager.ConnectionStrings["SQLCONNECTIONSTRING"].ConnectionString;
        //创建连接
        SqlConnection con = new SqlConnection(connectionString);
        //创建 SQL 语句
        string cmdText = "SELECT ID FROM [User] WHERE Username=@Username AND Password=@Password";
        //创建 SqlCommand
        SqlCommand cmd = new SqlCommand(cmdText,con);
        //创建参数并赋值
        cmd.Parameters.Add("@Username",SqlDbType.VarChar,50);
        cmd.Parameters.Add("@Password",SqlDbType.VarChar,255);
        cmd.Parameters[0].Value = username;
        cmd.Parameters[1].Value = password;
        //定义 SqlDataReader
        SqlDataReader dr;
        try
        {   //打开连接
            con.Open();
            //读取数据
            dr = cmd.ExecuteReader(CommandBehavior.CloseConnection);
        }
        catch(Exception ex)
        {   //抛出异常
            throw new Exception(ex.Message,ex);
        }
        return dr;
    }
```

6.4.2 聊天处理

在文件 chat.cs 中，与系统在线聊天处理模块相关的方法如下：
- ☑ 方法 GetNeirong(int chatID)。

☑ 方法 GetSingleNeirong(int messageID)。
☑ 方法 AddNeirong(string message,int userID,int chatID)。

上述方法的运行流程如图 6-3 所示。

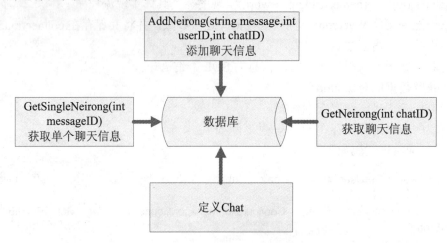

图 6-3 聊天处理模块数据访问层运行流程图

下面将分别介绍上述方法的具体实现过程。

1. 方法 GetNeirong(int chatID)

方法 GetNeirong(int chatID)的功能是获取某 ID 编号聊天室的聊天信息，其具体实现流程如下。

（1）从系统配置文件 Web.config 内获取数据库连接参数，并将其保存在 connectionString 内。

（2）使用连接字符串创建 con 对象，实现数据库连接。

（3）新建 SQL 查询语句，获取数据库内某 ID 编号聊天室的聊天信息。

（4）创建获取数据的对象 da。

（5）打开数据库连接，获取查询数据。

（6）将获取的查询结果保存在 ds 中，并返回 ds。

上述功能的对应实现代码如下：

```
public DataSet GetNeirong(int chatID)
        {
            string connectionString = ConfigurationManager.ConnectionStrings["SQLCONNECTIONSTRING"].ConnectionString;
            SqlConnection con = new SqlConnection(connectionString);
            //创建 SQL 语句
            string cmdText = "SELECT Message.*,[User].Username FROM Message INNER JOIN [User] ON Message.UserID=[User].ID WHERE ChatID=@ChatID Order by CreateDate DESC";
            //创建 SqlDataAdapter
            SqlDataAdapter da = new SqlDataAdapter(cmdText,con);
            //创建参数并赋值
            da.SelectCommand.Parameters.Add("@ChatID",SqlDbType.Int,4);
            da.SelectCommand.Parameters[0].Value = chatID;
            //定义 DataSet
            DataSet ds = new DataSet();
            try
```

```
        {
            con.Open();
            //填充数据
            da.Fill(ds,"DataTable");
        }
        catch(Exception ex)
        {
            throw new Exception(ex.Message,ex);
        }
        finally
        {
            con.Close();
        }
        return ds;
    }
```

2. 方法 GetSingleNeirong(int messageID)

方法 GetSingleNeirong(int messageID)的功能是获取某 ID 编号的聊天信息。其具体实现流程如下：

（1）从系统配置文件 Web.config 内获取数据库连接参数，并将其保存在 connectionString 内。
（2）使用连接字符串创建 con 对象，实现数据库连接。
（3）新建 SQL 查询语句，获取数据库内某 ID 编号的聊天信息。
（4）创建获取数据的对象 cmd。
（5）打开数据库连接，获取查询数据。
（6）将获取的查询结果保存在 dr 中，并返回 dr。

上述功能的对应实现代码如下：

```
public SqlDataReader GetSingleNeirong(int messageID)
    {
        string connectionString = ConfigurationManager.ConnectionStrings["SQLCONNECTIONSTRING"].ConnectionString;
        SqlConnection con = new SqlConnection(connectionString);
        string cmdText = "SELECT * FROM Message WHERE ID = @ID";
        //创建 SqlCommand
        SqlCommand cmd = new SqlCommand(cmdText,con);
        //创建参数并赋值
        cmd.Parameters.Add("@ID",SqlDbType.Int,4);
        cmd.Parameters[0].Value = messageID;
        //定义 SqlDataReader
        SqlDataReader dr;
        try
        {
            con.Open();
            //读取数据
            dr = cmd.ExecuteReader(CommandBehavior.CloseConnection);
        }
        catch(Exception ex)
        {
            throw new Exception(ex.Message,ex);
```

```
            }
            return dr;
}
```

3. 方法 AddNeirong(string message,int userID,int chatID)

方法 AddNeirong(string message,int userID,int chatID)的功能是将用户发送的聊天信息添加到系统库中。其具体实现流程如下：

（1）从系统配置文件 Web.config 内获取数据库连接参数，并将其保存在 connectionString 内。
（2）使用连接字符串创建 con 对象，实现数据库连接。
（3）新建 SQL 添加语句，向数据库内添加某 ID 编号的聊天信息。
（4）创建获取数据的对象 cmd。
（5）打开数据库连接，执行添加处理。
（6）将操作结果保存在 dr 中，并返回 dr。

上述功能的对应实现代码如下：

```
public int AddNeirong(string message,int userID,int chatID)
        {
            string connectionString = ConfigurationManager.ConnectionStrings["SQLCONNECTIONSTRING"].ConnectionString;
            SqlConnection con = new SqlConnection(connectionString);
            //创建 SQL 语句
            string cmdText = "INSERT INTO Message(Message,UserID,ChatID,CreateDate)VALUES(@Message,@UserID,@ChatID,GETDATE())";
            //创建 SqlCommand
            SqlCommand cmd = new SqlCommand(cmdText,con);
            //创建参数并赋值
            cmd.Parameters.Add("@Message",SqlDbType.VarChar,1000);
            cmd.Parameters.Add("@UserID",SqlDbType.Int,4);
            cmd.Parameters.Add("@ChatID",SqlDbType.Int,1);
            cmd.Parameters[0].Value = message;
            cmd.Parameters[1].Value = userID;
            cmd.Parameters[2].Value = chatID;
            int result = -1;
            try
            {
                con.Open();
                //操作数据
                result = cmd.ExecuteNonQuery();
            }
            catch(Exception ex)
            {
                throw new Exception(ex.Message,ex);
            }
            finally
            {
                con.Close();
            }
```

```
            return result;
        }
```

6.4.3 系统管理

在文件 chat.cs 中，与系统聊天室管理模块相关的方法如下：
- ☑ 方法 GetUser(string username,string password)。
- ☑ 方法 GetLiaotian()。
- ☑ 方法 GetSingleLiaotian(int chatID)。
- ☑ 方法 AddLiaotian(string chatName,int maxNumber,byte status,string remark)。
- ☑ 方法 UpdateLiaotian(int chatID,string chatName,int maxNumber,byte status,string remark)。
- ☑ 方法 DeleteLiaotian(int chatID)。

上述方法的运行流程如图 6-4 所示。

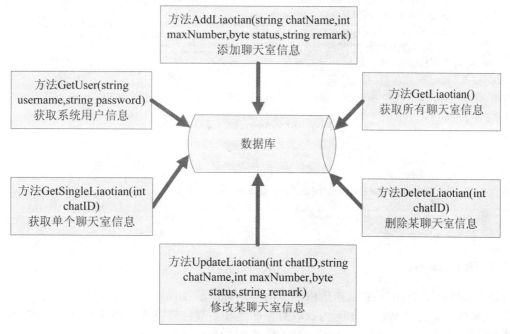

图 6-4　聊天室管理模块数据访问层运行流程图

下面分别介绍上述方法的具体实现过程。

1. 方法 GetUser(string username,string password)

方法 GetUser(string username,string password)的功能是获取系统会员用户的信息，其具体实现流程如下：

（1）从系统配置文件 Web.config 内获取数据库连接参数，并将其保存在 connectionString 内。
（2）使用连接字符串创建 con 对象，实现数据库连接。
（3）新建 SQL 查询语句，获取数据库内会员用户的信息。
（4）创建获取数据的对象 cmd。

（5）打开数据库连接，获取查询数据。

（6）将获取的查询结果保存在 dr 中，并返回 dr。

上述功能的对应实现代码如下：

```
public SqlDataReader GetUser(string username,string password)
         {    //获取连接字符串
              string connectionString = ConfigurationManager.ConnectionStrings["SQLCONNECTIONSTRING"].ConnectionString;
              SqlConnection con = new SqlConnection(connectionString);
              //创建 SQL 语句
              string cmdText = "SELECT ID FROM [User] WHERE Username=@Username AND Password=@Password";
              SqlCommand cmd = new SqlCommand(cmdText,con);
              //创建参数并赋值
              cmd.Parameters.Add("@Username",SqlDbType.VarChar,50);
              cmd.Parameters.Add("@Password",SqlDbType.VarChar,255);
              cmd.Parameters[0].Value = username;
              cmd.Parameters[1].Value = password;
              //定义 SqlDataReader
              SqlDataReader dr;
              try
              {    //打开连接
                   con.Open();
                   dr = cmd.ExecuteReader(CommandBehavior.CloseConnection);
              }
              catch(Exception ex)
              {    //抛出异常
                   throw new Exception(ex.Message,ex);
              }
              return dr;
         }
```

2. 方法 GetLiaotian()

方法 GetLiaotian() 的功能是获取系统内所有的聊天室信息，其具体实现流程如下：

（1）从系统配置文件 Web.config 内获取数据库连接参数，并将其保存在 connectionString 内。

（2）使用连接字符串创建 con 对象，实现数据库连接。

（3）新建 SQL 查询语句，获取数据库内所有聊天室的信息。

（4）创建获取数据的对象 da。

（5）打开数据库连接，获取查询数据。

（6）将获取的查询结果保存在 ds 中，并返回 ds。

上述功能的对应实现代码如下：

```
public DataSet GetLiaotian()
         {    //获取连接字符串
              string connectionString = ConfigurationManager.ConnectionStrings["SQLCONNECTIONSTRING"].ConnectionString;
              //创建连接
              SqlConnection con = new SqlConnection(connectionString);
```

```
//创建 SQL 语句
string cmdText = "SELECT * FROM Chat Order by CurrentNumber DESC";
//创建 SqlDataAdapter
SqlDataAdapter da = new SqlDataAdapter(cmdText,con);
//定义 DataSet
DataSet ds = new DataSet();
try
{
    con.Open();
    //填充数据
    da.Fill(ds,"DataTable");
}
catch(Exception ex)
{
    throw new Exception(ex.Message,ex);
}
finally
{   //关闭连接
    con.Close();
}
return ds;
}
```

3. 方法 GetSingleLiaotian(int chatID)

方法 GetSingleLiaotian(int chatID)的功能是获取系统内指定编号的聊天室信息,具体实现流程如下:

(1) 从系统配置文件 Web.config 内获取数据库连接参数,并将其保存在 connectionString 内。
(2) 使用连接字符串创建 con 对象,实现数据库连接。
(3) 新建 SQL 查询语句,获取数据库内某编号的聊天室信息。
(4) 创建获取数据的对象 cmd。
(5) 打开数据库连接,获取查询数据。
(6) 将获取的查询结果保存在 dr 中,并返回 dr。

上述功能的对应实现代码如下:

```
public SqlDataReader GetSingleLiaotian(int chatID)
{    //获取连接字符串
    string connectionString = ConfigurationManager.ConnectionStrings["SQLCONNECTIONSTRING"].ConnectionString;
    SqlConnection con = new SqlConnection(connectionString);
    //创建 SQL 语句
    string cmdText = "SELECT * FROM Chat WHERE ID = @ID";
    //创建 SqlCommand
    SqlCommand cmd = new SqlCommand(cmdText,con);
    //创建参数并赋值
    cmd.Parameters.Add("@ID",SqlDbType.Int,4);
    cmd.Parameters[0].Value = chatID;
    //定义 SqlDataReader
    SqlDataReader dr;
    try
```

```
            {
                con.Open();
                //读取数据
                dr = cmd.ExecuteReader(CommandBehavior.CloseConnection);
            }
            catch(Exception ex)
            {
                throw new Exception(ex.Message,ex);
            }
            return dr;
        }
```

4．方法 AddLiaotian(string chatName,int maxNumber,byte status,string remark)

方法 AddLiaotian(string chatName,int maxNumber,byte status,string remark)的功能是向系统内添加新的聊天室信息，其具体实现流程如下：

（1）从系统配置文件 Web.config 内获取数据库连接参数，并将其保存在 connectionString 内。
（2）使用连接字符串创建 con 对象，实现数据库连接。
（3）新建 SQL 插入语句，向系统数据库内添加新的聊天室信息。
（4）创建获取数据的对象 cmd。
（5）打开数据库连接，执行插入操作。
（6）将操作结果保存在 result 中，并返回 result。

上述功能的对应实现代码如下：

```
public int AddLiaotian(string chatName,int maxNumber,byte status,string remark)
        {
            //获取连接字符串
            string connectionString = ConfigurationManager.ConnectionStrings["SQLCONNECTIONSTRING"].ConnectionString;
            //创建连接
            SqlConnection con = new SqlConnection(connectionString);
            //创建 SQL 语句
            string cmdText = "INSERT INTO Chat(ChatName,MaxNumber,CurrentNumber,Status,CreateDate,Remark)VALUES(@ChatName,@MaxNumber,0,@Status,GETDATE(),@Remark)";
            //创建 SqlCommand
            SqlCommand cmd = new SqlCommand(cmdText,con);
            //创建参数并赋值
            cmd.Parameters.Add("@ChatName",SqlDbType.VarChar,200);
            cmd.Parameters.Add("@MaxNumber",SqlDbType.Int,4);
            cmd.Parameters.Add("@Status",SqlDbType.TinyInt,1);
            cmd.Parameters.Add("@Remark",SqlDbType.VarChar,1000);
            cmd.Parameters[0].Value = chatName;
            cmd.Parameters[1].Value = maxNumber;
            cmd.Parameters[2].Value = status;
            cmd.Parameters[3].Value = remark;
            int result = -1;
            try
            {
                con.Open();
                result = cmd.ExecuteNonQuery();
```

```
            }
            catch(Exception ex)
            {
                throw new Exception(ex.Message,ex);
            }
            finally
            {
                con.Close();
            }
            return result;
    }
```

5．方法 UpdateLiaotian(int chatID,string chatName,int maxNumber,byte status,string remark)

方法 UpdateLiaotian(int chatID,string chatName,int maxNumber,byte status,string remark)的功能是修改系统内某编号的聊天室信息，其具体实现流程如下：

（1）从系统配置文件 Web.config 内获取数据库连接参数，并将其保存在 connectionString 内。
（2）使用连接字符串创建 con 对象，实现数据库连接。
（3）新建 SQL 更新语句，对系统数据库内某编号的聊天室信息进行修改。
（4）创建获取数据的对象 cmd。
（5）打开数据库连接，执行修改操作。
（6）将修改结果保存在 result 中，并返回 result。

上述功能的对应实现代码如下：

```
public int UpdateLiaotian(int chatID,string chatName,int maxNumber,byte status,string remark)
    {
            string connectionString = ConfigurationManager.ConnectionStrings["SQLCONNECTIONSTRING"].ConnectionString;
            //创建连接
            SqlConnection con = new SqlConnection(connectionString);
            //创建 SQL 语句
            string cmdText = "UPDATE Chat SET ChatName=@ChatName,MaxNumber=@MaxNumber,Status=@Status,Remark=@Remark WHERE ID=@ID";
            //创建 SqlCommand
            SqlCommand cmd = new SqlCommand(cmdText,con);
            //创建参数并赋值
            cmd.Parameters.Add("@ChatName",SqlDbType.VarChar,200);
            cmd.Parameters.Add("@MaxNumber",SqlDbType.Int,4);
            cmd.Parameters.Add("@Status",SqlDbType.TinyInt,1);
            cmd.Parameters.Add("@Remark",SqlDbType.VarChar,1000);
            cmd.Parameters.Add("@ID",SqlDbType.Int,4);
            cmd.Parameters[0].Value = chatName;
            cmd.Parameters[1].Value = maxNumber;
            cmd.Parameters[2].Value = status;
            cmd.Parameters[3].Value = remark;
            cmd.Parameters[4].Value = chatID;
            int result = -1;
            try
            {
```

```
            con.Open();
            //操作数据
            result = cmd.ExecuteNonQuery();
        }
        catch(Exception ex)
        {
            throw new Exception(ex.Message,ex);
        }
        finally
        {
            con.Close();
        }
        return result;
    }
```

6. 方法 DeleteLiaotian(int chatID)

方法 DeleteLiaotian(int chatID)的功能是删除系统内某编号的聊天室信息，其具体实现流程如下：
（1）从系统配置文件 Web.config 内获取数据库连接参数，并将其保存在 connectionString 内。
（2）使用连接字符串创建 con 对象，实现数据库连接。
（3）新建 SQL 删除语句，删除系统数据库内某编号的聊天室信息。
（4）创建获取数据的对象 cmd。
（5）打开数据库连接，执行删除操作。
（6）将操作结果保存在 result 中，并返回 result。

上述功能的对应实现代码如下：

```
public int DeleteLiaotian(int chatID)
{
    {
        string connectionString = ConfigurationManager.ConnectionStrings["SQLCONNECTIONSTRING"].ConnectionString;
        SqlConnection con = new SqlConnection(connectionString);
        string cmdText = "DELETE Chat WHERE ID = @ID";
        //创建 SqlCommand
        SqlCommand cmd = new SqlCommand(cmdText,con);
        //创建参数并赋值
        cmd.Parameters.Add("@ID",SqlDbType.Int,4);
        cmd.Parameters[0].Value = chatID;
        int result = -1;
        try
        {
            con.Open();
            //操作数据
            result = cmd.ExecuteNonQuery();
        }
        catch(Exception ex)
        {
            throw new Exception(ex.Message,ex);
        }
```

```
            finally
            {
                con.Close();
            }
            return result;
        }
    }
```

6.4.4 聊天室房间处理

在文件 chat.cs 中，与聊天室房间处理模块相关的方法是 GetLiaotian()，其运行流程如图 6-5 所示。

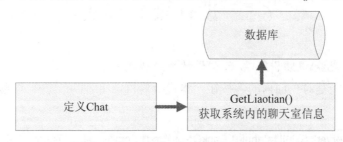

图 6-5　聊天室房间处理模块运行流程图

方法 GetLiaotian()的功能是获取当前系统内所有的聊天室信息，其具体实现流程如下：

（1）从系统配置文件 Web.config 内获取数据库连接参数，并将其保存在 connectionString 内。
（2）使用连接字符串创建 con 对象，实现数据库连接。
（3）新建获取数据库内所有聊天室信息的 SQL 查询语句。
（4）创建获取数据的对象 da。
（5）打开数据库连接，获取查询数据。
（6）将获取的查询结果保存在 ds 中，并返回 ds。

上述功能的对应实现代码如下：

```
public DataSet GetLiaotian()
        {
            string connectionString = ConfigurationManager.ConnectionStrings["SQLCONNECTIONSTRING"].ConnectionString;
            SqlConnection con = new SqlConnection(connectionString);
            //创建 SQL 语句
            string cmdText = "SELECT * FROM Chat Order by CurrentNumber DESC";
            //创建 SqlDataAdapter
            SqlDataAdapter da = new SqlDataAdapter(cmdText,con);
            //定义 DataSet
            DataSet ds = new DataSet();
            try
            {
                con.Open();
                //填充数据
                da.Fill(ds,"DataTable");
            }
```

```
            catch(Exception ex)
            {
                throw new Exception(ex.Message,ex);
            }
            finally
            {
                con.Close();
            }
            return ds;
        }
```

6.5 设计系统样式

知识点讲解：光盘\视频讲解\第 6 章\设计系统样式.avi

文件 mm.skin 的功能是对页面内的各按钮元素进行修饰，使之以指定样式显示出来。文件 mm.skin 的主要代码如下：

```
<asp:Button runat="server" SkinID="anniu" BackColor="red" Font-Names="Tahoma" Font-Size="9pt" CssClass="Button" />
<asp:TextBox runat="server" SkinID="mm" BackColor="green" Font-Names="Tahoma" />
<asp:ListBox SkinID="lbSkin" runat="server" BackColor="red" Font-Names="Tahoma" Font-Size="9pt" />
<asp:DropDownList SkinID="dd" runat="server" BackColor="#daeeee" Font-Names="Tahoma" Font-Size="9pt" />
<asp:GridView SkinID="gg" runat="server" GridLines="Both" CssClass="Text" BackColor="White" BorderColor="Black"
    BorderStyle="Solid" BorderWidth="1px" CellPadding="4" AutoGenerateColumns="False" Font-Names="Tahoma" Width="80%">
        <FooterStyle BackColor="#E8F4FF" ForeColor="#330099" />
        <AlternatingRowStyle BorderColor="Black" BorderStyle="Solid" BorderWidth="1px" />
        <RowStyle BorderColor="Black" BorderStyle="Solid" BorderWidth="1px" />
        <SelectedRowStyle BackColor="#E8F4FF" Font-Bold="True" ForeColor="#663399" />
        <PagerStyle BackColor="#E8F4FF" ForeColor="#330099" HorizontalAlign="Center" />
        <HeaderStyle BackColor="#DAEEEE" Font-Bold="True" ForeColor="#0361D4" Font-Names="Tahoma" BorderStyle="Solid" BorderWidth="1px" />
</asp:GridView>
<asp:DataList SkinID="dl" runat="server" RepeatColumns="5" RepeatDirection="Horizontal" BackColor="White" BorderColor="#DAEEEE" BorderStyle="Double" BorderWidth="3px" CellPadding="4" GridLines="Horizontal" Width="100%" CssClass="Text">
        <FooterStyle BackColor="White" ForeColor="#333333" />
        <SelectedItemStyle BackColor="#DAEEEE" Font-Bold="True" ForeColor="Blue" Font-Names="Tahoma" Font-Size="9pt" HorizontalAlign="Center" />
        <ItemStyle BackColor="White" ForeColor="#333333" Font-Names="Tahoma" HorizontalAlign="Center" />
        <HeaderStyle BackColor="#336666" Font-Bold="True" ForeColor="White" />
</asp:DataList>
```

文件 web.css 的功能是对页面内的整体样式和 Ajax 控件的样式进行修饰，使之以指定样式显示出来。文件 web.css 的主要代码如下：

```css
body
{
    font-family: "Tahoma";
    font-size:9pt;
        margin-top:0;
    background-color:#CCCCFF;
}

.Text
{
    font:Tahoma;
    font-size:9pt;
}

.Title
{
    font:Tahoma;
    font-size:10pt;
    font-weight:bold;
}

.Table
{
   width:80%;
   font-size: 9pt;
   border:1;
   font-family: Tahoma;
}
.Button
{
    font-family: "Tahoma";
    font-size: 9pt; color: #003399;
    border: 1px yellow solid;color:yellow;
    BORDER-BOTTOM: yellow 1px solid;
    BORDER-LEFT: yellow 1px solid;
    BORDER-RIGHT: yellow 1px solid;
    BORDER-TOP: yellow 1px solid;
    background-image:url(../Images/c_annu.gif);
    background-color: red;
    CURSOR: hand;
    font-style: normal;
}
.Watermark
{
    background-color:gree;
    color:#666666;
}
.Validator
```

```
{
    background-color:Red;
}
```

6.6 用户登录验证模块

知识点讲解：光盘\视频讲解\第 6 章\用户登录验证模块.avi

登录验证的原理很简单，首先需要设计一个表单供用户输入登录数据。当获取用户的登录数据后，和数据库内的合法用户数据进行比较，如果完全一致则登录聊天系统，如果不一致则不能登录系统。

6.6.1 用户登录表单页面

用户登录表单页面文件 Login.aspx 的功能是提供用户登录表单，供用户输入登录数据。其具体实现流程如下：

（1）插入一个 TextBox 控件，供用户输入用户名。
（2）插入两个 RequiredFieldValidator 控件，用于验证输入的用户名的合法性。
（3）调用一个 Ajax 程序集内的 TextBoxWatermarkExtender 控件，实现用户名验证。
（4）调用两个 Ajax 程序集内的 ValidatorCalloutExtender 控件，实现用户名的多样式验证。
（5）插入一个 TextBox 控件，供用户输入登录密码。
（6）插入两个 RequiredFieldValidator 控件，用于验证输入的密码的合法性。
（7）调用 3 个 Ajax 程序集内的 ValidatorCalloutExtender 控件，实现密码的多样式验证。
（8）调用文件 Yanzhengma.aspx，实现验证码显示。
（9）插入两个 Button 控件，分别用于激活验证处理事件和取消输入。

6.6.2 验证处理页面

登录验证处理页面文件 Login.aspx.cs 的功能是获取登录表单数据，并将合法用户的登录信息保存到用户列表数组中。其具体实现流程如下：

（1）引入命名空间。
（2）载入 Page_Load，并进行初始化。
（3）定义事件 btnLogin_Click(object sender,EventArgs e)。
（4）判断输入验证码的合法性。
（5）判断登录数据是否合法。
（6）读取用户的登录信息，并保存处理。
（7）重定向到系统主页。
（8）输入框清空处理。

上述操作实现的具体运行流程如图 6-6 所示。

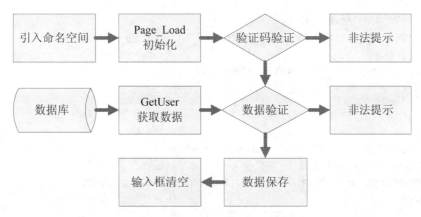

图 6-6 登录验证处理运行流程图

文件 Login.aspx.cs 的具体实现代码如下：

```
using ASPNETAJAXWeb.AjaxChat;
using ASPNETAJAXWeb.ValidateCode.Page;
using System.Data.SqlClient;
public partial class UserLogin : System.Web.UI.Page
{
    protected void Page_Load(object sender, EventArgs e)
    {
    }
    protected void btnLogin_Click(object sender,EventArgs e)
    {
        if(Session[ValidateCode.VALIDATECODEKEY] != null)
        {   //验证验证码是否相等
            if(tbCode.Text != Session[ValidateCode.VALIDATECODEKEY].ToString())
            {
                lbMessage.Text = "验证码输入错误，请重新输入";
                return;
            }
            //判断用户的密码和名称是否正确
            Chat chat = new Chat();
            SqlDataReader dr = chat.GetUser(tbUsername.Text,tbPassword.Text);
            if(dr == null)return;
            bool isLogin = false;
            if(dr.Read())
            {   //读取用户的登录信息，并保存
                UserInfo ui = new UserInfo();
                ui.UserID = Int32.Parse(dr["ID"].ToString());
                ui.Username = tbUsername.Text;
                //保存到 Session 中
                Session["UserID"] = ui.UserID;
                Session["Username"] = ui.Username;
                //保存到全局信息中
                ASP.global_asax.Users.Add(ui);
                isLogin = true;
            }
            dr.Close();
```

```
            //如果用户登录成功
            if(isLogin == true)
            {
                Response.Redirect("~/Default.aspx");
                return;
            }
        }
    }
    protected void btnReturn_Click(object sender,EventArgs e)
    {   //清空各种输入框中的信息
        tbUsername.Text = tbPassword.Text = tbCode.Text = string.Empty;
    }
}
```

登录界面的执行效果如图6-7所示。

图6-7 执行效果

6.7 系统主界面

知识点讲解：光盘\视频讲解\第6章\系统主界面.avi

本实例的主界面功能主要分为如下3个部分。

（1）用户列表界面：显示当前在聊天室内的用户。

（2）信息显示界面：显示系统内用户的聊天信息。

（3）发布表单界面：用于发布用户的聊天信息。

6.7.1 在线聊天界面

系统在线聊天界面文件LiaoTian.aspx的功能是为在线用户提供聊天表单，并实现用户间的聊天处理。其具体实现流程如下：

（1）插入一个ListBox控件，用于显示此聊天室内的在线用户。

（2）插入一个TextBox控件，用于显示在线聊天信息。

（3）插入一个TextBox控件，供用户输入发布的聊天信息。

（4）插入一个 Button 控件，用于激活聊天内容的发布处理事件。

（5）插入一个 Timer 控件，用于定时刷新聊天页面的信息。

6.7.2 在线聊天处理页面

在线聊天处理页面文件 LiaoTian.aspx.cs 的功能是获取并显示系统内此聊天室的在线用户，并对用户发布的聊天信息进行处理。其具体实现流程如下：

（1）引入命名空间和声明 ChatRoom 类。

（2）通过 Page_Load 获取聊天室的编号，并进行初始化处理。

（3）通过函数 ChatUserInit()初始化聊天室信息。

（4）定义函数 ShowUserData()，显示在线用户信息。

（5）定义函数 ShowMessageData()，显示用户发布的聊天室信息。

（6）定义 tUser_Tick(object sender,EventArgs e)，实现聊天室的定时刷新处理。

（7）定义 btnCommit_Click(object sender,EventArgs e)，将新发布的信息添加到系统库中。

上述操作实现的具体运行流程如图 6-8 所示。

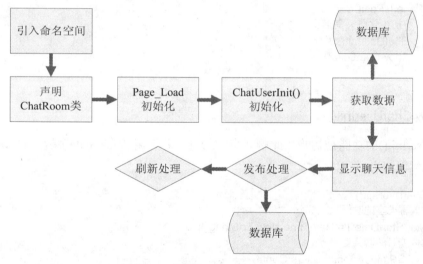

图 6-8　在线聊天处理运行流程图

下面将分别介绍上述流程的具体实现过程。

1．Page_Load 初始化

事件 Page_Load(object sender, EventArgs e)实现页面的初始化处理，其具体实现流程如下：

（1）通过 Session["UserID"]值判断用户是否登录。

（2）获取当前聊天室的编号 ID，并保存在 ChatID 中。

（3）分别调用函数 ChatUserInit()和 ShowUserData()，显示用户的信息。

上述功能对应的实现代码如下：

```
using System.Web.UI.WebControls.WebParts;
using System.Web.UI.HtmlControls;
//引入新的命名空间
```

```csharp
using ASPNETAJAXWeb.AjaxChat;
using System.Data.SqlClient;
using System.Text;
using System.Collections.Generic;
public partial class ChatRoom : System.Web.UI.Page
{
    int chatID = -1;
    protected void Page_Load(object sender, EventArgs e)
    {
        //如果用户未登录，则重定向到登录页面
        if(Session["UserID"] == null)
        {
            Response.Redirect("~/Login.aspx");
            return;
        }
        //获取聊天室的ID值
        if(Request.Params["ChatID"] != null)
        {
            chatID = Int32.Parse(Request.Params["ChatID"].ToString());
        }
        if(!Page.IsPostBack)
        {   //初始化聊天室信息
            ChatUserInit();
            ShowUserData();
        }
    }
}
```

2. 定义函数 ChatUserInit()

函数 ChatUserInit()的功能是初始化此聊天室的信息，并使用 ViewState 保存用户进入聊天室的时间。对应的实现代码如下：

```csharp
private void ChatUserInit()
{
    //保存进入聊天室的时间
    ViewState["StartDate"] = DateTime.Now.ToString();
    //设置用户进入的聊天室
    for(int i = 0; i < ASP.global_asax.Users.Count; i++)
    {
        if(ASP.global_asax.Users[i].UserID.ToString() == Session["UserID"].ToString())
        {
            ASP.global_asax.Users[i].ChatID = chatID;
            break;
        }
    }
}
```

3. 定义函数 ShowUserData()

函数 ShowUserData()的功能是获取此聊天室内当前的在线用户信息。对应的实现代码如下：

```csharp
private void ShowUserData()
{
    //获取聊天室的用户
    List<UserInfo> users = new List<UserInfo>();
```

```csharp
        foreach(UserInfo ui in ASP.global_asax.Users)
        {
            if(ui.ChatID == chatID)
            {
                users.Add(ui);
            }
        }
        //显示聊天室的用户
        lbUser.DataSource = users;
        lbUser.DataValueField = "UserID";
        lbUser.DataTextField = "Username";
        lbUser.DataBind();
}
```

4．定义函数 ShowMessageData()

函数 ShowMessageData()的功能是定义 Message 数组，通过数据库访问层方法 GetNeirong(chatID) 获取聊天室内的聊天信息，并将聊天信息详细地显示出来。对应的实现代码如下：

```csharp
private void ShowMessageData()
{   //获取所有消息
    Message message = new Message();
    DataSet ds = message.GetNeirong(chatID);
    if(ds == null || ds.Tables.Count <= 0 || ds.Tables[0].Rows.Count <= 0) return;
    //过滤进入该聊天室之前的消息，保留进入该聊天室之后的消息
    DataView dv = ds.Tables[0].DefaultView;
    dv.RowFilter = string.Format("CreateDate >= '{0}'",DateTime.Parse(ViewState["StartDate"].ToString()));
    //构建聊天的消息
    StringBuilder sbMessage = new StringBuilder();
    foreach(DataRowView row in dv)
    {   //设置一条消息
        string singleMessage = row["Username"].ToString() + " 在[" + row["CreateDate"].ToString() + "]发表:\n";
        singleMessage += "    " + row["Message"].ToString() + "\n";
        sbMessage.Append(singleMessage);
    }
    //显示聊天消息
    tbChatMessage.Text = sbMessage.ToString();
}
```

5．刷新和发布处理

刷新和发布处理即实现页面的定时刷新处理和新内容的发布处理，上述功能的实现函数如下。

- ☑ 函数 tUser_Tick(object sender,EventArgs e)：实现聊天页面的定时刷新。
- ☑ 函数 tUser_Tick(object sender,EventArgs e)：调用数据库访问层的方法 AddNeirong(string message, int userID,int chatID)，将新发布的数据添加到系统库中。

上述功能对应的实现代码如下：

```csharp
protected void tUser_Tick(object sender,EventArgs e)
{   //定时显示聊天室的信息
    ShowMessageData();
    ShowUserData();
```

```
}
protected void btnCommit_Click(object sender,EventArgs e)
{    //发送新消息，并显示消息
    Message message = new Message();
    if (message.AddNeirong(tbMessage.Text, Int32.Parse(Session["UserID"].ToString()), chatID) > 0)
    {    //显示消息
        ShowMessageData();
    }
}
```

进入聊天室后的界面效果如图 6-9 所示。

图 6-9　进入聊天室后的效果

6.8　显示聊天室

知识点讲解：光盘\视频讲解\第 6 章\显示聊天室.avi

在聊天室显示界面中将列表显示系统的房间，供用户选择进入感兴趣的聊天室。此模块的实现也是基于数据库的，即利用数据库这个中间媒介实现聊天室的显示。显示聊天室界面的实现文件如下：

- ☑ 文件 Default.aspx。
- ☑ 文件 Default.aspx.cs。

6.8.1　聊天室列表页面

列表显示聊天室页面 Default.aspx 的功能是提供用户登录表单，供用户输入登录数据。其具体实现流程如下：

（1）插入一个 DataList 控件，设置其值为 dlCha。

（2）在 DataList 控件内插入一个<ItemTemplate>模板。

（3）在<ItemTemplate>模板内插入一个 HyperLink 控件，用于以超链接样式分别显示聊天室的名称、允许的最多在线人数以及当前的在线人数。

（4）调用函数 ComputerChatUserCount()，计算聊天室的当前在线人数。

（5）调用 Ajax 程序集内的 HoverMenuExtender 控件，实现动态显示某聊天室当前在线用户列表。

6.8.2 聊天室列表处理页面

聊天室列表处理文件 Default.aspx.cs 的功能是获取系统内的聊天室信息，并将获取的信息进行存储处理，供系统主界面显示使用。其具体实现流程如下：

（1）引入命名空间和声明 Default 类。
（2）载入 Page_Load，并进行初始化处理。
（3）通过 BindPageData()获取并显示聊天室的信息。
（4）定义函数 FormatChatNumberStatus(int currentNumber,int maxNumber)。
（5）使用函数 FormatChatNumberStatus()计算聊天室的人数，并判断聊天室的状态。
（6）定义函数 ComputerChatUserCount(int chatID)。
（7）使用函数 ComputerChatUserCount(int chatID)计算聊天室的在线用户数量。
（8）定义函数 ShowUserData(ListBox list,int chatID)。
（9）使用函数 ShowUserData(ListBox list,int chatID)显示聊天室的用户。

上述操作实现的具体运行流程如图 6-10 所示。

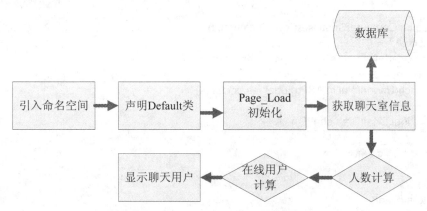

图 6-10 系统主界面显示处理运行流程图

文件 Default.aspx.cs 的具体实现代码如下：

```csharp
using System.Web.UI.WebControls;
using System.Web.UI.WebControls.WebParts;
using System.Web.UI.HtmlControls;
//引入新的命名空间
using ASPNETAJAXWeb.AjaxChat;
using System.Collections.Generic;
public partial class Default : System.Web.UI.Page
{
    protected void Page_Load(object sender, EventArgs e)
    {
        if(!Page.IsPostBack)
        {
            BindPageData();
        }
```

```
}
private void BindPageData()
{
    //获取聊天室的信息
    Chat chat = new Chat();
    DataSet ds = chat.GetLiaotian();
    //显示聊天室
    dlChat.DataSource = ds;
    dlChat.DataBind();
}
protected string FormatChatNumberStatus(int currentNumber,int maxNumber)
{
    if(currentNumber >= maxNumber) return "已满";
    else return "未满";
}
protected void dlChat_ItemDataBound(object sender,DataListItemEventArgs e)
{
    //找到显示用户列表的控件
    ListBox lbUser = (ListBox)e.Item.FindControl("lbUser");
    if(lbUser != null)
    {
        //显示在线用户
        ShowUserData(lbUser,Int32.Parse(dlChat.DataKeys[e.Item.ItemIndex].ToString()));
    }
}
protected int ComputerChatUserCount(int chatID)
{
    //获取聊天室的用户
    List<UserInfo> users = new List<UserInfo>();
    int count = 0;
    foreach(UserInfo ui in ASP.global_asax.Users)
    {
        if(ui.ChatID == chatID)
        {
            count++;
        }
    }
    return count;
}
private void ShowUserData(ListBox list,int chatID)
{
    //获取聊天室的用户
    List<UserInfo> users = new List<UserInfo>();
    foreach(UserInfo ui in ASP.global_asax.Users)
    {
        if(ui.ChatID == chatID)
        {
            users.Add(ui);
        }
    }
    //显示聊天室的用户
    list.DataSource = users;
    list.DataValueField = "UserID";
    list.DataTextField = "Username";
    list.DataBind();
}
}
```

执行的界面效果如图 6-11 所示。

图 6-11　执行效果

6.9　聊天室管理

知识点讲解：光盘\视频讲解\第 6 章\聊天室管理.avi

聊天室管理模块能够对系统内的聊天室房间进行智能管理，包括添加、删除和修改等操作。此模块的实现也是基于数据库的，即利用数据库这个中间媒介实现对信息的管理和维护。聊天室管理界面的实现文件如下：

- ☑　文件 Default.aspx。
- ☑　文件 Default.aspx.cs。
- ☑　文件 LiaoManage.aspx。
- ☑　文件 LiaoManage.aspx.cs。
- ☑　文件 UpdateLiao.aspx。
- ☑　文件 UpdateLiao.aspx.cs。

6.9.1　聊天室添加模块

聊天室添加模块的功能是向系统内添加新的聊天室信息。上述功能的实现文件如下。

- ☑　文件 AddLiao.aspx：添加表单界面文件。
- ☑　文件 AddLiao.aspx.cs：添加处理文件。

下面将对上述文件的实现过程进行详细介绍。

1．添加表单界面文件

添加表单界面文件 AddLiao.aspx 的功能是提供相片上传表单，供用户选择上传相片文件。其具体实现流程如下：

（1）插入一个 TextBox 控件，供用户输入聊天室的名称。

（2）插入一个 RequiredFieldValidator 控件，用于验证输入名称的合法性。

（3）调用两个 Ajax 程序集内的 TextBoxWatermark 控件，实现水印验证提示。

（4）调用一个 Ajax 程序集内的 ValidatorCalloutExtender 控件，实现多样式验证。

（5）插入一个 TextBox 控件，供用户输入聊天室允许的最大在线人数。

（6）插入一个 RegularExpressionValidator 控件，用于对输入人数的验证。

（7）调用一个 Ajax 程序集内的 TextBoxWatermark 控件，实现水印验证提示。

（8）调用一个 Ajax 程序集内的 ValidatorCalloutExtender 控件，实现多样式验证。

（9）插入一个 TextBox 控件，供用户输入聊天室的简介。

（10）分别使用 CustomValidator 控件、TextBoxWatermark 控件和 ValidatorCallout 控件，对用户输入的简介信息进行验证。

（11）插入一个 DropDownList 控件，供用户设置聊天室的状态。

（12）插入两个 Button 控件，供用户激活添加处理程序。

（13）定义函数 MessageValidator(source,argument)，用于设置用户输入的简介信息字符小于 800 大于 10。

2. 聊天室添加处理文件

聊天室添加处理文件 AddLiao.aspx.cs 的功能是验证表单的数据，并将合法的数据添加到系统库中。其具体实现流程如下：

（1）引入命名空间，进行定义 AddChat 类。

（2）声明 Page_Load，页面初始化处理。

（3）定义 btnCommit_Click(object sender,EventArgs e)，然后对验证码进行验证。

（4）添加合法的表单数据到库。

（5）重定向返回管理列表界面。

（6）定义 btnClear_Click(object sender,EventArgs e)，清空列表数据。

上述操作实现的具体运行流程如图 6-12 所示。

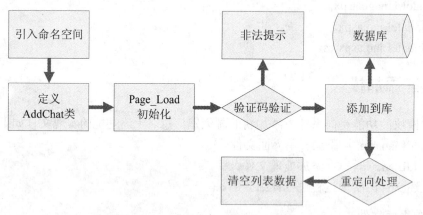

图 6-12　聊天室添加处理运行流程图

文件 AddLiao.aspx.cs 的具体实现代码如下：

```
using System.Web.UI.WebControls.WebParts;
using System.Web.UI.HtmlControls;
//引入新的命名空间
using ASPNETAJAXWeb.AjaxChat;
using ASPNETAJAXWeb.ValidateCode.Page;
public partial class AddChat : System.Web.UI.Page
```

```csharp
{
    protected void Page_Load(object sender, EventArgs e)
    {
    }
    protected void btnCommit_Click(object sender,EventArgs e)
    {
        if(Session[ValidateCode.VALIDATECODEKEY] != null)
        {   //验证验证码是否相等
            if(tbCode.Text != Session[ValidateCode.VALIDATECODEKEY].ToString())
            {
                lbMessage.Text = "验证码输入错误,请重新输入";
                return;
            }
            Chat chat = new Chat();
            //添加新的聊天室
            if(chat.AddLiaotian(tbName.Text,Int32.Parse(tbMaxNumber.Text),byte.Parse(ddlStatus.SelectedValue),tbRemark.Text) > 0)
            {//重定向到管理列表页面
                Response.Redirect("~/LiaoManage.aspx");
            }
        }
    }
    protected void btnClear_Click(object sender,EventArgs e)
    {
        tbRemark.Text = string.Empty;
    }
}
```

6.9.2 聊天室列表模块

聊天室列表模块的功能是将系统内的聊天室信息以列表的样式显示出来,并提供聊天室的删除和修改操作链接。上述功能的实现文件如下。

- ☑ 文件 LiaoManage.aspx：聊天室列表文件。
- ☑ 文件 LiaoManage.aspx.cs：聊天室列表处理文件。

下面将对上述文件的实现过程进行详细介绍。

1．添加表单界面文件

聊天室列表文件 LiaoManage.aspx 的功能是以列表的样式将系统内的聊天室信息显示出来。其具体实现流程如下：

（1）插入一个 GridView 控件,用于以列表样式显示系统聊天室信息。

（2）通过 GridView 控件,设置分页显示聊天室信息数为 20。

（3）通过<%# Eval("ID") %>,获取聊天室的编号参数；通过<%# Eval("ChatName") %>,获取聊天室的名字。

（4）插入两个 ImageButton 控件,分别作为聊天室的删除和管理链接。

（5）插入一个 Button 控件,用于激活聊天室添加模块。

2. 聊天室列表处理文件

聊天室列表处理文件 LiaoManage.aspx.cs 的功能是根据用户列表界面的操作执行对应的处理程序。其具体实现流程如下：

（1）引入命名空间，定义 ChatManage 类。
（2）声明 Page_Load，进行页面初始化处理。
（3）定义 BindPageData()，获取并显示系统聊天室数据。
（4）定义 btnAdd_Click(object sender,EventArgs e)，执行添加重定向处理。
（5）定义 gvChat_RowDataBound(object sender,GridViewRowEventArgs e)，弹出删除确认对话框。
（6）定义 vChat_RowCommand(object sender, GridViewCommandEventArgs e)，执行处理程序。
（7）如果激活修改事件，则重定向修改界面；如果激活删除事件，则执行删除处理。

上述操作实现的具体运行流程如图 6-13 所示。

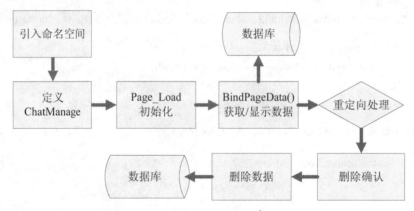

图 6-13 聊天室列表处理运行流程图

文件 LiaoManage.aspx.cs 的具体实现代码如下：

```
using System.Web.UI.WebControls.WebParts;
using System.Web.UI.HtmlControls;
//引入新的命名空间
using ASPNETAJAXWeb.AjaxChat;
public partial class ChatManage : System.Web.UI.Page
{
    protected void Page_Load(object sender, EventArgs e)
    {
        if(!Page.IsPostBack)
        {
            BindPageData();
        }
    }
    private void BindPageData()
    {
        //获取聊天室数据
        Chat chat = new Chat();
        DataSet ds = chat.GetLiaotian();
        //显示聊天室数据
        gvChat.DataSource = ds;
        gvChat.DataBind();
```

```
}
protected void btnAdd_Click(object sender,EventArgs e)
{
    Response.Redirect("~/AddLiao.aspx");
}
protected void gvChat_RowDataBound(object sender,GridViewRowEventArgs e)
{
    //添加删除时的确认对话框
    ImageButton imgDelete = (ImageButton)e.Row.FindControl("imgDelete");
    if(imgDelete != null)
    {
        imgDelete.Attributes.Add("onclick","return confirm('您确认要删除当前行的聊天室吗?');");
    }
}
protected void gvChat_PageIndexChanging(object sender,GridViewPageEventArgs e)
{
    //重新设置页码
    gvChat.PageIndex = e.NewPageIndex;
    BindPageData();
}
protected void gvChat_RowCommand(object sender, GridViewCommandEventArgs e)
{
    if (e.CommandName.ToLower() == "update")
    {
        //重定向到修改页面
        Response.Redirect("~/UpdateLiao.aspx?ChatID=" + e.CommandArgument.ToString());
        return;
    }
    if (e.CommandName.ToLower() == "del")
    {
        //删除聊天室，并重新显示数据
        Chat chat = new Chat();
        if (chat.DeleteLiaotian(Int32.Parse(e.CommandArgument.ToString())) > 0)
        {
            BindPageData();
        }
        return;
    }
}
```

执行后的界面效果如图 6-14 所示。

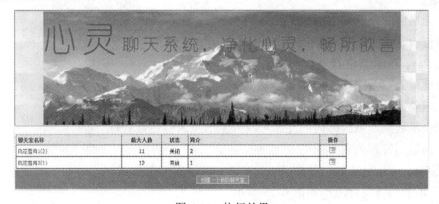

图 6-14　执行效果

6.9.3 聊天室修改模块

聊天室修改模块的功能是对系统内某聊天室的信息进行修改。上述功能的实现文件如下。
- ☑ 文件 UpdateLiao.aspx：聊天室修改表单界面。
- ☑ 文件 UpdateLiao.aspx.cs：聊天室修改处理文件。

1．聊天室修改表单界面

聊天室修改表单界面文件 UpdateLiao.aspx 的功能是将指定编号的聊天室信息在表单内显示出来，并通过表单获取用户输入的修改数据。其具体实现流程如下：

（1）插入一个 TextBox 控件，显示原聊天室的名称，并供用户输入修改数据。
（2）插入一个 RequiredFieldValidator 控件，用于验证输入名称的合法性。
（3）调用两个 Ajax 程序集内的 TextBoxWatermark 控件，实现水印验证提示。
（4）调用一个 Ajax 程序集内的 ValidatorCallout 控件，实现多样式验证。
（5）插入一个 TextBox 控件，显示原聊天室允许的最大在线人数，并输入修改后的人数。
（6）插入一个 RegularExpressionValidator 控件，用于对输入人数的验证。
（7）调用一个 Ajax 程序集内的 TextBoxWatermark 控件，实现水印验证提示。
（8）调用一个 Ajax 程序集内的 ValidatorCalloutExtender 控件，实现多样式验证。
（9）插入一个 TextBox 控件，显示原聊天室的简介信息，并供用户输入修改信息。
（10）分别使用 CustomValidator 控件、TextBoxWatermark 控件和 ValidatorCallout 控件，对用户输入的简介信息进行验证。
（11）插入一个 DropDownList 控件，供用户设置聊天室的状态。
（12）插入两个 Button 控件，供用户激活添加处理程序。
（13）定义函数 MessageValidator(source,argument)，设置用户输入的简介信息字符小于 800 大于 10。

2．聊天室修改处理文件

聊天室修改处理文件 UpdateLiao.aspx.cs 的功能是将获取的修改表单数据在系统库内进行更新处理。其具体实现流程如下：

（1）引入命名空间，定义 UpdateLiaotian 类。
（2）获取修改聊天室的 ID 编号。
（3）声明 Page_Load，进行页面初始化处理。
（4）显示此聊天室的原始数据。
（5）验证码验证处理。
（6）根据表单数据对系统库内的此编号聊天室信息进行更新处理。
（7）重定向返回管理列表界面。
（8）定义 Clear_Click(object sender,EventArgs e)，清空列表数据。

上述操作实现的具体运行流程如图 6-15 所示。

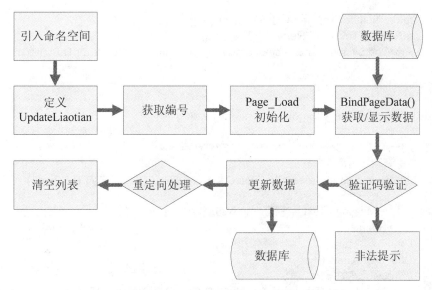

图 6-15　聊天室修改处理流程图

文件 UpdateLiao.aspx.cs 的具体实现代码如下：

```
using System.Web.UI.WebControls.WebParts;
using System.Web.UI.HtmlControls;
//引入新的命名空间
using ASPNETAJAXWeb.AjaxChat;
using ASPNETAJAXWeb.ValidateCode.Page;
using System.Data.SqlClient;
public partial class UpdateLiaotian : System.Web.UI.Page
{
    int chatID = -1;
    protected void Page_Load(object sender, EventArgs e)
    {   //获取被修改数据的 ID 值
        if(Request.Params["ChatID"] != null)
        {
            chatID = Int32.Parse(Request.Params["ChatID"].ToString());
        }
        if(!Page.IsPostBack && chatID > 0)
        {   //显示数据
            BindPageData(chatID);
        }
        //设置"提交"按钮是否可用
        btnCommit.Enabled = chatID > 0 ? true : false;
    }
    private void BindPageData(int chatID)
    {   //获取聊天室的信息
        Chat chat = new Chat();
        SqlDataReader dr = chat.GetSingleLiaotian(chatID);
        if(dr == null) return;
        if(dr.Read())
        {   //读取并显示聊天室的信息
            tbName.Text = dr["ChatName"].ToString();
```

```csharp
            tbMaxNumber.Text = dr["MaxNumber"].ToString();
            tbRemark.Text = dr["Remark"].ToString();
            AjaxChatSystem.ListSelectedItemByValue(ddlStatus,dr["Status"].ToString());
        }
        dr.Close();
    }
    protected void btnCommit_Click(object sender,EventArgs e)
    {
        if(Session[ValidateCode.VALIDATECODEKEY] != null)
        {
            //验证验证码是否相等
            if(tbCode.Text != Session[ValidateCode.VALIDATECODEKEY].ToString())
            {
                lbMessage.Text = "验证码输入错误,请重新输入";
                return;
            }
            Chat chat = new Chat();
            //修改聊天室的配置
            if(chat.UpdateLiaotian(chatID,tbName.Text,Int32.Parse(tbMaxNumber.Text),byte.Parse(ddlStatus.SelectedValue),tbRemark.Text) > 0)
            {
                //重定向到管理页面
                Response.Redirect("~/LiaoManage.aspx");
            }
        }
    }
    protected void btnClear_Click(object sender,EventArgs e)
    {
        tbRemark.Text = string.Empty;
    }
}
```

执行后的界面效果如图 6-16 所示。

图 6-16　执行效果

第 7 章　京西图书商城

随着互联网行业的迅猛发展，电子商务也越来越成熟，近年来网上商城也越来越多。通过网上购物，不但给人们的生活带来很多便利，而且这种灵活的商业模式也提供了很多就业机会。本章将介绍如何创建一个功能齐全的京西图书商城系统，本系统将实现用户浏览图书及实现对图书的订购，以及对订单实现管理等电子商务功能。

7.1　项目规划分析

知识点讲解：光盘\视频讲解\第 7 章\项目规划分析.avi

B2B 的全称是 Business to Business，主要面向的是企业与企业，为大型的商业买卖而提供的交易平台，公司企业可以通过这个平台来进行采购、销售、结算等，可降低成本，提高效率。但这种平台对性能、安全和服务要求比较高。B2C 的全称是 Business to Customer，它直接面向终端的大众消费者，其经营也有两种形式：一种是类似大型超市，里面提供大量的货物图书，消费者可以浏览挑选图书，直接在线结账付款，如当当网上书店、卓越网上商城等，都是采用 B2C 中的这种形式；另一种是类似城市里面的大商场，如华联等，在这个商城里面有许多"柜台"或"专柜"，都在卖自己的东西，消费者可以根据自己的需求直接到相应"柜台"上购买图书，然后去商城服务台结账，在电子商城中是按类别或经营范围来划分的，如新浪网的电子商城，就是采用 B2C 中的这种形式。不管是 B2B 还是 B2C，其基本模式是相同的，即浏览查看图书，然后下订单，双方确认后付款交货，完成交易。

7.1.1　分析系统构成模块

商城类的网站由于经常涉及输入图书信息，所以有必要开发一套 CMS（Content Manager System）系统，即信息发布系统。CMS 系统是由后台人工输入信息，然后系统自动将信息整理保存进数据库，而用户在前台浏览到的均为系统自动产生的网页，所有的过程都无须手工制作 HTML 网页，而是自动进行信息发布及管理的。CMS 系统又可分为两大类：第一类是将内容生成静态网页，如一些新闻站点；第二类是从数据库实时读取，本实例的实现属于第二类。

一个典型的图书商城系统——京西图书商城系统有如下 6 个构成模块。

1. 会员处理模块

为了方便用户购买图书，提高系统人气，设立了会员功能。成为系统会员后，可以对自己的资料进行管理，并且可以集中管理自己的订单。

2. 购物车处理模块

作为网上商城系统必不可少的环节，为满足用户的购物需求，设立了购物车功能。用户可以把需要的图书放到购物车中保存,提交在线订单后即可完成在线图书的购买。

3. 图书查寻模块

为了方便用户购买,系统设立了图书快速查寻模块,供用户根据图书的信息快速找到自己需要的图书。

4. 订单处理模块

为方便商家处理用户的购买信息,系统设立了订单处理功能。通过该功能可以实现对用户购物车信息的及时处理,使用户尽快拿到自己的图书。

5. 图书分类模块

为了便于用户对系统图书的浏览,将系统的图书划分为不同的类别,以便用户迅速找到自己需要的图书类别。

6. 图书管理模块

为方便对系统的升级和维护,建立专用的图书管理模块实现图书的添加、删除和修改功能,以满足系统更新的需求。

上述应用模块的具体运行流程如图 7-1 所示。

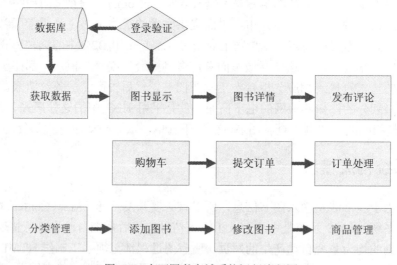

图 7-1 京西图书商城系统运行流程图

7.1.2 规划项目文件

创建两个文件夹 shop 和 data 来保存本系统的项目文件,这两个文件夹的具体说明如下。
- ☑ 文件夹 shop:保存系统的项目文件。
- ☑ 文件夹 data:保存系统的数据库文件。

为整个项目规划具体实现文件,各构成模块文件的具体说明分别如下。
- ☑ 系统配置文件:其功能是对项目程序进行总体配置。
- ☑ 样式设置模块:其功能是设置系统文件的显示样式。

- ☑ 数据库文件：其功能是搭建系统数据库平台，保存系统的登录数据。
- ☑ 图书显示模块：其功能是将系统内的图书逐一显示出来。
- ☑ 购物车处理模块：其功能是将满意的图书添加到购物车内。
- ☑ 订单处理模块：其功能是实现对系统内购物订单的处理。
- ☑ 图书评论模块：其功能是供用户对系统内的某图书发布评论。
- ☑ 图书搜索模块：其功能是使用户能迅速地搜索出自己需要的图书。
- ☑ 图书分类模块：其功能是将系统内的图书类别以指定样式显示出来。
- ☑ 系统管理模块：其功能是对系统内的数据进行管理维护。

7.2 系统配置文件

知识点讲解：光盘\视频讲解\第 7 章\系统配置文件.avi

配置文件 Web.config 的功能是设置数据库的连接参数，并配置了系统与 Ajax 服务器的相关内容。

1．配置连接字符串参数

配置连接字符串参数即设置系统程序连接数据库的参数，其实现代码如下：

```
<connectionStrings>
        <add name="SQLCONNECTIONSTRING" connectionString="data source=AAA;user id=sa;pwd=666888;database=shop" providerName="System.Data.SqlClient"/>
</connectionStrings>
```

其中，source 设置连接的数据库服务器；user id 和 pwd 分别指定数据库的登录名和密码；database 设置连接数据库的名称。

2．配置 Ajax 服务器参数

配置 Ajax 服务器参数即配置 Ajax Control Toolkit 程序集参数，为 AjaxControlToolkit.dll 程序集提供了一个前缀字符串 AjaxControlToolkit。这样，系统页面在引用 AjaxControlToolkit.dll 中的控件时，不需要额外添加<Register>代码。其实现代码如下：

```
<pages>
    <controls>
        <add namespace="AjaxControlToolkit" assembly="AjaxControlToolkit" tagPrefix="ajaxToolkit"/>
        <add tagPrefix="asp" namespace="System.Web.UI" assembly="System.Web.Extensions, Version=1.0.61027.0, Culture=neutral, PublicKeyToken=31bf3856ad364e35"/>
    </controls>
</pages>
```

7.3 搭建数据库

知识点讲解：光盘\视频讲解\第 7 章\搭建数据库.avi

本系统采用 SQL Server 2005 数据库，数据库名为 shop。下面将详细讲解搭建数据库的具体过程。

7.3.1 数据库设计

数据库 shop 内共有 8 个表，其中表 Attribute 的具体设计结构如表 7-1 所示。

表 7-1 图书属性信息表（Attribute）

字 段 名 称	数 据 类 型	是 否 主 键	默 认 值	功 能 描 述
ID	int	是	递增 1	编号
CategoryID	int	否	Null	类别编号
Name	varchar(50)	否	Null	属性编号
Text	varchar(50)	否	Null	属性名称
DataType	varchar(10)	否	Null	属性数据格式
Unit	varchar(10)	否	Null	单位
Remark	varchar(1000)	否	Null	备注

表 Category 的具体设计结构如表 7-2 所示。

表 7-2 系统图书类别信息表（Category）

字 段 名 称	数 据 类 型	是 否 主 键	默 认 值	功 能 描 述
ID	int	是	递增 1	编号
Name	varchar(50)	否	Null	名称
ParentID	int	否	Null	所属父类编号
ShowOrder	int	否	Null	显示顺序
Remark	text	否	Null	备注

表 Order 的具体设计结构如表 7-3 所示。

表 7-3 系统订单信息表（Order）

字 段 名 称	数 据 类 型	是 否 主 键	默 认 值	功 能 描 述
ID	int	是	递增 1	编号
OrderNo	varchar(50)	否	Null	订单编号
UserID	int	否	Null	用户编号
CreateDate	datetime	否	Null	时间
TotalNumber	int	否	Null	图书数
TotalMoney	money	否	Null	金额
Status	tinyint	否	Null	状态

表 OrderItem 的具体设计结构如表 7-4 所示。

表 7-4 订单详情信息表（OrderItem）

字 段 名 称	数 据 类 型	是 否 主 键	默 认 值	功 能 描 述
ID	int	是	递增 1	编号
OrderID	int	否	Null	订单编号
ProductID	int	否	Null	图书编号
Number	int	否	Null	一种图书的数量

表 Product 的具体设计结构如表 7-5 所示。

表 7-5 系统图书信息表（Product）

字 段 名 称	数 据 类 型	是否主键	默 认 值	功 能 描 述
ID	int	是	递增 1	编号
Name	int	否	Null	名称
Remark	text	否	Null	说明
Price	money	否	Null	价格
Stock	int	否	Null	库存数
SaleNumber	int	否	Null	销售数
PictureUrl	varchar(255)	否	Null	图片地址
CategoryID	int	否	Null	所属类别编号
UserID	int	否	Null	所属用户
CreateDate	datetime	否	Null	上架时间
LasterDate	datetime	否	Null	最后浏览时间
ViewCount	int	否	Null	浏览次数
Status	tinyint	否	Null	状态

表 ProductAttribute 的具体设计结构如表 7-6 所示。

表 7-6 图书属性信息表（ProductAttribute）

字 段 名 称	数 据 类 型	是否主键	默 认 值	功 能 描 述
ID	int	是	递增 1	编号
ProductID	int	否	Null	图书编号
AttributeID	int	否	Null	属性编号
Value	text	否	Null	属性值

表 ProductComment 的具体设计结构如表 7-7 所示。

表 7-7 图书评论信息表（ProductComment）

字 段 名 称	数 据 类 型	是否主键	默 认 值	功 能 描 述
ID	int	是	递增 1	编号
Title	varchar(50)	否	Null	标题
Body	varchar(1000)	否	Null	内容
IP	varchar(50)	否	Null	IP
Email	varchar(255)	否	Null	邮箱
CreateDate	datetime	否	Null	时间
ProductID	int	否	Null	图书编号

表 User 的具体设计结构如表 7-8 所示。

表 7-8 系统用户信息表（User）

字 段 名 称	数 据 类 型	是否主键	默 认 值	功 能 描 述
ID	int	是	递增 1	编号
Username	varchar(50)	否	Null	用户名

续表

字段名称	数据类型	是否主键	默认值	功能描述
Password	varchar(255)	否	Null	密码
Email	varchar(255)	否	Null	邮箱
TelePhone	varchar(50)	否	Null	电话
Address	varchar(200)	否	Null	地址
Postcode	varchar(50)	否	Null	邮编
CreateDate	datetime	否	Null	时间
State	tinyint	否	Null	状态
Remark	varchar(100)	否	Null	备注

7.3.2 设置系统参数

设置系统参数功能由文件 Global.asax 实现，其功能是定义页面载入、结束和错误初始化，并保存系统的登录数据。其具体实现代码如下：

```
<%@ Application Language="C#" %>
<script runat="server">
    void Application_Start(object sender, EventArgs e)
    {
    }
    void Application_End(object sender, EventArgs e)
    {
    }
    void Application_Error(object sender, EventArgs e)
    {
    }
    void Session_Start(object sender, EventArgs e)
    {
    }
    void Session_End(object sender, EventArgs e)
    {
    }
</script>
```

注意：只有在Web.config文件中的sessionstate模式设置为InProc时，才会引发Session_End事件。如果会话模式设置为StateServer或SQLServer，则不会引发该事件。

7.4 实现数据访问层

知识点讲解：光盘\视频讲解\第7章\实现数据访问层.avi

作为整个项目的核心和难点，本系统的数据访问层分为如下5个部分：

☑ 图书显示。
☑ 订单处理。

- ☑ 评论处理。
- ☑ 分类处理。
- ☑ 图书管理。

7.4.1 图书显示

在数据访问文件 Product.cs 中，与图书显示相关的方法如下：
- ☑ 方法 GetProducts()。
- ☑ 方法 GetProductByFenlei(int categoryID)。
- ☑ 方法 GetSingleProduct(int productID)。
- ☑ 方法 UpdateProductViewCount(int productID)。

1．定义 Product 类

定义 Product 类的实现代码如下：

```
using System;
using System.Data;
using System.Configuration;
using System.Data.SqlClient;
using System.Web.UI.WebControls;
namespace ASPNETAJAXWeb.AjaxEBusiness
{
    public class Product
    {
        public Product()
        {
            ...
        }
```

2．获取图书信息

获取图书信息是指获取系统库内存在的所有图书信息，此功能是由方法 GetProducts()实现的，其具体实现流程如下：

（1）从系统配置文件 Web.config 内获取数据库连接参数，并将其保存在 connectionString 内。
（2）使用连接字符串创建 con 对象，实现数据库连接。
（3）调用获取所有图书信息的存储过程 Pr_GetProducts，获取系统图书的基本信息。
（4）创建获取数据的对象 da。
（5）把对象 da 的执行方式设置为存储过程。
（6）打开数据库连接获取数据，将获取数据保存在 ds 中。
（7）操作成功返回 ds。

这一过程的实现代码如下：

```
public DataSet GetProducts()
        {
            //获取连接字符串
            string connectionString = ConfigurationManager.ConnectionStrings["SQLCONNECTIONSTRING"].
```

```
ConnectionString;
            //创建连接
            SqlConnection con = new SqlConnection(connectionString);
            //设置被执行存储过程的名称
            string cmdText = "Pr_GetProducts";
            //创建 SqlDataAdapter
            SqlDataAdapter da = new SqlDataAdapter(cmdText,con);
            //设置执行方式为存储过程
            da.SelectCommand.CommandType = CommandType.StoredProcedure;
            //定义 DataSet
            DataSet ds = new DataSet();
            try
            {   //打开连接
                con.Open();
                //填充数据
                da.Fill(ds,"DataTable");
            }
            catch(Exception ex)
            {   //抛出异常
                throw new Exception(ex.Message,ex);
            }
            finally
            {   //关闭连接
                con.Close();
            }
            return ds;
        }
```

3. 获取分类图书信息

获取分类图书信息是指根据分类参数获取其对应下的图书信息，此功能是由方法 GetProductByFenlei(int categoryID)实现的，其具体实现流程如下：

（1）从系统配置文件 Web.config 内获取数据库连接参数，并将其保存在 connectionString 内。
（2）使用连接字符串创建 con 对象，实现数据库连接。
（3）调用获取所有图书信息的存储过程 Pr_GetProductByFenlei，获取系统图书的基本信息。
（4）创建获取数据的对象 da。
（5）把对象 da 的执行方式设置为存储过程。
（6）打开数据库连接获取数据，将获取的数据保存在 ds 中。
（7）操作成功返回 ds。

这一过程的实现代码如下：

```
public DataSet GetProductByFenlei(int categoryID)
        {
            string connectionString = ConfigurationManager.ConnectionStrings["SQLCONNECTIONSTRING"].ConnectionString;
            SqlConnection con = new SqlConnection(connectionString);
            //设置被执行存储过程的名称
            string cmdText = "Pr_GetProductByFenlei";
            //创建 SqlDataAdapter
```

```
            SqlDataAdapter da = new SqlDataAdapter(cmdText,con);
            //设置执行方式为存储过程
            da.SelectCommand.CommandType = CommandType.StoredProcedure;
            //创建参数并赋值
            da.SelectCommand.Parameters.Add("@CategoryID",SqlDbType.Int,4);
            da.SelectCommand.Parameters[0].Value = categoryID;
            //定义 DataSet
            DataSet ds = new DataSet();
            try
            {
                con.Open();
                //填充数据
                da.Fill(ds,"DataTable");
            }
            catch(Exception ex)
            {
                throw new Exception(ex.Message,ex);
            }
            finally
            {
                con.Close();
            }
            return ds;
        }
```

4．获取指定图书信息

获取指定图书信息是指获取系统库内指定编号的图书信息，此功能是由方法 GetSingleProduct(int productID)实现的，其具体实现流程如下：

（1）从系统配置文件 Web.config 内获取数据库连接参数，并将其保存在 connectionString 内。
（2）使用连接字符串创建 con 对象，实现数据库连接。
（3）新建 SQL 查询语句，获取指定 ID 图书的信息。
（4）创建获取数据的对象 cmd。
（5）打开数据库连接获取数据，将获取的数据保存在 dr 中。
（6）操作成功返回 dr。

这一过程的实现代码如下：

```
public SqlDataReader GetSingleProduct(int productID)
        {
            string connectionString = ConfigurationManager.ConnectionStrings["SQLCONNECTIONSTRING"].ConnectionString;
            SqlConnection con = new SqlConnection(connectionString);
            //创建 SQL 语句
            string cmdText = "SELECT [Product].*,[User].Username FROM Product INNER JOIN [User] ON [Product].UserID = [User].ID WHERE [Product].ID=@ID";
            //创建 SqlCommand
            SqlCommand cmd = new SqlCommand(cmdText,con);
            //创建参数并赋值
            cmd.Parameters.Add("@ID",SqlDbType.Int,4);
```

```
            cmd.Parameters[0].Value = productID;
            //定义 SqlDataReader
            SqlDataReader dr;
            try
            {
                con.Open();
                //读取数据
                dr = cmd.ExecuteReader(CommandBehavior.CloseConnection);
            }
            catch(Exception ex)
            {
                throw new Exception(ex.Message,ex);
            }
            return dr;
        }
```

5．更新浏览信息

更新浏览信息是指对系统库内某图书的被浏览次数进行更新处理，此功能是由方法 UpdateProductViewCount(int productID)实现的，其具体实现流程如下：

（1）从系统配置文件 Web.config 内获取数据库连接参数，并将其保存在 connectionString 内。
（2）使用连接字符串创建 con 对象，实现数据库连接。
（3）新建 SQL 更新语句，修改指定 ID 图书的被浏览次数。
（4）创建获取数据的对象 cmd。
（5）打开数据库连接获取数据，将获取的数据保存在 result 中。
（6）操作成功返回 result。

这一过程的实现代码如下：

```
public int UpdateProductViewCount(int productID)
        {
            string connectionString = ConfigurationManager.ConnectionStrings["SQLCONNECTIONSTRING"].ConnectionString;
            SqlConnection con = new SqlConnection(connectionString);
            //设置被执行的 SQL 语句
            string cmdText = "UPDATE [Product] SET ViewCount=ViewCount+1 WHERE ID=@ID";
            //创建 SqlCommand
            SqlCommand cmd = new SqlCommand(cmdText,con);
            //创建参数并赋值
            cmd.Parameters.Add("@ID",SqlDbType.Int,4);
            cmd.Parameters[0].Value = productID;
            int result = -1;
            try
            {
                con.Open();
                //操作数据
                result = cmd.ExecuteNonQuery();
            }
            catch(Exception ex)
            {
```

```
                    throw new Exception(ex.Message,ex);
                }
                finally
                {
                    con.Close();
                }
                return result;
            }
```

在上述数据库访问层的操作过程中，涉及了两个数据库存储过程，具体说明如下：

☑ 存储过程 Pr_GetProducts

存储过程 Pr_GetProducts 的功能是查询获取系统库内的图书信息。具体实现代码如下：

```
USE [shop]
GO
/****** 对象:  StoredProcedure [dbo].[Pr_GetProducts]    脚本日期: 03/05/2008 14:37:38 ******/
SET ANSI_NULLS ON
GO
SET QUOTED_IDENTIFIER ON
GO
ALTER PROCEDURE [dbo].[Pr_GetProducts]
AS
SELECT
    [Product].*,
    Category.Name AS CategoryName,
    [User].UserName
FROM
    [Product]
INNER JOIN
    Category
    On [Product].CategoryID = Category.ID
INNER JOIN
    [User]
    ON [User].ID = [Product].UserID
ORDER BY
    LasterDate DESC
```

☑ 存储过程 Pr_GetProductByFenlei

存储过程 Pr_GetProductByFenlei 的功能是查询获取某分类下对应的图书信息。具体实现代码如下：

```
USE [shop]
GO
/****** 对象:  StoredProcedure [dbo].[Pr_GetProductByFenlei]    脚本日期: 03/05/2008 14:39:35 ******/
SET ANSI_NULLS ON
GO
SET QUOTED_IDENTIFIER ON
GO
ALTER PROCEDURE [dbo].[Pr_GetProductByFenlei]
(
    @CategoryID int
```

```
)
AS
SELECT
    [Product].*,
    Category.Name AS CategoryName,
    [User].UserName
FROM
    [Product]
INNER JOIN
    Category
    On [Product].CategoryID = Category.ID
INNER JOIN
    [User]
    ON [User].ID = [Product].UserID
WHERE
    [Product].CategoryID = @CategoryID
ORDER BY
    LasterDate DESC
```

7.4.2 订单处理

订单处理模块的数据访问层是由文件 ShoppingCart.cs 实现的,其主要功能是在 ASPNETAJAXWeb.AjaxEBusiness 空间内建立 Order 类,并定义多个方法实现数据库数据的处理。在文件 ShoppingCart.cs 中,与订单处理模块相关的方法如下:

- ☑ 方法 GetOrderLastOrderNo()。
- ☑ 方法 GetOrderByUser(int userID)。
- ☑ 方法 GetSingleOrder(int orderID)。
- ☑ 方法 GetOrderItemByOrder(int orderID)。
- ☑ 方法 AddOrder(string orderNo,int userID,int totalNumber,decimal totalMoney)。
- ☑ 方法 AddOrderItem(int orderID,int productID,int number)。
- ☑ 方法 UpdateOrderStatus(int orderID,byte status)。

1. 定义 Order 类

定义 Order 类的主要实现代码如下:

```
...
public class Order
    {
        public Order()
        {
        }
...
```

2. 获取最后订单信息

获取最后订单信息是指获取当天内最后一个订单的信息,此功能是由方法 GetOrderLastOrderNo() 来实现的,其具体实现流程如下:

(1) 从系统配置文件 Web.config 内获取数据库连接参数,并将其保存在 connectionString 内。
(2) 使用连接字符串创建 con 对象,实现数据库连接。
(3) 新建 SQL 查询语句,获取当天最后一个订单编号的信息。
(4) 创建获取数据的对象 cmd。
(5) 打开数据库连接,获取查询数据。
(6) 将获取的查询结果保存在 orderNo 中,并返回 orderNo。

这一过程的实现代码如下:

```csharp
public string GetOrderLastOrderNo()
        {
            //获取连接字符串
            string connectionString = ConfigurationManager.ConnectionStrings["SQLCONNECTIONSTRING"].ConnectionString;
            //创建连接
            SqlConnection con = new SqlConnection(connectionString);
            //设置被执行 SQL 语句
            string cmdText = "SELECT TOP 1 [Order].OrderNo FROM [Order] WHERE DATEDIFF(year,CreateDate,GETDATE()) = 0 AND DATEDIFF(month,CreateDate,GETDATE()) = 0 AND DATEDIFF(day,CreateDate,GETDATE()) = 0 ORDER BY CreateDate DESC";
            //创建 SqlDataAdapter
            SqlCommand cmd = new SqlCommand(cmdText,con);
            object orderNo;
            try
            {   //打开连接
                con.Open();
                //填充数据
                orderNo = cmd.ExecuteScalar();
            }
            catch(Exception ex)
            {   //抛出异常
                throw new Exception(ex.Message,ex);
            }
            finally
            {   //关闭连接
                con.Close();
            }
            return orderNo == null ? string .Empty : orderNo.ToString();
        }
```

3. 获取某用户订单信息

获取某用户订单信息是指获取系统内某指定用户的所有订单信息,此功能是由方法 GetOrderByUser(int userID)实现的,其具体实现流程如下:

(1) 从系统配置文件 Web.config 内获取数据库连接参数,并将其保存在 connectionString 内。
(2) 使用连接字符串创建 con 对象,实现数据库连接。
(3) 新建 SQL 查询语句,获取指定编号用户的所有订单信息。
(4) 创建获取数据的对象 da。
(5) 打开数据库连接,获取查询数据。

（6）将获取的查询结果保存在 ds 中，并返回 ds。

这一过程的实现代码如下：

```csharp
public DataSet GetOrderByUser(int userID)
{
    string connectionString = ConfigurationManager.ConnectionStrings["SQLCONNECTIONSTRING"].ConnectionString;
    SqlConnection con = new SqlConnection(connectionString);
    //设置被执行的 SQL 语句
    string cmdText = "SELECT [Order].* FROM [Order]  WHERE [Order].UserID=@UserID ORDER BY CreateDate DESC";
    //创建 SqlDataAdapter
    SqlDataAdapter da = new SqlDataAdapter(cmdText,con);
    //创建参数并赋值
    da.SelectCommand.Parameters.Add("@UserID",SqlDbType.Int,4);
    da.SelectCommand.Parameters[0].Value = userID;
    //定义 DataSet
    DataSet ds = new DataSet();
    try
    {
        con.Open();
        //填充数据
        da.Fill(ds,"DataTable");
    }
    catch(Exception ex)
    {
        throw new Exception(ex.Message,ex);
    }
    finally
    {
        con.Close();
    }
    return ds;
}
```

4．获取某订单信息

获取某订单信息是指获取系统内某编号订单的详细信息，此功能是由方法 GetSingleOrder(int orderID)实现的，其具体实现流程如下：

（1）从系统配置文件 Web.config 内获取数据库连接参数，并将其保存在 connectionString 内。
（2）使用连接字符串创建 con 对象，实现数据库连接。
（3）新建 SQL 查询语句，获取指定编号订单的详细信息。
（4）创建获取数据的对象 cmd。
（5）打开数据库连接，获取查询数据。
（6）将获取的查询结果保存在 dr 中，并返回 dr。

这一过程的实现代码如下：

```csharp
public SqlDataReader GetSingleOrder(int orderID)
{
```

```csharp
            string connectionString = ConfigurationManager.ConnectionStrings["SQLCONNECTIONSTRING"].ConnectionString;
            //创建连接
            SqlConnection con = new SqlConnection(connectionString);
            //创建 SQL 语句
            string cmdText = "SELECT [Order].*,OrderItem.ProductID,OrderItem.Number FROM [Order] INNER JOIN OrderItem ON [Order].ID = OrderItem.OrderID WHERE [Order].ID=@ID";
            //创建 SqlCommand
            SqlCommand cmd = new SqlCommand(cmdText,con);
            //创建参数并赋值
            cmd.Parameters.Add("@ID",SqlDbType.Int,4);
            cmd.Parameters[0].Value = orderID;
            //定义 SqlDataReader
            SqlDataReader dr;
            try
            {
                con.Open();
                //读取数据
                dr = cmd.ExecuteReader(CommandBehavior.CloseConnection);
            }
            catch(Exception ex)
            {
                throw new Exception(ex.Message,ex);
            }
            return dr;
        }
```

5．获取某订单子项信息

获取某订单子项信息是指获取系统内某编号订单的所有子项信息，此功能是由方法 GetOrderItemByOrder(int orderID)实现的，其具体实现流程如下：

（1）从系统配置文件 Web.config 内获取数据库连接参数，并将其保存在 connectionString 内。

（2）使用连接字符串创建 con 对象，实现数据库连接。

（3）新建 SQL 查询语句，获取指定编号订单子项的详细信息。

（4）创建获取数据的对象 da。

（5）打开数据库连接，获取查询数据。

（6）将获取的查询结果保存在 ds 中，并返回 ds。

这一过程的实现代码如下：

```csharp
public DataSet GetOrderItemByOrder(int orderID)
        {
            string connectionString = ConfigurationManager.ConnectionStrings["SQLCONNECTIONSTRING"].ConnectionString;
            SqlConnection con = new SqlConnection(connectionString);
            //设置被执行的 SQL 语句
            string cmdText = "SELECT OrderItem.*,[Product].Name,[Product].Price FROM OrderItem INNER JOIN [Product] ON [Product].ID = OrderItem.ProductID WHERE OrderItem.OrderID=@OrderID";
            //创建 SqlDataAdapter
            SqlDataAdapter da = new SqlDataAdapter(cmdText,con);
```

```
        //创建参数并赋值
        da.SelectCommand.Parameters.Add("@OrderID",SqlDbType.Int,4);
        da.SelectCommand.Parameters[0].Value = orderID;
        //定义 DataSet
        DataSet ds = new DataSet();
        try
        {
            con.Open();
            //填充数据
            da.Fill(ds,"DataTable");
        }
        catch(Exception ex)
        {
            throw new Exception(ex.Message,ex);
        }
        finally
        {
            con.Close();
        }
        return ds;
    }
```

6. 添加订单信息

添加订单信息是指向系统库内添加新的订单信息，此功能是由方法 AddOrder(string orderNo,int userID,int totalNumber,decimal totalMoney)实现的，其具体实现流程如下：

（1）从系统配置文件 Web.config 内获取数据库连接参数，并将其保存在 connectionString 内。
（2）使用连接字符串创建 con 对象，实现数据库连接。
（3）调用存储过程 Pr_AddOrder，将此订单信息添加到系统库中。
（4）创建获取数据的对象 da。
（5）把 da 对象的执行方式设置为存储过程。
（6）打开数据库连接，执行插入操作。

这一过程的实现代码如下：

```
public int AddOrder(string orderNo,int userID,int totalNumber,decimal totalMoney)
    {
        string connectionString = ConfigurationManager.ConnectionStrings["SQLCONNECTIONSTRING"].ConnectionString;
        //创建连接
        SqlConnection con = new SqlConnection(connectionString);
        //设置被执行存储过程的名称
        string cmdText = "Pr_AddOrder";
        //创建 SqlCommand
        SqlCommand cmd = new SqlCommand(cmdText,con);
        //设置执行方式为存储过程
        cmd.CommandType = CommandType.StoredProcedure;
        //创建参数并赋值
        cmd.Parameters.Add("@orderNo",SqlDbType.VarChar,50);
        cmd.Parameters.Add("@UserID",SqlDbType.Int,4);
```

```
            cmd.Parameters.Add("@totalNumber",SqlDbType.Int,4);
            cmd.Parameters.Add("@totalMoney",SqlDbType.Money);
            cmd.Parameters[0].Value = orderNo;
            cmd.Parameters[1].Value = userID;
            cmd.Parameters[2].Value = totalNumber;
            cmd.Parameters[3].Value = totalMoney;
            cmd.Parameters.Add("@RETURN",SqlDbType.Int,4);
            cmd.Parameters[4].Direction = ParameterDirection.ReturnValue;
            int result = -1;
            try
            {
                con.Open();
                //操作数据
                result = cmd.ExecuteNonQuery();
            }
            catch(Exception ex)
            {
                throw new Exception(ex.Message,ex);
            }
            finally
            {
                con.Close();
            }
            return (int)cmd.Parameters[4].Value;
    }
```

注意：在上面插入操作的过程中，通过存储过程Pr_AddOrder定义了对应的SQL插入语句。存储过程Pr_AddOrder的具体实现代码如下：

```
USE [shop]
GO
/****** 对象: StoredProcedure [dbo].[Pr_AddOrder]  脚本日期: 03/06/2008 15:18:31 ******/
SET ANSI_NULLS ON
GO
SET QUOTED_IDENTIFIER ON
GO
ALTER PROCEDURE [dbo].[Pr_AddOrder]
 (
    @OrderNo varchar(50),
    @UserID int,
    @TotalNumber int,
    @TotalMoney money
)
AS
INSERT [Order]
    (OrderNo,UserID,TotalNumber,TotalMoney,CreateDate,Status)
    VALUES
    (@OrderNo,@UserID,@TotalNumber,@TotalMoney,GETDATE(),0)

RETURN @@Identity
```

7. 添加订单子项信息

添加订单子项信息是指向系统库内添加某编号订单的子项信息。此功能是由方法 AddOrderItem (int orderID,int productID,int number)实现的，其具体实现流程如下：

（1）从系统配置文件 Web.config 内获取数据库连接参数，并将其保存在 connectionString 内。
（2）使用连接字符串创建 con 对象，实现数据库连接。
（3）新建 SQL 插入语句，添加某编号订单的子项信息。
（4）创建获取数据的对象 cmd。
（5）打开数据库连接，执行插入操作。
（6）将获取的查询结果保存在 result 中，并返回 result。

这一过程的实现代码如下：

```
public int AddOrderItem(int orderID,int productID,int number)
{
    string connectionString = ConfigurationManager.ConnectionStrings["SQLCONNECTIONSTRING"].ConnectionString;
    //创建连接
    SqlConnection con = new SqlConnection(connectionString);
    //设置被执行存储过程的名称
    string cmdText = "INSERT INTO OrderItem(OrderID,ProductID,Number)VALUES(@OrderID,@ProductID,@Number)";
    //创建 SqlCommand
    SqlCommand cmd = new SqlCommand(cmdText,con);
    //创建参数并赋值
    cmd.Parameters.Add("@OrderID",SqlDbType.Int,4);
    cmd.Parameters.Add("@ProductID",SqlDbType.Int,4);
    cmd.Parameters.Add("@Number",SqlDbType.Int,4);
    cmd.Parameters[0].Value = orderID;
    cmd.Parameters[1].Value = productID;
    cmd.Parameters[2].Value = number;
    int result = -1;
    try
    {   //打开连接
        con.Open();
        //操作数据
        result = cmd.ExecuteNonQuery();
    }
    catch(Exception ex)
    {
        throw new Exception(ex.Message,ex);
    }
    finally
    {
        con.Close();
    }
    return result;
}
```

8. 更新订单状态

更新订单状态是指更新系统库内某订单的状态，此功能是由方法 UpdateOrderStatus(int orderID,byte status)实现的，其具体实现流程如下：

（1）从系统配置文件 Web.config 内获取数据库连接参数，并将其保存在 connectionString 内。
（2）使用连接字符串创建 con 对象，实现数据库连接。
（3）新建 SQL 更新语句，更新系统库内某订单的状态。
（4）创建获取数据的对象 cmd。
（5）打开数据库连接，执行插入操作。
（6）将获取的查询结果保存在 result 中，并返回 result。

这一过程的实现代码如下：

```
public int UpdateOrderStatus(int orderID,byte status)
        {
                string connectionString = ConfigurationManager.ConnectionStrings["SQLCONNECTIONSTRING"].ConnectionString;
                //创建连接
                SqlConnection con = new SqlConnection(connectionString);
                //设置被执行的 SQL 语句
                string cmdText = "UPDATE [Order] SET Status=@Status WHERE ID=@ID";
                //创建 SqlCommand
                SqlCommand cmd = new SqlCommand(cmdText,con);
                //创建参数并赋值
                cmd.Parameters.Add("@ID",SqlDbType.Int,4);
                cmd.Parameters.Add("@Status",SqlDbType.TinyInt,1);
                cmd.Parameters[0].Value = orderID;
                cmd.Parameters[1].Value = status;
                int result = -1;
                try
                {   //打开连接
                    con.Open();
                    //操作数据
                    result = cmd.ExecuteNonQuery();
                }
                catch(Exception ex)
                {   //抛出异常
                    throw new Exception(ex.Message,ex);
                }
                finally
                {
                    con.Close();
                }
                return result;
        }
```

7.4.3 图书评论

在文件 Product.c 中，与图书评论模块相关的方法如下：

- ☑ 方法 AddProductComment(string title,string body,string ip,string email,int productID)。
- ☑ 方法 DeleteProductComment(int commentID)。
- ☑ 方法 GetCommentByProduct(int productID)。

1. 定义 Product 类

定义 Product 类的实现代码如下：

```
...
namespace ASPNETAJAXWeb.AjaxEBusiness
{
    public class Product
    {
        public Product()
        {
            //
            //TODO: 在此处添加构造函数逻辑
            //
        }
...
```

2. 获取评论信息

获取评论信息是指获取系统内某图书评论的信息，此功能是由方法 GetCommentByProduct(int productID)实现的，其具体实现流程如下：

（1）从系统配置文件 Web.config 内获取数据库连接参数，并将其保存在 connectionString 内。
（2）使用连接字符串创建 con 对象，实现数据库连接。
（3）新建 SQL 查询语句，获取某编号图书的评论信息。
（4）创建获取数据的对象 da。
（5）打开数据库连接，获取查询数据。
（6）将获取的查询结果保存在 ds 中，并返回 ds。

这一过程的实现代码如下：

```
public DataSet GetCommentByProdcut(int productID)
        {
                string connectionString = ConfigurationManager.ConnectionStrings["SQLCONNECTIONSTRING"].ConnectionString;
                //创建连接
                SqlConnection con = new SqlConnection(connectionString);
                //设置被执行的 SQL 语句
                string cmdText = "SELECT * FROM ProductComment WHERE ProductID=@ProductID ORDER BY CreateDate DESC";
                //创建 SqlDataAdapter
                SqlDataAdapter da = new SqlDataAdapter(cmdText,con);
                //创建参数并赋值
                da.SelectCommand.Parameters.Add("@ProductID",SqlDbType.Int,4);
                da.SelectCommand.Parameters[0].Value = productID;
                //定义 DataSet
                DataSet ds = new DataSet();
                try
```

```
            {
                con.Open();
                //填充数据
                da.Fill(ds,"DataTable");
            }
            catch(Exception ex)
            {
                throw new Exception(ex.Message,ex);
            }
            finally
            {   //关闭连接
                con.Close();
            }
            return ds;
        }
```

3．添加评论信息

添加评论信息是指向系统库内添加新的评论信息，此功能是由方法 AddProductComment(string title,string body,string ip,string email,int productID)实现的，其具体实现流程如下：

（1）从系统配置文件 Web.config 内获取数据库连接参数，并将其保存在 connectionString 内。
（2）使用连接字符串创建 con 对象，实现数据库连接。
（3）新建 SQL 添加语句，向系统库内添加新的评论信息。
（4）创建获取数据的对象 cmd。
（5）打开数据库连接，进行添加操作。
（6）将处理后的结果保存在 result 中，并返回 result。

由此可以看出，整个添加评论信息的过程就是添加新数据到系统库内的过程，和前面 7.4.2 节中添加订单的过程一致。

4．删除评论信息

删除评论信息是指删除系统库内指定的评论信息，此功能是由方法 DeleteProductComment(int commentID)实现的，其具体实现流程如下：

（1）从系统配置文件 Web.config 内获取数据库连接参数，并将其保存在 connectionString 内。
（2）使用连接字符串创建 con 对象，实现数据库连接。
（3）新建 SQL 删除语句，删除系统库内指定编号的评论信息。
（4）创建获取数据的对象 cmd。
（5）打开数据库连接，进行删除操作。
（6）将处理后的结果保存在 result 中，并返回 result。

这一过程的实现代码如下：

```
public int DeleteProductComment(int commentID)
        {
            string connectionString = ConfigurationManager.ConnectionStrings["SQLCONNECTIONSTRING"].ConnectionString;
            SqlConnection con = new SqlConnection(connectionString);
            //设置被执行的 SQL 语句
```

```
            string cmdText = "DELETE ProductComment WHERE ID=@ID";
            //创建 SqlCommand
            SqlCommand cmd = new SqlCommand(cmdText,con);
            //创建参数并赋值
            cmd.Parameters.Add("@ID",SqlDbType.Int,4);
            cmd.Parameters[0].Value = commentID;
            int result = -1;
            try
            {
                con.Open();
                //操作数据
                result = cmd.ExecuteNonQuery();
            }
            catch(Exception ex)
            {
                throw new Exception(ex.Message,ex);
            }
            finally
            {
                con.Close();
            }
            return result;
        }
```

7.4.4 图书分类

图书分类的功能模块的数据库访问层功能是由文件 Category.cs 来实现的，其主要功能是在 ASPNETAJAXWeb.AjaxEBusiness 空间内建立 Category 类，并定义多个方法实现对数据库中图书数据的处理。在文件 Category.cs 中，与分类处理模块相关的方法如下：

- ☑ 方法 GetFenleis()。
- ☑ 方法 GetSubFenlei(int categoryID)。
- ☑ 方法 GetSingleFenlei(int categoryID)。
- ☑ 方法 AddFenlei(string name,int parentID,string remark)。
- ☑ 方法 UpdateFenlei(int categoryID,string name,string remark)。
- ☑ 方法 UpdateFenleiOrder(int categoryID,string moveFlag)。
- ☑ 方法 DeleteFenlei(int categoryID)。

1. 定义 Category 类

在空间 ASPNETAJAXWeb.AjaxEBusiness 内定义 Category 类的实现代码如下：

```
namespace ASPNETAJAXWeb.AjaxEBusiness
{
    public class Category
    {
        public Category()
        {
            ///
        }
```

2. 获取分类信息

获取分类信息是指获取系统库内存在的所有分类信息，此功能是由方法 GetFenleis() 来实现的，其具体实现流程如下：

（1）从系统配置文件 Web.config 内获取数据库连接参数，并将其保存在 connectionString 内。
（2）使用连接字符串创建 con 对象，实现数据库连接。
（3）调用获取所有分类信息的存储过程 Pr_GetFenleis，获取系统内的图书分类信息。
（4）创建获取数据的对象 da。
（5）把对象 da 的执行方式设置为存储过程。
（6）打开数据库连接获取数据，将获取的数据保存在 ds 中。
（7）操作成功返回 ds。

这一过程的实现代码如下：

```
public DataSet GetFenleis()
        {    //获取连接字符串
            string connectionString = ConfigurationManager.ConnectionStrings["SQLCONNECTIONSTRING"].ConnectionString;
            //创建连接
            SqlConnection con = new SqlConnection(connectionString);
            //设置被执行存储过程的名称
            string cmdText = "Pr_GetFenleis";
            //创建 SqlDataAdapter
            SqlDataAdapter da = new SqlDataAdapter(cmdText,con);
            //设置执行方式为存储过程
            da.SelectCommand.CommandType = CommandType.StoredProcedure;
            //定义 DataSet
            DataSet ds = new DataSet();
            try
            {    //打开连接
                con.Open();
                //填充数据
                da.Fill(ds,"DataTable");
            }
            catch(Exception ex)
            {    //抛出异常
                throw new Exception(ex.Message,ex);
            }
            finally
            {    //关闭连接
                con.Close();
            }
            return ds;
        }
```

3. 获取子类信息

获取子类信息是指获取系统库内指定编号分类的子类信息，此功能是由方法 GetSubFenlei(int categoryID) 实现的，其具体实现流程如下：

（1）从系统配置文件 Web.config 内获取数据库连接参数，并将其保存在 connectionString 内。

（2）使用连接字符串创建 con 对象，实现数据库连接。
（3）调用获取某分类下子类信息的存储过程 Pr_GetSubFenlei，获取子类信息。
（4）创建获取数据的对象 da。
（5）把对象 da 的执行方式设置为存储过程。
（6）打开数据库连接获取数据，将获取数据保存在 ds 中。
（7）操作成功返回 ds。

这一过程的实现代码如下：

```csharp
public DataSet GetSubFenlei(int categoryID)
{
    string connectionString = ConfigurationManager.ConnectionStrings["SQLCONNECTIONSTRING"].ConnectionString;
    SqlConnection con = new SqlConnection(connectionString);
    //设置被执行存储过程的名称
    string cmdText = "Pr_GetSubFenlei";
    //创建 SqlDataAdapter
    SqlDataAdapter da = new SqlDataAdapter(cmdText,con);
    //设置执行方式为存储过程
    da.SelectCommand.CommandType = CommandType.StoredProcedure;
    //创建参数并赋值
    da.SelectCommand.Parameters.Add("@ParentID",SqlDbType.Int,4);
    da.SelectCommand.Parameters[0].Value = categoryID;
    //定义 DataSet
    DataSet ds = new DataSet();
    try
    {
        con.Open();
        //填充数据
        da.Fill(ds,"DataTable");
    }
    catch(Exception ex)
    {
        throw new Exception(ex.Message,ex);
    }
    finally
    {
        con.Close();
    }
    return ds;
}
```

4．获取分类信息

获取分类信息是指获取系统库内指定编号分类的详细信息，此功能是由方法 GetSingleFenlei(int categoryID)实现的，其具体实现流程如下：

（1）从系统配置文件 Web.config 内获取数据库连接参数，并将其保存在 connectionString 内。
（2）使用连接字符串创建 con 对象，实现数据库连接。
（3）新建 SQL 查询语句，获取某 ID 分类的数据。
（4）创建获取数据的对象 cmd。

（5）打开数据库连接，获取查询数据。
（6）将获取的查询结果保存在 dr 中，并返回 dr。
这一过程的实现代码如下：

```csharp
public SqlDataReader GetSingleFenlei(int categoryID)
{
    SqlConnection con = new SqlConnection(connectionString);
    //创建 SQL 语句
    string cmdText = "SELECT * FROM Category WHERE ID=@ID";
    //创建 SqlCommand
    SqlCommand cmd = new SqlCommand(cmdText,con);
    //创建参数并赋值
    cmd.Parameters.Add("@ID",SqlDbType.Int,4);
    cmd.Parameters[0].Value = categoryID;
    //定义 SqlDataReader
    SqlDataReader dr;
    try
    {
        con.Open();
        //读取数据
        dr = cmd.ExecuteReader(CommandBehavior.CloseConnection);
    }
    catch(Exception ex)
    {
        throw new Exception(ex.Message,ex);
    }
    return dr;
}
```

5．添加分类信息

添加分类信息是指向系统库内添加新的分类信息，此功能是由方法 AddFenlei(string name,int parentID,string remark)实现的，其具体实现流程如下：

（1）从系统配置文件 Web.config 内获取数据库连接参数，并将其保存在 connectionString 内。
（2）使用连接字符串创建 con 对象，实现数据库连接。
（3）调用添加分类信息的存储过程 Pr_AddFenlei，进行添加操作。
（4）创建添加数据的对象 da。
（5）把对象 da 的执行方式设置为存储过程。
（6）打开数据库连接执行插入操作，将处理结果保存在 result 中。
（7）操作成功返回 result。

由此可以看出，整个添加分类信息的过程就是将数据添加到系统库内的过程，和前面 7.4.2 节中添加订单的过程一致。

6．修改分类信息

修改分类信息是指修改系统库内某编号的分类信息，此功能是由方法 UpdateFenlei(int categoryID, string name,string remark)实现的，其具体实现流程如下：

（1）从系统配置文件 Web.config 内获取数据库连接参数，并将其保存在 connectionString 内。

（2）使用连接字符串创建 con 对象，实现数据库连接。
（3）调用修改类信息的存储过程 Pr_UpdateFenlei，进行修改操作。
（4）创建修改数据的对象 da。
（5）把对象 da 的执行方式设置为存储过程。
（6）打开数据库连接执行修改操作，将处理结果保存在 result 中。
（7）操作成功返回 result。

这一过程的实现代码如下：

```
public int UpdateFenlei(int categoryID,string name,string remark)
{
    string connectionString = ConfigurationManager.ConnectionStrings["SQLCONNECTIONSTRING"].ConnectionString;
    SqlConnection con = new SqlConnection(connectionString);
    //设置被执行存储过程的名称
    string cmdText = "Pr_UpdateFenlei";
    //创建 SqlCommand
    SqlCommand cmd = new SqlCommand(cmdText,con);
    //设置执行方式为存储过程
    cmd.CommandType = CommandType.StoredProcedure;
    //创建参数并赋值
    cmd.Parameters.Add("@ID",SqlDbType.Int,4);
    cmd.Parameters.Add("@Name",SqlDbType.VarChar,50);
    cmd.Parameters.Add("@Remark",SqlDbType.Text);
    cmd.Parameters[0].Value = categoryID;
    cmd.Parameters[1].Value = name;
    cmd.Parameters[2].Value = remark;
    int result = -1;
    try
    {
        con.Open();
        //操作数据
        result = cmd.ExecuteNonQuery();
    }
    catch(Exception ex)
    {
        throw new Exception(ex.Message,ex);
    }
    finally
    {
        con.Close();
    }
    return result;
}
```

7．修改分类次序

修改分类次序是指修改系统库内某分类的排列顺序，此功能是由方法 UpdateFenleiOrder(int categoryID,string moveFlag)实现的，其具体实现流程如下：

（1）从系统配置文件 Web.config 内获取数据库连接参数，并将其保存在 connectionString 内。

(2)使用连接字符串创建 con 对象,实现数据库连接。
(3)调用修改类顺序的存储过程 Pr_UpdateFenleiOrder,进行修改操作。
(4)创建修改数据的对象 da。
(5)把对象 da 的执行方式设置为存储过程。
(6)打开数据库连接执行修改操作,将处理结果保存在 result 中。
(7)操作成功返回 result。

这一过程的实现代码如下:

```csharp
public int UpdateFenleiOrder(int categoryID,string moveFlag)
{
    string connectionString = ConfigurationManager.ConnectionStrings["SQLCONNECTIONSTRING"].ConnectionString;
    SqlConnection con = new SqlConnection(connectionString);
    //设置被执行存储过程的名称
    string cmdText = "Pr_UpdateFenleiOrder";
    //创建 SqlCommand
    SqlCommand cmd = new SqlCommand(cmdText,con);
    //设置执行方式为存储过程
    cmd.CommandType = CommandType.StoredProcedure;
    //创建参数并赋值
    cmd.Parameters.Add("@ID",SqlDbType.Int,4);
    cmd.Parameters.Add("@MoveFlag",SqlDbType.VarChar,20);
    cmd.Parameters[0].Value = categoryID;
    cmd.Parameters[1].Value = moveFlag;
    int result = -1;
    try
    {
        con.Open();
        //操作数据
        result = cmd.ExecuteNonQuery();
    }
    catch(Exception ex)
    {
        throw new Exception(ex.Message,ex);
    }
    finally
    {
        con.Close();
    }
    return result;
}
```

7.4.5 图书管理

在数据访问层文件 Product.cs 中,与图书管理模块相关的各方法的具体说明如下。

- ☑ 方法 AddProduct(string name,int categoryID,int userID,decimal price,int stock,string remark):其功能是添加图书到库。
- ☑ 方法 UpdateProduct(int productID,string name,string remark):其功能是更新某编号的图书信息。

- ☑ 方法 UpdateProductPicture(int productID,string pictureUrl)：其功能是更新某编号图书的图片信息。
- ☑ 方法 DeleteProduct(int productID)：其功能是删除某编号图书的信息。
- ☑ 方法 GetAttributeByFenlei(int categoryID)：其功能是根据分类获取图书的属性。
- ☑ 方法 GetAttributeByProduct(int productID)：其功能是根据图书获取其属性。
- ☑ 方法 AddAttributeValue(int productID,int attributeID,string value)：其功能是添加图书的属性值。

1. 定义 Product 类

在空间 ASPNETAJAXWeb.AjaxEBusiness 内定义 Product 类的实现代码如下：

```csharp
using System.Web.UI.WebControls;
namespace ASPNETAJAXWeb.AjaxEBusiness
{
    public class Product
    {
        public Product()
        {
        }
```

2. 添加图书信息

添加图书信息是指向系统库内添加新的图书信息，此功能是由方法 AddProduct(string name,int categoryID,int userID,decimal price,int stock,string remark)实现的，其具体实现流程如下：

（1）从系统配置文件 Web.config 内获取数据库连接参数，并将其保存在 connectionString 内。
（2）使用连接字符串创建 con 对象，实现数据库连接。
（3）调用添加图书信息的存储过程 Pr_AddProduct，向系统库内添加新的图书信息。
（4）创建添加数据的对象 cmd。
（5）把对象 cmd 的执行方式设置为存储过程。
（6）打开数据库执行添加操作，将处理结果保存在 result 中。
（7）操作成功返回 result。

这一过程的实现代码如下：

```csharp
public int AddProduct(string name,int categoryID,int userID,decimal price,int stock,string remark)
        {   //获取连接字符串
            string connectionString = ConfigurationManager.ConnectionStrings["SQLCONNECTIONSTRING"].ConnectionString;
            //创建连接
            SqlConnection con = new SqlConnection(connectionString);
            //设置被执行存储过程的名称
            string cmdText = "Pr_AddProduct";
            //创建 SqlCommand
            SqlCommand cmd = new SqlCommand(cmdText,con);
            //设置执行方式为存储过程
            cmd.CommandType = CommandType.StoredProcedure;
            //创建参数并赋值
            cmd.Parameters.Add("@Name",SqlDbType.VarChar,50);
            cmd.Parameters.Add("@CategoryID",SqlDbType.Int,4);
            cmd.Parameters.Add("@UserID",SqlDbType.Int,4);
```

```
            cmd.Parameters.Add("@Price",SqlDbType.Money,8);
            cmd.Parameters.Add("@Stock",SqlDbType.Int,4);
            cmd.Parameters.Add("@Remark",SqlDbType.Text);
            cmd.Parameters[0].Value = name;
            cmd.Parameters[1].Value = categoryID;
            cmd.Parameters[2].Value = userID;
            cmd.Parameters[3].Value = price;
            cmd.Parameters[4].Value = stock;
            cmd.Parameters[5].Value = remark;
            cmd.Parameters.Add("@RETURN",SqlDbType.Int,4);
            cmd.Parameters[6].Direction = ParameterDirection.ReturnValue;
            int result = -1;
            try
            {   //打开连接
                con.Open();
                //操作数据
                result = cmd.ExecuteNonQuery();
            }
            catch(Exception ex)
            {   //抛出异常
                throw new Exception(ex.Message,ex);
            }
            finally
            {   //关闭连接
                con.Close();
            }
            return (int)cmd.Parameters[6].Value;
        }
```

7.5 图书显示

知识点讲解：光盘\视频讲解\第 7 章\图书显示.avi

到此为止，已经有了功能分析策划书和数据访问层文件代码。接下来只需根据这些资料，结合数据访问层的代码进行扩充即可。

7.5.1 系统主页

本系统实例的系统主页是一个框架页面，其功能是调用各框架子页以显示指定的信息。系统主页的实现文件如下：

- ☑ 文件 Default.aspx.cs。
- ☑ 文件 Default.aspx。

主页处理页面文件 Default.aspx.cs 的功能是引入命名空间并声明 Default 类，实现主框架页面的初始化处理。其具体实现代码如下：

```
using System;
using System.Data;
```

```
using System.Configuration;
using System.Collections;
using System.Web;
using System.Web.Security;
using System.Web.UI;
using System.Web.UI.WebControls;
using System.Web.UI.WebControls.WebParts;
using System.Web.UI.HtmlControls;
public partial class Default : System.Web.UI.Page
{
    protected void Page_Load(object sender, EventArgs e)
    {
    }
}
```

7.5.2 顶部导航页面

本系统实例的顶部导航页面是一个动态页面，其功能是根据用户的状态来显示对应的导航信息。顶部导航页面的实现文件如下：

- ☑ 文件 Daohang.aspx。
- ☑ 文件 Daohang.aspx.cs。

导航处理页面文件 Daohang.aspx.cs 的功能是引入命名空间并声明 Toolbar 类，实现登录表单的判断处理。其具体实现代码如下：

```
using System.Web.UI.WebControls;
using System.Web.UI.WebControls.WebParts;
using System.Web.UI.HtmlControls;
public partial class Toolbar : System.Web.UI.Page
{
    protected void Page_Load(object sender, EventArgs e)
    {
        //动态载入用户登录控件或者显示用户信息的控件
        pLogin.Controls.Clear();
        if(Session["UserID"] == null)
        {
            pLogin.Controls.Add(Page.LoadControl("~/Login/LoginUC.ascx"));
        }
        else
        {
            pLogin.Controls.Add(Page.LoadControl("~/Login/LogoffUC.ascx"));
        }
    }
}
```

7.5.3 左侧类别列表页面

本系统实例的左侧类别列表页面是一个动态页面，其功能是将系统内所有图书分类的信息显示出来。左侧类别列表页面的实现文件如下：

- ☑ 文件 Fenlei.aspx。
- ☑ 文件 Fenlei.aspx.cs。

类别列表处理页面文件 Fenlei.aspx.cs 的功能是引入命名空间并声明 CategoryPage 类，将图书类别数据调用并显示出来。其具体实现代码如下：

```
using System.Web.UI.WebControls;
using System.Web.UI.WebControls.WebParts;
using System.Web.UI.HtmlControls;
//引入新的命名空间
using ASPNETAJAXWeb.AjaxEBusiness;
public partial class CategoryPage : System.Web.UI.Page
{
    protected void Page_Load(object sender, EventArgs e)
    {
        if(!Page.IsPostBack)
        {
            BindPageData();
        }
    }
    private void BindPageData()
    {
        Category category = new Category();
        category.InitCatalogTreeView(tvCategory);
    }
}
```

7.5.4 右侧图书列表页面

本系统实例的右侧图书列表页面是一个动态页面，其功能是将系统内的图书信息以列表样式显示出来。右侧图书列表页面的实现文件如下：

- ☑ 文件 Product.aspx。
- ☑ 文件 Product.aspx.cs。

图书列表处理页面文件 Product.aspx.cs 的功能是引入命名空间并声明 ProductPage 类，从地址栏中获取某图书类别的值。其具体实现代码如下：

```
using System.Web.UI.WebControls;
using System.Web.UI.WebControls.WebParts;
using System.Web.UI.HtmlControls;
public partial class ProductPage:System.Web.UI.Page
{
    protected int categoryID = -1;
    protected void Page_Load(object sender,EventArgs e)
    {   //获取图书种类的 ID
        if(Request.Params["CategoryID"] != null)
        {
            categoryID = Int32.Parse(Request.Params["CategoryID"].ToString());
        }
    }
}
```

7.5.5 按被点击次数显示模块

按被点击次数显示模块的功能是将系统内的图书信息以被点击次数的高低来排序显示。按被点击次数显示模块的功能的实现文件如下：
- ☑ 文件 Dianji.aspx。
- ☑ 文件 Dianji.aspx.cs。

点击次数处理页面文件 Dianji.aspx.cs 的功能是初始化处理按点击次数显示图书页面，获取并显示对应的图书信息。其具体实现流程如下：

（1）引入命名空间，并声明 ViewProductByCategoryCount 类。
（2）Page_Load 初始化处理，并从地址栏中获取 CategoryID 变量值。
（3）获取并按点击次数排序显示图书数据。
（4）定义购物车处理事件。

这一过程的具体运行流程如图 7-2 所示。

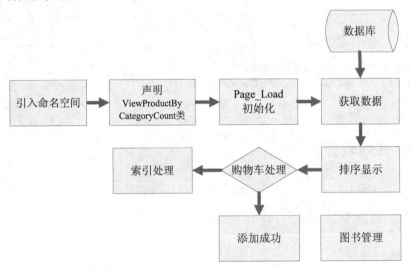

图 7-2　按点击次数显示处理运行流程图

文件 Dianji.aspx.cs 的具体实现代码如下：

```
using System.Web.UI.WebControls;
using System.Web.UI.WebControls.WebParts;
using System.Web.UI.HtmlControls;
//引入新的命名空间
using ASPNETAJAXWeb.AjaxEBusiness;
public partial class ViewProductByCategoryCount : System.Web.UI.Page
{
    private int categoryID = -1;
    protected void Page_Load(object sender,EventArgs e)
    {   //获取图书种类的 ID
        if(Request.Params["CategoryID"] != null)
        {
            categoryID = Int32.Parse(Request.Params["CategoryID"].ToString());
```

```
        }
        //显示图书数据
        if(!Page.IsPostBack && categoryID > 0)
        {   //绑定数据初始化
            gvProduct.DataSource = null;
            gvProduct.DataBind();
            BindPageData(categoryID);
        }
    }
    private void BindPageData(int categoryID)
    {
        Product product = new Product();
        DataSet ds = product.GetProductByFenlei(categoryID);
        if(ds == null || ds.Tables.Count <= 0 || ds.Tables[0].Rows.Count <= 0) return;
        //设置按访问次数排序
        DataView dv = ds.Tables[0].DefaultView;
        dv.Sort = "ViewCount DESC";
        gvProduct.DataSource = dv;
        gvProduct.DataBind();
    }
    protected void gvProduct_RowCommand(object sender,GridViewCommandEventArgs e)
    {
        if(e.CommandName == "buy")
        {
            ShoppingCartItem item = new ShoppingCartItem();
            int rowIndex = Int32.Parse(e.CommandArgument.ToString());
            if(rowIndex <= -1 || rowIndex >= gvProduct.Rows.Count) return;
            //获取图书 ID 和数量
            item.ProductID = Int32.Parse(gvProduct.DataKeys[rowIndex]["ID"].ToString());
            item.Number = 1;
            //获取图书名称
            Label lbName = (Label)gvProduct.Rows[rowIndex].FindControl("lbName");
            if(lbName != null)
            {
                item.Name = lbName.Text;
            }
            //获取图书价格
            Label lbPrice = (Label)gvProduct.Rows[rowIndex].FindControl("lbPrice");
            if(lbPrice != null)
            {
                item.Price = decimal.Parse(lbPrice.Text);
            }
            ShoppingCart shoppingCart = new ShoppingCart(Session);
            if(shoppingCart.AddProductToShoppingCart(item) > -1)
            {
                AjaxEBusinessSystem.ShowAjaxDialog((Button)e.CommandSource,"恭喜您，添加图书到购物车成功。");
            }
        }
    }
    protected void gvProduct_RowDataBound(object sender,GridViewRowEventArgs e)
```

```
        {
            Button btnBuy = (Button)e.Row.FindControl("btnBuy");
            if(btnBuy != null)
            {   //设置 CommandArgument 属性的值为当前行的索引
                btnBuy.CommandArgument = e.Row.RowIndex.ToString();
            }
        }
    }
}
```

7.5.6 按图书名称显示模块

按图书名称显示模块的功能是将系统库内的图书信息按图书名称的排序方式来显示。按图书名称显示模块的实现文件如下：

- ☑ 文件 Mingcheng.aspx。
- ☑ 文件 Mingcheng.aspx.cs。

按图书名称显示处理页面文件 Mingcheng.aspx.cs 的功能是初始化处理按名称显示图书页面，获取并显示对应的图书信息。其具体实现流程如下：

（1）引入命名空间，并声明 ViewProductByCategoryName 类。
（2）Page_Load 初始化处理，并从地址栏中获取 CategoryID 变量值。
（3）获取并按点击次数排序显示图书数据。
（4）定义购物车处理事件。

上述处理的具体运行流程如图 7-3 所示。

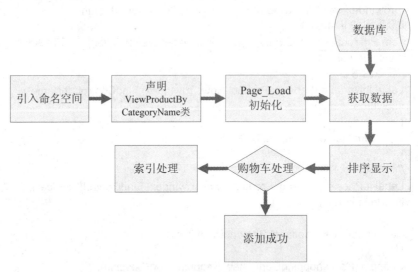

图 7-3 名称显示处理运行流程图

文件 Mingcheng.aspx.cs 的具体实现代码如下：

```
//引入新的命名空间
using ASPNETAJAXWeb.AjaxEBusiness;
public partial class ViewProductByCategoryName : System.Web.UI.Page
{
```

```csharp
    private int categoryID = -1;
protected void Page_Load(object sender, EventArgs e)
{       //获取图书种类的 ID
        if(Request.Params["CategoryID"] != null)
        {
                categoryID = Int32.Parse(Request.Params["CategoryID"].ToString());
        }
        //显示图书数据
        if(!Page.IsPostBack && categoryID > 0)
        {       //绑定数据初始化
                gvProduct.DataSource = null;
                gvProduct.DataBind();
                BindPageData(categoryID);
        }
}
    private void BindPageData(int categoryID)
    {
        Product product = new Product();
        DataSet ds = product.GetProductByFenlei(categoryID);
        if(ds == null || ds.Tables.Count <= 0 || ds.Tables[0].Rows.Count <= 0) return;
        //设置按名称排序
        DataView dv = ds.Tables[0].DefaultView;
        dv.Sort = "Name";
        gvProduct.DataSource = dv;
        gvProduct.DataBind();
    }
    protected void gvProduct_RowCommand(object sender,GridViewCommandEventArgs e)
    {
        if(e.CommandName == "buy")
        {
            ShoppingCartItem item = new ShoppingCartItem();
            int rowIndex = Int32.Parse(e.CommandArgument.ToString());
            if(rowIndex <= -1 || rowIndex >= gvProduct.Rows.Count) return;
            //获取图书 ID 和数量
            item.ProductID = Int32.Parse(gvProduct.DataKeys[rowIndex]["ID"].ToString());
            item.Number = 1;
            //获取图书名称
            Label lbName = (Label)gvProduct.Rows[rowIndex].FindControl("lbName");
            if(lbName != null)
            {
                item.Name = lbName.Text;
            }
            //获取图书价格
            Label lbPrice = (Label)gvProduct.Rows[rowIndex].FindControl("lbPrice");
            if(lbPrice != null)
            {
                item.Price = decimal.Parse(lbPrice.Text);
            }
            ShoppingCart shoppingCart = new ShoppingCart(Session);
            if(shoppingCart.AddProductToShoppingCart(item) > -1)
            {
```

```
                            AjaxEBusinessSystem.ShowAjaxDialog((Button)e.CommandSource,"恭喜您，添加图书到
购物车成功。");
                        }
                    }
                }
            }
    protected void gvProduct_RowDataBound(object sender,GridViewRowEventArgs e)
    {
        Button btnBuy = (Button)e.Row.FindControl("btnBuy");
        if(btnBuy != null)
        {       //设置 CommandArgument 属性的值为当前行的索引
                btnBuy.CommandArgument = e.Row.RowIndex.ToString();
        }
    }
}
```

7.5.7　显示图书详情

图书详情显示模块的功能是将系统内某编号的图书信息详细地显示出来。显示图书详情的实现文件如下：

- ☑ 文件 ShowProduct.aspx。
- ☑ 文件 ShowProduct.aspx.cs。

显示图书详情处理页面文件 ShowProduct.aspx.cs 的功能是初始化处理图书详情显示页面，获取并显示此编号图书的详细信息。其具体实现流程如下：

（1）引入命名空间，并声明 ShowProduct 类。
（2）Page_Load 初始化处理。
（3）获取图书编号和 IP 地址。
（4）用 BindPageData(int productID)获取并显示此编号的图书信息。
（5）显示图书的评论。
（6）设置 btnBuy_Click(object sender,EventArgs e)事件，实现购物车处理。
（7）设置 Commit_Click(object sender,EventArgs e)事件，及时载入评论发布数据。

这一过程处理的具体运行流程如图 7-4 所示。

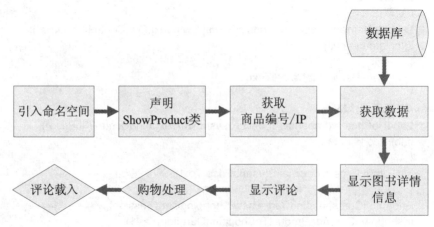

图 7-4　显示图书详情处理运行流程图

文件 ShowProduct.aspx.cs 的具体实现代码如下：

```csharp
//引入新的命名空间
using ASPNETAJAXWeb.AjaxEBusiness;
using System.Data.SqlClient;
public partial class ShowProduct : System.Web.UI.Page
{
    protected string ProductName = string.Empty;
    protected string ViewCount = string.Empty;
    protected string CreateDate = string.Empty;
    protected string Username = string.Empty;
    protected string Remark = string.Empty;
    private int productID = -1;
    protected void Page_Load(object sender,EventArgs e)
    {   //获取客户端的 IP 地址
        tbIP.Text = Request.UserHostAddress;
        if(Request.Params["ProductID"] != null)
        {
            productID = Int32.Parse(Request.Params["ProductID"].ToString());
        }
        if(productID > 0)
        {
            BindPageData(productID);
            if(!Page.IsPostBack)
            {   //更新图书被访问的次数
                Product product = new Product();
                product.UpdateProductViewCount(productID);
            }
        }
    }
    private void BindPageData(int productID)
    {   //获取图书评论
        Product product = new Product();
        SqlDataReader dr = product.GetSingleProduct(productID);
        if(dr == null) return;
        if(dr.Read())
        {   //读取图书信息
            ProductName = dr["Name"].ToString();
            ViewCount = dr["ViewCount"].ToString();
            CreateDate = dr["CreateDate"].ToString();
            Username = dr["Username"].ToString();
            Remark = dr["Remark"].ToString();
            lbPrice.Text = string.Format("{0:f2}",dr["Price"]);
            imgProduct.ImageUrl = "~/" + dr["PictureUrl"].ToString();
            //获取属性的数据
            DataSet ds = product.GetAttributeByProduct(productID);
            //绑定并显示属性的数据
            gvAttribute.DataSource = ds;
            gvAttribute.DataBind();
        }
        dr.Close();
```

```
            //显示图书的评论
            gvComment.DataSource = product.GetCommentByProdcut(productID);
            gvComment.DataBind();
        }
        protected void btnBuy_Click(object sender,EventArgs e)
        {   //设置图书的属性
            ShoppingCartItem item = new ShoppingCartItem();
            item.ProductID = productID;
            item.Name = ProductName;
            item.Price = Decimal.Parse(lbPrice.Text);
            item.Number = 1;
            //添加到购物车
            ShoppingCart shoppingCart = new ShoppingCart(Session);
            if(shoppingCart.AddProductToShoppingCart(item) > -1)
            {
                AjaxEBusinessSystem.ShowAjaxDialog((Button)sender,"恭喜您，添加图书到购物车成功。");
            }
        }
        protected void btnCommit_Click(object sender,EventArgs e)
        {
            Product product = new Product();
            //发表评论
        if(product.AddProductComment(tbTitle.Text,tbBody.Text,Request.UserHostAddress,tbEmail.Text,productID) > 0)
            {   //重新显示数据
                BindPageData(productID);
            }
        }
}
```

7.6 图书分类处理

知识点讲解：光盘\视频讲解\第 7 章\图书分类处理.avi

图书分类是指图书的种类，分类功能有如下两个好处：

（1）用户可以对图书进行细分，例如，可以按照学科种类细分和具体用途细分。

（2）可以销售其他的图书甚至是其他商品，这样就能构建一个综合型商城。

图书分类处理模块的功能是对系统库内的图书类别进行处理操作。图书分类处理的实现文件如下：

- ☑ 文件 AddFenlei.aspx。
- ☑ 文件 AddFenlei.aspx.cs。
- ☑ 文件 Fenlei.aspx。
- ☑ 文件 Fenlei.aspx.cs。
- ☑ 文件 UpdateFenlei.aspx。
- ☑ 文件 UpdateFenlei.aspx.cs。

7.6.1 设置分类层次结构

在 ASP.NET+Ajax 开发中，通常使用两种分类层次结构，具体说明如下：
- ☑ 使用 TreeView 控件来显示分类层次结构。
- ☑ 使用 DropDownList 控件来显示分类层次结构。

1. TreeView 控件实现

在实例中，将分别通过方法 InitCatalogTreeView()和 CreateChildNode()来实现分类层次结构。其中，方法 InitCatalogTreeView()的功能是使用 TreeView 控件来显示分类层次结构。具体实现流程如下：

（1）调用方法 GetFenleis()获取所有图书类别信息，使用 ds 对象保存结果。
（2）清空控件 dv 内的节点，获取根节点的数据，并创建根节点 root 和设置其对应的属性。
（3）将根节点添加到控件 dv 内。
（4）调用方法 CreateChildNode()，使用递归方法创建根节点对应的子节点。

文件 Category.cs 内，方法 InitCatalogTreeView()的具体实现代码如下：

```
public void InitCatalogTreeView(TreeView tv)
{
    DataSet ds = GetFenleis();
    if(ds == null) return;
    if(ds.Tables.Count <= 0) return;
    DataTable dt = ds.Tables[0];
    tv.Nodes.Clear();        //清空树的所有节点
    DataRow[] rowList = dt.Select("ParentID='0'");
    if(rowList.Length < 1) return;
    TreeNode root = new TreeNode();
    root.Text = rowList[0]["Name"].ToString();
    //设置根节点的 value 值
    root.Value = rowList[0]["ID"].ToString();
    root.Target = "Product";
    root.NavigateUrl = "~/Product.aspx?CategoryID=" + root.Value;
    root.Expanded = true;
    //添加根节点
    tv.Nodes.Add(root);
    //创建其他节点
    CreateChildNode(root,dt,"Product","~/Product.aspx?CategoryID=");
}
```

方法 CreateChildNode()的功能是创建父节点 parentNode 内的所有子节点，它包含的参数的具体说明如下。

- ☑ 参数 parentNode：指定父节点。
- ☑ 参数 dt：指定数据源。
- ☑ 参数 target：指定 Target 的属性值。
- ☑ 参数 url：指定节点 NavigateUr 的值。

方法 CreateChildNode()的具体实现流程如下：

（1）从数据源 dt 获取父节点内的子节点数据，并按照 ShowOrder 字段排序。

（2）将获取的字段数据保存在变量 rowList 中，并使用 foreach 逐一读取里面的数据。

（3）为每个 rowList 数据创建一个节点，并设置各节点的属性。

（4）调用方法 CreateChildNode()，使用递归方法创建当前节点对应的子节点。

文件 Category.cs 内，方法 CreateChildNode()的具体实现代码如下：

```
private void CreateChildNode(TreeNode parentNode,DataTable dt,string target,string url)
        {
            //选择数据时，添加了排序表达式 OrderBy
            DataRow[] rowList = dt.Select("ParentID='" + parentNode.Value
                + "'","ShowOrder");
            foreach(DataRow row in rowList)
            {    //创建新节点
                TreeNode node = new TreeNode();
                //设置节点的属性
                node.Text = row["Name"].ToString();
                node.Value = row["ID"].ToString();
                node.Target = target;
                node.NavigateUrl = url + node.Value;
                node.Expanded = true;
                parentNode.ChildNodes.Add(node);
                //递归调用，创建其他节点
                CreateChildNode(node,dt,target,url);
                if(node.ChildNodes.Count > 0)
                {
                    node.SelectAction = TreeNodeSelectAction.None;
                }
            }
        }
```

2．DropDownList 控件实现

在实例中，将分别通过方法 InitFenleiList()和 CreateSubNode()来实现分类层次结构。其中，方法 InitFenleiList()的功能是使用 DropDownList 控件来显示分类层次结构。文件 Category.cs 内，方法 InitFenleiList()的具体实现代码如下：

```
public void InitFenleiList(ListControl list)
        {
            DataSet ds = GetFenleis();
            if(ds == null) return;
            if(ds.Tables.Count <= 0) return;
            DataTable dt = ds.Tables[0];
            list.Items.Clear();        //清空树的所有节点
            DataRow[] rowList = dt.Select("ParentID='0'","ShowOrder");
            if(rowList.Length < 1) return;
            string name = string.Empty;
            string value = string.Empty;
            foreach(DataRow row in rowList)
            {
                name = "|--" + row["Name"].ToString();
                value = row["ID"].ToString();
```

```
                list.Items.Add(new ListItem(name,value));
                CreateSubNode(list,dt,row["ID"].ToString(),name);
        }
    }
```

方法 CreateSubNode()的功能是创建 list 节点的所有数据项,从而实现子项的显示。文件 Category.cs 内,方法 CreateSubNode()的具体实现代码如下:

```
private void CreateSubNode(ListControl list,DataTable dt,string parentValue,string parentName)
        {   //选择数据时,添加了排序表达式 OrderBy
            DataRow[] rowList = dt.Select("ParentID='" + parentValue + "'","ShowOrder");
            string name = string.Empty;
            string value = string.Empty;
            foreach(DataRow row in rowList)
            {
                name = parentName + " |--" + row["Name"].ToString();
                value = row["ID"].ToString();
                list.Items.Add(new ListItem(name,value));
                CreateSubNode(list,dt,row["ID"].ToString(),name);
            }
        }
```

7.6.2 添加分类模块

添加分类模块的功能是向系统库内添加新的图书类别,此功能的实现文件及相关说明如下。

☑ 文件 AddFenlei.aspx:分类添加表单页面。

☑ 文件 AddFenlei.aspx.cs:分类添加处理页面。

分类添加处理文件 AddFenlei.aspx.cs 的功能是初始化添加表单界面,并将表单内数据添加到系统库中。其具体实现流程如下:

(1)引入命名空间,定义 Category_AddCategory 类。

(2)声明 Page_Load,进行页面初始化处理。

(3)调用 BindPageData(),载入显示分类树数据。

(4)调用 Commit_Click(object sender,EventArgs e),向库中添加新的分类数据。

上述操作实现的具体运行流程如图 7-5 所示。

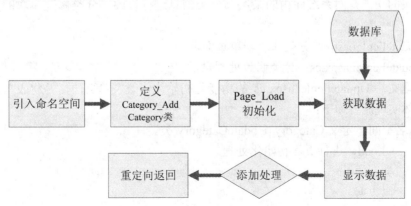

图 7-5 分类添加处理运行流程图

文件 AddFenlei.aspx.cs 的具体实现代码如下：

```csharp
//引入新的命名空间
using ASPNETAJAXWeb.AjaxEBusiness;
public partial class Category_AddCategory : System.Web.UI.Page
{
    protected void Page_Load(object sender, EventArgs e)
    {
        if(!Page.IsPostBack)
        {
            BindPageData();
        }
    }
    private void BindPageData()
    {
        //获取数据
        Category category = new Category();
        //显示分类的层次结构
        category.InitFenleiList(ddlCategory);
        //如果存在第一项，设置第一项为选择项
        if(ddlCategory.Items.Count > 0)
        {
            ddlCategory.SelectedIndex = 0;
        }
    }
    protected void btnCommit_Click(object sender,EventArgs e)
    {
        //添加新的分类
        Category category = new Category();
        if(category.AddFenlei(tbName.Text,Int32.Parse(ddlCategory.SelectedValue),tbRemark.Text) > 0)
        {
            //重定向到管理页面
            Response.Redirect("~/Category/Fenlei.aspx");
        }
    }
}
```

7.6.3 分类修改模块

分类修改模块的功能是对系统库内的某图书分类信息进行修改。分类修改模块的实现文件及相关说明如下：

- ☑ 文件 UpdateFenlei.aspx：分类修改表单页面。
- ☑ 文件 UpdateFenlei.aspx.cs：分类修改处理页面。

分类修改处理文件 UpdateFenlei.aspx.cs 的功能是初始化修改表单页面，并将表单内的数据更新到系统库中。其具体实现流程如下：

（1）引入命名空间，定义 Category_UpdateCategory 类。
（2）声明 Page_Load，进行页面初始化处理。
（3）获取修改类别的 ID。
（4）获取显示原数据。
（5）调用 BindPageData(int categoryID)，显示分类树的数据。

（6）调用 btnCommit_Click(object sender,EventArgs e)，对库中此编号分类的数据进行更新。上述操作实现的具体运行流程如图 7-6 所示。

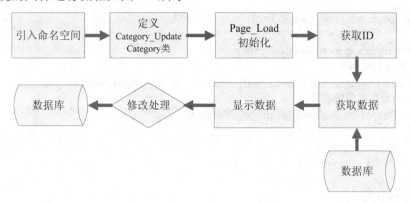

图 7-6　分类修改处理运行流程图

文件 UpdateFenlei.aspx.cs 的具体实现代码如下：

```
//引入新的命名空间
using ASPNETAJAXWeb.AjaxEBusiness;
using System.Data.SqlClient;
public partial class Category_UpdateCategory : System.Web.UI.Page
{
    int categoryID = -1;
    protected void Page_Load(object sender,EventArgs e)
    {   //获取被修改数据的 ID
        if(Request.Params["CategoryID"] != null)
        {
            categoryID = Int32.Parse(Request.Params["CategoryID"].ToString());
        }
        //显示被修改的数据
        if(!Page.IsPostBack && categoryID > 0)
        {
            BindPageData(categoryID);
        }
        //设置按钮是否可用
        btnCommit.Enabled = categoryID > 0 ? true : false;
    }
    private void BindPageData(int categoryID)
    {   //读取数据
        Category category = new Category();
        //显示分类的层次结构
        category.InitFenleiList(ddlCategory);
        SqlDataReader dr = category.GetSingleFenlei(categoryID);
        if(dr == null) return;
        if(dr.Read())
        {   //显示数据
            tbName.Text = dr["Name"].ToString();
            tbRemark.Text = dr["Remark"].ToString();
            AjaxEBusinessSystem.ListSelectedItemByValue(ddlCategory,dr["ParentID"].ToString());
```

```
            }
            dr.Close();
    }
    protected void btnCommit_Click(object sender,EventArgs e)
    {
        Category category = new Category();
        //修改分类的属性
    if (category.UpdateFenlei(categoryID, tbName.Text, tbRemark.Text) > 0)
        {   //重定向到管理页面
            Response.Redirect("~/Category/Fenlei.aspx");
        }
    }
}
```

7.6.4 分类管理模块

分类管理模块的功能是将系统库内的图书分类信息以列表的样式显示出来，并提供对每种分类的操作超链接。分类管理模块的实现文件及相关说明如下。

- ☑ 文件 Fenlei.aspx：分类管理列表显示页面。
- ☑ 文件 Fenlei.aspx.cs：分类管理列表处理页面。

分类管理列表处理页面文件 Fenlei.aspx.cs 的功能是初始化修改表单界面，并将表单内的数据更新到系统库中。其具体实现流程如下：

（1）引入命名空间，定义 Category_Category 类。
（2）声明 Page_Load，进行页面初始化处理。
（3）调用 BindPageData(int categoryID)，获取并显示分类树的数据。
（4）定义 vCategory_RowCommand，根据用户的操作处理重定向到对应的页面。
（5）弹出提示删除确认的对话框，将选定信息删除。

上述操作实现的具体运行流程如图 7-7 所示。

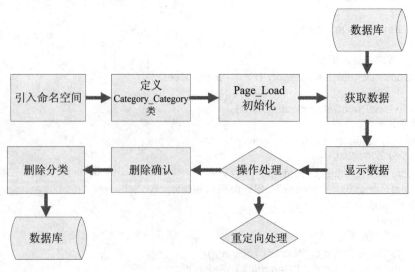

图 7-7 分类管理列表处理运行流程图

文件 Fenlei.aspx.cs 的具体实现代码如下：

```csharp
//引入新的命名空间
using ASPNETAJAXWeb.AjaxEBusiness;
public partial class Category_Category : System.Web.UI.Page
{
    protected void Page_Load(object sender, EventArgs e)
    {
        if(!Page.IsPostBack)
        {
            BindPageData();
        }
    }
    private void BindPageData()
    {   //获取数据
        Category category = new Category();
        DataSet ds = category.GetFenleis();
        //显示数据
        gvCategory.DataSource = ds;
        gvCategory.DataBind();
    }
    protected void gvCategory_RowCommand(object sender,GridViewCommandEventArgs e)
    {
        if(e.CommandName.ToLower() == "update")
        {   //重定向到修改分类页面
            Response.Redirect("~/Category/UpdateFenlei.aspx?CategoryID=" + e.CommandArgument.ToString());
            return;
        }
        Category category = new Category();
        if(e.CommandName.ToLower() == "up" || e.CommandName.ToLower() == "down")
        {
            category.UpdateFenleiOrder(Int32.Parse(e.CommandArgument.ToString()), e.CommandName);
            BindPageData();
            return;
        }
        if(e.CommandName.ToLower() == "del")
        {   //删除选择的图书分类
            if (category.DeleteFenlei(Int32.Parse(e.CommandArgument.ToString())) > 0)
            {
                BindPageData();
            }
            return;
        }
    }
    protected void gvCategory_RowDataBound(object sender,GridViewRowEventArgs e)
    {   //添加删除确认的对话框
        ImageButton imgDelete = (ImageButton)e.Row.FindControl("imgDelete");
        if(imgDelete != null)
        {
            imgDelete.Attributes.Add("onclick","return confirm(\"您确认要删除当前行的图书分类吗？\");");
```

```
        }
    }
    protected void btnAdd_Click(object sender,EventArgs e)
    {
        Response.Redirect("~/Category/AddFenlei.aspx");
    }
}
```

7.7 实现购物车

知识点讲解：光盘\视频讲解\第7章\实现购物车.avi

购物车处理模块的功能是将用户预购的图书放入购物车，从而完成系统内的购物处理。本模块功能的实现文件是 ViewShoppingCart.aspx 和 ViewShoppingCart.aspx.cs。

7.7.1 购物车组件设计

本功能模块应用程序所使用的处理函数是由文件 ShoppingCart.cs 来实现的，其主要功能是在 ASPNETAJAXWeb.AjaxEBusiness 空间内建立需要类，并定义多个函数方法实现对购物车数据的处理。

在文件 Product.cs 中，分别定义了两个新类实现对购物车的处理，具体说明如下：

- ☑ ShoppingCartItem 类。
- ☑ ShoppingCart 类。

1. ShoppingCartItem 类

在 ShoppingCartItem 类中，封装了购物车内图书的基本信息，例如，图书编号、名称、数量和价格必备元素。为此，ShoppingCartItem 类定义了 4 个属性分别传递上述 4 个元素信息。

定义 ShoppingCartItem 类的实现代码如下：

```
using System;
using System.Data;
using System.Collections;
using System.Configuration;
using System.Data.SqlClient;
using System.Web.SessionState;
namespace ASPNETAJAXWeb.AjaxEBusiness
{
    public class ShoppingCartItem
    {
        private int productID = -1;
        private string name = string.Empty;
        private int number = 0;
        private decimal price = 0.0m;
```

2. 定义 ShoppingCart 类

在 ShoppingCart 类中，首先定义了两个私有变量 session 和 shoppingCartList；然后定义了一个公开变量 SHOPPINTCARTKEY；最后定义了一个公开属性 ShoppingCartList。具体的实现代码如下：

```
public class ShoppingCart
    {
        public const string SHOPPINTCARTKEY = "SHOPPINTCARTKEY";
        private ArrayList shoppingCartList;
        private HttpSessionState session = null;
        public ArrayList ShoppingCartList
        {
            get
            {
                return shoppingCartList;
            }
        }
        private ShoppingCart()
        {
        }
```

3．定义处理方法

在 ShoppingCart 类中，定义了 5 个方法实现对购物车内的数据处理，具体如下：

- ☑ 方法 ShoppingCart(HttpSessionState session)。
- ☑ 方法 AddProductToShoppingCart(ShoppingCartItem product)。
- ☑ 方法 DeleteProductFromShoppingCart(ShoppingCartItem product)。
- ☑ 方法 UpdateShoppingCart(ArrayList products)。
- ☑ 方法 ClearShoppingCart()。

上述方法的运行流程如图 7-8 所示。

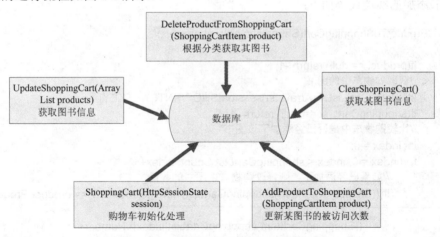

图 7-8　购物车处理模块运行流程图

- ☑ 购物车初始化

购物车初始化是指载入页面时对购物车数据进行初始化处理。此功能是由方法 ShoppingCart(HttpSessionState session)来实现的，其具体实现流程如下：

（1）初始化保存变量 shoppingCartList。
（2）将值保存在 session 对象中。

购物车初始化的实现代码如下：

```csharp
public ShoppingCart(HttpSessionState session)
{
    this.session = session;
    if(session != null)
    {
        if(session[SHOPPINTCARTKEY] != null)
        {
            shoppingCartList = (ArrayList)session[SHOPPINTCARTKEY];
        }
        else
        {
            shoppingCartList = new ArrayList();
            session[SHOPPINTCARTKEY] = shoppingCartList;
        }
    }
}
```

☑ 购物车图书添加

购物车图书添加是指将用户选取的图书添加到购物车内，此功能是由方法 AddProductToShoppingCart(ShoppingCartItem product)来实现的，其具体实现流程如下：

（1）获取添加图书。
（2）如果购物车内没有此图书，则将图书添加到购物车内。
（3）如果购物车内有此图书，则修改此图书的数量。
（4）把更新后的购物车数据重新保存到 session 对象中。

购物车图书添加的实现代码如下：

```csharp
public int AddProductToShoppingCart(ShoppingCartItem product)
{
    if(product == null) return -1;
    //获取购物车中的图书
    shoppingCartList = (ArrayList)session[SHOPPINTCARTKEY];
    if(shoppingCartList == null) return -1;
    //比较购物车中是否已经添加了该图书
    int index = 0;
    for(index = 0; index < shoppingCartList.Count; index++)
    {   //如果已经添加了，则修改购物车中图书的数量
        if(((ShoppingCartItem)shoppingCartList[index]).ProductID == product.ProductID)
        {
            ((ShoppingCartItem)shoppingCartList[index]).Number++;
            break;
        }
    }
    //如果没有添加，则把该图书添加到购物车中
    if(index == shoppingCartList.Count)
    {
        shoppingCartList.Add(product);
```

```
            //重新保存购物车中的数据
            session[SHOPPINTCARTKEY] = shoppingCartList;
            return 1;
        }
```

☑ 购物车图书修改

购物车图书修改是指将购物车内某图书数量修改为 products 参数内指定的图书数量，此功能是由方法 UpdateShoppingCart(ArrayList products)来实现的，其具体实现流程如下：

（1）获取购物车内图书。

（2）使用 foreach 处理购物车内的每一本图书。

（3）如果当前图书在 products 参数内出现，则把当前处理的图书数量修改为 products 参数内的该图书数量。

（4）把更新后的购物车数据重新保存到 session 对象中。

购物车图书修改的实现代码如下：

```
public int UpdateShoppingCart(ArrayList products)
        {
            if(products == null || products.Count <= 0)return -1;
            //获取购物车中的图书
            shoppingCartList = (ArrayList)session[SHOPPINTCARTKEY];
            if(shoppingCartList == null) return -1;
            //更新购物车中的图书
            for(int index = 0; index < shoppingCartList.Count; index++)
            {
                foreach(ShoppingCartItem product in products)
                {
                    if(((ShoppingCartItem)shoppingCartList[index]).ProductID == product.ProductID)
                    {
                        ((ShoppingCartItem)shoppingCartList[index]).Number = product.Number;
                        break;
                    }
                }
            }
            //重新保存购物车中的数据
            session[SHOPPINTCARTKEY] = shoppingCartList;
            return 1;
        }
```

注意：上面代码中的products参数，即购物车表单内获取图书数量的参数。用户可以在products参数表单内输入预购图书的数量。

☑ 删除购物车中图书

删除购物车中图书是指将购物车内的某图书删除，此功能是由方法 DeleteProductFromShoppingCart(ShoppingCartItem product)来实现的，其具体实现流程如下：

（1）获取购物车内图书。

（2）使用 foreach 处理购物车内的每一本图书。

（3）获取删除图书的编号。

（4）把更新后的购物车内图书数据重新保存到 session 对象中。

删除购物车图书的实现代码如下：

```
public int DeleteProductFromShoppingCart(ShoppingCartItem product)
    {
        if(product == null) return -1;
        //获取购物车中的图书
        shoppingCartList = (ArrayList)session[SHOPPINTCARTKEY];
        if(shoppingCartList == null) return -1;
        //从购物车中查找被删除的图书
        foreach(ShoppingCartItem item in shoppingCartList)
        {
            if(item.ProductID == product.ProductID)
            {   //移除该图书
                shoppingCartList.Remove(item);
                break;
            }
        }
        //重新保存购物车中的数据
        session[SHOPPINTCARTKEY] = shoppingCartList;
        return 1;
    }
```

☑ 清空购物车中图书

清空购物车中图书是指将购物车内的某图书删除，此功能是由方法 DeleteProductFromShoppingCart(ShoppingCartItem product)来实现的，其具体实现流程如下：

（1）获取购物车内图书。

（2）清空购物车内的每一本图书。

（3）把更新后的购物车内图书数据重新保存到 session 对象中。

清空购物车图书的实现代码如下：

```
public int ClearShoppingCart()
        {   //获取购物车中的图书
            shoppingCartList = (ArrayList)session[SHOPPINTCARTKEY];
            if(shoppingCartList == null) return -1;
            //清空购物车中的图书
            shoppingCartList.Clear();
            session[SHOPPINTCARTKEY] = null;
            return 1;
        }
```

7.7.2 购物车图书添加模块

购物车图书添加模块的功能是当用户在系统页面内单击某图书后的"加入购物车"按钮后，将此图书添加到购物车内。下面将详细介绍购物车图书添加模块的具体实现过程。

1. 索引设置

当用户单击"加入购物车"按钮后，将首先激活 btnBuy 购物车按钮事件，然后将其 CommandArgument

属性设置为当前索引。其具体实现代码如下：

```
protected void gvProduct_RowDataBound(object sender,GridViewRowEventArgs e)
    {
        Button btnBuy = (Button)e.Row.FindControl("btnBuy");
        if(btnBuy != null)
        {
            //设置 CommandArgument 属性的值为当前行的索引
            btnBuy.CommandArgument = e.Row.RowIndex.ToString();
        }
    }
```

2．添加处理

在图书显示列表文件中，通过定义的 gvProduct_RowCommand(object sender,GridViewCommandEventArgs e)相关事件，实现购物车内的图书添加功能。

当用户单击"加入购物车"按钮后，将会激活 buy 属性，从而将当前图书添加到购物车内，具体操作流程如下：

（1）创建表示图书 ShoppingCartItem 类的对象 item。

（2）设置 item 对象的 ID、数量、名称和价格属性。

（3）调用 ShoppingCart 类的 AddProductToShoppingCart()方法，把 item 对象添加到购物车内。

添加处理的具体实现代码如下：

```
protected void gvProduct_RowCommand(object sender,GridViewCommandEventArgs e)
    {
        if(e.CommandName == "buy")
        {
            ShoppingCartItem item = new ShoppingCartItem();
            int rowIndex = Int32.Parse(e.CommandArgument.ToString());
            if(rowIndex <= -1 || rowIndex >= gvProduct.Rows.Count) return;
            //获取图书 ID 和数量
            item.ProductID = Int32.Parse(gvProduct.DataKeys[rowIndex]["ID"].ToString());
            item.Number = 1;
            //获取图书名称
            Label lbName = (Label)gvProduct.Rows[rowIndex].FindControl("lbName");
            if(lbName != null)
            {
                item.Name = lbName.Text;
            }
            //获取图书价格
            Label lbPrice = (Label)gvProduct.Rows[rowIndex].FindControl("lbPrice");
            if(lbPrice != null)
            {
                item.Price = decimal.Parse(lbPrice.Text);
            }
            ShoppingCart shoppingCart = new ShoppingCart(Session);
            if(shoppingCart.AddProductToShoppingCart(item) > -1)
            {
                AjaxEBusinessSystem.ShowAjaxDialog((Button)e.CommandSource,"恭喜您，添加图书到
```

购物车成功。");
                }
            }
        }

注意：上述购物车图书添加程序在图书列表显示页面中定义，文件Product.aspx.cs和5种不同方式排序处理页面中都有定义。

7.7.3 购物车查看和管理模块

购物车查看和管理模块的功能是当用户将图书加入购物车后，可以查看购物车内的图书信息，并对里面的图书进行相关的操作管理。

1．查看购物车

查看购物车即显示某购物车的详细信息，此功能的实现文件如下：

- ☑ 文件 ViewShoppingCart.aspx。
- ☑ 文件 ViewShoppingCart.aspx.cs。

在文件 ViewShoppingCart.aspx.cs 内，将初始化显示某购物车内的图书信息。其具体实现流程如下：

（1）引入命名空间，声明 ShoppingCart_ViewShoppingCart 类。

（2）定义 Page_Load，进行初始化处理。

（3）定义 BindPageData()，获取并显示购物车内的图书信息。

上述操作的具体运行流程如图 7-9 所示。

文件 ViewShoppingCart.aspx.cs 内，上述功能的对应实现代码如下：

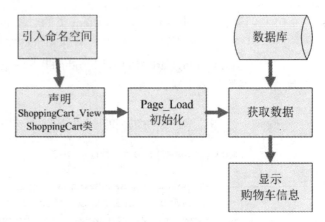

图 7-9　查看购物车处理运行流程图

```
public partial class ShoppingCart_ViewShoppingCart : System.Web.UI.Page
{
    protected void Page_Load(object sender, EventArgs e)
    {
        if(!Page.IsPostBack)
        {
            BindPageData();
        }
    }
    private void BindPageData()
    {
        //获取购物车中的图书
        ShoppingCart shoppingCart = new ShoppingCart(Session);
        //绑定数据并显示图书
        gvProduct.DataSource = shoppingCart.ShoppingCartList;
        gvProduct.DataBind();
    }
```

2．购物车数量修改

在后面的图 7-13 所示界面中，用户可以在某图书后面的"商品数量"文本框中输入合法的数值，然后单击"保存修改"按钮，实现对购物车内图书数量的修改处理。

上述功能是由文件 ViewShoppingCart.aspx.cs 内的 void btnStore_Click(object sender,EventArgs e)事件实现的，其具体实现流程如下：

（1）获取购物车信息。
（2）检查变量 shoppingCart 内的图书数量和显示页面中显示的数量是否相等。
（3）如果不相等则终止该事件的执行。
（4）创建保存图书的临时数组 products。
（5）将显示页面内的图书添加到临时数组 products 中。
（6）调用 shoppingCart 类的方法 UpdateShoppingCart()，实现对数据的更新。

上述操作的具体运行流程如图 7-10 所示。

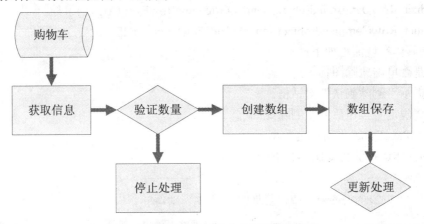

图 7-10　购物车数量修改处理运行流程图

文件 ViewShoppingCart.aspx.cs 内，上述功能的对应实现代码如下：

```
protected void btnStore_Click(object sender,EventArgs e)
    {
        //获取购物车的图书
        ShoppingCart shoppingCart = new ShoppingCart(Session);
        if(shoppingCart == null || shoppingCart.ShoppingCartList == null || shoppingCart.ShoppingCartList.Count <= 0) return;
        //检查购物车中的图书和显示的图书是否相等，如果不相等，则数据错误
        if(shoppingCart.ShoppingCartList.Count != gvProduct.Rows.Count) return;
        ArrayList products = new ArrayList();
        foreach(GridViewRow row in gvProduct.Rows)
        {
            //找到输入图书数量的控件
            TextBox tbNumber = (TextBox)row.FindControl("tbNumber");
            if(tbNumber == null) return;
            //获取图书数量
            int number = -1;
            if(Int32.TryParse(tbNumber.Text.Trim(),out number) == false) return;
            //创建一个子项，并添加到临时数组中
            ShoppingCartItem item = new ShoppingCartItem();
```

```
            //设置子项的名称、数量、价格和图书 ID 值
            item.Name = ((ShoppingCartItem)shoppingCart.ShoppingCartList[row.RowIndex]).Name;
            item.Number = number;
            item.Price = ((ShoppingCartItem)shoppingCart.ShoppingCartList[row.RowIndex]).Price;
            item.ProductID = ((ShoppingCartItem)shoppingCart.ShoppingCartList[row.RowIndex]).ProductID;
            products.Add(item);
        }
        //修改购物车中的图书数量
        shoppingCart.UpdateShoppingCart(products);
    }
```

3．购物车删除处理

在订单中，用户可以单击某图书后的图标 ，从购物车内删除此图书。文件 ViewShoppingCart.aspx.cs 内删除图书功能的实现事件如下：

- ☑ gvProduct_RowDataBound(object sender,GridViewRowEventArgs e)事件。
- ☑ gvProduct_RowCommand(object sender,GridViewCommandEventArgs e)事件。

上述功能的具体实现流程如下：

（1）判断是否单击删除图标。
（2）弹出提示"删除确认"对话框。
（3）单击"确定"按钮后开始删除此图书。
（4）用 BindPageData()重新绑定数据。

上述操作的具体运行流程如图 7-11 所示。

图 7-11　图书删除处理运行流程图

文件 ViewShoppingCart.aspx.cs 内，上述功能的对应实现代码如下：

```
protected void gvProduct_RowDataBound(object sender,GridViewRowEventArgs e)
    {
        //添加删除确认的对话框
        ImageButton imgDelete = (ImageButton)e.Row.FindControl("imgDelete");
        if(imgDelete != null)
        {
            imgDelete.Attributes.Add("onclick","return confirm(\"您确认要删除当前行的图书吗？\");");
        }
    }
protected void gvProduct_RowCommand(object sender,GridViewCommandEventArgs e)
    {
        if(e.CommandName.ToLower() == "del")
        {
            //获取购物车中的图书
```

```
                ShoppingCart shoppingCart = new ShoppingCart(Session);
                if(shoppingCart == null || shoppingCart.ShoppingCartList == null || shoppingCart.ShoppingCartList.Count <= 0) return;
                //创建被删除的图书
                ShoppingCartItem deleteItem = new ShoppingCartItem();
                deleteItem.ProductID = Int32.Parse(e.CommandArgument.ToString());
                //删除选中的图书
                shoppingCart.DeleteProductFromShoppingCart(deleteItem);
                //重新绑定图书数据
                BindPageData();
        }
```

4．购物车提交处理和购买处理

用户可以单击"我要创建订单"按钮，实现创建购买订单功能。也可以单击"我要购买图书"按钮，继续到图书列表界面购买新的图书。文件 ViewShoppingCart.aspx.cs 内上述功能的实现事件及相关说明如下：

☑ Commit_Click(object sender,EventArgs e)事件：重定向到订单界面。
☑ btnAdd_Click(object sender,EventArgs e)事件：重定向到图书列表界面。

文件 ViewShoppingCart.aspx.cs 内，上述功能的具体实现流程如下：

```
protected void btnCommit_Click(object sender,EventArgs e)
{
    Response.Redirect("~/Order/AddOrder.aspx");
}
protected void btnAdd_Click(object sender,EventArgs e)
{
    Response.Redirect("~/Product.aspx?CategoryID=27");
}
```

7.8 订单处理模块

📀 **知识点讲解**：光盘\视频讲解\第 7 章\订单处理模块.avi

订单处理在购物系统中必不可少，其实订单处理就是对购物车的一个升级处理，是在收集了购物车信息后，统一整理而得出的信息便条。订单处理模块的功能是将购物车生成订单，实现订单提交处理而实现在线购物，并对提交的订单进行处理和维护。本模块功能的实现文件如下：

☑ 文件 AddOrder.aspx。
☑ 文件 AddOrder.aspx.cs。
☑ 文件 OrderList.aspx。
☑ 文件 OrderList.aspx.cs。
☑ 文件 ViewOrder.aspx。
☑ 文件 ViewOrder.aspx.cs。
☑ 文件 OrderManage.aspx。
☑ 文件 OrderManage.aspx.cs。

7.8.1 生成订单编号

当单击"提交并创建订单"按钮后,将自动生成时间字符格式的订单名称。订单名称的事件格式是由文件 ASPNETAJAXWeb.cs 内的 CreaterOrderNo(string no)事件定义的,其具体实现代码如下:

```csharp
public static string CreaterOrderNo(string no)
    {
        DateTime now = DateTime.Now;
        string orderNoString = now.Year.ToString()
            + now.Month.ToString().PadLeft(2,'0')
            + now.Day.ToString().PadLeft(2,'0')
            + no.PadLeft(4,'0');
        return (orderNoString);
    }
```

当用户单击 "提交并创建订单"按钮后,将激活 Commit_Click(object sender,EventArgs e)事件,在创建订单之前实现订单编号的生成。其具体实现流程如下:

(1)调用 Order 类的方法 GetOrderLastOrderNo(),获取当天的最后一个编号,并保存在 orderNo 变量中。

(2)如果 orderNo 变量值为空,则设置序列号为 0001。

(3)如果 orderNo 变量值不为空,则递增生成序列号。

(4)调用 ASPNETAJAXWeb.cs 内的 CreaterOrderNo(string no)事件,创建新的订单编号。

(5)将编号保存到 orderNo 变量中。

生成订单编号的实现代码如下:

```csharp
protected void btnCommit_Click(object sender,EventArgs e)
    {
        Order order = new Order();
        //获取当天最近的订单编号
        string orderNo = order.GetOrderLastOrderNo();
        //创建下一个订单编号的基数
        if(string.IsNullOrEmpty(orderNo) == true)
        {   //下一个订单号的基数为 1
            orderNo = "0001";
        }
        else
        {   //创建下一个订单号的基数
            orderNo = (Int32.Parse(orderNo.Substring(8)) + 1).ToString();
        }
        //创建下一个订单编号
        orderNo = AjaxEBusinessSystem.CreaterOrderNo(orderNo);
```

7.8.2 提交、创建订单

提交、创建订单是指将订单信息提交给订单模块处理,并生成指定编号的在线购买订单。上述功能的实现文件及相关说明如下。

- ☑ 文件 AddOrder.aspx：订单创建界面文件。
- ☑ 文件 AddOrder.aspx.cs：订单创建处理文件。

订单创建处理文件 AddOrder.aspx.cs 的功能是初始化订单信息，将生成的订单信息添加到系统库中。其具体实现流程如下：

（1）引入命名空间，定义 Order_AddOrder 类。
（2）声明 Page_Load，页面初始化处理。
（3）判断用户是否登录。
（4）调用 BindPageData()，获取并显示数据。
（5）激活 btnCommit_Click(object sender,EventArgs e)事件。
（6）创建生成订单编号。
（7）获取当前购物车的图书信息。
（8）计算图书的总数量和总金额。
（9）调用方法 AddOrder()，创建一个新订单。
（10）调用方法 AddOrderItem()，将购物车信息添加到库中。
（11）调用方法 ClearShoppingCart()，清空购物车内的图书。
（12）重定向返回订单详情页面。

文件 AddOrder.aspx.cs 的具体实现代码如下：

```
//引入新的命名空间
using ASPNETAJAXWeb.AjaxEBusiness;
public partial class Order_AddOrder : System.Web.UI.Page
{
    int userID = -1;
    protected void Page_Load(object sender,EventArgs e)
    {   //判断用户是否登录
        if(Session["UserID"] == null)
        {
            Response.Redirect("~/Default.aspx");
            return;
        }
        //获取用户信息
        userID = Int32.Parse(Session["UserID"].ToString());
        if(!Page.IsPostBack)
        {
            BindPageData();
        }
    }
    private void BindPageData()
    {   //获取购物车的图书
        ShoppingCart shoppingCart = new ShoppingCart(Session);
        //绑定数据并显示图书
        gvProduct.DataSource = shoppingCart.ShoppingCartList;
        gvProduct.DataBind();
    }
    protected void btnCommit_Click(object sender,EventArgs e)
    {
```

```
        Order order = new Order();
        //获取当天最近的订单编号
        string orderNo = order.GetOrderLastOrderNo();
        //创建下一个订单编号的基数
        if(string.IsNullOrEmpty(orderNo) == true)
        {   //下一个订单号的基数为1
            orderNo = "0001";
        }
        else
        {   //创建下一个订单号的基数
            orderNo = (Int32.Parse(orderNo.Substring(8)) + 1).ToString();
        }
        //创建下一个订单编号
        orderNo = AjaxEBusinessSystem.CreaterOrderNo(orderNo);
        //获取购物车中的图书
        ShoppingCart shoppingCart = new ShoppingCart(Session);
        //计算购物车中的图书总数量和总金额
        int totalNumber = 0;
        decimal totalMoney = 0.0m;
        foreach(ShoppingCartItem item in shoppingCart.ShoppingCartList)
        {   //数量和金额累加
            totalNumber += item.Number;
            totalMoney += item.Number * item.Price;
        }
        //创建订单
        int orderID = order.AddOrder(orderNo,userID,totalNumber,totalMoney);
        if(orderID > 0)
        {   //创建订单的图书项
            foreach(ShoppingCartItem item in shoppingCart.ShoppingCartList)
            {
                order.AddOrderItem(orderID,item.ProductID,item.Number);
            }
        }
        //清空购物车中的图书
        shoppingCart.ClearShoppingCart();
        //重定向到预览订单的页面
        Response.Redirect("~/Order/ViewOrder.aspx?OrderID=" + orderID.ToString());
    }
    protected void btnAdd_Click(object sender,EventArgs e)
    {
        Response.Redirect("~/Product.aspx?CategoryID=27");
    }
}
```

7.8.3 订单详情模块

订单详情模块是指将系统内指定编号的订单信息显示出来。订单详情的实现文件及相关说明如下。

- ☑ 文件 ViewOrder.aspx：订单创建界面文件。
- ☑ 文件 ViewOrder.aspx.cs：订单创建处理文件。

订单创建处理文件 ViewOrder.aspx.cs 的功能是初始化订单信息，将生成的订单信息添加到系统库中。其具体实现流程如下：
（1）引入命名空间，定义 Order_ViewOrder 类。
（2）定义订单编号变量 orderID。
（3）声明 Page_Load，页面初始化处理。
（4）订单编号判断处理。
（5）调用 BindPageData()，获取订单数据。
（6）显示订单编号和创建时间。
（7）显示订单数量和图书总金额。
（8）调用方法 GetOrderItemByOrder()，获取此编号订单内的所有图书信息。
（9）绑定显示数据。

文件 ViewOrder.aspx.cs 的具体实现代码如下：

```
//引入新的命名空间
using ASPNETAJAXWeb.AjaxEBusiness;
using System.Data.SqlClient;
public partial class Order_ViewOrder : System.Web.UI.Page
{
    int orderID = -1;
    protected void Page_Load(object sender, EventArgs e)
    {    //获取订单信息
        if(Request.Params["OrderID"] != null)
        {
            orderID = Int32.Parse(Request.Params["OrderID"].ToString());
        }
        if(!Page.IsPostBack && orderID > 0)
        {
            BindPageData(orderID);
        }
    }
    private void BindPageData(int orderID)
    {
        Order order = new Order();
        //获取订单信息
        SqlDataReader dr = order.GetSingleOrder(orderID);
        if(dr == null) return;
        if(dr.Read())
        {    //显示订单信息
            lbOrderNo.Text = dr["OrderNo"].ToString();
            lbCreateDate.Text = dr["CreateDate"].ToString();
            //格式化为货币格式
            lbTotalMoney.Text = string.Format("{0:C}",dr["TotalMoney"]);
            lbTotalNumber.Text = dr["TotalNumber"].ToString();
        }
        dr.Close();
        //显示订单中的详细图书信息
        gvProduct.DataSource = order.GetOrderItemByOrder(orderID);
        gvProduct.DataBind();
    }
}
```

7.8.4 订单列表模块

订单列表模块的功能是将系统内某编号用户的订单信息显示出来。订单列表模块的实现文件及相关说明如下。

- ☑ 文件 OrderList.aspx：订单列表界面文件。
- ☑ 文件 OrderList.aspx.cs：订单列表处理文件。

订单列表处理文件 OrderList.aspx.cs 的功能是指初始化订单列表信息，将指定用户的对应订单信息以列表的样式显示出来。其具体实现流程如下：

（1）引入命名空间，定义 Order_OrderList 类。
（2）声明 Page_Load，进行页面初始化处理。
（3）用户登录判断处理。
（4）获取用户信息。
（5）调用 BindPageData()，绑定显示订单数据。

文件 OrderList.aspx.cs 的具体实现代码如下：

```csharp
//引入新的命名空间
using ASPNETAJAXWeb.AjaxEBusiness;
public partial class Order_OrderList : System.Web.UI.Page
{
    int userID = -1;
    protected void Page_Load(object sender,EventArgs e)
    {   //判断用户是否登录
        if(Session["UserID"] == null)
        {
            Response.Redirect("~/Default.aspx");
            return;
        }
        //获取用户信息
        userID = Int32.Parse(Session["UserID"].ToString());
        if(!Page.IsPostBack)
        {
            BindPageData();
        }
    }
    private void BindPageData()
    {   //获取历史订单
        Order order = new Order();
        //绑定数据并显示订单
        gvOrder.DataSource = order.GetOrderByUser(userID);
        gvOrder.DataBind();
    }
}
```

7.8.5 订单状态处理模块

订单状态处理模块的功能是将系统内的订单信息以列表的形式显示出来，并提供对应链接实现对某订单的状态进行处理。上述功能的实现文件及相关说明如下。

☑ 文件 OrderManage.aspx：订单状态列表界面文件。
☑ 文件 OrderManage.aspx.cs：订单状态处理文件。

订单状态处理文件 OrderManage.aspx.cs 的功能是指初始化订单列表信息，并对某未处理的订单进行处理。其具体实现流程如下：

（1）引入命名空间，定义 Order_OrderManage 类。
（2）声明 Page_Load，进行页面初始化处理。
（3）用户登录判断处理。
（4）获取用户 ID。
（5）调用 BindPageData()，获取并显示订单数据。
（6）调用 CheckStockAndSale(int orderID)事件，判断库存数量是否满足用户当前的需求数量。其具体处理流程如下。

第 1 步：调用 Order 类的方法 GetOrderItemByOrder(orderID)，获取订单信息。
第 2 步：将订单信息保存在变量 ds 中。
第 3 步：检查变量 ds 中各图书数量是否小于或等于该图书在系统中的库存数量，并将检测结果保存在变量 isAllowSale 中。
第 4 步：如果检测的数量大于系统库存量，则停止事件处理。
第 5 步：如果检测结果是 true，则可以对此订单进行处理，并修改系统库存中对应图书的库存数。
第 6 步：操作成功输出成功提示。
第 7 步：重新载入显示订单信息。

（7）调用 gvOrder_RowCommand 事件，输出对应的判断处理结果。如果库存不够则显示对应提示，反之则显示处理成功提示。

1．初始化处理

初始化处理的功能是引入命名空间和定义 Order_OrderManage 类，并初始化载入页面程序。初始化处理的实现代码如下：

```
//引入新的命名空间
using ASPNETAJAXWeb.AjaxEBusiness;
using System.Data.SqlClient;
public partial class Order_OrderManage : System.Web.UI.Page
{
    int userID = -1;
    protected void Page_Load(object sender,EventArgs e)
    {   //判断用户是否登录
        if(Session["UserID"] == null)
        {
            Response.Redirect("~/Default.aspx");
            return;
        }
        //获取用户信息
        userID = Int32.Parse(Session["UserID"].ToString());
        if(!Page.IsPostBack)
        {
            BindPageData();
        }
    }
```

2. 获取显示数据

获取显示数据的功能是定义事件 BindPageData()，获取并显示对应的订单信息。此功能的实现代码如下：

```csharp
private void BindPageData()
{
    //获取历史订单
    Order order = new Order();
    //绑定数据并显示订单
    gvOrder.DataSource = order.GetOrderByUser(userID);
    gvOrder.DataBind();
}
```

3. 库存判断处理

库存判断处理的功能是分别定义事件 CheckStockAndSale(int orderID) 和 gvOrder_RowCommand (object sender,GridViewCommandEventArgs e)，进行库存判断处理，并将处理结果显示出来。此功能的实现代码如下：

```csharp
protected void gvOrder_RowCommand(object sender,GridViewCommandEventArgs e)
{
    if(e.CommandName.ToString() == "sale")
    {
        //检查库存
        int orderID = Int32.Parse(e.CommandArgument.ToString());
        if(CheckStockAndSale(orderID) == false)
        {
            AjaxEBusinessSystem.ShowAjaxDialog((Button)e.CommandSource,"库存不够，不能处理该订单");
            return;
        }
        AjaxEBusinessSystem.ShowAjaxDialog((Button)e.CommandSource,"恭喜您，处理订单成功。");
    }
}
private bool CheckStockAndSale(int orderID)
{
    //获取订单信息
    Order order = new Order();
    DataSet ds = order.GetOrderItemByOrder(orderID);
    if(ds == null || ds.Tables.Count <= 0 || ds.Tables[0].Rows.Count <= 0) return false;
    //判断库存是否足够
    Product product = new Product();
    bool isAllowSale = true;
    foreach(DataRow row in ds.Tables[0].Rows)
    {
        //读取图书信息
        SqlDataReader dr = product.GetSingleProduct(Int32.Parse(row["ProductID"].ToString()));
        if(dr == null)
        {
            isAllowSale = false;break;
        }
        if(dr.Read())
        {
            //判断库存数量是否足够，如果不够，则不能出售该图书
            if(Int32.Parse(dr["Stock"].ToString()) < Int32.Parse(row["Number"].ToString()))
            {
```

```
                    isAllowSale = false; break;
                }
            }
            dr.Close();
        }
        if(isAllowSale == false) return false;
        //修改此次交易图书的库存和销售数量
        foreach(DataRow row in ds.Tables[0].Rows)
        {   //修改库存信息和销售数量
            if(product.UpdateProductStock(
                Int32.Parse(row["ProductID"].ToString()),
                Int32.Parse(row["Number"].ToString())) <= 0)
            {
                isAllowSale = false; break;
            }
        }
        if(isAllowSale == false) return false;
        //提交该订单，并重新显示数据
        if(order.UpdateOrderStatus(orderID,1) > 0)
        {
            BindPageData();
        }
        return isAllowSale;
    }
}
```

7.9 项目调试

知识点讲解：光盘\视频讲解\第 7 章\项目调试.avi

系统主页的显示效果如图 7-12 所示。

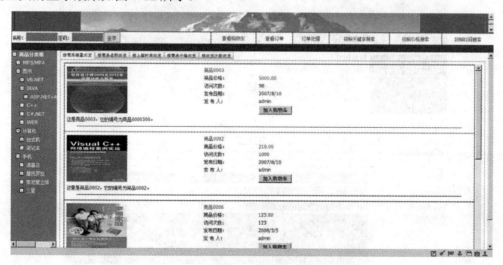

图 7-12 系统主页效果图

系统购物车界面效果如图 7-13 所示。

商品名称	商品价格	商品数量	操作
商品0003	5000.00	1	×
商品0002	210.00	1	×
商品0006	123.00	1	×

保存修改 我要创建订单 我要购买商品

图 7-13　购物车界面效果图

订单列表界面效果如图 7-14 所示。

订单编号	商品总金额	商品总数量	创建时间	订单状态
200803060001	¥6,431.00	5	2008/3/6 16:23:40	已处理
200803050001	¥5,000.00	1	2008/3/5 9:55:15	已处理
200709040001	¥5,320.00	4	2007/9/4 20:16:59	未处理
200708310003	¥0.00	0	2007/8/31 23:14:41	未处理
200708310002	¥5,000.00	1	2007/8/31 21:52:52	未处理
200708310001	¥5,420.00	3	2007/8/31 19:06:19	未处理
200708290005	¥5,000.00	1	2007/8/29 11:48:05	未处理
200708290004	¥210.00	1	2007/8/29 11:33:28	未处理
200708290003	¥5,000.00	1	2007/8/29 11:29:36	已处理
200708290002	¥10,220.00	4	2007/8/29 11:03:18	已处理
200708290001	¥5,220.00	0	2007/8/29 11:01:55	未处理

图 7-14　订单列表界面效果图

图书搜索界面效果如图 7-15 所示。

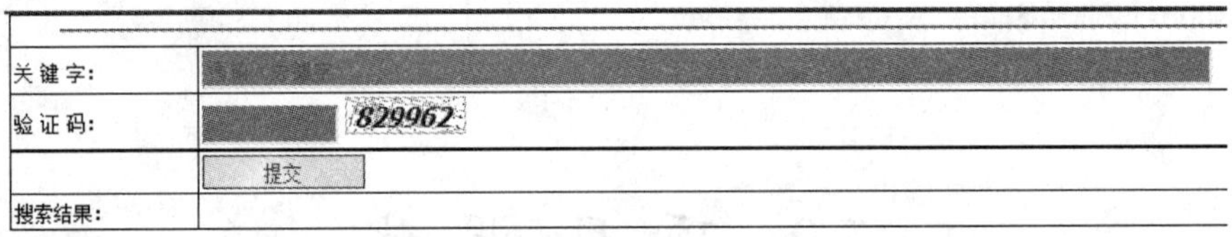

图 7-15　图书搜索界面效果图

图书详情界面效果如图 7-16 所示。

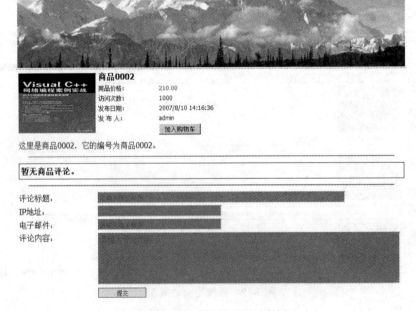

图 7-16　图书详情界面效果图

7.10 技术总结

> 知识点讲解：光盘\视频讲解\第 7 章\技术总结.avi

到此为止，京西图书商城系统的具体实现全部讲解完毕。下面将讲解在开发本项目过程中的心得体会。

7.10.1 智能提示

在本项目的关键字搜索模块中，通过 Ajax 程序集内的 AutoComplete 控件，实现了类似 Google 的智能提示功能。下面将简要介绍上述功能的实现流程。

首先，在搜索表单界面插入 AutoComplete 控件，具体代码如下：

```
<ajaxToolkit:AutoCompleteExtender ID="aceName" runat="server" TargetControlID="tbName" ServicePath=
"../AjaxService.asmx" ServiceMethod="GetProductList" MinimumPrefixLength="1" CompletionInterval="100"
CompletionSetCount="20">
</ajaxToolkit:AutoCompleteExtender>
```

然后，设置提示处理。搜索智能提示处理功能是由文件 AjaxService.cs 实现的。文件 AjaxService.cs 通过引入新命名空间，再利用方法 GetProductList() 获取存储的提示数据，将提示字符动态显示出来。

文件 AjaxService.cs 的具体实现流程如下。

（1）初始设置：其功能是引入命名空间并定义 AjaxService 类。具体代码如下：

```
//引入新的命名空间
using System.Data;
using System.Web.Script.Services;
using AjaxControlToolkit;
using ASPNETAJAXWeb.AjaxEBusiness;
[WebService(Namespace = "http://tempuri.org/")]
[WebServiceBinding(ConformsTo = WsiProfiles.BasicProfile1_1)]
[System.Web.Script.Services.ScriptService()]      //添加脚本服务
public class AjaxService:System.Web.Services.WebService
{
    public static string[] autoCompleteFileList = null;
    public AjaxService()
    {
    }
    [System.Web.Services.WebMethod()]
    [System.Web.Script.Services.ScriptMethod()]
```

（2）智能数据处理方法 GetProductList()：其功能是返回智能提示的数据。具体流程如下。

第 1 步：判断参数 prefixText 和 Count 是否合法。

第 2 步：如果 autoCompleteFileList 变量值为空，则调用方法 GetProductList() 获取文件信息，将文件名称添加到变量 autoCompleteFileList 中，并进行排序处理。

第 3 步：在变量 autoCompleteFileList 中搜索参数 prefixText 出现的索引值，如果不存在则设置为 0。

第 4 步：在变量 autoCompleteFileList 中搜索参数 prefixText 开头的文件名，并将结果保存在它的索引中。

第 5 步：根据索引将变量 autoCompleteFileList 中符合条件的内容复制到变量 matchResultList 中。

第 6 步：返回 matchResultList 变量。

智能数据处理的实现代码如下：

```
public string[] GetProductList(string prefixText,int count)
    {
        //检测参数是否为空
        if(string.IsNullOrEmpty(prefixText) == true || count <= 0) return null;
        if(autoCompleteFileList == null)
        {
            //从数据库中获取所有图书的名称
            Product product = new Product();
            DataSet ds = product.GetProducts();
            if(ds == null || ds.Tables.Count <= 0 || ds.Tables[0].Rows.Count <= 0) return null;
            //将图书名称保存到临时数组中
            string[] tempFileList = new string[ds.Tables[0].Rows.Count];
            for(int i = 0; i < ds.Tables[0].Rows.Count; i++)
            {
                tempFileList[i] = ds.Tables[0].Rows[i]["Name"].ToString();
            }
            //对数组进行排序
            Array.Sort(tempFileList,new CaseInsensitiveComparer());
            autoCompleteFileList = tempFileList;
        }
        //定位二叉树搜索的起点
        int index = Array.BinarySearch(autoCompleteFileList,prefixText,new CaseInsensitiveComparer());
        if(index < 0)
        {   //修正起点
            index = ~index;
        }
        //搜索符合条件的图书名称
        int matchCount = 0;
        for(matchCount = 0; matchCount < count && matchCount + index < autoCompleteFileList.Length; matchCount++)
        {   //查看开头字符串相同的项
            if(autoCompleteFileList[index + matchCount].StartsWith(prefixText,StringComparison.CurrentCultureIgnoreCase) == false)
            {
                break;
            }
        }
        //处理搜索结果
        string[] matchResultList = new string[matchCount];
        if(matchCount > 0)
        {   //复制搜索结果
            Array.Copy(autoCompleteFileList,index,matchResultList,0,matchCount);
        }
        return matchResultList;
    }
}
```

经过上述程序处理后，在搜索表单内将自动显示智能提示效果。

7.10.2 分类检索

无论是本章实例的搜索模块，还是其他系统中的搜索模块，都是基于对数据库数据的检索处理。所以在本章的搜索模块中，无论是按关键字搜索，还是按价格或时间搜索，都是对数据库表 Product 中不同列的检索。根据上述原理，本项目搜索模块内 3 种类型的搜索处理流程基本类似。既然数据搜索都是基于对数据库数据的检索，所以按价格搜索就是检索库内某价格段的图书数据，按时间搜索就是检索数据库内某时间段的数据。按价格搜索的处理程序代码如下：

```
private void BindPageData(decimal minPrice,decimal maxPrice)
    {   //获取所有图书的数据
        Product product = new Product();
        DataSet ds = product.GetProducts();
        if(ds == null || ds.Tables.Count <= 0 || ds.Tables[0].Rows.Count <= 0) return;
        //设置过滤表达式
        DataView dv = ds.Tables[0].DefaultView;
        dv.RowFilter = "Price >= " + minPrice + " AND Price <= " + maxPrice;
        gvProduct.DataSource = dv;
        gvProduct.DataBind();
    }
```

按时间搜索的处理程序代码如下：

```
private void BindPageData(DateTime startTime,DateTime endTime)
    {   //获取所有图书的数据
        Product product = new Product();
        DataSet ds = product.GetProducts();
        if(ds == null || ds.Tables.Count <= 0 || ds.Tables[0].Rows.Count <= 0) return;
        //设置过滤表达式
        DataView dv = ds.Tables[0].DefaultView;
        dv.RowFilter = string.Format("CreateDate >= '{0}' AND CreateDate <= '{1}'",startTime,endTime);
        gvProduct.DataSource = dv;
        gvProduct.DataBind();
    }
```

7.10.3 不同的显示方式

对于按照浏览次数显示和按名称显示的实现方法，从各自的具体实现流程中可以看出，两者的实现方法基本类似。唯一不同的地方是对系统数据源的处理不同，具体来说是对数据源的操作语句——排序方式不同。所以无论是按价格或时间排序，还是其他的排序方式，只需对代码中数据源的排序方式进行更改，即可实现不同的排序显示效果。

按销量排序显示处理的数据源操作语句如下：

```
Product product = new Product();
    DataSet ds = product.GetProductByFenlei(categoryID);
    if(ds == null || ds.Tables.Count <= 0 || ds.Tables[0].Rows.Count <= 0) return;
```

```
//设置按销量排序
DataView dv = ds.Tables[0].DefaultView;
dv.Sort = "SaleNumber DESC";
gvProduct.DataSource = dv;
gvProduct.DataBind();
```

按最后访问时间排序显示处理的数据源操作语句如下:

```
Product product = new Product();
    DataSet ds = product.GetProductByFenlei(categoryID);
        if(ds == null || ds.Tables.Count <= 0 || ds.Tables[0].Rows.Count <= 0)return;
        //按最后访问时间排序
        DataView dv = ds.Tables[0].DefaultView;
        dv.Sort = "LasterDate DESC";
        gvProduct.DataSource = dv;
        gvProduct.DataBind();
```

按图书价格排序显示处理的数据源操作语句如下:

```
Product product = new Product();
    DataSet ds = product.GetProductByFenlei(categoryID);
        if(ds == null || ds.Tables.Count <= 0 || ds.Tables[0].Rows.Count <= 0) return;
        //设置按价格排序
        DataView dv = ds.Tables[0].DefaultView;
        dv.Sort = "Price DESC";
        gvProduct.DataSource = dv;
        gvProduct.DataBind();
```

第8章 企业即时通信系统

随着互联网行业的迅猛发展，网络交互也日益成为人们生活中的重要组成部分。伴随着生活节奏的加快，给企业发展也带来了极大的冲击，它要求当今企业要更加专业和迅速。本章将介绍如何创建一个功能齐全的企业即时通信系统，实现企业内部不同用户群体的信息交互。

8.1 项目规划分析

知识点讲解：光盘\视频讲解\第8章\项目规划分析.avi

互联网的出现与迅速发展，信息技术更新速度的加快，使得企业面临着众多的挑战与竞争，在竞争过程中，对于一个集团企业而言，对信息的掌握程度、信息获取是否及时、信息能否得到充分的利用、对信息的反应是否敏感准确，也越来越成为衡量一个企业市场竞争能力的重要因素。随着中国加入WTO，各行各业都在努力提高自身的竞争力，企业信息化管理进程的加快说明：传统以红头文件为主的、强调公文处理的客户管理将从主导地位逐渐减弱，以强调信息服务、知识管理为主的企业信息服务系统，将逐渐代替原有的客户处理。

8.1.1 系统构成模块

一个典型的企业即时通信系统的构成模块如下。

（1）登录验证模块。

为了确保系统的安全，防止非法用户和竞争对手进入系统，在系统中专门设立了登录验证模块。

（2）用户信息分类显示模块。

为便于快速实现对不同用户的交互，对系统内用户进行了分类，方便用户的选择交互。例如，在系统中设置了重要客户、一般客户和合作伙伴等不同种类的群体。

（3）信息显示模块。

为了方便系统用户间的相互了解，系统设立了用户信息详情显示模块，供用户浏览系统内各用户的详细信息。

（4）用户检索模块。

为方便用户迅速找到自己的目标交流对象，系统设置了信息检索模块，用户可以根据其他用户的基本信息快速找到自己的交流目标。

（5）团队处理模块。

为了便于企业对不同部门或不同工作目标的区分，系统设置了团队处理模块，可以将不同种类的用户加入到各自的团队中，从而发挥集体优势，创造出更高的效益。

（6）在线交流模块。

在线交流模块是整个系统的核心，系统用户可以和系统内其他用户进行在线及时交互，进一步实现办公自动化。

上述应用模块的具体运行流程如图 8-1 所示。

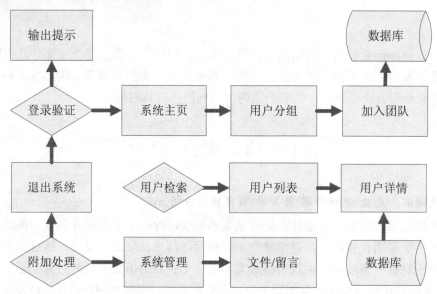

图 8-1　企业即时通信系统运行流程图

在企业即时通信系统中，最为核心的功能模块是在线信息的交互处理。在现实的 Web 开发中，在线信息交互功能通常使用在线交互系统来代替。所以，只要读者掌握了本书前面介绍的在线交互系统，对于本章的知识相信读者会轻松上手。

8.1.2　规划项目文件

新建文件夹 kehu 和 data 来保存本项目的实现文件，具体说明如下。

- ☑　文件夹 kehu：保存系统的项目文件。
- ☑　文件夹 data：保存系统的数据库文件。

预先规划各个构成模块的实现文件，具体说明分别如下。

- ☑　系统配置文件：功能是对项目程序进行总体配置。
- ☑　样式设置模块：功能是设置系统文件的显示样式。
- ☑　数据库文件：功能是搭建系统数据库平台，保存系统的登录数据。
- ☑　用户分类显示模块：功能是将系统内不同类别用户以列表的形式显示出来。
- ☑　团队处理模块：功能是对系统内不同用户群体进行团队处理。
- ☑　在线交流模块：功能是实现系统内用户的在线交互处理。
- ☑　用户检索模块：功能是帮助用户迅速检索到自己的目标用户。
- ☑　系统管理模块：功能是帮助当前用户实现对个人信息的管理维护。
- ☑　在线留言模块：功能是使当前用户实现向目标用户的留言发布功能。
- ☑　文件处理模块：功能是使当前用户实现向目标用户的在线文件处理。

上述项目文件在 Visual Studio 2012 资源管理器中的效果如图 8-2 所示。

各主要文件的具体说明如下。
- ☑ 文件夹 App_Code：保存系统各使用类的设置文件。
- ☑ 文件夹 App_Themes：保存系统的样式设置文件。
- ☑ 文件夹 Files：保存系统用户发送的文件。
- ☑ 文件夹 Bin：保存系统需要的应用程序集。
- ☑ 文件夹 Caboodle：保存系统团队处理的页面文件。
- ☑ 文件夹 Hailfellow：保存系统用户和用户分组页面文件。
- ☑ 文件夹 UserInfo：保存系统用户页面文件。
- ☑ 文件 Default.aspx：系统主页，是一个框架页面。
- ☑ 文件 File.aspx：系统文件发送表单页面。
- ☑ 文件 Global.asax：系统信息设置文件。
- ☑ 文件 Header.aspx：主页顶部导航文件。
- ☑ 文件 Login.aspx：用户登录验证文件。
- ☑ 文件 LogOff.aspx：用户退出系统文件。
- ☑ 文件 Manager.aspx：系统在线交流处理文件。
- ☑ 文件 Web.config：系统应用程序配置文件。

图 8-2　实例资源管理器效果图

8.2　系统配置文件

知识点讲解：光盘\视频讲解\第 8 章\系统配置文件.avi

本实例的系统配置文件是 Web.config，其主要功能是设置数据库的连接参数，并配置了系统与 Ajax 服务器的相关内容。本节将分别对上述功能的实现进行详细说明。

1．配置连接字符串参数

配置连接字符串参数即设置系统程序连接数据库的参数，其对应实现代码如下：

```
<connectionStrings>
        <add name="SQLCONNECTIONSTRING" connectionString="data source=GUAN\AAA;user id=sa;pwd=888888;database=kehu" providerName="System.Data.SqlClient"/>
</connectionStrings>
```

其中，source 设置连接的数据库服务器；user id 和 pwd 分别指定数据库的登录名和密码；database 设置连接数据库的名称。

2．配置 Ajax 服务器参数

配置 Ajax 服务器参数即配置 Ajax Control Toolkit 程序集参数，为 AjaxControlToolkit.dll 程序集提供了一个前缀字符串 AjaxControlToolkit。这样，系统页面在引用 AjaxControlToolkit.dll 中的控件时，不需要额外添加<Register>代码。上述功能在<controls>元素内的对应实现代码如下：

```
<pages>
    <controls>
        <add namespace="AjaxControlToolkit" assembly="AjaxControlToolkit" tagPrefix="ajaxToolkit"/>
        <add tagPrefix="asp" namespace="System.Web.UI" assembly="System.Web.Extensions, Version=
1.0.61025.0, Culture=neutral, PublicKeyToken=31bf3856ad364e35"/>
    </controls>
</pages>
```

8.3 搭建数据库

知识点讲解：光盘\视频讲解\第 8 章\搭建数据库.avi

本项目采用 SQL Server 2005 数据库，数据库名为 kehu。

8.3.1 数据库设计

数据库 kehu 中，表 Caboodle 的具体设计结构如表 8-1 所示。

表 8-1 系统团队信息表（Caboodle）

字段名称	数据类型	是否主键	默认值	功能描述
ID	int	是	递增 1	编号
Name	varchar(50)	否	Null	名称
UserID	int	否	Null	创建用户编号
Remark	varchar(1000)	否	Null	简介

表 CaboodleUser 的具体设计结构如表 8-2 所示。

表 8-2 系统团队关联信息表（CaboodleUser）

字段名称	数据类型	是否主键	默认值	功能描述
CaboodleID	int	是	递增 1	所属团对编号
UserID	int	否	Null	所属用户编号
RoleID	int	否	Null	角色

表 File 的具体设计结构如表 8-3 所示。

表 8-3 系统发送文件信息表（File）

字段名称	数据类型	是否主键	默认值	功能描述
ID	int	是	递增 1	编号
Name	varchar(200)	否	Null	文件名
Sender	int	否	Null	发送者
Receiver	int	否	Null	接收者
Url	varchar(255)	否	Null	文件地址
Type	varchar(50)	否	Null	类型
Size	int	否	Null	大小
CreateDate	datetime	否	Null	事件

表 Group 的具体设计结构如表 8-4 所示。

表 8-4 系统用户分组信息表（Group）

字 段 名 称	数 据 类 型	是 否 主 键	默 认 值	功 能 描 述
ID	int	是	递增 1	编号
Name	varchar(20)	否	Null	名称
UserID	int	否	Null	所属编号

表 GroupUser 的具体设计结构如表 8-5 所示。

表 8-5 用户分组关系信息表（GroupUser）

字 段 名 称	数 据 类 型	是 否 主 键	默 认 值	功 能 描 述
ID	int	是	递增 1	编号
GroupID	int	否	Null	组编号
UserID	int	否	Null	用户编号

表 Leaveword 的具体设计结构如表 8-6 所示。

表 8-6 系统留言信息表（Leaveword）

字 段 名 称	数 据 类 型	是 否 主 键	默 认 值	功 能 描 述
ID	int	是	递增 1	编号
Body	varchar(100)	否	Null	内容
Sender	int	否	Null	发送者
Receiver	int	否	Null	接收者
CreateDate	datetime	否	Null	时间
Status	tinyint	否	Null	状态

表 MessageForCaboodle 的具体设计结构如表 8-7 所示。

表 8-7 团队交互信息表（MessageForCaboodle）

字 段 名 称	数 据 类 型	是 否 主 键	默 认 值	功 能 描 述
ID	int	是	递增 1	编号
Body	varchar(1000)	否	Null	内容
Sender	int	否	Null	发送者
CaboodleID	int	否	Null	群编号
CreateDate	datetime	否	Null	事件

表 MessageForSingle 的具体设计结构如表 8-8 所示。

表 8-8 用户交互信息表（MessageForSingle）

字 段 名 称	数 据 类 型	是 否 主 键	默 认 值	功 能 描 述
ID	int	是	递增 1	编号
Body	varchar(1000)	否	Null	内容
Sender	int	否	Null	发送者
Receiver	int	否	Null	接收者
CreateDate	datetime	否	Null	事件

表 MessageForSingle 的具体设计结构如表 8-9 所示。

表 8-9 用户交互信息表（MessageForSingle）

字段名称	数据类型	是否主键	默认值	功能描述
ID	int	是	递增 1	编号
Body	varchar(1000)	否	Null	内容
Sender	int	否	Null	发送者
Receiver	int	否	Null	接收者
CreateDate	datetime	否	Null	事件

表 Role 的具体设计结构如表 8-10 所示。

表 8-10 系统用户角色信息表（Role）

字段名称	数据类型	是否主键	默认值	功能描述
ID	int	是	递增 1	编号
Name	varchar(50)	否	Null	名称
Remark	varchar(100)	否	Null	说明

表 User 的具体设计结构如表 8-11 所示。

表 8-11 系统用户信息表（User）

字段名称	数据类型	是否主键	默认值	功能描述
ID	int	是	递增 1	编号
Username	varchar(50)	否	Null	用户名
Aliasname	varchar(50)	否	Null	别名
Password	varchar(255)	否	Null	密码
UserIdentity	varchar(10)	否	Null	标识
CreateDate	datetime	否	Null	时间
Email	varchar(255)	否	Null	邮箱
PictureUrl	varchar(255)	否	Null	图片
Signing	varchar(1000)	否	Null	签名

表 User 的具体设计结构如表 8-12 所示。

表 8-12 系统用户登录信息表（User）

字段名称	数据类型	是否主键	默认值	功能描述
ID	int	是	递增 1	编号
UserID	int	否	Null	用户编号
LoginDate	datetime	否	Null	登录时间
LogoffDate	datetime	否	Null	退出时间

8.3.2 系统参数设置文件

系统参数设置功能是由文件 Global.asax 实现的，其功能是定义页面载入、结束和错误初始化，并保存系统的登录数据，实现用户的登录和退出处理。其具体实现代码如下：

```
<%@ Application Language="C#" %>
<%@ Import Namespace="System.Collections.Generic" %>
<%@ Import Namespace="ASPNETAJAXWeb.AjaxInstantMessaging" %>
<script runat="server">
    //保存登录用户的列表
    public static List<UserInfo> Users = new List<UserInfo>();
    void Application_Start(object sender, EventArgs e)
    {   //登录用户列表初始化
        Users.Clear();
    }
    void Application_End(object sender, EventArgs e)
    {
        //在应用程序关闭时的处理
    }
    void Application_Error(object sender, EventArgs e)
    {
        //出错时的处理语句
    }
    void Session_Start(object sender, EventArgs e)
    {
    }
    void Session_End(object sender, EventArgs e)
    {
        if(Session["UserID"] != null)
        {   //用户离开时处理
            string userID = Session["UserID"].ToString();
            foreach(UserInfo ui in Users)
            {   //根据用户 ID 找到离开的用户
                if(ui.UserID.ToString() == userID)
                {
                    Users.Remove(ui);
                    break;
                }
            }
        }
    }
</script>
```

8.4 实现数据访问层

> 知识点讲解：光盘\视频讲解\第 8 章\实现数据访问层.avi

作为整个项目的核心和难点，本系统的数据访问层分为如下 3 个部分：
- ☑ 用户登录验证。
- ☑ 客户分组。
- ☑ 团队管理。

8.4.1 用户登录验证

本功能模块的数据访问层功能由文件 User.cs 实现，其主要功能是在 ASPNETAJAXWeb.AjaxInstantessaging 空间内建立 UserInfo 类和 User 类，并定义多个方法实现对数据库中用户数据的处理。在文件 Product.cs 中，与用户登录验证模块相关的方法如下：

- ☑ 方法 GetUserLogin(string username,string password)。
- ☑ 方法 AddUserLogin(int userID)。
- ☑ 方法 UpdateUserLogoff(int loginID)。

1. 定义类

定义 UserInfo 类和 User 类的主要实现代码如下：

```
using System;
using System.Data;
using System.Configuration;
using System.Data.SqlClient;
namespace ASPNETAJAXWeb.AjaxInstantMessaging
{
    //保存用户登录信息的类
    public class UserInfo
    {
        private int userID;
        private int caboodleID = -1;
        private string username;
…
    public class User
    {
        public User()
        {
        }
```

2. 获取登录信息

获取登录信息即获取登录用户的用户名和密码信息，实现用户的登录。此功能是由方法 GetUserLogin(string username,string password)实现的，其具体实现流程如下：

（1）从系统配置文件 Web.config 内获取数据库连接参数，并将其保存在 connectionString 内。
（2）使用连接字符串创建 con 对象，实现数据库连接。
（3）新建 SQL 查询语句，获取库内此登录数据的用户登录信息。
（4）创建获取数据的对象 cmd。
（5）打开数据库连接获取数据，将获取的数据保存在 dr 中。
（6）操作成功返回 dr。

上述功能的对应实现代码如下：

```
public SqlDataReader GetUserLogin(string username,string password)
{
```

```csharp
            string connectionString = ConfigurationManager.ConnectionStrings["SQLCONNECTIONSTRING"].ConnectionString;
            SqlConnection con = new SqlConnection(connectionString);
            //创建 SQL 语句
            string cmdText = "SELECT ID FROM [User] WHERE Username=@Username AND Password=@Password";
            //创建 SqlCommand
            SqlCommand cmd = new SqlCommand(cmdText,con);
            //创建参数并赋值
            cmd.Parameters.Add("@Username",SqlDbType.VarChar,50);
            cmd.Parameters.Add("@Password",SqlDbType.VarChar,255);
            cmd.Parameters[0].Value = username;
            cmd.Parameters[1].Value = password;
            //定义 SqlDataReader
            SqlDataReader dr;
            try
            {
                con.Open();
                //读取数据
                dr = cmd.ExecuteReader(CommandBehavior.CloseConnection);
            }
            catch(Exception ex)
            {   //抛出异常
                throw new Exception(ex.Message,ex);
            }
            return dr;
        }
```

3．添加登录信息

添加登录信息即向系统库内添加新登录用户的用户名和密码信息，此能是由方法 AddUserLogin (int userID)实现的，其具体实现流程如下：

（1）从系统配置文件 Web.config 内获取数据库连接参数，并将其保存在 connectionString 内。

（2）使用连接字符串创建 con 对象，实现数据库连接。

（3）新建 SQL 插入语句，向系统库内添加此登录用户的登录数据。

（4）创建添加数据的对象 cmd。

（5）打开数据库连接执行插入操作，将处理后的结果保存在 result 中。

（6）操作成功返回 result。

上述功能的对应实现代码如下：

```csharp
public int AddUserLogin(int userID)
        {
            string connectionString = ConfigurationManager.ConnectionStrings["SQLCONNECTIONSTRING"].ConnectionString;
            SqlConnection con = new SqlConnection(connectionString);
            //创建 SQL 语句
            string cmdText = "INSERT INTO [UserLogin](UserID,LoginDate,LogoffDate)VALUES(@UserID,GETDATE(),GETDATE()) RETURN @@Identity";
            //创建 SqlCommand
```

```
            SqlCommand cmd = new SqlCommand(cmdText,con);
            //创建参数并赋值
            cmd.Parameters.Add("@UserID",SqlDbType.Int,4);
            cmd.Parameters.Add("RETURNVALUE",SqlDbType.Int,4);
            cmd.Parameters[0].Value = userID;
            cmd.Parameters[1].Direction = ParameterDirection.ReturnValue;
            int result = -1;
            try
            {
                con.Open();
                //操作数据
                result = cmd.ExecuteNonQuery();
            }
            catch(Exception ex)
            {
                throw new Exception(ex.Message,ex);
            }
            finally
            {
                con.Close();
            }
            //返回登录的 ID 值
            return (int)cmd.Parameters[1].Value;
        }
```

4．注销登录信息

注销登录信息即将保存的当前登录信息从系统中注销，此功能是由方法 UpdateUserLogoff(int loginID)实现的，其具体实现流程如下：

（1）从系统配置文件 Web.config 内获取数据库连接参数，并将其保存在 connectionString 内。
（2）使用连接字符串创建 con 对象，实现数据库连接。
（3）新建 SQL 更新语句，将系统库内此登录用户的状态进行修改。
（4）创建修改数据的对象 cmd。
（5）打开数据库连接执行更新操作，将处理后的结果保存在 result 中。
（6）操作成功返回 result。

上述功能的对应实现代码如下：

```
public int UpdateUserLogoff(int loginID)
        {
            string connectionString = ConfigurationManager.ConnectionStrings["SQLCONNECTIONSTRING"].ConnectionString;
            SqlConnection con = new SqlConnection(connectionString);
            //创建 SQL 语句
            string cmdText = "UPDATE [UserLogin] SET LogoffDate=GETDATE() WHERE ID=@ID";
            //创建 SqlCommand
            SqlCommand cmd = new SqlCommand(cmdText,con);
            //创建参数并赋值
            cmd.Parameters.Add("@ID",SqlDbType.Int,4);
            cmd.Parameters[0].Value = loginID;
```

```
            int result = -1;
            try
            {
                con.Open();
                //操作数据
                result = cmd.ExecuteNonQuery();
            }
            catch(Exception ex)
            {
                throw new Exception(ex.Message,ex);
            }
            finally
            {
                con.Close();
            }
            return result;
        }
```

8.4.2 客户分组

本模块的数据访问层功能是由文件 Group.cs 实现的，其主要功能是在 ASPNETAJAXWeb.AjaxInstant Messaging 空间内建立 Group 类和 GroupUser 类，并定义多个方法实现对数据库中用户数据的处理。在文件 Group.cs 中，与用户登录验证模块相关的方法如下：

- ☑ 方法 GetGroupByUser(int userID)。
- ☑ 方法 GetSingleGroup(int groupID)。
- ☑ 方法 AddGroup(string name,int userID)。
- ☑ 方法 UpdateGroup(int groupID,string name)。
- ☑ 方法 DeleteGroup(int groupID)。
- ☑ 方法 GetUserbyGroup(int groupID)。
- ☑ 方法 AddGroupUser(int groupID,int userID)。
- ☑ 方法 UpdateGroupUser(int oldGroupID,int newGroupID,int userID)。
- ☑ 方法 DeleteGroupUser(int groupID,int userID)。

上述前 5 种方法是 Group 类实现的，下面将分别介绍 Group 类方法的实现流程。

1. 定义 Group 类

定义 Group 类的主要实现代码如下：

```
using System;
using System.Data;
using System.Configuration;
using System.Data.SqlClient;
namespace ASPNETAJAXWeb.AjaxInstantMessaging
{
    public class Group
    {
```

```
public Group()
{
}
```

2. 获取用户组信息

获取用户组信息即获取某用户所属的分类组信息,此功能是由方法 GetGroupByUser(int serID)实现的,其具体实现流程如下:

(1) 从系统配置文件 Web.config 内获取数据库连接参数,并将其保存在 connectionString 内。
(2) 使用连接字符串创建 con 对象,实现数据库连接。
(3) 新建 SQL 查询语句,获取库内此登录用户所属的用户组信息。
(4) 创建获取数据的对象 da。
(5) 打开数据库连接获取数据,将获取的数据保存在 ds 中。
(6) 操作成功返回 ds。

上述功能的对应实现代码如下:

```
public DataSet GetGroupByUser(int userID)
{
    //获取连接字符串
    string connectionString = ConfigurationManager.ConnectionStrings["SQLCONNECTIONSTRING"].ConnectionString;
    //创建连接
    SqlConnection con = new SqlConnection(connectionString);
    //创建 SQL 语句
    string cmdText = "SELECT G.*,[User].Username,(SELECT COUNT(*) FROM GroupUser WHERE GroupID=G.ID AND GroupID > 3) AS GroupUserCount FROM [Group] AS G INNER JOIN [User] ON G.UserID=[User].ID WHERE G.UserID=@UserID OR UserID=0";
    //创建 SqlDataAdapter
    SqlDataAdapter da = new SqlDataAdapter(cmdText,con);
    //创建参数并赋值
    da.SelectCommand.Parameters.Add("@UserID",SqlDbType.Int,4);
    da.SelectCommand.Parameters[0].Value = userID;
    //定义 DataSet
    DataSet ds = new DataSet();
    try
    {
        //打开连接
        con.Open();
        //填充数据
        da.Fill(ds,"DataTable");
    }
    catch(Exception ex)
    {
        //抛出异常
        throw new Exception(ex.Message,ex);
    }
    finally
    {
        //关闭连接
        con.Close();
    }
    return ds;
}
```

3. 获取某组信息

获取某组信息即获取系统库内指定编号用户组的信息，此功能是由方法 GetSingleGroup(int groupID) 实现的，其具体实现流程如下：

（1）从系统配置文件 Web.config 内获取数据库连接参数，并将其保存在 connectionString 内。
（2）使用连接字符串创建 con 对象，实现数据库连接。
（3）新建 SQL 查询语句，获取库内指定编号的用户组信息。
（4）创建获取数据的对象 cmd。
（5）打开数据库连接获取数据，将获取的数据保存在 dr 中。
（6）操作成功返回 dr。

上述功能的对应实现代码如下：

```
public SqlDataReader GetSingleGroup(int groupID)
{
        string connectionString = ConfigurationManager.ConnectionStrings["SQLCONNECTIONSTRING"].ConnectionString;
        SqlConnection con = new SqlConnection(connectionString);
        //创建 SQL 语句
        string cmdText = "SELECT * FROM [Group] WHERE ID=@ID";
        //创建 SqlCommand
        SqlCommand cmd = new SqlCommand(cmdText,con);
        //创建参数并赋值
        cmd.Parameters.Add("@ID",SqlDbType.Int,4);
        cmd.Parameters[0].Value = groupID;
        //定义 SqlDataReader
        SqlDataReader dr;
        try
        {
            con.Open();
            //读取数据
            dr = cmd.ExecuteReader(CommandBehavior.CloseConnection);
        }
        catch(Exception ex)
        {
            throw new Exception(ex.Message,ex);
        }
        return dr;
}
```

4. 添加新组信息

添加新组信息即向系统库内添加新的用户组信息，此功能是由方法 AddGroup(string name,int userID) 实现的，其具体实现流程如下：

（1）从系统配置文件 Web.config 内获取数据库连接参数，并将其保存在 connectionString 内。
（2）使用连接字符串创建 con 对象，实现数据库连接。
（3）新建 SQL 插入语句，向系统库内添加新的用户组信息。
（4）创建添加数据的对象 cmd 执行插入操作，将操作结果保存在 result 中。

（5）操作成功返回 result。

上述功能的对应实现代码如下：

```csharp
public int AddGroup(string name,int userID)
    {
        string connectionString = ConfigurationManager.ConnectionStrings["SQLCONNECTIONSTRING"].ConnectionString;
        SqlConnection con = new SqlConnection(connectionString);
        //创建 SQL 语句
        string cmdText = "INSERT INTO [Group](Name,UserID)VALUES(@Name,@UserID)";
        //创建 SqlCommand
        SqlCommand cmd = new SqlCommand(cmdText,con);
        //创建参数并赋值
        cmd.Parameters.Add("@Name",SqlDbType.VarChar,50);
        cmd.Parameters.Add("@UserID",SqlDbType.Int,4);
        cmd.Parameters[0].Value = name;
        cmd.Parameters[1].Value = userID;
        int result = -1;
        try
        {
            con.Open();
            //操作数据
            result = cmd.ExecuteNonQuery();
        }
        catch(Exception ex)
        {
            throw new Exception(ex.Message,ex);
        }
        finally
        {
            con.Close();
        }
        return result;
    }
```

5．修改用户组信息

修改用户组信息即修改系统库内某编号的用户组信息，此功能是由方法 UpdateGroup(int groupID, string name)实现的，其具体实现流程如下：

（1）从系统配置文件 Web.config 内获取数据库连接参数，并将其保存在 connectionString 内。

（2）使用连接字符串创建 con 对象，实现数据库连接。

（3）新建 SQL 更新语句，对系统库内某编号的用户组信息进行修改。

（4）创建修改数据的对象 cmd 执行更新操作，将操作结果保存在 result 中。

（5）操作成功返回 result。

上述功能的对应实现代码如下：

```csharp
public int UpdateGroup(int groupID,string name)
    {
        string connectionString = ConfigurationManager.ConnectionStrings["SQLCONNECTIONSTRING"].
```

```
ConnectionString;
            SqlConnection con = new SqlConnection(connectionString);
            //创建 SQL 语句
            string cmdText = "UPDATE [Group] SET Name=@Name WHERE ID=@ID";
            //创建 SqlCommand
            SqlCommand cmd = new SqlCommand(cmdText,con);
            //创建参数并赋值
            cmd.Parameters.Add("@ID",SqlDbType.Int,4);
            cmd.Parameters.Add("@Name",SqlDbType.VarChar,50);
            cmd.Parameters[0].Value = groupID;
            cmd.Parameters[1].Value = name;
            int result = -1;
            try
            {
                con.Open();
                //操作数据
                result = cmd.ExecuteNonQuery();
            }
            catch(Exception ex)
            {
                throw new Exception(ex.Message,ex);
            }
            finally
            {
                con.Close();
            }
            return result;
        }
```

6．删除用户组信息

删除用户组信息即删除系统库内某编号的用户组信息，上述功能是由方法 DeleteGroup(int groupID) 实现的，其具体实现流程如下：

（1）从系统配置文件 Web.config 内获取数据库连接参数，并将其保存在 connectionString 内。

（2）使用连接字符串创建 con 对象，实现数据库连接。

（3）新建 SQL 删除语句，删除系统库内某编号的用户组信息。

（4）创建删除数据的对象 cmd 执行删除操作，将操作结果保存在 result 中。

（5）操作成功返回 result。

上述功能的对应实现代码如下：

```
public int DeleteGroup(int groupID)
        {
            string connectionString = ConfigurationManager.ConnectionStrings["SQLCONNECTIONSTRING"].ConnectionString;
            SqlConnection con = new SqlConnection(connectionString);
            //创建 SQL 语句
            string cmdText = "DELETE [Group] WHERE ID = @ID";
            //创建 SqlCommand
            SqlCommand cmd = new SqlCommand(cmdText,con);
```

```
            //创建参数并赋值
            cmd.Parameters.Add("@ID",SqlDbType.Int,4);
            cmd.Parameters[0].Value = groupID;
            int result = -1;
            try
            {   //打开连接
                con.Open();
                //操作数据
                result = cmd.ExecuteNonQuery();
            }
            catch(Exception ex)
            {
                throw new Exception(ex.Message,ex);
            }
            finally
            {
                con.Close();
            }
            return result;
        }
    }
```

至于 GroupUser 类及其数据库访问层的实现流程，和上述 Group 类数据访问层的实现流程基本类似。为节省篇幅，在此将不作详细介绍，读者只需参阅本书光盘中的对应文件即可了解。

8.4.3 团队管理

本模块的数据访问层功能由文件 Caboodle.cs 实现，其主要功能是在 ASPNETAJAXWeb. AjaxInstantessaging 空间内建立 Caboodle 类和 CaboodleUser 类，并定义多个方法实现对数据库中用户数据的处理。在文件 Caboodle.cs 中，与系统团队处理模块相关的方法如下：

- ☑ 方法 GetSelfCaboodleByUser(int userID)。
- ☑ 方法 GetCaboodleByUser(int userID)。
- ☑ 方法 GetSingleCaboodle(int caboodleID)。
- ☑ 方法 AddCaboodle(string name,int userID,string remark)。
- ☑ 方法 UpdateCaboodle(int caboodleID,string name,string remark)。
- ☑ 方法 DeleteCaboodle(int caboodleID)。
- ☑ 方法 GetUserbyCaboodle(int caboodleID)。
- ☑ 方法 AddCaboodleUser(int caboodleID,int userID,int roleID)。
- ☑ 方法 DeleteCaboodleUser(int caboodleID,int userID)。

其中，上述前 6 个方法是 Caboodle 类实现的。

1. 定义 Caboodle 类

定义 Caboodle 类的主要实现代码如下：

```
using System;
using System.Data;
```

```csharp
using System.Configuration;
using System.Data.SqlClient;
namespace ASPNETAJAXWeb.AjaxInstantMessaging
{
    public class Caboodle
    {
        public Caboodle()
        {
        }
```

2．获取用户团队信息

获取用户团队信息即获取某用户所创建的团队信息，此功能是由方法 GetSelfCaboodleByUser(int userID)实现的，其具体实现流程如下：

（1）从系统配置文件 Web.config 内获取数据库连接参数，并将其保存在 connectionString 内。
（2）使用连接字符串创建 con 对象，实现数据库连接。
（3）新建 SQL 查询语句，获取库内此登录用户创建的团队信息。
（4）创建获取数据的对象 da。
（5）打开数据库连接获取数据，将获取的数据保存在 ds 中。
（6）操作成功返回 ds。

上述功能的对应实现代码如下：

```csharp
public DataSet GetSelfCaboodleByUser(int userID)
{
    string connectionString = ConfigurationManager.ConnectionStrings["SQLCONNECTIONSTRING"].ConnectionString;
    //创建连接
    SqlConnection con = new SqlConnection(connectionString);
    //创建 SQL 语句
    string cmdText = "SELECT Caboodle.*,[User].Username,(SELECT COUNT(*) FROM CaboodleUser WHERE CaboodleID=Caboodle.ID) AS CaboodleUserCount FROM Caboodle INNER JOIN[User] ON Caboodle.serID=[User].ID WHERE Caboodle.UserID=@UserID";
    //创建 SqlDataAdapter
    SqlDataAdapter da = new SqlDataAdapter(cmdText,con);
    //创建参数并赋值
    da.SelectCommand.Parameters.Add("@UserID",SqlDbType.Int,4);
    da.SelectCommand.Parameters[0].Value = userID;
    //定义 DataSet
    DataSet ds = new DataSet();
    try
    {   //打开连接
        con.Open();
        //填充数据
        da.Fill(ds,"DataTable");
    }
    catch(Exception ex)
    {   //抛出异常
        throw new Exception(ex.Message,ex);
    }
```

```
            finally
            {    //关闭连接
                con.Close();
            }
            return ds;
        }
```

3. 获取用户团队详细信息

获取用户团队详细信息即获取某用户所创建的团队和加入的团队信息，此功能是由方法 GetCaboodleByUser(int userID)实现的，其具体实现流程如下：

（1）从系统配置文件 Web.config 内获取数据库连接参数，并将其保存在 connectionString 内。
（2）使用连接字符串创建 con 对象，实现数据库连接。
（3）新建 SQL 查询语句，获取库内此登录用户创建的团队信息和加入团队的信息。
（4）创建获取数据的对象 da。
（5）打开数据库连接获取数据，将获取的数据保存在 ds 中。
（6）操作成功返回 ds。

上述功能的对应实现代码如下：

```
public DataSet GetCaboodleByUser(int userID)
        {
            string connectionString = ConfigurationManager.ConnectionStrings["SQLCONNECTIONSTRING"].ConnectionString;
            //创建连接
            SqlConnection con = new SqlConnection(connectionString);
            //创建 SQL 语句
            string cmdText = "SELECT DISTINCT Caboodle.* FROM Caboodle INNER JOIN CaboodleUser ON Caboodle.ID=CaboodleUser.CaboodleID WHERE CaboodleUser.UserID=@UserID";
            //创建 SqlDataAdapter
            SqlDataAdapter da = new SqlDataAdapter(cmdText,con);
            //创建参数并赋值
            da.SelectCommand.Parameters.Add("@UserID",SqlDbType.Int,4);
            da.SelectCommand.Parameters[0].Value = userID;
            //定义 DataSet
            DataSet ds = new DataSet();
            try
            {
                con.Open();
                //填充数据
                da.Fill(ds,"DataTable");
            }
            catch(Exception ex)
            {
                throw new Exception(ex.Message,ex);
            }
            finally
            {
                con.Close();
            }
```

```
        return ds;
    }
```

4. 获取某团队信息

获取某团队信息即获取某编号团队的信息,此功能是由方法 GetSingleCaboodle(int caboodleID)实现的,其具体实现流程如下:

(1) 从系统配置文件 Web.config 内获取数据库连接参数,并将其保存在 connectionString 内。
(2) 使用连接字符串创建 con 对象,实现数据库连接。
(3) 新建 SQL 查询语句,获取库内指定 ID 的团队信息。
(4) 创建获取数据的对象 cmd。
(5) 打开数据库连接获取数据,将获取数据保存在 dr 中。
(6) 操作成功返回 dr。

上述功能的对应实现代码如下:

```
public SqlDataReader GetSingleCaboodle(int caboodleID)
    {
        string connectionString = ConfigurationManager.ConnectionStrings["SQLCONNECTIONSTRING"].ConnectionString;
        SqlConnection con = new SqlConnection(connectionString);
        string cmdText = "SELECT * FROM [Caboodle] WHERE ID=@ID";
        //创建 SqlCommand
        SqlCommand cmd = new SqlCommand(cmdText,con);
        //创建参数并赋值
        cmd.Parameters.Add("@ID",SqlDbType.Int,4);
        cmd.Parameters[0].Value = caboodleID;
        //定义 SqlDataReader
        SqlDataReader dr;
        try
        {
            con.Open();
            //读取数据
            dr = cmd.ExecuteReader(CommandBehavior.CloseConnection);
        }
        catch(Exception ex)
        {
            //抛出异常
            throw new Exception(ex.Message,ex);
        }
        return dr;
    }
```

5. 添加团队信息

添加团队信息即向系统库内添加新的团队信息,此功能是由方法 AddCaboodle(string name,int userID,string remark)实现的,其具体实现流程如下:

(1) 从系统配置文件 Web.config 内获取数据库连接参数,并将其保存在 connectionString 内。
(2) 使用连接字符串创建 con 对象,实现数据库连接。
(3) 新建 SQL 插入语句,向库内添加新的团队信息。
(4) 创建添加数据的对象 cmd。

（5）打开数据库连接执行添加处理，将操作后的数据保存在 result 中。

（6）操作成功返回 result。

上述功能的对应实现代码如下：

```
public int AddCaboodle(string name,int userID,string remark)
    {
        string connectionString = ConfigurationManager.ConnectionStrings["SQLCONNECTIONSTRING"].ConnectionString;
        SqlConnection con = new SqlConnection(connectionString);
        //创建 SQL 语句
        string cmdText = "INSERT INTO [Caboodle](Name,UserID,Remark)VALUES(@Name,@UserID,@Remark)";
        //创建 SqlCommand
        SqlCommand cmd = new SqlCommand(cmdText,con);
        //创建参数并赋值
        cmd.Parameters.Add("@Name",SqlDbType.VarChar,50);
        cmd.Parameters.Add("@UserID",SqlDbType.Int,4);
        cmd.Parameters.Add("@Remark",SqlDbType.VarChar,1000);
        cmd.Parameters[0].Value = name;
        cmd.Parameters[1].Value = userID;
        cmd.Parameters[2].Value = remark;
        int result = -1;
        try
        {
            con.Open();
            //操作数据
            result = cmd.ExecuteNonQuery();
        }
        catch(Exception ex)
        {
            throw new Exception(ex.Message,ex);
        }
        finally
        {
            con.Close();
        }
        return result;
    }
```

在此只简要介绍 Caboodle 类上述数据库访问层方法的实现流程，至于其他方法的实现过程，在此将不作详细介绍，读者只需参阅本书光盘中的对应文件即可了解。

8.5 用户登录验证和注销

 知识点讲解： 光盘\视频讲解\第 8 章\用户登录验证和注销.avi

用户登录验证模块的功能是对登录用户的数据进行验证，确保只有系统的合法用户才能登录系统。上述功能的实现文件如下：

第8章 企业即时通信系统

☑ 文件 Login.aspx。
☑ 文件 Login.aspx.cs。

登录验证处理页面文件 Login.aspx.cs 的功能是对获取的登录表单数据进行验证，确保只有合法用户才能登录系统。其具体实现流程如下：

（1）引入命名空间，声明 UserLogin 类。
（2）载入 Page_Load，进行初始化处理。
（3）激活 btnLogin_Click(object sender,EventArgs e)事件，进行验证码验证处理。
（4）查询此登录数据，验证登录数据是否合法。
（5）Session 保存合法登录数据。
（6）重定向系统主页。

文件 Login.aspx.cs 的主要实现代码如下：

```
using System.Web.UI.WebControls.WebParts;
using System.Web.UI.HtmlControls;
//引入新的命名空间
using ASPNETAJAXWeb.AjaxInstantMessaging;
using ASPNETAJAXWeb.ValidateCode.Page;
using System.Data.SqlClient;
public partial class UserLogin : System.Web.UI.Page
{
    protected void Page_Load(object sender, EventArgs e)
    {
    }
    protected void btnLogin_Click(object sender,EventArgs e)
    {
        if(Session[ValidateCode.VALIDATECODEKEY] != null)
        {   //验证验证码是否相等
            if(tbCode.Text != Session[ValidateCode.VALIDATECODEKEY].ToString())
            {
                lbMessage.Text = "验证码输入错误，请重新输入";
                return;
            }
            //判断用户的密码和名称是否正确
            ASPNETAJAXWeb.AjaxInstantMessaging.User user = new ASPNETAJAXWeb.AjaxInstantMessaging.User();
            SqlDataReader dr = user.GetUserLogin(tbUsername.Text,tbPassword.Text);
            if(dr == null)return;
            bool isLogin = false;
            if(dr.Read())
            {   //读取用户的登录信息，并保存
                UserInfo ui = new UserInfo();
                ui.UserID = Int32.Parse(dr["ID"].ToString());
                ui.Username = tbUsername.Text;
                //保存到 Session 中
                Session["UserID"] = ui.UserID;
                Session["Username"] = ui.Username;
                //保存到全局信息中
                ASP.global_asax.Users.Add(ui);
                isLogin = true;
```

```
                }
                dr.Close();
                //如果用户登录成功
                if(isLogin == true)
                {
                    Response.Redirect("~/Default.aspx");
                    return;
                }
            }
        }
        protected void btnReturn_Click(object sender,EventArgs e)
        {
            //清空各种输入框中的信息
            tbUsername.Text = tbPassword.Text = tbCode.Text = string.Empty;
        }
}
```

登录用户注销模块的功能是使系统内的当前登录用户安全地退出当前系统。对应实现文件如下：

- ☑ 文件 LogOff.aspx。
- ☑ 文件 LogOff.aspx.cs。

其中，文件 LogOff.aspx 是一个简单的中间页面，它通过调用其本身的隐藏文件 LogOff.aspx.cs，实现登录数据的注销处理功能。文件 LogOff.aspx 实现隐藏代码调用的代码如下：

```
<%@ Page Language="C#" AutoEventWireup="true" CodeFile="LogOff.aspx.cs" Inherits="LogOff" %>
```

文件 LogOff.aspx.cs 的功能是，引入命名空间并声明 LogOff 类，注销当前用户的登录数据。文件 LogOff.aspx.cs 的主要实现代码如下：

```
using System.Web.UI.WebControls.WebParts;
using System.Web.UI.HtmlControls;
public partial class LogOff : System.Web.UI.Page
{
    protected void Page_Load(object sender, EventArgs e)
    {
        //清空用户信息
        Session["UserID"] = null;
        Session["Username"] = null;
        //停止当前会话
        Session.Clear();
        Session.Abandon();
        //重定向到用户登录页面
        Response.Redirect("~/Login.aspx");
    }
}
```

8.6 客户分组处理

知识点讲解：光盘\视频讲解\第 8 章\客户分组处理.avi

客户分组即客户分类。在一个企业中，特别是外资企业，部门区分十分严格，财务部、市场部、行政部等，每个部门可以是一个小组，这样能够便于实现部门内成员的交流。

8.6.1 添加用户分组

添加用户分组模块的功能是向系统内添加新的用户组。上述功能的实现文件如下：

- ☑ 文件 AddGroup.aspx。
- ☑ 文件 AddGroup.aspx.cs。

添加用户分组处理页面文件 AddGroup.aspx.cs 的功能是对获取的登录表单数据进行验证，确保只有是合法的用户才能登录系统。其具体实现流程如下：

（1）引入命名空间，声明 Hailfellow_AddGroup 类。
（2）载入 Page_Load，进行初始化处理。
（3）登录验证处理。
（4）激活事件 btnCommit_Click(object sender,EventArgs e)，调用方法 AddGroup()实现数据添加。
（5）重定向用户组管理列表界面。

文件 AddGroup.aspx.cs 的主要实现代码如下：

```
//引入新的命名空间
using ASPNETAJAXWeb.AjaxInstantMessaging;
public partial class Hailfellow_AddGroup : System.Web.UI.Page
{
    int userID = -1;
    protected void Page_Load(object sender, EventArgs e)
    {
        //判断用户是否登录
        if(Session["UserID"] == null)
        {
            Response.Redirect("~/Login.aspx");
            return;
        }
        userID = Int32.Parse(Session["UserID"].ToString());
    }
    protected void btnCommit_Click(object sender,EventArgs e)
    {
        //添加组
        Group group = new Group();
        if(group.AddGroup(tbName.Text,userID) > 0)
        {
            Response.Redirect("~/Hailfellow/GroupManage.aspx");
        }
    }
}
```

8.6.2 修改用户分组

用户分组修改模块的功能是对系统库内的某用户组信息进行修改。上述功能的实现文件如下：

- ☑ 文件 UpdateGroup.aspx。
- ☑ 文件 UpdateGroup.aspx.cs。

用户组修改处理页面文件 UpdateGroup.aspx.cs 的功能是对获取的登录表单数据进行验证，确保只有合法的用户才能登录系统。其具体实现流程如下：

（1）引入命名空间，声明 Hailfellow_UpdateGroup 类。
（2）载入 Page_Load，进行初始化处理。
（3）获取组编号。
（4）调用 BindPageData(int groupID)，获取并显示此用户组的原数据。
（5）激活 btnCommit_Click(object sender,EventArgs e)，通过方法 UpdateGroup()进行用户组更新处理。
（6）重定向返回组管理列表界面。

文件 UpdateGroup.aspx.cs 的主要代码如下：

```
//引入新的命名空间
using ASPNETAJAXWeb.AjaxInstantMessaging;
using System.Data.SqlClient;
public partial class Hailfellow_UpdateGroup : System.Web.UI.Page
{
    int groupID = -1;
    protected void Page_Load(object sender, EventArgs e)
    {
        //获取数据的 ID 值
        if(Request.Params["GroupID"] != null)
        {
            groupID = Int32.Parse(Request.Params["GroupID"].ToString());
        }
        if(!Page.IsPostBack && groupID > 0)
        {
            BindPageData(groupID);
        }
    }
    private void BindPageData(int groupID)
    {
        //读取数据
        Group group = new Group();
        SqlDataReader dr = group.GetSingleGroup(groupID);
        if(dr == null) return;
        //显示数据
        if(dr.Read())
        {
            tbName.Text = dr["Name"].ToString();
        }
        dr.Close();
    }
    protected void btnCommit_Click(object sender,EventArgs e)
    {
        //修改组
        Group group = new Group();
        if(group.UpdateGroup(groupID,tbName.Text) > 0)
        {
            Response.Redirect("~/Hailfellow/GroupManage.aspx");
        }
    }
}
```

8.6.3 用户组管理列表

用户组管理列表模块的功能是以列表的样式将系统库内的用户组显示出来，并提供管理链接对各用户组进行管理维护。上述功能的实现文件如下：

- ☑ 文件 UpdateGroup.aspx。
- ☑ 文件 UpdateGroup.aspx.cs。

用户组列表处理页面文件 GroupManage.aspx.cs 的功能是进行页面初始化处理，显示系统内的用户组信息。其具体实现流程如下：

（1）引入命名空间，声明 Hailfellow_GroupManage 类。
（2）载入 Page_Load，进行初始化处理。
（3）用户登录验证处理。
（4）获取用户组 ID。
（5）调用 BindPageData(int groupID)，获取并显示此用户组的信息。
（6）根据用户操作重定向到对应的处理页面。
（7）弹出"删除确认"对话框。
（8）删除指定编号的用户组信息。

文件 GroupManage.aspx.cs 的主要代码如下：

```
//引入新的命名空间
using ASPNETAJAXWeb.AjaxInstantMessaging;
public partial class Hailfellow_GroupManage : System.Web.UI.Page
{
    int userID = -1;
    protected void Page_Load(object sender,EventArgs e)
    {   //判断用户是否登录
        if(Session["UserID"] == null)
        {
            Response.Redirect("~/Login.aspx");
            return;
        }
        //获取用户的 ID 值
        userID = Int32.Parse(Session["UserID"].ToString());
        if(!Page.IsPostBack)
        {
            BindPageData(userID);
        }
    }
    private void BindPageData(int userID)
    {   //读取数据
        Group group = new Group();
        DataSet ds = group.GetGroupByUser(userID);
        //显示数据
        gvGroup.DataSource = ds;
        gvGroup.DataBind();
    }
```

```csharp
protected void btnAdd_Click(object sender,EventArgs e)
{
    Response.Redirect("~/Hailfellow/AddGroup.aspx");
}
protected void gvGroup_RowCommand(object sender,GridViewCommandEventArgs e)
{
    if(e.CommandName.ToLower() == "update")
    {
        //重定向到修改组页面
        Response.Redirect("~/Hailfellow/UpdateGroup.aspx?GroupID=" + e.CommandArgument.ToString());
        return;
    }
    if(e.CommandName.ToLower() == "del")
    {
        //删除选择的组
        Group group = new Group();
        if(group.DeleteGroup(Int32.Parse(e.CommandArgument.ToString())) > 0)
        {
            BindPageData(userID);
        }
        return;
    }
}
protected void gvGroup_RowDataBound(object sender,GridViewRowEventArgs e)
{
    //添加删除确认的对话框
    ImageButton imgDelete = (ImageButton)e.Row.FindControl("imgDelete");
    if(imgDelete != null)
    {
        imgDelete.Attributes.Add("onclick","return confirm(\"您确认要删除当前行的组吗？\");");
    }
}
```

8.6.4 客户检索模块

客户检索模块的功能是提供系统用户检索表单，将指定关键字的用户信息迅速检索出来。上述功能的实现文件如下：

- ☑ 文件 SearchFellow.aspx。
- ☑ 文件 SearchFellow.aspx.cs。

信息检索处理页面文件 SearchFellow.aspx.cs 的功能是将系统库内满足搜索表单关键字和搜索方式的用户信息检索出来。其具体实现流程如下：

（1）引入命名空间，声明 Hailfellow_SearchFellow 类。
（2）载入 Page_Load，进行初始化处理。
（3）调用方法 GetUsers()，获取系统库内的用户数据。
（4）根据搜索方式参数进行检索语句定义，具体说明如下。

- ☑ 参数 0：按照用户名称进行检索。
- ☑ 参数 1：按照用户别名进行检索。
- ☑ 参数 2：按照用户名号码进行检索。

（5）验证码验证，开始进行检索处理。
（6）调用 ShowSearchResult() 显示检索结果。

文件 SearchFellow.aspx.cs 的主要代码如下：

```csharp
//引入新的命名空间
using ASPNETAJAXWeb.AjaxInstantMessaging;
using System.Data.SqlClient;
using ASPNETAJAXWeb.ValidateCode.Page;
public partial class Hailfellow_SearchFellow : System.Web.UI.Page
{
    protected void Page_Load(object sender, EventArgs e)
    {
    }
    private void ShowSearchResult()
    {   //获取数据
        ASPNETAJAXWeb.AjaxInstantMessaging.User user = new ASPNETAJAXWeb.AjaxInstantMessaging.User();
        DataSet ds = user.GetUsers();
        if(ds == null || ds.Tables.Count <= 0 || ds.Tables[0].Rows.Count <= 0) return;
        if(string.IsNullOrEmpty(tbKey.Text) == true) return;
        //搜索给定条件的用户
        DataView dv = ds.Tables[0].DefaultView;
        switch(ddlMethod.SelectedValue)
        {
            case "0":
                {   //按用户名称搜索
                    dv.RowFilter = "Username LIKE '*" + tbKey.Text + "*'";
                    break;
                }
            case "1":
                {   //按用户别名搜索
                    dv.RowFilter = "Aliasname LIKE '*" + tbKey.Text + "*'";
                    break;
                }
            case "2":
                {   //按用户号码搜索
                    dv.RowFilter = "UserIdentity LIKE '*" + tbKey.Text + "*'";
                    break;
                }
            default: break;
        }
        dv.Sort = "UserIdentity";
        //显示数据
        gvUser.DataSource = dv;
        gvUser.DataBind();
    }
    protected void btnCommit_Click(object sender,EventArgs e)
    {   //初始化搜索结果数据
        gvUser.DataSource = null;
        gvUser.DataBind();
        lbMessage.Visible = false;
```

```csharp
            if(Session[ValidateCode.VALIDATECODEKEY] != null)
            {
                //验证验证码是否相等
                if(tbCode.Text != Session[ValidateCode.VALIDATECODEKEY].ToString())
                {
                    lbMessage.Text = "验证码输入错误,请重新输入";
                    lbMessage.Visible = true;
                    return;
                }
            }
            //搜索用户
            ShowSearchResult();
        }
        protected void gvUser_RowCommand(object sender,GridViewCommandEventArgs e)
        {
            if(e.CommandName.ToLower() == "add")
            {
                //重定向到添加客户页面
                Response.Redirect("~/Hailfellow/AddFellow.aspx?FellowID=" + e.CommandArgument.ToString());
                return;
            }
        }
        protected void gvUser_PageIndexChanging(object sender,GridViewPageEventArgs e)
        {
            //重新显示数据
            gvUser.PageIndex = e.NewPageIndex;
            ShowSearchResult();
        }
}
```

注意:方法GetUsers()是文件User.cs内的一个数据库访问层方法,其功能是查询系统内所有用户的数据。其具体实现流程如下:

(1)从系统配置文件Web.config内获取数据库连接参数,并将其保存在connectionString内。

(2)使用连接字符串创建con对象,实现数据库连接。

(3)新建SQL查询语句,获取系统库内所有用户的信息。

(4)创建获取数据的对象da。

(5)打开数据库连接获取数据,将获取的数据保存在ds中。

(6)操作成功返回ds。

上述功能的对应实现代码如下:

```csharp
public DataSet GetUsers()
        {
            string connectionString = ConfigurationManager.ConnectionStrings["SQLCONNECTIONSTRING"].ConnectionString;
            SqlConnection con = new SqlConnection(connectionString);
            //创建SQL语句
            string cmdText = "SELECT * FROM [User]";
            //创建SqlDataAdapter
            SqlDataAdapter da = new SqlDataAdapter(cmdText,con);
            //定义DataSet
            DataSet ds = new DataSet();
            try
```

```
        {
            //打开连接
            con.Open();
            //填充数据
            da.Fill(ds,"DataTable");
        }
        catch(Exception ex)
        {
            //抛出异常
            throw new Exception(ex.Message,ex);
        }
        finally
        {
            //关闭连接
            con.Close();
        }
        return ds;
    }
```

8.6.5 客户管理列表

客户管理列表模块的功能是以列表的样式将系统库内某用户的客户信息显示出来,并提供管理链接对各用户组进行管理维护。上述功能的实现文件如下:

- ☑ 文件 FellowManage.aspx。
- ☑ 文件 FellowManage.aspx.cs。

客户管理列表处理文件 FellowManage.aspx.cs 的功能是初始化载入页面,将指定用户的客户信息读取并显示出来。其具体实现流程如下:

(1) 引入命名空间,声明 Hailfellow_FellowManage 类。
(2) 载入 Page_Load,进行初始化处理。
(3) 用户登录验证判断。
(4) 定义 BindUserData,获取并显示对应的客户数据。
(5) 定义事件 gvUser_RowCommand(object sender,GridViewCommandEventArgs e),进行对应操作处理。
(6) 弹出"删除确认"对话框。
(7) 执行删除处理。

文件 FellowManage.aspx.cs 的主要实现代码如下:

```
//引入新的命名空间
using ASPNETAJAXWeb.AjaxInstantMessaging;
using System.Data.SqlClient;
public partial class Hailfellow_FellowManage : System.Web.UI.Page
{
    int userID = -1;
    protected void Page_Load(object sender,EventArgs e)
    {
        //判断用户是否登录
        if(Session["UserID"] == null)
        {
            Response.Redirect("~/Login.aspx");
            return;
```

```csharp
        }
        //获取用户的 ID 值
        userID = Int32.Parse(Session["UserID"].ToString());
        if(!Page.IsPostBack)
        {
            BindPageData(userID);
        }
    }
    private void BindPageData(int userID)
    {
        //读取数据
        Group group = new Group();
        DataSet ds = group.GetGroupByUser(userID);
        //显示数据
        gvGroup.DataSource = ds;
        gvGroup.DataBind();
    }
    private void BindUserData(GridView gv,int groupID)
    {
        //获取组的用户
        GroupUser gu = new GroupUser();
        DataSet ds = gu.GetUserbyGroup(groupID);
        //显示组用户信息
        gv.DataSource = ds;
        gv.DataBind();
    }
    protected void gvGroup_RowDataBound(object sender,GridViewRowEventArgs e)
    {
        //显示组的用户
        GridView gvUser = (GridView)e.Row.FindControl("gvUser");
        if(gvUser != null)
        {
            BindUserData(gvUser,Int32.Parse(gvGroup.DataKeys[e.Row.RowIndex].Value.ToString()));
            gvUser.EmptyDataText = gvGroup.DataKeys[e.Row.RowIndex].Value.ToString();
        }
    }
    protected void gvUser_RowCommand(object sender,GridViewCommandEventArgs e)
    {
        if(e.CommandName.ToLower() == "del")
        {
            //删除组中的客户
            GroupUser groupUser = new GroupUser();
            int groupID = Int32.Parse(((GridView)sender).EmptyDataText);
            if(groupUser.DeleteGroupUser(groupID,Int32.Parse(e.CommandArgument.ToString())) > 0)
            {
                BindUserData((GridView)sender,groupID);
            }
            return;
        }
    }
    protected void gvUser_RowDataBound(object sender,GridViewRowEventArgs e)
    {
        //添加删除确认的对话框
        ImageButton imgDelete = (ImageButton)e.Row.FindControl("imgDelete");
        if(imgDelete != null)
        {
```

```
                imgDelete.Attributes.Add("onclick","return confirm(\"您确认要删除当前行的用户吗？\");");
        }
    }
}
```

8.6.6 客户移动转换

客户移动转换模块的功能是对系统内已存在客户的类别进行转换处理，以灵活地对客户信息进行维护。上述功能的实现文件如下：

- ☑ 文件 MoveFellow.aspx。
- ☑ 文件 MoveFellow.aspx.cs。

客户移动转换处理文件 MoveFellow.aspx.cs 的功能是初始化载入页面，将指定用户的客户信息读取并显示出来。其具体实现流程如下：

（1）引入命名空间，声明 Hailfellow_MoveFellow 类。
（2）载入 Page_Load，进行初始化处理。
（3）用户登录验证判断。
（4）获取客户 ID 参数。
（5）定义 BindUserData，获取并显示对应的客户数据。
（6）定义事件 btnCommit_Click(object sender,EventArgs e)，进行移动操作处理。
（7）输出"移动成功"提示对话框。

文件 MoveFellow.aspx.cs 的主要实现代码如下：

```
//引入新的命名空间
using ASPNETAJAXWeb.AjaxInstantMessaging;
using System.Data.SqlClient;
public partial class Hailfellow_MoveFellow : System.Web.UI.Page
{
    int userID = -1;
    int fellowID = -1;
    int oldGroupID = -1;
    protected void Page_Load(object sender,EventArgs e)
    {    //判断用户是否登录
        if(Session["UserID"] == null)
        {
            Response.Redirect("~/Login.aspx");
            return;
        }
        //获取用户的 ID 值
        userID = Int32.Parse(Session["UserID"].ToString());
        if(Request.Params["UserID"] != null)
        {
            fellowID = Int32.Parse(Request.Params["UserID"].ToString());
        }
        if(Request.Params["GroupID"] != null)
        {
            oldGroupID = Int32.Parse(Request.Params["GroupID"].ToString());
        }
        if(!Page.IsPostBack && userID > 0 && fellowID > 0)
```

```
            {
                BindPageData(userID,fellowID);
            }
    }
    private void BindPageData(int userID,int fellowID)
    {    //获取客户信息
         ASPNETAJAXWeb.AjaxInstantMessaging.User user = new ASPNETAJAXWeb.AjaxInstantMessaging.User();
         SqlDataReader dr = user.GetSingleUser(fellowID);
         if(dr == null) return;
         if(dr.Read())
         {    //显示客户名称
              lbUsername.Text = dr["Username"].ToString();
         }
         dr.Close();
         //读取数据
         Group group = new Group();
         DataSet ds = group.GetGroupByUser(userID);
         //显示数据
         ddlGroup.DataSource = ds;
         ddlGroup.DataTextField = "Name";
         ddlGroup.DataValueField = "ID";
         ddlGroup.DataBind();
    }
    protected void btnCommit_Click(object sender,EventArgs e)
    {    //判断用户是否选择组
         if(ddlGroup.SelectedIndex <= -1)
         {
              AjaxInstantMessagingSystem.ShowAjaxDialog((Button)sender,"请选择客户移动的组");
              return;
         }
         //添加客户
         GroupUser gu = new GroupUser();
         if(gu.UpdateGroupUser(oldGroupID,Int32.Parse(ddlGroup.SelectedValue),fellowID) > 0)
         {    //显示添加客户成功信息
              AjaxInstantMessagingSystem.ShowAjaxDialog((Button)sender,"恭喜您，移动客户成功！");
         }
    }
}
```

8.6.7 显示客户信息

客户信息显示模块的功能是将系统内某用户的客户信息详细地显示出来。对应的实现文件如下：

- ☑ 文件 ShowFellowInfo.aspx。
- ☑ 文件 ShowFellowInfo.aspx.cs。

客户信息显示处理页面文件 ShowFellowInfo.aspx.cs 的功能是初始化载入页面，将指定编号的客户信息读取并显示出来。其具体实现流程如下：

（1）引入命名空间，声明 Hailfellow_ShowFellowInfo 类。
（2）载入 Page_Load，进行初始化处理。

(3) 获取客户 ID 参数。

(4) 定义 BindUserData，获取并显示对应的客户数据。

(5) 定义页面关闭事件 btnCommit_Click(object sender,EventArgs e)。

文件 ShowFellowInfo.aspx.cs 的主要实现代码如下：

```
//引入新的命名空间
using ASPNETAJAXWeb.AjaxInstantMessaging;
using System.Data.SqlClient;
public partial class Hailfellow_ShowFellowInfo : System.Web.UI.Page
{
    int userID = -1;
    protected void Page_Load(object sender,EventArgs e)
    {       //获取用户的 ID 值
        if(Request.Params["UserID"] != null)
        {
            userID = Int32.Parse(Request.Params["UserID"].ToString());
        }
        if(!Page.IsPostBack && userID > 0)
        {   //显示用户的信息
            BindPageData(userID);
        }
    }
    private void BindPageData(int userID)
    {   //获取用户信息
        ASPNETAJAXWeb.AjaxInstantMessaging.User user = new ASPNETAJAXWeb.AjaxInstantMessaging.User();
        SqlDataReader dr = user.GetSingleUser(userID);
        if(dr == null) return;
        if(dr.Read())
        {   //显示用户信息
            lbUsername.Text = dr["Username"].ToString();
            lbAliasname.Text = dr["Aliasname"].ToString();
            lbUserIdentity.Text = dr["UserIdentity"].ToString();
            lbEmail.Text = dr["Email"].ToString();
        }
        dr.Close();
    }
    protected void btnCommit_Click(object sender,EventArgs e)
    {
        Response.Write("<script>window.close();</script>");
    }
}
```

8.7 系统团队处理

知识点讲解：光盘\视频讲解\第 8 章\系统团队处理.avi

系统团队处理模块的功能是根据现实的客观需要，在系统内创建专门的团队，来实现企业特定的任务，并根据现实状况的改变，对团队进行及时的管理调整。下面将对上述功能文件的实现过程进行详细介绍。

8.7.1 添加团队模块

添加团队模块的功能是向系统库内添加新的团队信息。上述功能的实现文件如下：
- ☑ 文件 AddCaboodle.aspx。
- ☑ 文件 AddCaboodle.aspx.cs。

客户添加处理页面文件 AddCaboodle.aspx.cs 的功能是初始化载入页面，将获取表单的数据添加到系统库中。其具体实现流程如下：

（1）引入命名空间，声明 Caboodle_AddCaboodle 类。
（2）载入 Page_Load，进行初始化处理。
（3）用户登录判断处理。
（4）Session 保存登录数据。
（5）定义 btnCommit_Click(object sender,EventArgs e)，执行添加处理。
（6）重定向管理列表界面。

文件 AddCaboodle.aspx.cs 的主要实现代码如下：

```
//引入新的命名空间
using ASPNETAJAXWeb.AjaxInstantMessaging;
public partial class Caboodle_AddCaboodle : System.Web.UI.Page
{
    int userID = -1;
    protected void Page_Load(object sender,EventArgs e)
    {   //判断用户是否登录
        if(Session["UserID"] == null)
        {
            Response.Redirect("~/Login.aspx");
            return;
        }
        //获取用户信息
        userID = Int32.Parse(Session["UserID"].ToString());
    }
    protected void btnCommit_Click(object sender,EventArgs e)
    {   //添加群
        Caboodle caboodle = new Caboodle();
        if(caboodle.AddCaboodle(tbName.Text,userID,tbRemark.Text) > 0)
        {
            Response.Redirect("~/Caboodle/CaboodleManage.aspx");
        }
    }
}
```

8.7.2 修改团队处理模块

修改团队处理模块的功能是对系统库内某编号的团队信息进行修改。上述功能的实现文件如下：
- ☑ 文件 UpdateCaboodle.aspx。

☑ 文件 UpdateCaboodle.aspx.cs。

团队修改处理页面文件 UpdateCaboodle.aspx.cs 的功能是初始化载入页面，将指定编号的团队信息进行更新处理。其具体实现流程如下：

（1）引入命名空间，声明 Caboodle_UpdateCaboodle 类。
（2）载入 Page_Load，进行初始化处理。
（3）获取团队的 ID 值。
（4）定义 BindPageData(int caboodleID)，获取并显示原信息。
（5）定义 btnCommit_Click(object sender,EventArgs e)，执行更新处理。
（6）重定向管理列表界面。

文件 UpdateCaboodle.aspx.cs 的主要实现代码如下：

```
//引入新的命名空间
using ASPNETAJAXWeb.AjaxInstantMessaging;
using System.Data.SqlClient;
public partial class Caboodle_UpdateCaboodle : System.Web.UI.Page
{
     int caboodleID = -1;
    protected void Page_Load(object sender, EventArgs e)
    {   //获取群的 ID 值
        if(Request.Params["CaboodleID"] != null)
        {
            caboodleID = Int32.Parse(Request.Params["CaboodleID"].ToString());
        }
        if(!Page.IsPostBack && caboodleID > 0)
        {   //显示群信息
            BindPageData(caboodleID);
        }
    }
     private void BindPageData(int caboodleID)
    {   //读取数据
        Caboodle caboodle = new Caboodle();
        SqlDataReader dr = caboodle.GetSingleCaboodle(caboodleID);
        if(dr == null) return;
        //显示数据
        if(dr.Read())
        {
            tbName.Text = dr["Name"].ToString();
            tbRemark.Text = dr["Remark"].ToString();
        }
        dr.Close();
    }
    protected void btnCommit_Click(object sender,EventArgs e)
    {   //修改群
        Caboodle caboodle = new Caboodle();
        if(caboodle.UpdateCaboodle(caboodleID,tbName.Text,tbRemark.Text) > 0)
        {
```

```
            Response.Redirect("~/Caboodle/CaboodleManage.aspx");
        }
    }
}
```

8.7.3 团队管理列表模块

团队管理列表模块的功能是对系统库内某用户的团队信息进行管理。上述功能的实现文件如下：
- ☑ 文件 CaboodleManage.aspx。
- ☑ 文件 CaboodleManage.aspx.cs。

团队列表处理页面文件 CaboodleManage.aspx.cs 的功能是初始化载入页面,将指定编号的团队信息进行更新处理。其具体实现流程如下：

（1）引入命名空间，声明 Caboodle_CaboodleManage 类。
（2）载入 Page_Load，进行初始化处理。
（3）用户登录验证判断。
（4）定义 BindPageData(int userID)，获取并显示原信息。
（5）定义 gvCaboodle_RowCommand(object sender,GridViewCommandEventArgs e)，执行对应处理。
（6）重定向返回列表界面。

文件 CaboodleManage.aspx.cs 的主要实现代码如下：

```
//引入新的命名空间
using ASPNETAJAXWeb.AjaxInstantMessaging;
public partial class Caboodle_CaboodleManage : System.Web.UI.Page
{
    int userID = -1;
    protected void Page_Load(object sender,EventArgs e)
    {   //判断用户是否登录
        if(Session["UserID"] == null)
        {
            Response.Redirect("~/Login.aspx");
            return;
        }
        //获取用户的 ID 值
        userID = Int32.Parse(Session["UserID"].ToString());
        if(!Page.IsPostBack)
        {
            BindPageData(userID);
        }
    }
    private void BindPageData(int userID)
    {   //读取数据
        Caboodle caboodle = new Caboodle();
        DataSet ds = caboodle.GetSelfCaboodleByUser(userID);
        if(ds == null || ds.Tables.Count <= 0) return;
        //显示数据
        gvCaboodle.DataSource = ds;
        gvCaboodle.DataBind();
```

```csharp
            if(ds.Tables[0].Rows.Count <= 0) btnAdd.Enabled = true;
            else btnAdd.Enabled = false;
        }
        protected void btnAdd_Click(object sender,EventArgs e)
        {
            Response.Redirect("~/Caboodle/AddCaboodle.aspx");
        }
        protected void gvCaboodle_RowCommand(object sender,GridViewCommandEventArgs e)
        {
            if(e.CommandName.ToLower() == "update")
            {   //重定向到修改组页面
                Response.Redirect("~/Caboodle/UpdateCaboodle.aspx?CaboodleID=" + e.CommandArgument.ToString());
                return;
            }
            if(e.CommandName.ToLower() == "del")
            {   //删除选择的组
                Caboodle caboodle = new Caboodle();
                if(caboodle.DeleteCaboodle(Int32.Parse(e.CommandArgument.ToString())) > 0)
                {
                    BindPageData(userID);
                }
                return;
            }
        }
        protected void gvCaboodle_RowDataBound(object sender,GridViewRowEventArgs e)
        {   //添加删除确认的对话框
            ImageButton imgDelete = (ImageButton)e.Row.FindControl("imgDelete");
            if(imgDelete != null)
            {
                imgDelete.Attributes.Add("onclick","return confirm(\"您确认要删除当前行的组吗？\");");
            }
        }
}
```

8.7.4 加入团队处理模块

加入团队处理模块的功能是使系统当前登录用户加入到客户的团队中。对应的实现文件如下：

- ☑ 文件 AddCaboodleUser.aspx。
- ☑ 文件 AddCaboodleUser.aspx.cs。

加入团队处理页面文件 AddCaboodleUser.aspx.cs 的功能是初始化载入页面，将用户加入到其指定的团队中。其具体实现流程如下：

（1）引入命名空间，声明 Caboodle_AddCaboodleUser 类。

（2）载入 Page_Load，进行初始化处理。

（3）用户登录验证判断。

（4）定义 BindPageData(int userID)，获取并显示客户信息。

（5）定义事件 gvUser_RowCommand(object sender,GridViewCommandEventArgs e))，执行对应处理。

(6) 重定向返回列表界面。

文件 AddCaboodleUser.aspx.cs 的主要代码如下：

```csharp
//引入新的命名空间
using ASPNETAJAXWeb.AjaxInstantMessaging;
using System.Data.SqlClient;
public partial class Caboodle_AddCaboodleUser : System.Web.UI.Page
{
    int userID = -1;
    protected void Page_Load(object sender,EventArgs e)
    {   //判断用户是否登录
        if(Session["UserID"] == null)
        {
            Response.Redirect("~/Login.aspx");
            return;
        }
        //获取用户信息
        userID = Int32.Parse(Session["UserID"].ToString());
        if(!Page.IsPostBack && userID > 0)
        {
            BindPageData(userID);
        }
    }
    private void BindPageData(int userID)
    {   //获取信息
        Caboodle caboodle = new Caboodle();
        DataSet ds = caboodle.GetSelfCaboodleByUser(userID);
        if(ds == null || ds.Tables.Count <= 0 || ds.Tables[0].Rows.Count <= 0) return;
        //显示名称
        lbGroupName.Text = ds.Tables[0].Rows[0]["Name"].ToString();
        //保存 ID 值
        ViewState["CaboodleIDKey"] = ds.Tables[0].Rows[0]["ID"].ToString();
        //获取数据
        ASPNETAJAXWeb.AjaxInstantMessaging.User user = new ASPNETAJAXWeb.AjaxInstantMessaging.User();
        //绑定并显示数据
        gvUser.DataSource = user.GetFellowNotInCaboodleByUser(userID);
        gvUser.DataBind();
    }
    protected void gvUser_RowCommand(object sender,GridViewCommandEventArgs e)
    {
        if(e.CommandName.ToLower() == "add")
        {
            if(ViewState["CaboodleIDKey"] != null)
            {
                CaboodleUser caboodleUser = new CaboodleUser();
                //获取群的 ID 值
                int caboodleID = Int32.Parse(ViewState["CaboodleIDKey"].ToString());
                //添加客户到团队   caboodleUser.AddCaboodleUser(caboodleID,Int32.Parse(e.CommandArgument.ToString()),4);
```

```
                        //显示操作结果
                        AjaxInstantMessagingSystem.ShowAjaxDialog((Button)e.CommandSource,"恭喜您，添加
客户到群成功。");
                        //重新显示数据
                        BindPageData(userID);
                }
                return;
        }
    }
    protected void gvUser_PageIndexChanging(object sender,GridViewPageEventArgs e)
    {
        //重新显示数据
        gvUser.PageIndex = e.NewPageIndex;
        BindPageData(userID);
    }
}
```

8.8 在线交互处理

> 知识点讲解：光盘\视频讲解\第8章\在线交互处理.avi

本项目的在线交互和聊天系统的交互原理是一致的，发表信息后，只需通过无刷新技术将信息显示出来即可。掌握了基本原理之后，具体编码就简单多了。

8.8.1 系统主页显示模块

系统主页是一个框架页面，功能是调用框架页显示系统的用户分组列表，并实现用户的在线交互。主页内构成各框架的文件如下：

- ☑ 文件 Default.aspx。
- ☑ 文件 Default.aspx.cs。
- ☑ 文件 Fellow.aspx。
- ☑ 文件 Fellow.aspx.cs。
- ☑ 文件 Header.aspx。
- ☑ 文件 Desktop.aspx。
- ☑ 文件 Desktop.aspx.cs。

1. 主框架处理页面

主框架处理页面文件 Default.aspx.cs 的功能是对登录用户进行登录判断处理，如果没有登录则返回登录表单界面。主要代码如下：

```
public partial class _Default : System.Web.UI.Page
{
    protected void Page_Load(object sender, EventArgs e)
    {
        //判断用户是否登录
        if(Session["UserID"] == null)
        {
```

```
                Response.Redirect("~/Login.aspx");
                return;
            }
        }
    }
}
```

2. 分组列表显示处理页面

分组列表显示处理页面文件 Fellow.aspx.cs 的功能是初始化载入页面，将用户加入到其指定的团队中。其具体实现流程如下：

（1）引入命名空间，声明 Hailfellow_Fellow 类。
（2）载入 Page_Load，进行初始化处理。
（3）用户登录验证判断。
（4）定义 BindPageData(int userID)，获取并显示客户组信息。
（5）定义 BindUserData(DataList dl,int groupID)，获取并显示客户组内的对应客户信息。

文件 Fellow.aspx.cs 的主要代码如下：

```
//引入新的命名空间
using ASPNETAJAXWeb.AjaxInstantMessaging;
using System.Data.SqlClient;
public partial class Hailfellow_Fellow : System.Web.UI.Page
{
    int userID = -1;
    protected void Page_Load(object sender,EventArgs e)
    {   //判断用户是否登录
        if(Session["UserID"] == null)
        {
            Response.Redirect("~/Login.aspx");
            return;
        }
        //获取用户的 ID 值
        userID = Int32.Parse(Session["UserID"].ToString());
        if(!Page.IsPostBack)
        {
            BindPageData(userID);
        }
    }
    private void BindPageData(int userID)
    {   //读取数据
        Group group = new Group();
        DataSet ds = group.GetGroupByUser(userID);
        //显示数据
        gvGroup.DataSource = ds;
        gvGroup.DataBind();
    }
    private void BindUserData(DataList dl,int groupID)
    {   //获取组中的用户
        GroupUser gu = new GroupUser();
        DataSet ds = gu.GetUserbyGroup(groupID);
        //显示组中的用户
```

```
            dl.DataSource = ds;
            dl.DataBind();
        }
        protected void gvGroup_RowDataBound(object sender,GridViewRowEventArgs e)
        {   //显示每一个组的用户
            DataList dlUser = (DataList)e.Row.FindControl("dlUser");
            if(dlUser != null)
            {       //绑定数据
                    BindUserData(dlUser,Int32.Parse(gvGroup.DataKeys[e.Row.RowIndex].Value.ToString()));
            }
        }
}
```

8.8.2 一对一交互处理模块

一对一交互处理模块的功能是实现系统内用户一对一在线交互功能。上述功能的实现文件如下：

- ☑ 文件 Messaging.aspx。
- ☑ 文件 Messaging.aspx.cs。

一对一交互处理页面文件 Messaging.aspx.cs 的功能是初始化载入页面，对用户的交互数据进行处理。其具体实现流程如下：

（1）引入命名空间，声明 Messaging 类。
（2）载入 Page_Load，进行初始化处理。
（3）用户登录验证判断。
（4）获取用户 ID，并显示用户数据。
（5）保存当前用户进入系统的时间。
（6）定义 ShowMessageData()，获取并显示交互信息。
（7）定义 tUser Tick 函数，功能是调用 ShowMessageData()函数将新发布数据显示出来。

文件 Messaging.aspx.cs 的主要代码如下：

```
//引入新的命名空间
using ASPNETAJAXWeb.AjaxInstantMessaging;
using System.Data.SqlClient;
using System.Text;
public partial class Messaging : System.Web.UI.Page
{
    int userID = -1;
    int fellowID = -1;
    protected void Page_Load(object sender,EventArgs e)
    {   //判断用户是否登录
        if(Session["UserID"] == null)
        {
            Response.Redirect("~/Login.aspx");
            return;
        }
        //获取用户的 ID 值
        userID = Int32.Parse(Session["UserID"].ToString());
```

```csharp
        if(Request.Params["UserID"] != null)
        {
            fellowID = Int32.Parse(Request.Params["UserID"].ToString());
        }
        if(!Page.IsPostBack && userID > 0 && fellowID > 0)
        {   //保存进入系统的时间
            ViewState["StartDate"] = DateTime.Now.ToString();
            BindPageData(userID,fellowID);
        }
        btnCommit.Enabled = (userID > 0 && fellowID > 0) ? true : false;
    }
    private void BindPageData(int userID,int fellowID)
    {   //获取客户信息
        ASPNETAJAXWeb.AjaxInstantMessaging.User user = new ASPNETAJAXWeb.AjaxInstantMessaging.User();
        SqlDataReader dr = user.GetSingleUser(fellowID);
        if(dr == null) return;
        if(dr.Read())
        {   //显示客户名称
            lbUsername.Text = "正在与团队：" + dr["Username"].ToString() + " 交互...";
        }
        dr.Close();
    }
    private void ShowMessageData()
    {   //获取所有消息
        MessageForSingle message = new MessageForSingle();
        DataSet ds = message.GetMessageByUser(userID,fellowID);
        if(ds == null || ds.Tables.Count <= 0 || ds.Tables[0].Rows.Count <= 0) return;
        //过滤进入该交互室之前的消息，保留进入该交互室之后的消息
        DataView dv = ds.Tables[0].DefaultView;
        dv.RowFilter = string.Format("CreateDate >= '{0}'",DateTime.Parse(ViewState["StartDate"].ToString()));
        //构建交互的消息
        StringBuilder sbMessage = new StringBuilder();
        foreach(DataRowView row in dv)
        {   //设置一条消息
            string singleMessage = row["SenderName"].ToString() + " 在[" + row["CreateDate"].ToString() + "]发表：\n";
            singleMessage += "    " + row["Body"].ToString() + "\n";
            sbMessage.Append(singleMessage);
        }
        //显示交互消息
        tbChatMessage.Text = sbMessage.ToString();
    }
    protected void btnCommit_Click(object sender,EventArgs e)
    {   //发送消息
        MessageForSingle message = new MessageForSingle();
        if(message.AddMessage(tbMessage.Text,userID,fellowID) > 0)
        {   //重新显示消息
            ShowMessageData();
        }
```

```
    }
    protected void tUser_Tick(object sender,EventArgs e)
    {       //显示最新消息
            ShowMessageData();
    }
}
```

8.8.3 团队交互处理模块

团队交互处理模块的功能是共同实现系统内某团队用户的在线交互功能。对应的实现文件如下：

- ☑ 文件 SelectCaboodle.aspx。
- ☑ 文件 SelectCaboodle.aspx.cs。
- ☑ 文件 CaboodleMessaging.aspx。
- ☑ 文件 CaboodleMessaging.aspx.cs。

1．页面初始化处理

文件 SelectCaboodle.aspx.cs 的功能是进行页面初始化处理，进入用户选定团队的交互界面。其具体实现流程如下：

（1）引入命名空间，声明 Caboodle_CaboodleManage 类。
（2）载入 Page_Load，进行初始化处理。
（3）用户登录验证判断。
（4）定义 BindPageData(int userID)，获取并显示团队信息。
（5）重定向页面文件。

文件 SelectCaboodle.aspx.cs 的主要代码如下：

```
//引入新的命名空间
using ASPNETAJAXWeb.AjaxInstantMessaging;
public partial class Caboodle_CaboodleManage : System.Web.UI.Page
{
    int userID = -1;
    protected void Page_Load(object sender,EventArgs e)
    {       //判断用户是否登录
            if(Session["UserID"] == null)
            {
                    Response.Redirect("~/Login.aspx");
                    return;
            }
            //获取用户的 ID 值
            userID = Int32.Parse(Session["UserID"].ToString());
            if(!Page.IsPostBack)
            {
                    BindPageData(userID);
            }
    }
    private void BindPageData(int userID)
    {       //读取数据
```

```
            Caboodle caboodle = new Caboodle();
            DataSet ds = caboodle.GetSelfCaboodleByUser(userID);
            if(ds == null || ds.Tables.Count <= 0) return;
            //显示数据
            gvCaboodle.DataSource = ds;
            gvCaboodle.DataBind();
            if(ds.Tables[0].Rows.Count <= 0) btnAdd.Enabled = true;
            else btnAdd.Enabled = false;
        }
}
```

2．团队交互处理页面

团队交互处理页面文件 CaboodleMessaging.aspx.cs 的功能是初始化载入页面，对用户的交互数据进行处理。其具体实现流程如下：

（1）引入命名空间，声明 CaboodleMessaging 类。
（2）载入 Page_Load，进行初始化处理。
（3）用户登录验证判断。
（4）获取用户 ID，并显示用户数据。
（5）保存进入系统的时间。
（6）定义 BindPageData(int userID,int caboodleID)，初始化页面信息。
（7）定义 ShowMessageData(int caboodleID)，获取并显示用户的交互信息。

文件 CaboodleMessaging.aspx.cs 的主要代码如下：

```
//引入新的命名空间
using ASPNETAJAXWeb.AjaxInstantMessaging;
using System.Data.SqlClient;
using System.Text;
using System.Collections.Generic;
public partial class CaboodleMessaging : System.Web.UI.Page
{
    int userID = -1;
    int caboodleID = -1;
    protected void Page_Load(object sender,EventArgs e)
    {   //判断用户是否登录
        if(Session["UserID"] == null)
        {
            Response.Redirect("~/Login.aspx");
            return;
        }
        //获取用户的 ID 值
        userID = Int32.Parse(Session["UserID"].ToString());
        if(Request.Params["CaboodleID"] != null)
        {
            caboodleID = Int32.Parse(Request.Params["CaboodleID"].ToString());
        }
        if(!Page.IsPostBack && userID > 0 && caboodleID > 0)
        {    //保存进入交互室的时间
```

```csharp
                ViewState["StartDate"] = DateTime.Now.ToString();
                //设置用户登录当前团队
                //InitCaboodleUser()
                //显示消息和用户
                BindPageData(userID,caboodleID);
                ShowUserData();
            }
            btnCommit.Enabled = (userID > 0 && caboodleID > 0) ? true : false;
}
private void InitCaboodleUser()
{       //设置用户进入的团队
            //for(int i = 0; i < ASP.global_asax.Users.Count; i++)
            {
                if(ASP.global_asax.Users[i].UserID.ToString() == Session["UserID"].ToString())
                {
                    ASP.global_asax.Users[i].CaboodleID = caboodleID;
                    break;
                }
            }
}
private void ShowUserData()
{       //获取群交互团队的用户
        List<UserInfo> users = new List<UserInfo>();
        foreach(UserInfo ui in ASP.global_asax.Users)
        {
            if(ui.CaboodleID == caboodleID)
            {
                users.Add(ui);
            }
        }
        //显示群交互室的用户
        lbUser.DataSource = users;
        lbUser.DataValueField = "UserID";
        lbUser.DataTextField = "Username";
        lbUser.DataBind();
}
private void BindPageData(int userID,int caboodleID)
{       //获取用户信息
        ASPNETAJAXWeb.AjaxInstantMessaging.User user = new ASPNETAJAXWeb.AjaxInstantMessaging.User();
        SqlDataReader dr = user.GetSingleUser(userID);
        if(dr == null) return;
        string username = string.Empty;
        if(dr.Read())
        {   //获取用户名称
            username = dr["Username"].ToString();
        }
        dr.Close();
        //获取群信息
```

```
            Caboodle caboodle = new Caboodle();
            SqlDataReader drc = caboodle.GetSingleCaboodle(caboodleID);
            if(drc == null) return;
            if(drc.Read())
            {   //读取并显示群的信息
                lbInfoMessage.Text = "用户 " + username + " 正在 " + drc["Name"].ToString() + " 群中交互...";
            }
            drc.Close();
        }
        private void ShowMessageData(int caboodleID)
        {   //获取所有消息
            MessageForCaboodle message = new MessageForCaboodle();
            DataSet ds = message.GetMessageByCaboodle(caboodleID);
            if(ds == null || ds.Tables.Count <= 0 || ds.Tables[0].Rows.Count <= 0) return;
            //过滤进入该交互室之前的消息,保留进入该交互室之后的消息
            DataView dv = ds.Tables[0].DefaultView;
            dv.RowFilter = string.Format("CreateDate >= '{0}'",DateTime.Parse(ViewState["StartDate"].ToString()));
            //构建交互的消息
            StringBuilder sbMessage = new StringBuilder();
            foreach(DataRowView row in dv)
            {   //设置一条消息
                string singleMessage = row["SenderName"].ToString() + " 在[" + row["CreateDate"].ToString() + "]发表:\n";
                singleMessage += "      " + row["Body"].ToString() + "\n";
                sbMessage.Append(singleMessage);
            }
            //显示交互消息
            tbChatMessage.Text = sbMessage.ToString();
        }
        protected void btnCommit_Click(object sender,EventArgs e)
        {   //发送消息
            MessageForCaboodle message = new MessageForCaboodle();
            if(message.AddMessage(tbMessage.Text,userID,caboodleID) > 0)
            {   //重新显示消息
                ShowMessageData(caboodleID);
            }
        }
        protected void tUser_Tick(object sender,EventArgs e)
        {   //显示最新消息和在线用户
            ShowMessageData(caboodleID);
            ShowUserData();
        }
    }
}
```

8.8.4 文件发送模块

文件发送模块的功能是实现系统内用户间的文件传送功能。上述功能的实现文件如下:

- ☑ 文件 File.aspx。
- ☑ 文件 File.aspx.cs。

文件发送处理页面文件 File.aspx.cs 的功能是初始化载入页面,对获取的传送文件数据进行处理。

其具体实现流程如下：

（1）引入命名空间，声明 FilePage 类。

（2）载入 Page_Load，进行初始化处理。

（3）用户登录验证判断。

（4）获取用户 ID，并显示用户数据。

（5）定义 BindPageData(int userID,int fellowID)，获取客户信息。

（6）定义 btnCommit_Click(object sender,EventArgs e)事件，进行文件上传处理。

（7）处理完毕输出成功提示。

文件 File.aspx.cs 的主要代码如下：

```csharp
public partial class FilePage : System.Web.UI.Page
{
    int userID = -1;
    int fellowID = -1;
    protected void Page_Load(object sender,EventArgs e)
    {
        //判断用户是否登录
        if(Session["UserID"] == null)
        {
            Response.Redirect("~/Login.aspx");
            return;
        }
        //获取用户的 ID 值
        userID = Int32.Parse(Session["UserID"].ToString());
        if(Request.Params["UserID"] != null)
        {
            fellowID = Int32.Parse(Request.Params["UserID"].ToString());
        }
        if(!Page.IsPostBack && userID > 0 && fellowID > 0)
        {
            BindPageData(userID,fellowID);
        }
    }
    private void BindPageData(int userID,int fellowID)
    {
        //获取好友信息
        ASPNETAJAXWeb.AjaxInstantMessaging.User user = new ASPNETAJAXWeb.AjaxInstantMessaging.User();
        SqlDataReader dr = user.GetSingleUser(fellowID);
        if(dr == null) return;
        if(dr.Read())
        {
            //显示好友名称
            lbUsername.Text = dr["Username"].ToString();
        }
        dr.Close();
    }
    protected void btnCommit_Click(object sender,EventArgs e)
    {
        //判断上传文件的内容是否为空
        if(fuFile.HasFile == false || fuFile.PostedFile.ContentLength <= 0)
        {
```

```
            lbMessage.Text = "上传文件的内容为空,请重新选择文件!";
            return;
        }
        //获取上传文件的属性,如类型、大小、名称等
        string type = fuFile.PostedFile.ContentType;
        int size = fuFile.PostedFile.ContentLength;
        string oldFileName = Path.GetFileNameWithoutExtension(fuFile.PostedFile.FileName);
        //创建基于时间的文件名称
        string fileName = AjaxInstantMessagingSystem.CreateDateTimeString();
        string extension = Path.GetExtension(fuFile.PostedFile.FileName);
        //构建保存文件位置的路径
        string url = "Files/" + fileName + extension;
        //映射为物理路径
        string fullPath = Server.MapPath(url);
        //判断文件是否存在
        if(System.IO.File.Exists(fullPath) == true)
        {
            lbMessage.Text = "上传的文件已经存在,请重新选择文件!";
            return;
        }
        try
        {   //上传文件
            fuFile.SaveAs(fullPath);
            ASPNETAJAXWeb.AjaxInstantMessaging.File file = new ASPNETAJAXWeb.AjaxInstantMessaging.File();
            //添加到数据库中
            if(file.AddFile(oldFileName,userID,fellowID,url,type,size) > 0)
            {
                lbMessage.Text = "恭喜您,发送文件(" + oldFileName + ")给团队" + lbUsername.Text + "成功。";
            }
        }
        catch(Exception ex)
        {   //显示错误信息
            lbMessage.Text = "上传文件错误,错误原因为:" + ex.Message;
            return;
        }
    }
}
```

8.9 项目调试

知识点讲解:光盘\视频讲解\第 8 章\项目调试.avi

系统登录表单界面效果如图 8-3 所示。
系统主页的显示效果如图 8-4 所示。
系统在线交流界面的效果如图 8-5 所示。

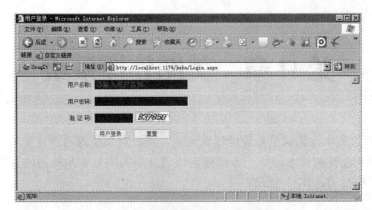

图 8-3　系统登录表单界面效果图

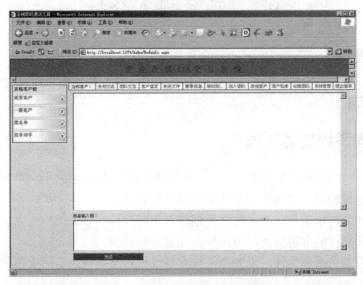

图 8-4　系统主页的显示效果图

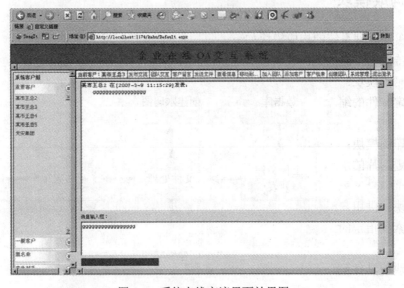

图 8-5　系统在线交流界面效果图

第 9 章 美图处理系统

在 Web 系统开发过程中,为满足系统的特殊需要,需要对系统内的图片和文件进行特殊处理。例如,常见的文件上传和创建图片水印等。本章将向读者介绍美图处理系统的运行流程,并通过具体的实例来讲解美图处理项目的具体实现过程。

9.1 项目规划分析

> 知识点讲解:光盘\视频讲解\第 9 章\项目规划分析.avi

美图处理系统是一个综合性的系统,不仅涉及简单的文件上传模块,而且会涉及上传图片等特殊处理知识和数据库知识。

9.1.1 美图处理系统功能原理

Web 站点的用户美图处理系统比较简单,一个完整的美图处理系统的必备功能如下:
(1)预先设置处理表单,实现指定文件格式的上传处理。
(2)为确保文件的版权信息,为上传文件创建水印图片。
(3)为减少上传文件的占用空间,为上传文件创建缩略图。
(4)为方便用户浏览系统文件,设置专用检索系统来迅速查找指定的上传文件。

9.1.2 系统构成模块

一个典型的美图处理系统的构成模块如下。
- 文件上传模块:提供上传表单,实现指定文件的上传处理。
- 创建缩略图模块:创建指定文件的缩略图。
- 创建水印图模块:创建指定图片的水印图。
- 搜索模块:供用户迅速检索到指定的文件。

上述应用模块的具体运行流程如图 9-1 所示。

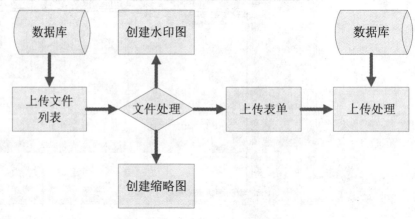

图 9-1 美图处理系统运行流程图

9.1.3 规划项目文件

新建文件夹 Tuwen 和 data 来保存项目的实现文件，其中，文件夹 Tuwen 用于保存系统的项目文件，而文件夹 data 用于保存系统的数据库文件。然后预先规划了各个构成模块的实现文件，具体说明分别如下。

- ☑ 系统配置文件：功能是对项目程序进行总体配置。
- ☑ 系统设置文件：功能是对项目程序进行总体设置。
- ☑ 数据库文件：功能是搭建系统数据库平台，保存系统内上传文件的数据。
- ☑ 系统文件列表：功能是将系统内的上传文件以列表样式显示出来。
- ☑ 上传处理模块文件：功能是提供图片上传表单，将指定图片上传到指定位置，包括上传表单文件和上传处理文件。
- ☑ 验证码处理文件：功能是提供验证码显示效果，具体可以通过两种方式实现。
- ☑ 创建缩略图模块文件：功能是创建指定图片的缩略图。
- ☑ 创建水印图模块文件：功能是创建指定图片的水印图。

上述项目文件在 Visual Studio 2012 资源管理器中的效果如图 9-2 所示。

图 9-2 实例资源管理器效果图

9.2 实现系统配置文件

📀 **知识点讲解**：光盘\视频讲解\第 9 章\实现系统配置文件.avi

配置文件 Web.config 的主要功能是设置数据库的连接参数，并配置了系统与 Ajax 服务器的相关内容。

1．配置连接字符串参数

配置连接字符串参数即设置系统程序连接数据库的参数，其对应实现代码如下：

```
<connectionStrings>
        <add name="SQLCONNECTIONSTRING" connectionString="data source=AAA;user id=sa;pwd=666888;database=tuwen" providerName="System.Data.SqlClient"/>
</connectionStrings>
```

其中，source 设置连接的数据库服务器；user id 和 pwd 分别指定数据库的登录名和密码；database 设置连接数据库的名称。

2．配置 Ajax 服务器参数

配置 Ajax 服务器参数即配置 Ajax Control Toolkit 程序集参数，为 AjaxControlToolkit.dll 程序集提供了一个前缀字符串 AjaxControlToolkit。这样，系统页面在引用 AjaxControlToolkit.dll 中的控件时，

不需要额外添加<Register>代码。上述功能在<controls>元素内的对应实现代码如下：

```
<pages>
    <controls>
      <add namespace="AjaxControlToolkit" assembly="AjaxControlToolkit" tagPrefix="ajaxToolkit"/>
      <add tagPrefix="asp" namespace="System.Web.UI" assembly="System.Web.Extensions, Version=1.0.61025.0, Culture=neutral, PublicKeyToken=31bf3856ad364e35"/>
    </controls>
</pages>
```

3. 系统设置文件

本实例的系统设置文件是 ASPNETAJAXWeb.cs，其主要功能是设置系统内数据函数的参数，即上传文件的存放目录、缩略图的存放目录、水印图的存放目录，创建缩略图的宽度和高度，每次上传文件的数量限制，允许上传文件类型的限制以及允许上传图片类型的限制。

文件 ASPNETAJAXWeb.cs 的主要代码如下：

```csharp
namespace ASPNETAJAXWeb.AjaxFileImage
{
    public class AjaxFileImageSystem
    {
        //存放文件的地址
        public const string STOREFILEPATH = "Files/";
        //存放缩略图的地址
        public const string STORETHUMBIMAGEPATH = "SuoImages/";
        //存放水印图片的地址
        public const string STROEWATERMARKIMAGEPATH = "ShuiImages/";
        //缩略图的默认宽度
        public const int THUMBWIDTH = 200;
        public const int THUMBHEIGHT = 150;
        //每次最大上传文件的数量
        public const int MAXFILECOUNT = 10;
        //允许上传的文件类型
        public static string[] ALLOWFILELIST = new string[]{
            ".ani",".arj",".avi",".awd",
            ".bak",".bas",".bin",".cab",
            ".cpx",".dbf",".dll",".doc",
            ".dwg",".fon",".gb",".gz",
            ".hqx",".htm",".html",".js",
            ".lnk",".m3u",".mp3",".mpeg",
            ".mpg",".njx",".pcb",".pdf",
            ".ppt",".ps",".psd",".pub",
            ".qt",".ram",".rar",".sch",".scr",
            ".sit",".swf",".sys",".tar",".tmp",
            ".ttf",".txt",".vbs",".viv",".vqf",
            ".wav",".wk1",".wq1",".wri",".xls",
            ".zip",".bmp",".cur",".gif",".ico",
            ".jpg",".jpeg",".mht",".pdf",".png"
        };
        //允许上传的图像类型
        public static string[] ALLOWIMAGELIST = new string[]{
```

```
                ".bmp",".cur",".gif",".ico",".jpg",".jpeg",".png"
            };
...
//缩略图的缩放方式
    public enum ThumbMode
    {
        FixedWidth = 0,                    //指定缩略图的宽度
        FixedHeight = 1,                   //指定缩略图的高度
        FixedWidthHeight = 2,              //指定缩略图的宽度和高度
        FixedRatio = 3                     //指定缩略图与原图的比率
    }
```

> **注意**：在上述设置文件中，可以根据个人需要对各参数进行随意修改。例如，缩略图的大小，各种上传文件的保存路径，各种处理文件的保存路径，上传文件的格式、大小限制等。

9.3 搭建数据库

知识点讲解：光盘\视频讲解\第 9 章\搭建数据库.avi

本系统采用 SQL Server 2005 数据库，数据库名为 tuwen。在库内只有一个表 File，其具体设计结构如表 9-1 所示。

表 9-1 系统上传数据信息表（File）

字 段 名 称	数 据 类 型	是 否 主 键	默 认 值	功 能 描 述
ID	int	是	递增 1	编号
Title	varchar(200)	否	Null	用户名
Url	varchar(255)	否	Null	密码
Type	varchar(50)	否	Null	标识状态
Size	int	否	Null	大小
CreateDate	datetime	否	Null	时间

9.4 实现数据访问层

知识点讲解：光盘\视频讲解\第 9 章\实现数据访问层.avi

本系统应用程序的数据库访问层由文件 ssssss.cs 实现，其主要功能是在 ASPNETAJAXWeb.Ajax FileImage 空间内建立 FileImage 类，并实现对上传文件在数据库中的处理。

9.4.1 定义 FileImage 类

本功能模块的数据访问层功能由文件 User.cs 实现，其主要功能是在 ASPNETAJAXWeb.AjaxInstant Messaging 空间内建立 UserInfo 类和 User 类，并定义多个方法实现对数据库中用户数据的处理。在文件 Product.cs 中，与用户登录验证模块相关的方法如下。

定义 FileImage 类的实现代码如下：

```csharp
using System;
using System.Data;
using System.Configuration;
using System.Data.SqlClient;
namespace ASPNETAJAXWeb.AjaxFileImage
{
    public class FileImage
    {
        public FileImage()
        {
            ...
        }
```

9.4.2 获取上传文件信息

获取上传文件信息即获取系统库内已上传的文件信息，此功能是由方法 GetFiles()实现的。其具体实现流程如下：

（1）从系统配置文件 Web.config 内获取数据库连接参数，并将其保存在 connectionString 内。
（2）使用连接字符串创建 con 对象，实现数据库连接。
（3）新建获取数据库数据的 SQL 查询语句。
（4）创建获取数据的对象 da。
（5）打开数据库连接，获取查询数据。
（6）将获取的查询结果保存在 ds 中，并返回 ds。

上述功能的对应实现代码如下：

```csharp
public DataSet GetFiles()
        {
            //获取连接字符串
            string connectionString = ConfigurationManager.ConnectionStrings["SQLCONNECTIONSTRING"].ConnectionString;
            //创建连接
            SqlConnection con = new SqlConnection(connectionString);
            //创建 SQL 语句
            string cmdText = "SELECT * FROM [File]";
            SqlDataAdapter da = new SqlDataAdapter(cmdText,con);
            //定义 DataSet
            DataSet ds = new DataSet();
            try
            {
                con.Open();
                //填充数据
                da.Fill(ds,"DataTable");
            }
            catch(Exception ex)
            {
                //抛出异常
                throw new Exception(ex.Message,ex);
            }
```

```
            finally
            {   //关闭连接
                con.Close();
            }
            return ds;
        }
```

9.4.3 添加上传文件信息

添加上传文件信息即将新上传的文件添加到系统库中,此功能是由方法 AddFile(string title,string url, string type,int size)实现的。其具体实现流程如下:

（1）从系统配置文件 Web.config 内获取数据库连接参数,并将其保存在 connectionString 内。
（2）使用连接字符串创建 con 对象,实现数据库连接。
（3）使用 SQL 添加语句,然后创建 cmd 对象准备插入操作。
（4）打开数据库连接,执行新数据插入操作。
（5）将数据插入操作所涉及的行数保存在 result 中。
（6）插入成功则返回 result 值,失败则返回-1。

上述功能的对应实现代码如下:

```
public int AddFile(string title,string url,string type,int size)
        {   //获取连接字符串
            string connectionString = ConfigurationManager.ConnectionStrings["SQLCONNECTIONSTRING"].ConnectionString;
            SqlConnection con = new SqlConnection(connectionString);
            //创建 SQL 语句
            string cmdText = "INSERT INTO [File](Title,Url,[Type],[Size],CreateDate)VALUES(@Title,@Url,@Type,@Size,GETDATE())";
            //创建 SqlCommand
            SqlCommand cmd = new SqlCommand(cmdText,con);
            //创建参数并赋值
            cmd.Parameters.Add("@Title",SqlDbType.VarChar,200);
            cmd.Parameters.Add("@Url",SqlDbType.VarChar,255);
            cmd.Parameters.Add("@Type",SqlDbType.VarChar,50);
            cmd.Parameters.Add("@Size",SqlDbType.Int,4);
            cmd.Parameters[0].Value = title;
            cmd.Parameters[1].Value = url;
            cmd.Parameters[2].Value = type;
            cmd.Parameters[3].Value = size;
            int result = -1;
            try
            {
                con.Open();
                result = cmd.ExecuteNonQuery();
            }
            catch(Exception ex)
            {   //抛出异常
                throw new Exception(ex.Message,ex);
            }
```

```
            finally
            {       //关闭连接
                    con.Close();
            }
            return result;
        }
```

9.4.4 删除上传文件信息

删除上传文件信息即将系统内已上传的文件从系统库中删除，此功能是由方法 DeleteFile(int fileID) 实现的。其具体实现流程如下：

（1）从系统配置文件 Web.config 内获取数据库连接参数，并将其保存在 connectionString 内。
（2）使用连接字符串创建 con 对象，实现数据库连接。
（3）使用 SQL 删除语句，然后创建 cmd 对象准备删除操作。
（4）打开数据库连接，执行新数据删除操作。
（5）将数据删除操作所涉及的行数保存在 result 中。
（6）删除成功则返回 result 值，失败则返回-1。

上述功能的对应实现代码如下：

```
public int DeleteFile(int fileID)
{
    string connectionString = ConfigurationManager.ConnectionStrings["SQLCONNECTIONSTRING"].ConnectionString;
    SqlConnection con = new SqlConnection(connectionString);
    //创建 SQL 语句
    string cmdText = "DELETE [File] WHERE ID = @ID";
    SqlCommand cmd = new SqlCommand(cmdText,con);
    //创建参数并赋值
    cmd.Parameters.Add("@ID",SqlDbType.Int,4);
    cmd.Parameters[0].Value = fileID;
    int result = -1;
    try
    {
        con.Open();
        //操作数据
        result = cmd.ExecuteNonQuery();
    }
    catch(Exception ex)
    {   //抛出异常
        throw new Exception(ex.Message,ex);
    }
    finally
    {   //关闭连接
        con.Close();
    }
    return result;
}
```

9.5 列表显示系统文件

知识点讲解：光盘\视频讲解\第 9 章\列表显示系统文件.avi

列表显示系统文件模块的功能是将系统库内存在的上传文件以列表的样式显示出来。上述功能是由文件 Default.aspx 和 Default.aspx.cs 实现的。

9.5.1 列表显示页面

文件 Default.aspx 的功能是插入专用控件将系统内数据读取并显示出来。其具体实现流程如下：

（1）插入一个 GridView 控件，以列表样式显示库内的数据。
（2）插入两个 ImageButton 控件分别作为缩略图和水印图的激活按钮。
（3）调用 Ajax 程序集内的 HoverMenuExtender 控件，实现动态显示缩略图功能。
（4）调用 Ajax 程序集内的 HoverMenuExtender 控件，通过 CreateWatermarkImage 实现动态显示水印图功能。

9.5.2 列表处理页面

文件 Default.aspx.cs 的功能是获取并显示系统库内的数据，然后根据用户激活按钮进行相应的重定向处理。其具体实现流程如下：

（1）定义 BindPageData，获取并显示库内数据。
（2）定义 gvFile_PageIndexChanging，设置新页面并绑定数据。
（3）定义 FormatImageButtonVisible，对获取地址进行判断处理。
（4）定义 gvFile_RowCommand，根据用户需求进行页面重定向处理。

上述操作的运行流程如图 9-3 所示。

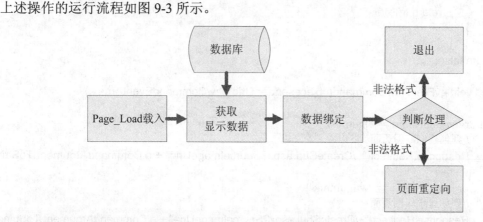

图 9-3　列表处理流程图

文件 Default.aspx.cs 的主要代码如下：

```
//引入新的命名空间
using ASPNETAJAXWeb.AjaxFileImage;
public partial class Default : System.Web.UI.Page
```

```csharp
{
    protected void Page_Load(object sender, EventArgs e)
    {
        if(!Page.IsPostBack)
        {
            BindPageData();
        }
    }
    private void BindPageData()
    {
        //获取数据
        FileImage file = new FileImage();
        DataSet ds = file.GetFiles();
        //显示数据
        gvFile.DataSource = ds;
        gvFile.DataBind();
    }
    protected void gvFile_PageIndexChanging(object sender,GridViewPageEventArgs e)
    {
        gvFile.PageIndex = e.NewPageIndex;
        BindPageData();
    }
    protected bool FormatImageButtonVisible(string url)
    {
        //判断 URL 是否为空
        if(string.IsNullOrEmpty(url) == true) return false;
        //获取文件扩展名
        string extension = url.Substring(url.LastIndexOf("."));
        //判断文件是否为图像
        foreach(string ext in AjaxFileImageSystem.ALLOWIMAGELIST)
        {
            if(extension.ToLower() == ext.ToLower())
            {
                return true;
            }
        }
        return false;
    }
    protected void gvFile_RowCommand(object sender,GridViewCommandEventArgs e)
    {
        if(e.CommandName == "thumb")
        {   //到创建缩略图页面
            Response.Redirect("~/CreateSuo.aspx?SourceImageUrl=" + e.CommandArgument.ToString());
        }
        if(e.CommandName == "watermark")
        {   //到创建水印图页面
            Response.Redirect("~/CreateShui.aspx?SourceImageUrl=" + e.CommandArgument.ToString());
        }
    }
    protected void gvFile_SelectedIndexChanged(object sender, EventArgs e)
    {
    }
}
```

上述列表模块页面设计完毕后，最终显示效果为页面载入后将首先按照指定样式显示系统文件列表，如图9-4所示；当鼠标指针置于某图片文件后的缩略图图标上时，将动态显示此图片的缩略图，如图9-5所示；当鼠标指针置于某图片文件后的水印图图标上时，将动态显示此图片的水印图，如图9-6所示。

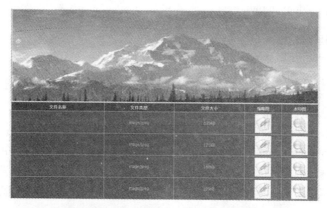

图9-4 系统文件列表页面

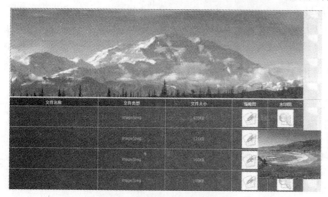

图9-5 动态显示缩略图

图9-6 动态显示水印图

9.6 创建缩略图模块

知识点讲解：光盘\视频讲解\第9章\创建缩略图模块.avi

创建缩略图模块功能的实现文件是 CreateSuo.aspx 和 CreateSuo.aspx.cs。其中，文件 CreateSuo.aspx 是一个中间页面，其功能是调用缩略处理文件 CreateSuo.aspx.cs；文件 CreateSuo.aspx.cs 的功能是创建系统内指定图片的缩略图。创建系统图片缩略图的实现流程如下：

（1）单击列表页面中的图标，应用程序进行页面重定向处理。
（2）激活页面 CreateSuo.aspx.cs，引入命名空间 Drawing 和 AjaxFileImage。
（3）载入 Page_Load，进行初始化处理，获取源图文件的地址，并保存在 url 中。
（4）根据 url 创建缩略图的保存地址。
（5）调用函数 CreateThumbImage() 创建图片的缩略图。

文件 CreateSuo.aspx.cs 的主要代码如下：

```csharp
//引入新的命名空间
using System.Drawing;
using ASPNETAJAXWeb.AjaxFileImage;
public partial class CreateThumb : System.Web.UI.Page
{
    private string url = string.Empty;
    protected void Page_Load(object sender, EventArgs e)
    {
        //获取被创建缩略图图像的地址
        if(Request.Params["SourceImageUrl"] != null)
        {
            url = Request.Params["SourceImageUrl"].ToString();
        }
        if(string.IsNullOrEmpty(url) == true)return;
        //设置源图和缩略图的地址
        string sourcePath = Server.MapPath(AjaxFileImageSystem.STOREFILEPATH + url);
        string thumbUrl = AjaxFileImageSystem.STORETHUMBIMAGEPATH + url;
        string thumbPath = Server.MapPath(thumbUrl);
        //创建缩略图
        CreateThumbImage(sourcePath,thumbPath,
            AjaxFileImageSystem.THUMBWIDTH,
            AjaxFileImageSystem.THUMBHEIGHT,
            ThumbMode.FixedRatio);
        //输出缩略图的信息
        Response.Write("创建图像（" + url + "）的缩略图成功，保存文件：" + thumbUrl + "<br />");
        //显示缩略图片
        imgThumb.ImageUrl = thumbUrl;
    }
    //创建缩略图
    private void CreateThumbImage(string sourcePath,string thumbPath,int width,int height,
        ThumbMode mode)
    {
        Image sourceImage = Image.FromFile(sourcePath);
        //原始图片的宽度和高度
        int sw = sourceImage.Width;
        int sh = sourceImage.Height;
        //缩略图的高度和宽度
        int tw = width;
        int th = height;
        int x = 0,y = 0;
        switch(mode)
        {
            case ThumbMode.FixedWidth:        //指定缩略图的宽度，计算缩略图的高度
                th = sourceImage.Height * width / sourceImage.Width;
                break;
            case ThumbMode.FixedHeight:       //指定缩略图的高度，计算缩略图的宽度
                tw = sourceImage.Width * height / sourceImage.Height;
                break;
            case ThumbMode.FixedWidthHeight:  //指定缩略图的宽度和高度
                break;
            case ThumbMode.FixedRatio:        //指定缩略图的比率，计算缩略图的宽度和高度
                if((double)sw / tw > (double)sh / th)
```

```
                {    //重新计算缩略图的高度
                     tw = width;
                     th = height * (sh * tw) / (th * sw);
                }
                else
                {    //重新计算缩略图的宽度
                     tw = width * th * sw / (sh * tw);
                     th = height;
                }
                break;
        default:
                break;
    }
    //根据缩略图的大小创建一个新的 BMP 图片
    System.Drawing.Image bitmap = new System.Drawing.Bitmap(tw,th);
    System.Drawing.Graphics g = System.Drawing.Graphics.FromImage(bitmap);
    g.InterpolationMode = System.Drawing.Drawing2D.InterpolationMode.High;
    g.SmoothingMode = System.Drawing.Drawing2D.SmoothingMode.HighQuality;
    g.Clear(System.Drawing.Color.Transparent);
    //创建缩略图
    g.DrawImage(
        sourceImage,
        new System.Drawing.Rectangle(0,0,tw,th),
        new System.Drawing.Rectangle(0,0,sw,sh),
        System.Drawing.GraphicsUnit.Pixel);
    try
    {    //保存缩略图
        bitmap.Save(thumbPath,sourceImage.RawFormat);
    }
    catch(Exception ex)
    {
        throw new Exception(ex.Message);
    }
    finally
    {    //释放资源
        sourceImage.Dispose();
        bitmap.Dispose();
        g.Dispose();
    }
  }
}
```

创建缩略图成功后的显示效果如图9-7所示。

函数 CreateThumbImage()的实现过程比较复杂，具体流程如下：

（1）根据 sourcePath 导入源图，并获取源图的高度和宽度。

（2）根据缩放方式设置缩略图的大小。

（3）设置缩略图大小的值后，根据值创建一张缩略图。

（4）设置缩略图的高质量插值法和平滑模式。

（5）清空画布颜色，并设置背景为透明。

（6）开始绘制缩略图，并将绘制后的缩略图保存在 SuoImages 文件夹内。

上述操作的运行流程如图 9-8 所示。

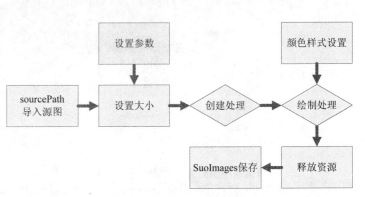

图 9-7 缩略图创建成功效果图　　　　图 9-8 绘制处理流程图

缩略图的设置参数保存在文件 ASPNETAJAXWeb.cs 内。

9.7 为图片创建水印

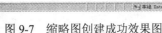知识点讲解：光盘\视频讲解\第 9 章\为图片创建水印.avi

为图片创建水印功能是由如下两个文件实现的：
- ☑ 文件 CreateShui.aspx。
- ☑ 文件 CreateShui.aspx.cs。

其中，文件 CreateShui.aspx 是一个中间页面，其功能是调用水印处理文件 CreateSuo.aspx.cs；文件 CreateShui.aspx.cs 的功能是创建系统内指定图片的水印图。创建系统图片水印图的实现流程如下：

（1）单击列表页面中的 图标，应用程序进行页面重定向处理。
（2）激活页面 CreateShui.aspx.cs，引入命名空间 Drawing 和 AjaxFileImage。
（3）载入 Page_Load，进行初始化处理，获取源图文件的地址，并保存在 url 中。
（4）根据 url 创建水印图的保存地址。
（5）调用函数 CreateWatermarkImage()创建图片的水印图。

文件 CreateShui.aspx.cs 的主要代码如下：

```
//引入新的命名空间
using System.Drawing;
using ASPNETAJAXWeb.AjaxFileImage;
public partial class CreateWaterMark : System.Web.UI.Page
{
    private string url = string.Empty;
    protected void Page_Load(object sender,EventArgs e)
    {
        //获取被创建水印图图像的地址
        if(Request.Params["SourceImageUrl"] != null)
        {
            url = Request.Params["SourceImageUrl"].ToString();
```

```csharp
        if(string.IsNullOrEmpty(url) == true) return;
        //设置源图和水印图的地址
        string sourcePath = Server.MapPath(AjaxFileImageSystem.STOREFILEPATH + url);
        string watermarkUrl = AjaxFileImageSystem.STROEWATERMARKIMAGEPATH + url;
        string watermarkPath = Server.MapPath(watermarkUrl);
        int startIndex = url.IndexOf("/") + 1;
        int endIndex = url.LastIndexOf(".");
        string watermark = url.Substring(startIndex,endIndex - startIndex);
        //创建水印图
        CreateWatermarkImage(sourcePath,watermarkPath,watermark);
        //输出水印图的信息
        Response.Write("创建图像(" + url + ")的水印图成功,保存文件:" + watermarkUrl + "<br />");
        //显示水印图片
        imgWatermark.ImageUrl = watermarkUrl;
    }
    //创建水印图
    private void CreateWatermarkImage(string sourcePath,string watermarkPath,string watermark)
    {
        Image sourceImage = Image.FromFile(sourcePath);
        //根据源图的大小创建一个新的 BMP 图片
        Image watermarkImage = new Bitmap(sourceImage.Width,sourceImage.Height);
        Graphics g = Graphics.FromImage(watermarkImage);
        g.InterpolationMode = System.Drawing.Drawing2D.InterpolationMode.High;
        g.SmoothingMode = System.Drawing.Drawing2D.SmoothingMode.HighQuality;
        g.Clear(System.Drawing.Color.Transparent);
        g.DrawImage(sourceImage,
            new System.Drawing.Rectangle(0,0,sourceImage.Width,sourceImage.Height),
            new System.Drawing.Rectangle(0,0,sourceImage.Width,sourceImage.Height),
            System.Drawing.GraphicsUnit.Pixel);
        Font font = new Font("宋体",48f,FontStyle.Bold);
        Brush brush = new SolidBrush(Color.Red);
        g.DrawString(watermark,font,brush,50,50);
try
        {   //保存水印图,其格式和源图格式相同
            watermarkImage.Save(watermarkPath,sourceImage.RawFormat);
        }
        catch(Exception ex)
        {
            throw new Exception(ex.Message);
        }
        finally
        {   //释放资源
            sourceImage.Dispose();
            watermarkImage.Dispose();
            g.Dispose();
        }
    }
}
```

创建水印图成功后的显示效果如图 9-9 所示。

在本模块功能中,函数 CreateWatermarkImage()是文件 CreateShui.aspx.cs 的核心,其各参数的含义说明如下。

- ☑ 参数 sourcePath：源图的物理路径。
- ☑ 参数 watermarkPath：保存水印图的物理路径。
- ☑ 参数 watermark：显示的水印文字。

函数 CreateWatermarkImage()的实现过程比较复杂，具体流程如下：

（1）根据 sourcePath 参数的源图地址导入源图。
（2）根据源图大小创建和源图相同大小的水印图。
（3）设置水印图的高质量插值法和平滑模式。
（4）清空画布颜色，并设置背景为透明。
（5）开始绘制水印图，并将绘制后的缩略图保存在 ShuiImages 文件夹内。
（6）释放所占用的系统资源。

上述操作的运行流程如图 9-10 所示。

图 9-9　绘制处理流程图

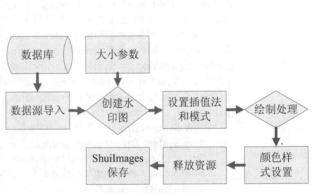

图 9-10　绘制处理流程图

创建的缩略图或水印图的名称是数字字符串的格式，是函数 CreateDateTimeString()根据时间创建的动态字符串。

9.8　文件上传处理

知识点讲解：光盘\视频讲解\第 9 章\文件上传处理.avi

所谓文件上传，是指将用户指定的文件上传到系统中，并将上传文件的数据保存到系统库中。由此可见，上传处理也需要数据库这个中间媒介的参与。本项目的文件上传功能由如下两部分构成：

- ☑ 多文件上传处理模块。
- ☑ 文件自动上传处理模块。

9.8.1　多文件上传处理

多文件上传处理是指能够在页面的上传表单内同时选择多个文件进行上传处理。本实例的多文件上传处理功能的实现流程如图 9-11 所示。

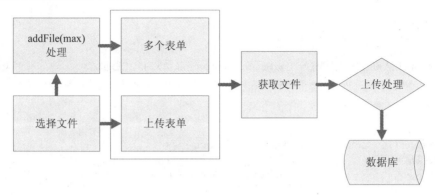

图 9-11　多文件上传处理流程图

上述处理流程的实现文件如下。

☑　上传表单文件：UploadBiaodan.aspx。

☑　上传处理文件：Uploadchuli.aspx.cs。

1．上传表单文件

上传表单文件 UploadBiaodan.aspx 的功能是提供文件上传表单，供用户选择要上传的文件，包括多个上传文件选择。其具体实现流程如下：

（1）设置上传文件选择文本框。

（2）设置文件选择激活按钮——"浏览"按钮。

（3）调用验证码文件显示验证码。

（4）插入"提交"处理按钮，单击后开始上传文本框内的文件。

（5）插入一个 button 控件，激活新增文件处理函数 addFile(max)。

注意：当单击"新增一个文件"按钮后，会自动增加一个上传文件选择框，但并不是无限增加的，增加的个数受系统的设置文件的限制。限制个数在文件ASPNETAJAXWeb.cs中定义，设置参数为 MAXFILECOUNT。

2．上传处理文件

上传处理文件 Uploadchuli.aspx.cs 的功能是将用户选择的文件上传到系统内的指定位置，并将文件数据添加到系统库中。其具体实现流程如下：

（1）引入命名空间，定义变量并控制同时最多上传文件的数量。

（2）激活 btnCommit_Click 事件，开始进行上传处理。

（3）验证码判定，如果非法则停止处理事件。

（4）获取被上传文件列表，并依次处理列表中的文件。

（5）判断用户是否选择上传文件，如果没有选择则停止事件处理。

（6）获取上传文件数据，并判断类型是否合法。

（7）创建时间格式的文件名称，并保存其具体的物理路径。

（8）使用 AddFile()将文件数据添加到系统库中。

文件 Uploadchuli.aspx.cs 的主要代码如下：

```csharp
using System.IO;
public partial class UploadFiles : System.Web.UI.Page
{
    protected int MAXFILECOUNT = AjaxFileImageSystem.MAXFILECOUNT;
    protected void Page_Load(object sender,EventArgs e)
    {
        ...
    }
    protected void btnCommit_Click(object sender,EventArgs e)
    {
        //判断验证码
        if(Session[ValidateCode.VALIDATECODEKEY] == null)return;
        //验证码是否相等
        if(tbCode.Text != Session[ValidateCode.VALIDATECODEKEY].ToString())
        {
            lbMessage.Text = "验证码输入错误，请重新输入。";
            return;
        }
        //获取上传文件的列表
        HttpFileCollection fileList = HttpContext.Current.Request.Files;
        if(fileList == null) return;
        FileImage file = new FileImage();
        try
        {   //上传文件列表中的文件
            for(int i = 0; i < fileList.Count; i++)
            {   //获取当前上传的文件
                HttpPostedFile postedFile = fileList[i];
                if(postedFile == null) continue;
                //获取上传文件的名称
                string fileName = Path.GetFileNameWithoutExtension(postedFile.FileName);
                string extension = Path.GetExtension(postedFile.FileName);
                if(string.IsNullOrEmpty(extension) == true) continue;
                //判断文件是否合法
                bool isAllow = false;
                foreach(string ext in AjaxFileImageSystem.ALLOWFILELIST)
                {
                    if(ext == extension.ToLower())
                    {
                        isAllow = true;
                        break;
                    }
                }
                if(isAllow == false) continue;
                string timeFilename = AjaxFileImageSystem.CreateDateTimeString();
                string storeUrl = timeFilename + extension;
                string url = AjaxFileImageSystem.STOREFILEPATH + storeUrl;
                string fullPath = Server.MapPath(url);
                postedFile.SaveAs(fullPath);
                file.AddFile(fileName,storeUrl,postedFile.ContentType,postedFile.ContentLength);
            }
        }
```

```
        catch(Exception ex)
        {            lbMessage.Text = "上传文件错误,错误原因为:" + ex.Message;
            return;
        }
        Response.Redirect("~/Default.aspx");
    }
}
```

9.8.2 文件自动上传处理

文件自动上传处理是指当在页面的上传表单内选择上传文件后,不用使用激活按钮即可自动实现上传处理。本实例的文件自动上传处理功能的实现流程如图 9-12 所示。

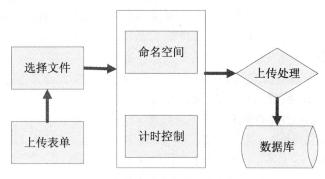

图 9-12 文件自动上传处理流程图

上述处理流程的实现文件如下。
- ☑ 上传表单文件:AutoUploadFile.aspx。
- ☑ 上传表单处理文件:AutoUploadFile.aspx.cs。
- ☑ 上传框架文件:AutoUploadIFrame.aspx。
- ☑ 上传框架处理文件:AutoUploadIFrame.aspx.cs。

1. 上传表单文件

上传表单文件 AutoUploadFile.aspx 的功能是调用 iframe 控件来显示系统上传表单。

2. 上传框架文件

上传框架文件 AutoUploadIFrame.aspx 的功能是显示系统的文件上传表单。其具体实现流程如下:
(1)分别插入 FileUpload 控件和 Label 控件,显示系统上传表单。
(2)插入一个 Timer 控件,设置 5s 内执行一次事件 chuli。

3. 上传表单处理文件

上传表单处理文件 AutoUploadFile.aspx.cs 的功能是引入类 AutoUploadFile,通过 Page_Load 载入页面。其具体实现代码如下:

```
using System.Web.UI;
using System.Web.UI.WebControls;
using System.Web.UI.WebControls.WebParts;
```

```
using System.Web.UI.HtmlControls;
public partial class AutoUploadFile : System.Web.UI.Page
{
    protected void Page_Load(object sender, EventArgs e)
    {
    }
}
```

4．上传框架处理文件

上传框架处理文件 AutoUploadIFrame.aspx.cs 的功能是通过验证事件 chuli 的值进行表单内文件的上传处理。其具体实现流程如下：

（1）激活 chuli(object sender,EventArgs e)，判断表单内是否有上传数据，没有则停止处理。
（2）有数据则获取上传文件的数据，并分别保存在 fileName、type 和 size 中。
（3）创建时间格式的名称，获取上传文件的扩展名。
（4）判断上传文件类型是否合法，如果非法则停止事件。
（5）创建设置的保存路径文件夹，并映射物理路径。
（6）判断上传文件是否已经存在，如果已存在则停止事件。
（7）调用 fuAutoUploadFile()方法开始上传处理。
（8）使用 AddFile()方法将上传文件数据添加到系统库中。

文件 AutoUploadIFrame.aspx.cs 的具体实现代码如下：

```
//引入新的命名空间
using ASPNETAJAXWeb.AjaxFileImage;
using ASPNETAJAXWeb.ValidateCode.Page;
using System.IO;
public partial class AutoUploadIFramePage : System.Web.UI.Page
{
    protected void Page_Load(object sender, EventArgs e)
    {
    }
    protected void chuli(object sender,EventArgs e)
    {      //判断上传文件的内容是否为空
        if(fuAutoUploadFile.HasFile == false || fuAutoUploadFile.PostedFile.ContentLength <= 0)
        {
            lbMessage.Visible = false;
            return;
        }
        //获取上传文件的参数值
        string fileName = Path.GetFileNameWithoutExtension(fuAutoUploadFile.FileName);
        string type = fuAutoUploadFile.PostedFile.ContentType;
        int size = fuAutoUploadFile.PostedFile.ContentLength;
        //创建基于时间的文件名称
        string timeFilename = AjaxFileImageSystem.CreateDateTimeString();
        string extension = Path.GetExtension(fuAutoUploadFile.PostedFile.FileName);
        //判断文件是否合法
        bool isAllow = false;
        foreach(string ext in AjaxFileImageSystem.ALLOWFILELIST)
```

```
            {
                if(ext == extension.ToLower())
                {
                    isAllow = true;
                    break;
                }
            }
            if(isAllow == false) return;
            string storeUrl = timeFilename + extension;
            string url = AjaxFileImageSystem.STOREFILEPATH + storeUrl;
            string fullPath = Server.MapPath(url);
            if(File.Exists(fullPath) == true)
            {
                lbMessage.Text = "自动上传文件错误，错误原因为：\"上传的文件已经存在，请重新选择文件！\"";
                lbMessage.Visible = true;
                return;
            }
            try
            {
                fuAutoUploadFile.SaveAs(fullPath);
                FileImage file = new FileImage();
                //添加到库
                if(file.AddFile(fileName,storeUrl,type,size) > 0)
                {
                    lbMessage.Text = "恭喜您，自动上传文件，请妥善保管好您的文件。";
                    lbMessage.Visible = true;
                    return;
                }
            }
            catch(Exception ex)
            {   //显示错误信息
                lbMessage.Text = "自动上传文件错误，错误原因为：" + ex.Message;
                lbMessage.Visible = true;
                return;
            }
        }
}
```

上述模块文件执行后，将自动把表单内的数据上传到库中，并且迅速返回到原显示界面，如图9-13所示。

图9-13 上传成功后的显示效果图

9.9 项目总结——学习代码封装

知识点讲解：光盘\视频讲解\第 9 章\项目总结——学习代码封装.avi

在 ASP.NET 技术中，为了系统程序的安全，有时需要将重要的代码进行封装处理。下面以验证码文件为例，向读者介绍将类文件转换为程序集的方法。验证码文件转换为程序集的流程如下：

（1）在 Visual Studio 2012 中新建项目，选择模板为类库，命名为 ValidateCode，如图 9-14 所示。

图 9-14 新建类库

（2）修改文件 Class1.cs 名为 ValidateCode.cs，然后将文件 Yanzhengma.cs 的代码复制进来，如图 9-15 所示。

图 9-15 设置代码

（3）右击"解决方案资源管理器"中的 ValidateCode 项目，在弹出的快捷菜单中选择"属性"命令。

（4）在弹出的对话框中设置程序集名为 ASPNETAJAXWeb.ValidateCode，默认命名空间为 ASPNETAJAXWeb.ValidateCode.Page，如图 9-16 所示。

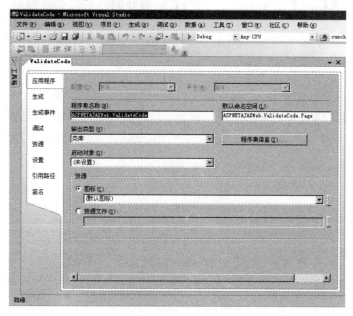

图 9-16　设置类库

经过上述步骤操作处理后，将在 ValidateCode\bin\Debug 文件夹内自动生成一个验证码程序集文件 ValidateCode.dll。读者可以将其复制到自己项目的 bin 文件夹内，然后将其引用。具体操作流程如下：

（1）将 ValidateCode.dll 复制到自己项目的 bin 文件夹内。

（2）将需要调用 ValidateCode.dll 的文件放在项目的根目录下，即和 bin 文件夹同级的目录。

（3）右击"解决方案资源管理器"中的 bin 节点，在弹出的快捷菜单中选择"添加引用"命令，如图 9-17 所示。

（4）在弹出的"添加引用"对话框中选择"浏览"选项卡，然后找到 bin 文件夹内的 ValidateCode.dll 文件，将其引用到项目中，如图 9-18 所示。

图 9-17　添加引用

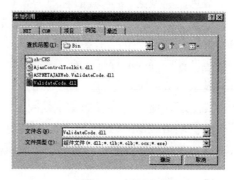

图 9-18　引用文件

第 10 章 56 同城信息网

当今世界进入信息社会，信息已经成为影响经济发展的最重要因素之一。信息是企业成败的关键因素，也是企业实现跨地区、跨行业、跨所有制，特别是跨国经营的重要前提。而电子商务作为一种新的商务运作模式，越来越受到企业的重视。本章通过开发一个电子商务网站——56同城信息网，介绍如何利用 ASP.NET+SQL Server 2005 快速开发一个供求信息平台，让读者了解 ASP.NET 技术在供求网站中的重要作用。

10.1 项目规划

知识点讲解：光盘\视频讲解\第 10 章\项目规划.avi

××公司是一家集数据通信、系统集成、电话增值服务于一体的高科技公司。公司为了扩大规模，增强企业的竞争力，决定向多元化方向发展，借助 Internet 在国内的快速发展，聚集部分资金投入网站建设，为企业和用户提供综合信息服务，以向企业提供有偿信息服务为盈利方式。例如，提供企业广告、发布招聘信息、寻求合作等服务方式。现委托第三方开发一个 56 同城信息网站。

10.1.1 需求分析

对于信息网站来说，用户的访问量是至关重要的。所以信息网站必须为用户提供大量的、免费的、有价值的信息才能够吸引用户。为此，网站不仅要为企业提供各种有偿服务，还需要额外为用户提供大量的无偿服务。通过与企业的实际接触和沟通，确定网站应包括招聘信息、求职信息、培训信息、公寓信息、家教信息、车辆信息、物品求购、物品出售、求兑出兑、寻求合作和企业广告等内容。

综合各种调查信息，典型的 56 同城信息网需要具有以下功能：
- ☑ 由于有些用户的计算机知识普遍偏低，因此要求系统具有良好的人机界面。
- ☑ 方便的供求信息查询，支持多条件和模糊查询。
- ☑ 前台与后台设计明确，并保证后台的安全性。
- ☑ 供求信息显示格式清晰，达到一目了然的效果。
- ☑ 用户不需要注册，便可免费发布供求信息。
- ☑ 免费发布的供求信息，后台必须审核后才能正式发布，避免不良信息。
- ☑ 由于供求信息数据量大，后台应该随时清理数据。

10.1.2 系统目标

根据需求分析的描述以及与用户的沟通，现制定网站实现目标如下：
- ☑ 灵活、快速地填写供求信息，使信息传递更快捷。

- ☑ 系统采用人机对话方式，界面美观友好，信息查询灵活、方便，数据存储安全可靠。
- ☑ 实现强大的后台审核功能。
- ☑ 功能强大的月供求统计分析。
- ☑ 实现各种查询功能，如定位查询、模糊查询等。
- ☑ 强大的供求信息预警功能，尽可能地减少供求信息未审核现象。
- ☑ 对用户输入的数据，系统进行严格的数据检验，尽可能排除人为的错误。
- ☑ 网站最大限度地实现了易维护性和易操作性。
- ☑ 界面简洁、框架清晰、美观大方。
- ☑ 为充分展现网站的交互性，56同城信息网采用动态网页技术实现用户信息在线发布。
- ☑ 充分体现用户对网站信息进行检举的权利。

10.1.3 网站功能结构

根据56同城信息网的特点，可以将其分为前台和后台两个部分设计。前台主要用于实现分类供求信息展示（主要类别：招聘信息、求职信息、培训信息、公寓信息、家教信息、物品求购、物品出售、求兑出兑、车辆信息、寻求合作、企业广告）、详细信息查看、供求信息查询、供求信息发布、推荐供求信息等功能；后台主要用于实现分类供求信息的审核与管理、收费分类供求信息发布与管理等功能。

56同城信息网的前台功能结构如图10-1所示，后台功能结构如图10-2所示。

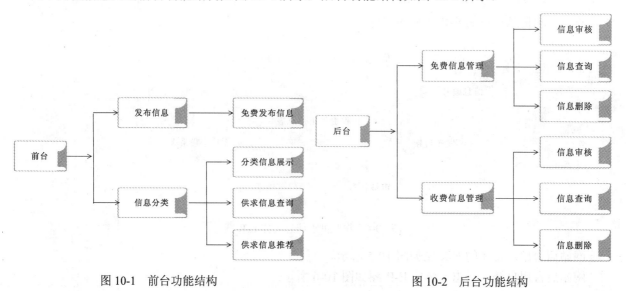

图10-1 前台功能结构　　　　　　　　图10-2 后台功能结构

10.2 搭建数据库

📹 **知识点讲解**：光盘\视频讲解\第10章\搭建数据库.avi

都说一个成功的管理系统，是由50%的业务+50%的软件所组成，而50%的成功软件又是由25%的数据库+25%的程序所组成，数据库设计的好坏是管理系统成功与否的一个关键。

本实例采用 SQL Server 2005 数据库，名称为 SIS，其中包含 4 张数据表。下面分别给出数据表概要说明、数据库 E-R 图分析及主要数据表的结构。

1. 数据库 E-R 图分析

根据前面对网站所作的需求分析、流程设计以及系统功能结构的确定，规划出满足用户需求的各种实体以及它们之间的关系图，本网站规划出的数据库实体对象分别为供求信息实体、收费供求信息实体、网站后台用户实体和网站后台用户登录日志实体。

供求信息实体的 E-R 图如图 10-3 所示。

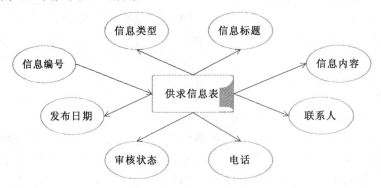

图 10-3　供求信息实体 E-R 图

收费供求信息实体的 E-R 图如图 10-4 所示。

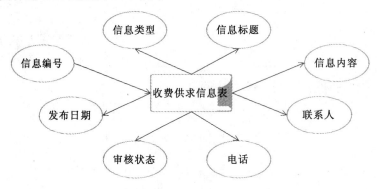

图 10-4　收费供求信息实体 E-R 图

网站后台用户实体的 E-R 图如图 10-5 所示。

网站后台用户登录日志实体的 E-R 图如图 10-6 所示。

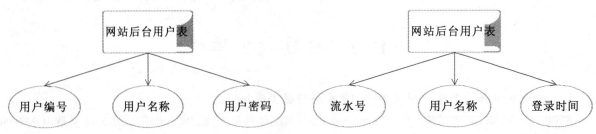

图 10-5　网站后台用户实体 E-R 图　　　　图 10-6　网站后台用户登录日志实体 E-R 图

2. 数据结构表

在设计完数据库实体 E-R 图之后，下面将根据实体 E-R 图设计数据表结构。

（1）tb_info：供求信息表，用于存储用户发布的免费供求信息。具体数据表结构如表 10-1 所示。

表 10-1 供求信息表

字 段 名 称	数 据 类 型	是 否 主 键	功 能 描 述
ID	int	是	编号
type	varchar(50)	否	信息类型
title	varchar(50)	否	信息标题
info	varchar(500)	否	信息内容
linkman	varchar(50)	否	大小
tel	varchar(50)	否	电话
checkState	bit	否	审核状态
date	datetime	否	时间

（2）tb_LeaguerInfo：收费供求信息表，用于存储收费供求信息和推荐供求信息。具体数据表结构如表 10-2 所示。

表 10-2 收费供求信息表

字 段 名 称	数 据 类 型	是 否 主 键	功 能 描 述
ID	int	是	编号
type	varchar(50)	否	信息类型
title	varchar(50)	否	信息标题
info	varchar(500)	否	信息内容
linkman	varchar(50)	否	大小
tel	varchar(50)	否	电话
showday	datetime	否	信息有效截止日期
date	datetime	否	发布日期
CheckState	bit	否	是否推荐

（3）tb_Power：网站后台用户表，用于存储网站后台用户的名称和密码。具体数据表结构如表 10-3 所示。

表 10-3 网站后台用户表

字 段 名 称	数 据 类 型	是 否 主 键	功 能 描 述
ID	int	是	编号
sysName	varchar(50)	否	用户名
sysPwd	varchar(50)	否	密码

（4）tb_PowerLog：网站后台用户登录日志表，用于存储网站后台用户进行登录时的用户名称和登录时间。具体数据表结构如表 10-4 所示。

表10-4 网站后台用户登录日志表

字 段 名 称	数 据 类 型	是 否 主 键	功 能 描 述
ID	int	是	编号
sysName	varchar(50)	否	用户名
sysLoginDate	varchar(50)	否	最近一次的登录时间

10.3 前期编码

知识点讲解：光盘\视频讲解\第10章\前期编码.avi

现在既有功能分析策划书，也有设计结构和规划的系统函数。有了这些资料，整个设计思路就十分清晰了，只需遵循规划书的方向，并参照规划函数即可轻松实现。

10.3.1 数据层功能设计

数据层设计主要实现逻辑业务层与SQL Server数据库建立一个连接访问桥。该层功能主要实现的方法为：打开/关闭数据库连接，执行数据的增、删、改、查等功能。此功能是通过文件DataBase.cs实现的，下面开始介绍此文件的实现流程。

1．打开数据库连接的Open()方法

建立数据库的连接，主要通过SqlConnection类实现，并初始化数据库连接字符串，然后通过State属性判断连接状态，如果数据库连接状态为关，则打开数据库连接。实现打开数据库连接的是Open()方法，具体代码如下：

```csharp
private SqlConnection con;    //创建连接对象
#region   打开数据库连接
//<summary>
//打开数据库连接
//</summary>
private void Open()
{
    //打开数据库连接
    if (con == null)
    {
        con = new SqlConnection("Data Source=APPLE-PC\\GUAN;DataBase=SIS;User ID=sa;PWD=666888");
    }
    if (con.State == System.Data.ConnectionState.Closed)
        con.Open();
}
#endregion
```

数据库连接有如下3个参数。

☑ SqlConnection 类：表示SQL Server数据库的一个打开的连接。
☑ State 属性：数据库连接状态。
☑ Open()方法：打开数据库连接。

2. 关闭数据库连接的 Close()方法

关闭数据库连接主要通过 SqlConnection 对象的 Close()方法来实现。自定义 Close()方法关闭数据库连接的代码如下：

```
#region   关闭连接
//<summary>
//关闭数据库连接
//</summary>
public void Close()
{
    if (con != null)
        con.Close();
}
#endregion
```

3. 释放数据库连接资源的 Dispose()方法

由于 DataBase 类使用 System.IDisposable 接口，IDisposable 接口声明了一个 Dispose()方法，所以应该完善 IDisposable 接口的 Dispose()方法，用来释放数据库连接资源。实现释放数据库连接资源的 Dispose()方法代码如下：

```
#region 释放数据库连接资源
//<summary>
//释放资源
//</summary>
public void Dispose()
{
    //确认连接是否已经关闭
    if (con != null)
    {
        con.Dispose();
        con = null;
    }
}
#endregion
```

4. 初始化 SqlParameter 参数值

本程序向数据库中读写数据是以参数形式实现的（与使用存储过程读写数据类似）。其中 MakeInParam()方法用于传入参数，MakeParam()方法用于转换参数。实现 MakeInParam()方法和 MakeParam()方法的完整代码如下：

```
#region    传入参数并且转换为 SqlParameter 类型
//<summary>
//转换参数
//</summary>
//<param name="ParamName">存储过程名称或命令文本</param>
//<param name="DbType">参数类型</param>
//<param name="Size">参数大小</param>
//<param name="Value">参数值</param>
```

```
//<returns>新的 Parameter 对象</returns>
public SqlParameter MakeInParam(string ParamName, SqlDbType DbType, int Size, object Value)
{
    return MakeParam(ParamName, DbType, Size, ParameterDirection.Input, Value);
}

//<summary>
//初始化参数值
//</summary>
//<param name="ParamName">存储过程名称或命令文本</param>
//<param name="DbType">参数类型</param>
//<param name="Size">参数大小</param>
//<param name="Direction">参数方向</param>
//<param name="Value">参数值</param>
//<returns>新的 parameter 对象</returns>
public SqlParameter MakeParam(string ParamName, SqlDbType DbType, Int32 Size, ParameterDirection Direction, object Value)
{
    SqlParameter param;

    if (Size > 0)
        param = new SqlParameter(ParamName, DbType, Size);
    else
        param = new SqlParameter(ParamName, DbType);

    param.Direction = Direction;
    if (!(Direction == ParameterDirection.Output && Value == null))
        param.Value = Value;
    return param;
}
#endregion
```

在此有如下 3 点说明。

- ☑ SqlParameter 类：用参数名称、SqlDbType、大小和源列名称初始化 SqlParameter 类的新实例。
- ☑ Direction 属性：获取或设置一个值，该参数值为只可输入、只可输出、双向或是存储过程返回值参数。
- ☑ Value 属性：获取或设置该参数的值。

5. 执行参数命令文本或 SQL 语句

RunProc()方法为可重载方法。其中，RunProc(string procName)方法主要用于执行简单的数据库添加、修改、删除等操作（例如，SQL 语句）；RunProc(string procName, SqlParameter[] prams)方法主要用于执行复杂的数据库添加、修改、删除等操作（带参数 SqlParameter 的命令文本的 SQL 语句）。实现可重载方法 RunProc()的完整代码如下：

```
#region    执行参数命令文本(无数据库中数据返回)
//<summary>
//执行命令
//</summary>
```

```csharp
//<param name="procName">命令文本</param>
//<param name="prams">参数对象</param>
//<returns></returns>
public int RunProc(string procName, SqlParameter[] prams)
{
    SqlCommand cmd = CreateCommand(procName, prams);
    cmd.ExecuteNonQuery();
    this.Close();
    //得到执行成功返回值
    return (int)cmd.Parameters["ReturnValue"].Value;
}
//<summary>
//直接执行 SQL 语句
//</summary>
//<param name="procName">命令文本</param>
//<returns></returns>
public int RunProc(string procName)
{
    this.Open();
    SqlCommand cmd = new SqlCommand(procName, con);
    cmd.ExecuteNonQuery();
    this.Close();
    return 1;
}
#endregion
```

在此有如下 3 点说明。

- ☑ ExecuteNonQuery()方法：对连接执行 Transact-SQL 语句并返回受影响的行数。
- ☑ this：this 关键字引用类的当前实例。
- ☑ SqlCommand 类：表示要对 SQL Server 数据库执行的一个 Transact-SQL 语句或存储过程。

6．执行查询命令文本，并且返回 DataSet 数据集

RunProcReturn()方法为可重载方法，返回值为 DataSet 类型。功能分别为执行带参数 SqlParameter 的命令文本，并返回查询 DataSet 结果集。下面代码中 RunProcReturn(string procName, SqlParameter[] prams, string tbName)方法主要用于执行带参数 SqlParameter 的查询命令文本；RunProcReturn(string procName, string tbName)用于直接执行查询 SQL 语句。可重载方法 RunProcReturn()的完整代码如下：

```csharp
#region    执行参数命令文本(有返回值)
//<summary>
//执行查询命令文本，并且返回 DataSet 数据集
//</summary>
//<param name="procName">命令文本</param>
//<param name="prams">参数对象</param>
//<param name="tbName">数据表名称</param>
//<returns></returns>
public DataSet RunProcReturn(string procName, SqlParameter[] prams, string tbName)
{
    SqlDataAdapter dap = CreateDataAdaper(procName, prams);
    DataSet ds = new DataSet();
```

```
        dap.Fill(ds, tbName);
        this.Close();
        //得到执行成功返回值
        return ds;
}

//<summary>
//执行命令文本,并且返回 DataSet 数据集
//</summary>
//<param name="procName">命令文本</param>
//<param name="tbName">数据表名称</param>
//<returns>DataSet</returns>
public DataSet RunProcReturn(string procName, string tbName)
{
        SqlDataAdapter dap = CreateDataAdaper(procName, null);
        DataSet ds = new DataSet();
        dap.Fill(ds, tbName);
        this.Close();
        //得到执行成功返回值
        return ds;
}

#endregion
```

在此有如下两点说明。

- ☑ SqlDataAdapter 类:表示用于填充 DataSet 和更新 SQL Server 数据库的一组数据命令和一个数据库连接。
- ☑ Fill()方法:在 DataSet 中添加或刷新行以匹配使用 DataSet 和 DataTable 名称的数据源中的行。

7. 将 SqlParameter 添加到 SqlDataAdapter 中

CreateDataAdaper()方法创建一个 SqlDataAdapter 对象,以此来执行命令文本。具体代码如下:

```
#region 将命令文本添加到 SqlDataAdapter
//<summary>
//创建一个 SqlDataAdapter 对象以此来执行命令文本
//</summary>
//<param name="procName">命令文本</param>
//<param name="prams">参数对象</param>
//<returns></returns>
private SqlDataAdapter CreateDataAdaper(string procName, SqlParameter[] prams)
{
        this.Open();
        SqlDataAdapter dap = new SqlDataAdapter(procName, con);
        dap.SelectCommand.CommandType = CommandType.Text;   //执行类型:命令文本
        if (prams != null)
        {
                foreach (SqlParameter parameter in prams)
                        dap.SelectCommand.Parameters.Add(parameter);
        }
        //加入返回参数
```

```
dap.SelectCommand.Parameters.Add(new SqlParameter("ReturnValue", SqlDbType.Int, 4,
ParameterDirection.ReturnValue, false, 0, 0,
string.Empty, DataRowVersion.Default, null));

    return dap;
}
#endregion
```

8. 将 SqlParameter 添加到 SqlCommand 中

CreateCommand()方法创建一个 SqlCommand 对象，以此来执行命令文本。具体代码如下：

```
#region    将命令文本添加到 SqlCommand
//<summary>
//创建一个 SqlCommand 对象来执行命令文本
//</summary>
//<param name="procName">命令文本</param>
//<param name="prams"命令文本所需参数</param>
//<returns>返回 SqlCommand 对象</returns>
private SqlCommand CreateCommand(string procName, SqlParameter[] prams)
{
    //确认打开连接
    this.Open();
    SqlCommand cmd = new SqlCommand(procName, con);
    cmd.CommandType = CommandType.Text;                    //执行类型：命令文本
    //依次把参数传入命令文本
    if (prams != null)
    {
        foreach (SqlParameter parameter in prams)
            cmd.Parameters.Add(parameter);
    }
    //加入返回参数
    cmd.Parameters.Add(
        new SqlParameter("ReturnValue", SqlDbType.Int, 4,
        ParameterDirection.ReturnValue, false, 0, 0,
        string.Empty, DataRowVersion.Default, null));
    return cmd;
}
#endregion
```

10.3.2 设计网站逻辑业务

逻辑业务层是建立在数据层设计和表示层设计之上完成的。即处理功能 Web 窗体与数据库操作的业务功能。其功能是通过文件 Operation.cs 来实现的，下面讲解其实现流程。

1．添加供求信息

InsertInfo()方法主要用于将免费供求信息添加到数据库中。具体实现代码如下：

```
#region    添加供求信息
//<summary>
```

```
//添加供求信息
//</summary>
//<param name="type">信息类别</param>
//<param name="title">标题</param>
//<param name="info">内容</param>
//<param name="linkMan">联系人</param>
//<param name="tel">联系电话</param>
public void InsertInfo(string type, string title, string info, string linkMan, string tel)
{
    SqlParameter[] parms ={
        data.MakeInParam("@type",SqlDbType.VarChar,50,type),
        data.MakeInParam("@title",SqlDbType.VarChar,50,title),
        data.MakeInParam("@info",SqlDbType.VarChar,500,info),
        data.MakeInParam("@linkMan",SqlDbType.VarChar,50,linkMan),
        data.MakeInParam("@tel",SqlDbType.VarChar,50,tel),
    };
    int i = data.RunProc("INSERT INTO tb_info (type, title, info, linkman, tel) VALUES (@type, @title,@info, @linkMan, @tel)", parms);
}
#endregion
```

2．修改供求信息

UpdateInfo()方法主要用于修改免费供求信息的审核状态。具体实现代码如下：

```
#region    修改供求信息
//<summary>
//修改供求信息的审核状态
//</summary>
//<param name="id">信息 ID</param>
//<param name="type">信息类型</param>
public void UpdateInfo(string id, string type)
{
    DataSet ds = this.SelectInfo(type, Convert.ToInt32(id));
    bool checkState = Convert.ToBoolean(ds.Tables[0].Rows[0][6].ToString());
    int i;
    if (checkState)
    {
        i = data.RunProc("UPDATE tb_info SET checkState = 0 WHERE (ID = " + id + ")");
    }
    else
    {
        i = data.RunProc("UPDATE tb_info SET checkState = 1 WHERE (ID = " + id + ")");
    }
}
#endregion
```

3．删除供求信息

DeleteInfo()方法主要用于删除免费供求信息，实现过程为调用数据层中的 RunProc()方法来实现。具体实现代码如下：

```
#region  删除供求信息
//<summary>
//删除指定的供求信息
//</summary>
//<param name="id">供求信息 ID</param>
public void DeleteInfo(string id)
{
    int d = data.RunProc("Delete from tb_info where id='" + id + "'");
}
#endregion
```

4．查询供求信息

SelectInfo()方法为可重载方法，用于根据不同的条件实现查询免费的供求信息功能，通过调用数据层中的 RunProcReturn()方法来实现。具体实现代码如下：

```
#region  查询供求信息
//<summary>
//按类型查询供求信息
//</summary>
//<param name="type">供求信息类型</param>
//<returns>返回查询结果 DataSet 数据集</returns>
public DataSet SelectInfo(string type)
{
    SqlParameter[] parms ={ data.MakeInParam("@type", SqlDbType.VarChar, 50, type) };
    return data.RunProcReturn("SELECT ID, type, title, info, linkman, tel, checkState, date FROM tb_info where type=@type ORDER BY date DESC", parms, "tb_info");
}
//<summary>
//按类型和 ID 查询供求信息
//</summary>
//<param name="type">供求信息类型</param>
//<param name="id">供求信息 ID</param>
//<returns>返回查询结果 DataSet 数据集</returns>
public DataSet SelectInfo(string type, int id)
{
    SqlParameter[] parms ={
        data.MakeInParam("@type", SqlDbType.VarChar, 50, type) ,
    };
    return data.RunProcReturn("SELECT ID, type, title, info, linkman, tel, checkState, date FROM tb_info where (type=@type) AND (ID=" + id + ") ORDER BY date DESC", parms, "tb_info1");
}
//<summary>
//按信息类型查询，分审核和未审核信息
//</summary>
//<param name="type">信息类型</param>
//<param name="checkState">True 显示审核信息 False 显示未审核信息</param>
//<returns>返回查询结果 DataSet 数据集</returns>
public DataSet SelectInfo(string type, bool checkState)
{
    return data.RunProcReturn("select * from tb_info where type='" + type + "' and checkState='" + checkState
```

```
+ "", "tb_info");
}

//<summary>
//供求信息快速检索
//</summary>
//<param name="type">信息类型</param>
//<param name="infoSearch">查询信息的关键字</param>
//<returns>返回查询结果 DataSet 数据集</returns>
public DataSet SelectInfo(string type, string infoSearch)
{
    SqlParameter[] pars ={
        data.MakeInParam("@type", SqlDbType.VarChar, 50, type) ,
        data.MakeInParam("@info",SqlDbType.VarChar,50,"%"+infoSearch+"%")
    };
    return data.RunProcReturn("select * from tb_info where (type=@type) and (info like @info) and (checkstate=1)", pars, "tb_info");
}

#endregion
```

5．添加收费供求信息

InsertLeaguerInfo()方法主要用于将收费供求信息添加到数据库中。具体实现代码如下：

```
#region 添加收费供求信息

//<summary>
//添加收费供求信息
//</summary>
//<param name="type">信息类型</param>
//<param name="title">信息标题</param>
//<param name="info">信息内容</param>
//<param name="linkMan">联系人</param>
//<param name="tel">联系电话</param>
//<param name="sumDay">有效天数</param>
public void InsertLeaguerInfo(string type, string title, string info, string linkMan, string tel, DateTime sumDay,bool checkState)
{
    SqlParameter[] parms ={
        data.MakeInParam("@type",SqlDbType.VarChar,50,type),
        data.MakeInParam("@title",SqlDbType.VarChar,50,title),
        data.MakeInParam("@info",SqlDbType.VarChar,500,info),
        data.MakeInParam("@linkMan",SqlDbType.VarChar,50,linkMan),
        data.MakeInParam("@tel",SqlDbType.VarChar,50,tel),
        data.MakeInParam("@showday",SqlDbType.DateTime,8,sumDay),
        data.MakeInParam("@CheckState",SqlDbType.Bit,8,checkState)
    };
    int i = data.RunProc("INSERT INTO tb_LeaguerInfo (type, title, info, linkman, tel,showday,checkState) VALUES (@type, @title,@info,@linkMan, @tel,@showday,@CheckState)", parms);
}
#endregion
```

6. 删除收费供求信息

DeleteLeaguerInfo()方法主要用于删除收费供求信息。具体实现代码如下：

```csharp
#region   删除收费供求信息
//<summary>
//删除收费供求信息
//</summary>
//<param name="id">要删除信息的 ID</param>
public void DeleteLeaguerInfo(string id)
{
    int d = data.RunProc("Delete from tb_LeaguerInfo where id='" + id + "'");
}
#endregion
```

7. 查询收费供求信息

SelectLeaguerInfo()方法为可重载方法，用于实现根据不同的条件查询收费供求信息的功能。具体实现代码如下：

```csharp
#region   查询收费供求信息
//<summary>
//显示所有的收费信息
//</summary>
//<returns>返回 DataSet 结果集</returns>
public DataSet SelectLeaguerInfo()
{
    return data.RunProcReturn("Select * from tb_LeaguerInfo order by date desc", "tb_LeaguerInfo");
}
//<summary>
//查询收费到期和未到期供求信息
//</summary>
//<param name="All">True 显示未到期信息,False 显示到期信息</param>
//<returns>返回 DataSet 结果集</returns>
public DataSet SelectLeaguerInfo(bool All)
{
    if (All)              //显示有效收费信息
        return data.RunProcReturn("Select * from tb_LeaguerInfo where showday >= getdate() order by date desc", "tb_LeaguerInfo");
    else                  //显示过期收费信息
        return data.RunProcReturn("select * from tb_LeaguerInfo where showday<getdate() order by date desc", "tb_LeaguerInfo");
}
//<summary>
//查询同类型收费到期和未到期供求信息
//</summary>
//<param name="all">True 显示未到期信息,False 显示到期信息</param>
//<param name="infoType">信息类型</param>
//<returns>返回 DataSet 结果集</returns>
public DataSet SelectLeaguerInfo(bool All, string infoType)
{
    if (All)   //显示有效收费信息
```

```
            return data.RunProcReturn("Select * from tb_LeaguerInfo where type='" + infoType + "' and showday
>= getdate() order by date desc", "tb_LeaguerInfo");
        else//显示过期收费信息
            return data.RunProcReturn("select * from tb_LeaguerInfo where type='" + infoType + "' and showday
<getdate() order by date desc", "tb_LeaguerInfo");
}
//<summary>
//查询显示"按类型未过期推荐信息"或"所有的未过期推荐信息"
//</summary>
//<param name="infoType">信息类型</param>
//<param name="checkState">True 按类型显示未过期推荐信息  False 显示所有未过期推荐信息</param>
//<returns></returns>
public DataSet SelectLeaguerInfo(string infoType,bool checkState)
{
    if (checkState)    //按类型未过期推荐信息
        return data.RunProcReturn("SELECT top 20 * FROM tb_LeaguerInfo WHERE (type = '" + infoType + "')
AND (showday >= GETDATE()) AND (CheckState = '" + checkState + "') ORDER BY date DESC",
"tb_LeaguerInfo");
    else//显示未过期推荐信息
        return data.RunProcReturn("SELECT top 10 * FROM tb_LeaguerInfo WHERE (showday >=GETDATE())
AND (CheckState = '" + !checkState + "') ORDER BY date DESC", "tb_LeaguerInfo");
}
//<summary>
//查询同类型收费到期和未到期供求信息(前 N 条信息)
//</summary>
//<param name="all">True 显示有效收费信息,False 显示过期收费信息</param>
//<param name="infoType">信息类型</param>
//<param name="top">获取前 N 条信息</param>
//<returns></returns>
public DataSet SelectLeaguerInfo(bool All, string infoType, int top)
{
    if (All)    //显示有效收费信息
        return data.RunProcReturn("Select top(" + top + ") * from tb_LeaguerInfo where type='" + infoType + "'
and showday >= getdate() order by date desc", "tb_LeaguerInfo");
    else//显示过期收费信息
        return data.RunProcReturn("select top(" + top + ") * from tb_LeaguerInfo where type='" + infoType + "'
and showday<getdate() order by date desc", "tb_LeaguerInfo");
}
//<summary>
//根据 ID 查询收费供求信息
//</summary>
//<param name="id">供求信息 ID</param>
//<returns></returns>
public DataSet SelectLeaguerInfo(string id)
{
    return data.RunProcReturn("Select * from tb_LeaguerInfo where id='" + id + "' order by date desc",
"tb_LeaguerInfo");
}
#endregion
```

8. DataList 分页设置绑定

PageDataListBind()方法主要用于实现 DataList 绑定分页功能。具体实现代码如下：

```
#region  分页设置绑定
//<summary>
//绑定 DataList 控件，并且设置分页
//</summary>
//<param name="infoType">信息类型</param>
//<param name="infoKey">查询的关键字（如果为空，则查询所有）</param>
//<param name="currentPage">当前页</param>
//<param name="PageSize">每页显示数量</param>
//<returns>返回 PagedDataSource 对象</returns>
public PagedDataSource PageDataListBind(string infoType, string infoKey, int currentPage,int PageSize)
{
    PagedDataSource pds = new PagedDataSource();
    pds.DataSource = SelectInfo(infoType, infoKey).Tables[0].DefaultView; //将查询结果绑定到分页数据源上
    pds.AllowPaging = true;                     //允许分页
    pds.PageSize = PageSize;                    //设置每页显示的页数
    pds.CurrentPageIndex = currentPage - 1;     //设置当前页
    return pds;
}
#endregion
```

9．后台登录

Logon()方法主要用于网站后台验证用户登录功能。具体实现代码如下：

```
#region  后台登录

public DataSet Logon(string user, string pwd)
{
    SqlParameter[] parms ={
        data.MakeInParam("@sysName",SqlDbType.VarChar,20,user),
        data.MakeInParam("@sysPwd",SqlDbType.VarChar,20,pwd)
    };
    return data.RunProcReturn("Select * from tb_Power where sysName=@sysName and sysPwd=@sysPwd", parms, "tb_Power");
}
#endregion
```

10.4 后　期　编　码

知识点讲解：光盘\视频讲解\第 10 章\后期编码.avi

经过前面 10.3 节内容的讲解，前期编码工作完成了。本节将详细讲解后期编码工作的具体实现过程。

10.4.1 网站主页

网站主页起到网站的建设及形象宣传，它对网站生存和发展起着非常重要的作用。网站首页应该是一个信息含量较大、内容较丰富的宣传平台。56 同城信息网主页如图 10-7 所示。

图 10-7　网站首页

在图 10-7 所示的主页中，主要包含如下内容：
- ☑ 网站菜单导航（包括招聘信息、求职信息、培训信息、公寓信息、家教信息、物品求购、物品出售、求兑出兑、车辆信息、寻求合作、企业广告等）。
- ☑ 供求信息的发布（包括招聘信息、求职信息、培训信息、公寓信息、家教信息、物品求购、物品出售、求兑出兑、车辆信息、寻求合作、企业广告等）。
- ☑ 供求信息显示（包括招聘信息、求职信息、培训信息、公寓信息、家教信息、物品求购、物品出售、求兑出兑、车辆信息、寻求合作、企业广告等）。
- ☑ 详细供求信息查看。
- ☑ 供求信息快速查询。
- ☑ 推荐供求显示，按时间先后顺序显示推荐供求信息。
- ☑ 后台登录入口，为管理员进入后台提供一个入口。

1．网站主页技术分析

56 同城信息网的主页和前台其他所有子页均使用了母版页技术。母版页的主要功能是为 ASP.NET 应用程序创建统一的用户界面和样式，它提供了共享的 HTML、控件和代码，可作为一个模板，供网站内所有页面使用，从而提高了整个程序开发的效率。本节将从以下几个方面来介绍母版页。

使用母版页，可以为 ASP.NET 应用程序页面创建一个统一的外观。开发人员可以利用母版页创建一个单页布局，然后将其应用到多个内容页中。母版页具有如下优点：

使用母版页可以集中处理网页的通用功能，以便可以只在一个位置上进行更新，在很大程度上提高了工作效率。

使用母版页可以方便地创建一组公共控件和代码，并将其应用于网站中所有引用该母版页的网页。例如，可以在母版页上使用控件来创建一个应用于所有网页的功能菜单。

可以通过控制母版页中的占位符 ContentPlaceHolder 对网页进行布局。

由内容页和母版页组成的对象模型能够为应用程序提供一种高效、易用的实现方式，并且这种对象模型的执行效率与以前的处理方式相比有了很大的提高。

2. 实现主页

本模块使用的数据表为 tb_LeaguerInfo，设计步骤如下：

（1）在网站的根目录下新建一个 Web 窗体，默认名称为 Default.aspx，并且将其作为 MasterPage.master 母版页的内容页，Default.aspx 主要用于网站的主页。

（2）在 Web 窗体的 Content 区域添加一个 Table 表格，用于页面的布局。

（3）在 Web 窗体 Content 区域的 Table 中添加 6 个 DataList 数据服务器控件，主要用于显示各种类型的部分供求信息。

（4）在添加的 6 个 DataList 数据服务器控件中分别添加一个 Table，用于 DataList 控件的布局，并绑定相应的数据。在 ASPX 页中实现绑定代码如下：

```
<ItemTemplate><table align="center" cellpadding="0" cellspacing="0" width="266">
<tr><td>
<span class="hong" style="color: #000000">
•<a class="huise" href="ShowLeaguerInfo.aspx?id=<%#DataBinder.Eval(Container.DataItem,"id") %>" target="_blank"><%#DataBinder.Eval(Container.DataItem,"title") %></a>
</span>
</td></tr>
<tr style="color: #000000"><td>
<img height="1" src="images/line.gif" width="266" />
</td></tr>
</table>
</ItemTemplate>
```

在主页 Web 窗体的加载事件中将各种类型的部分供求信息绑定到 DataList 控件。具体实现代码如下：

```
public partial class _Default : System.Web.UI.Page
{
    Operation operation = new Operation();   //声明网站业务类对象
    protected void Page_Load(object sender, EventArgs e)
    {
        if (!IsPostBack)   //!IsPostBack 避免重复刷新加载页面
        {
            //获取前 6 条分类供求信息
            dlZP.DataSource = operation.SelectLeaguerInfo(true, "招聘信息", 6);
            dlZP.DataBind();
            dlPX.DataSource = operation.SelectLeaguerInfo(true, "培训信息", 6);
            dlPX.DataBind();
            dlGY.DataSource = operation.SelectLeaguerInfo(true, "公寓信息", 6);
            dlGY.DataBind();
            dlJJ.DataSource = operation.SelectLeaguerInfo(true, "家教信息", 6);
            dlJJ.DataBind();
            dlWPQG.DataSource = operation.SelectLeaguerInfo(true, "物品求购", 6);
            dlWPQG.DataBind();
            dlWPCS.DataSource = operation.SelectLeaguerInfo(true, "物品出售", 6);
            dlWPCS.DataBind();
            dlQDCD.DataSource = operation.SelectLeaguerInfo(true, "求兑出兑", 6);
```

```
            dlQDCD.DataBind();
            dlCL.DataSource = operation.SelectLeaguerInfo(true, "车辆信息", 6);
            dlCL.DataBind();
        }
    }
}
```

在上述代码中，有如下两点说明。

- ☑ Page.IsPostBack 属性：获取一个值，该值指示该页是否正为响应客户端回发而加载，或者它是否正被首次加载和访问。如果是为响应客户端回发而加载该页，则为 true，否则为 false。
- ☑ SelectLeaguerInfo()方法：自定义业务层类中的方法，用于查询同类型收费到期和未到期供求信息（前 N 条信息），True 为显示过期信息，False 为显示未过期信息。

10.4.2 网站招聘信息页设计

网站招聘信息页属于 56 同城信息网的子页，主要显示企事业单位的招聘信息。根据企业的实际情况和网站的自身发展，招聘信息页主要分上、下两部分显示招聘，其中免费部分的界面效果如图 10-8 所示。

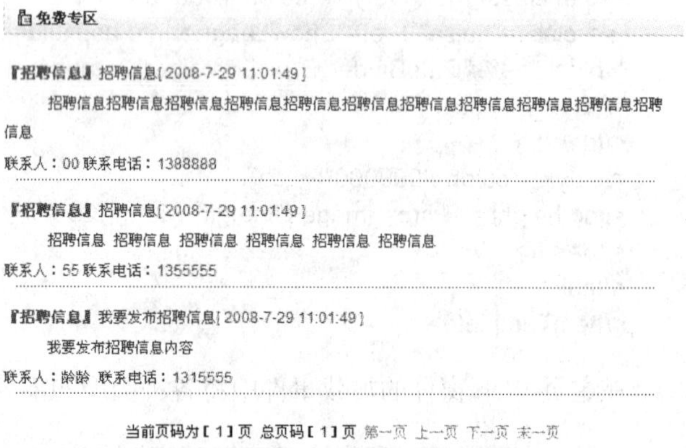

1．设计步骤

（1）在网站的根目录下创建 ShowPag 文件夹，用于存放显示分类信息 Web 窗体。

（2）在 ShowPag 文件夹中新建一个 Web 窗体，命名为 webZP.aspx，并且将其作为 MasterPage.master 母版页的内容页。文件 webZP.aspx 是系统内的招聘信息页，用于显示系统内的招聘信息。

图 10-8　招聘页面效果

（3）在 Web 窗体的 Content 区域添加一个 Table 表格，用于页面的布局。

（4）在 Web 窗体 Content 区域的 Table 中添加两个 DataList 服务器控件，主要用于显示各种类型的供求信息。

（5）在 Web 窗体 Content 区域的 Table 中添加 4 个 LinkButton 服务器控件，主要用于翻页的操作（第一页、上一页、下一页、最后一页）。

（6）在 Web 窗体 Content 区域的 Table 中添加两个 Label 服务器控件，主要用于实现分页的总页数和当前页数。

（7）在添加的 DataList 数据服务器控件中分别添加一个 Table，用于 DataList 控件的布局，并绑定相应的数据。DataList 数据服务器控件 ItemTemplate 模板中实现绑定的代码如下：

```
<ItemTemplate>
<table align="center" cellpadding="0" cellspacing="0" width="543">
<tr><td>
<span class="hongcu">『<%# DataBinder.Eval(Container.DataItem,"type") %>』</span>
<span class="chengse"><%# DataBinder.Eval(Container.DataItem,"title") %></span>
```

```html
<span class="huise1"><%#DataBinder.Eval(Container.DataItem,"date") %> </span>
<br/>
<span class="shenlan">           <%#DataBinder.Eval(Container.DataItem,"info")%> </span>
<br/>
<span class="chengse">
联系人：<%#DataBinder.Eval(Container.DataItem,"linkMan")%>
联系电话：<%#DataBinder.Eval(Container.DataItem,"tel")%>
</span>
</td></tr>
<tr style="color: #000000"><td align="center">
<img height="1" src="images/longline.gif" width="525"/>
</td></tr>
<tr style="color: #000000">
<td height="10"></td>
</tr>
</table>
</ItemTemplate>
```

2．实现代码

在招聘页面文件 webZP.aspx.cs 中，声明全局静态变量和类对象，用途参见代码中注释部分。在页面的加载事件中主要实现的功能有 3 个：获取查询关键字信息；调用自定义方法 DataListBind()实现免费招聘信息分页显示；显示未过期的收费招聘信息。然后自定义 DataListBind()方法，主要用于实现 DataList 控件（分页显示免费供求信息）绑定及分页功能。具体实现代码如下：

```csharp
public partial class webZP : System.Web.UI.Page
{
    Operation operation = new Operation();          //声明业务类对象
    static string infoType = "";                     //声明供求信息类型对象
    static string infoKey = "";                      //声明查询信息关键字
    static PagedDataSource pds = new PagedDataSource();   //声明

    protected void Page_Load(object sender, EventArgs e)
    {
        if (!IsPostBack)
        {
            infoType = "招聘信息";
            //infoKey 用于用户快速检索，如果值为空，显示所有招聘供求信息，否则显示查询内容
            infoKey = Convert.ToString(Session["key"]);
            this.DataListBind();
            //显示未过期收费信息
            dlCharge.DataSource = operation.SelectLeaguerInfo(true, infoType);
            dlCharge.DataBind();
            Session["key"] = null;
        }
    }
    //<summary>
    //将数据绑定到 DataList 控件
    //</summary>
```

```csharp
public void DataListBind()
{
    //将分页结果赋值给新的页数据源对象
    pds = operation.PageDataListBind(infoType, infoKey, Convert.ToInt32(lblCurrentPage.Text), 10);
    lnkBtnFirst.Enabled = true;              //翻页控件都设置为可用
    lnkBtnLast.Enabled = true;
    lnkBtnNext.Enabled = true;
    lnkBtnPrevious.Enabled = true;
    if (lblCurrentPage.Text == "1")          //如果当前显示第一页,"第一页"和"上一页"按钮不可用
    {
        lnkBtnPrevious.Enabled = false;
        lnkBtnFirst.Enabled = false;
    }
    if (lblCurrentPage.Text == pds.PageCount.ToString())     //如果显示最后一页,"末一页"和"下一页"按钮不可用
    {
        lnkBtnNext.Enabled = false;
        lnkBtnLast.Enabled = false;
    }
    lblSumPage.Text = pds.PageCount.ToString();    //实现总页数
    dlFree.DataSource = pds;                        //绑定数据源
    dlFree.DataKeyField = "id";
    dlFree.DataBind();
}
protected void lnkBtnFirst_Click(object sender, EventArgs e)
{
    lblCurrentPage.Text = "1";   //第一页
    DataListBind();
}
protected void lnkBtnPrevious_Click(object sender, EventArgs e)
{
    lblCurrentPage.Text = (Convert.ToInt32(lblCurrentPage.Text) - 1).ToString();   //上一页
    DataListBind();
}
protected void lnkBtnNext_Click(object sender, EventArgs e)
{
    lblCurrentPage.Text = (Convert.ToInt32(lblCurrentPage.Text) + 1).ToString(); //下一页
    DataListBind();
}
protected void lnkBtnLast_Click(object sender, EventArgs e)     //最后一页
{
    lblCurrentPage.Text = lblSumPage.Text;
    DataListBind();
}
}
```

10.4.3　免费供求信息发布页

免费供求信息发布页针对的对象为供求信息用户,是 56 同城信息网站非常重要的功能,也是 56

同城信息网站的核心功能。免费供求信息发布页如图 10-9 所示。用户可以根据自身需要将供求信息发布到相应的信息类别中（共 11 个信息类别：招聘信息、求职信息、培训信息、公寓信息、家教信息、物品求购、物品出售、求兑出兑、车辆信息、寻求合作和企业广告）。供求信息成功发布后，管理员需要在后台对发布的供求信息进行审核，如果审核通过，则显示在相应的信息类别网页中。

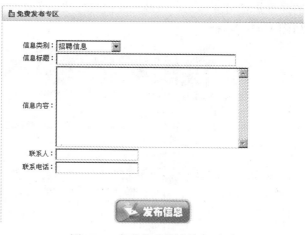

图 10-9　免费发布供求信息页面

1. 设计步骤

（1）在网站的根目录下新建一个 Web 窗体，命名为 InfoAdd.aspx，并将其作为 MasterPage.master 母版页的内容页。InfoAdd.aspx 主要用于网站的免费供求信息发布。

（2）在 Web 窗体的 Content 区域添加一个 Table 表格，用于页面的布局。

（3）在 Web 窗体 Content 区域的 Table 中添加一个 DropDownList 和 4 个 TextBox 服务器控件，主要用于选择供求信息类型和输入供求信息的标题、内容、联系电话和联系人。

（4）在 Web 窗体 Content 区域的 Table 中添加一个 RegularExpressionValidator 和 4 个 RequiredFieldValidator 验证控件，主要用于验证电话号码的输入格式和输入供求信息是否为空。

（5）在 Web 窗体 Content 区域的 Table 中添加一个 ImageButton 控件，用于发布供求信息。

2. 实现代码

单击"发布信息"按钮，信息经验证无误后方可添加到数据库中，上述功能是通过文件 InfoAdd.aspx.cs 来实现的。具体实现代码如下：

```
public partial class InfoAdd : System.Web.UI.Page
{
    Operation operation = new Operation();                    //声明业务层类对象

    protected void Page_Load(object sender, EventArgs e)
    {
    }

    protected void imgBtnAdd_Click(object sender, ImageClickEventArgs e)
    {
        operation.InsertInfo(DropDownList1.Text, txtTitle.Text.Trim(), txtInfo.Text.Trim(), txtLinkMan.Text.Trim(), txtTel.Text.Trim());
        WebMessageBox.Show("信息发布成功！", "Default.aspx");
    }
}
```

10.4.4　设计后台主页

程序开发人员在设计网站后台主页时，主要是从后台管理人员对功能的易操作性、实用性、网站的易维护性方面考虑,与网站的前台相比,美观性并不是很重要。56同城信息网站后台主页运行效果如图10-10所示。

图10-10 后台主页

1. 设计步骤

(1)新建一个Web窗体,默认名称为Default.aspx,主要用于网站后台首页的设计。

(2)在Web窗体中添加一个Table表格,用于页面的布局。

(3)在Table中添加一个TreeView服务器控件,在节点编辑器中添加相应的节点和子节点,并且设置子节点的NavigateUrl属性主要用于后台功能菜单的导航。

(4)在页面的源视图中的相关位置添加iframe框架代码,用于显示功能子页。具体代码如下:

```
<iframe id="iframe1" name="mainFrame" style="width: 802px; height: 596px" frameborder="0">     </iframe>
```

2. 实现过程

在页面的加载事件中,主要实现验证用户是否通过合理的程序登录功能,非法用户不能进入网站后台。上述功能是通过文件BackGround\Default.aspx.cs来实现的,具体实现代码如下:

```
public partial class BackGround_Default : System.Web.UI.Page
{
    protected void Page_Load(object sender, EventArgs e)
    {
        if (!IsPostBack)
        {
            try
            {
                if (Session["UserName"].ToString().ToLower() != "TSOFT".ToLower())
                    WebMessageBox.Show("请登录后方可进入网站后台!", "../Logon.aspx");
            }
            catch { }
        }
    }
    public void PageExit()
    {
```

```
        Session["UserName"] = "";
        Response.Write(".../Default.aspx");
    }
}
```

10.4.5　免费供求信息审核页

任何用户都可以免费发布供求信息，如果用户发布的供求信息属于不道德、不健康以及违法的信息，那么将会造成不可估计的损失。所以后台管理人员可以对供求信息进行审核，审核通过的供求信息可以显示在相应的分类页面中，否则，信息不能发布。免费供求信息审核页面如图 10-11 所示。

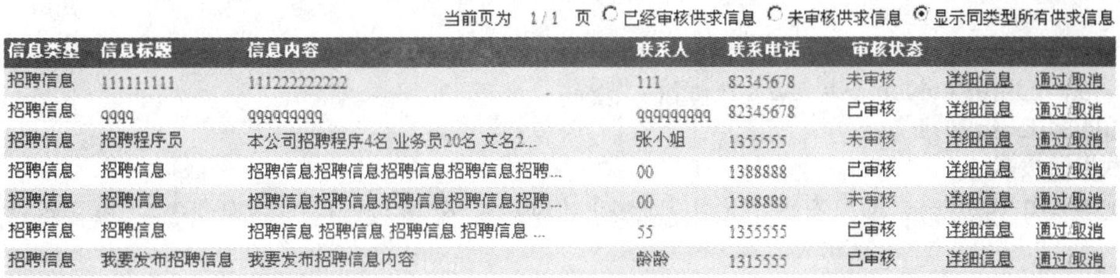
当前页为 1 / 1 页 ○已经审核供求信息 ○未审核供求信息 ⦿显示同类型所有供求信息

信息类型	信息标题	信息内容	联系人	联系电话	审核状态		
招聘信息	111111111	111222222222	111	82345678	未审核	详细信息	通过 取消
招聘信息	qqqq	qqqqqqqqq	qqqqqqqqq	82345678	已审核	详细信息	通过 取消
招聘信息	招聘程序员	本公司招聘程序4名 业务员20名 文名2...	张小姐	1355555	未审核	详细信息	通过 取消
招聘信息	招聘信息	招聘信息招聘信息招聘信息招聘信息招聘...	00	1388888	已审核	详细信息	通过 取消
招聘信息	招聘信息	招聘信息招聘信息招聘信息招聘信息招聘...	00	1388888	未审核	详细信息	通过 取消
招聘信息	招聘信息	招聘信息 招聘信息 招聘信息 招聘信息 ...	55	1355555	已审核	详细信息	通过 取消
招聘信息	我要发布招聘信息	我要发布招聘信息内容	龄龄	1315555	已审核	详细信息	通过 取消

图 10-11　免费供求信息审核页面

1．设计步骤

（1）在网站的根目录下创建 BackGround 文件夹，用于存放网站后台管理 Web 窗体。

（2）在 BackGround 文件夹中新建一个 Web 窗体，命名为 CheckInfo.aspx，主要用于免费供求信息的审核。

（3）在 Web 窗体中添加一个 Table，用于页面的布局。

（4）在 Table 中添加一个 Label 控件，主要用于 GridView 控件分页后的总页数。主要属性设置：AllowPaging 属性为 True，即允许分页；PageSize 属性为 24，即每页显示 24 条数据；AutoGenerateColumns 属性为 False，即不显示自动生成的列。

（5）在 Table 中添加 3 个 RadioButton 控件，分别用于控制显示已审核供求信息、显示未审核供求信息、显示同类型所有供求信息。

（6）在 Table 中添加一个 GridView 控件，主要用于显示供求信息及对供求信息的审核操作。

2．实现代码

声明全局静态变量和类对象，用途参见代码中注释部分。在页面的加载事件中，获取供求信息的类型，并调用自定义 GridViewBind()方法查询相关类型的供求信息，显示在 GridView 控件中。值得注意的是，56 同城信息网所有分类供求信息审核都是在 BackGround\CheckInfo.aspx.cs 页面实现的。页面的加载事件中实现代码如下：

```
Operation operation = new Operation(); //业务层类对象
static string infoType = "";    //供求信息类型
static int CheckType = -1;    //3 种类别：全部显示（-1 代表全部显示），显示未审核（0），显示审核（1）
protected void Page_Load(object sender, EventArgs e)
{
if (!IsPostBack)
{
```

```
infoType = Request.QueryString["id"].ToString();GridViewBind(infoType);
    }
}
```

然后自定义 GridViewBind()方法,用于查询相关类型的供求信息,并且将查询结果显示在 GridView 表格控件中。具体实现代码如下:

```
//<summary>
//绑定供求信息到 GridView 控件
//</summary>
//<param name="type">供求信息类别</param>
private void GridViewBind(string type)
{
    GridView1.DataSource = operation.SelectInfo(type);
    GridView1.DataKeyNames=new string[] {"id"};
    GridView1.DataBind();
    //显示当前页数
    lblPageSum.Text = "当前页为    " + (GridView1.PageIndex + 1) + "/" + GridView1.PageCount + "   页";
}
```

GridView 控件的 RowDataBound 事件是在将数据行绑定到数据时发生,那么在该事件下每绑定一行,就设置每行的相关功能,如高亮显示行、设置审核状态、多余的文字使用"…"替换。具体实现代码如下:

```
protected void GridView1_RowDataBound(object sender, GridViewRowEventArgs e)
{
    if (e.Row.RowType == DataControlRowType.DataRow)
    {
        //高亮显示指定行
        e.Row.Attributes.Add("onMouseOver",
"Color=this.style.backgroundColor;this.style.backgroundColor='#FFF000'");
        e.Row.Attributes.Add("onMouseOut", "this.style.backgroundColor=Color;");
        //设置审核状态,并且设置相应的颜色
        if (e.Row.Cells[5].Text == "False")
        {
            e.Row.Cells[5].Text =StringFormat.HighLight("未审核",true);
        }
        else
        {
            e.Row.Cells[5].Text = StringFormat.HighLight("已审核", false);
        }
        //多余字使用"…"显示
        e.Row.Cells[2].Text = StringFormat.Out(e.Row.Cells[2].Text, 18);
    }
}
```

SelectedIndexChanging 事件发生在单击某一行的"审核/取消"按钮以后发生,本程序通过该事件实现对供求信息的审核和取消工作。具体实现代码如下:

```
protected void GridView1_SelectedIndexChanging(object sender, GridViewSelectEventArgs e)
{
    string id = GridView1.DataKeys[e.NewSelectedIndex].Value.ToString();
```

```
            operation.UpdateInfo(id, infoType);
            //按审核类型绑定数据（3 种类别：全部显示(-1)，显示未审核(0)，显示审核(1)）
            switch (CheckType)
            {
                case -1:
                    GridViewBind(infoType);
                    break;
                case 0:
                    GridView1.DataSource = operation.SelectInfo(infoType, false);
                    GridView1.DataBind();
                    break;
                case 1:
                    GridView1.DataSource = operation.SelectInfo(infoType, true);
                    GridView1.DataBind();
                    break;
            }
        }
```

RowDeleting 事件是在单击某一行的"详细信息"按钮时，但在 GridView 控件删除该行之前发生。在此不是实现删除，而是通过"删除"命令完成查看详细供求信息的功能。具体实现代码如下：

```
protected void GridView1_RowDeleting(object sender, GridViewDeleteEventArgs e)
{
    string id = GridView1.DataKeys[e.RowIndex].Value.ToString();
    Response.Write("<script> window.open('DetailInfo.aspx?id=" + id + "&&type=" + infoType + "','','height=258, width=679, top=200, left=200') </script>");
    Response.Write("<script>history.go(-1)</script>");
}
```

PageIndexChanging 事件是在单击某一页导航按钮时，且在 GridView 控件处理分页操作之前发生。通过该事件主要实现页面的分页功能。另外，本程序主要实现了按审核、未审核等情况显示供求信息，且需要按相应情况的数据源绑定 GridView 控件，否则程序不会报错，但会出现乱分页现象。具体实现代码如下：

```
protected void GridView1_PageIndexChanging(object sender, GridViewPageEventArgs e)
{
    //分页设置
    GridView1.PageIndex = e.NewPageIndex;
    //按审核类型绑定数据（3 种类别：全部显示(-1)，显示未审核(0)，显示审核(1)）
    switch (CheckType)
    {
        case -1:
            GridViewBind(infoType);
            break;
        case 0:
            GridView1.DataSource = operation.SelectInfo(infoType, false);
            GridView1.DataBind();
            break;
        case 1:
            GridView1.DataSource = operation.SelectInfo(infoType, true);
            GridView1.DataBind();
```

```
            break;
    }
    //显示当前页数
    lblPageSum.Text = "当前页为" + (GridView1.PageIndex + 1) + " / " + GridView1.PageCount + "页";
}
```

单击"已经审核供求信息"按钮，显示已经审核的供求信息。具体实现代码如下：

```
protected void rdoBtnCheckTrue_CheckedChanged(object sender, EventArgs e)
{
    GridView1.PageIndex = 0;
    GridView1.DataSource = operation.SelectInfo(infoType, true);
    GridView1.DataBind();
    CheckType = 1;
    //显示当前页数
    iblPageSum.Text = "当前页为" + (GridView1.PageIndex + 1) + " / " + GridView1.PageCount + "页";
}
```

单击"未审核供求信息"按钮，显示未审核的供求信息。具体实现代码如下：

```
protected void rdoBtnCheckFalse_CheckedChanged(object sender, EventArgs e)
{
    GridView1.PageIndex = 0;
    GridView1.DataSource = operation.SelectInfo(infoType, false);
    GridView1.DataBind();
    CheckType = 0;
    //显示当前页数
    lblPageSum.Text = "当前页为" + (GridView1.PageIndex + 1) + " / " + GridView1.PageCount + "页";
}
```

单击"显示同类型所有供求信息"按钮，显示同类型所有供求信息。具体实现代码如下：

```
protected void rdoBtnCheckAll_CheckedChanged(object sender, EventArgs e)
{
    GridView1.PageIndex = 0;
    GridViewBind(infoType);
    CheckType = -1;
    //显示当前页数
    lblPageSum.Text = "当前页为" + (GridView1.PageIndex + 1) + " / " + GridView1.PageCount + "页";
}
```

10.4.6 删除免费供求信息

1．设计步骤

（1）在 BackGround 文件夹中新建一个 Web 窗体，默认名称为 DeleteInfo.aspx，主要用于删除免费的供求信息。

（2）在 Web 窗体中添加一个 Table 表格，用于页面的布局。

（3）在 Table 中添加一个 Label 控件，主要用于 GridView 控件分页后的总页数。主要属性设置：AllowPaging 的属性为 True，即允许分页；PageSize 的属性为 24，即每页显示 24 条数据；AutoGenerateColumns 的属性为 False，即不显示自动生成的列。

2. 实现代码

上述功能的实现文件是 DeleteInfo.Aspx.cs。在页面的加载事件中，获取供求信息的类型，并调用自定义 GridViewBind()方法查询相关类型的供求信息并显示在 GridView 控件中。值得注意的是，56 同城信息网所有免费供求信息的删除管理都是在 DeleteInfo.aspx 页面实现的。

（1）页面的加载事件实现代码如下：

```csharp
Operation operation = new Operation();           //业务类对象
static string infoType = "";                     //供求信息类型

protected void Page_Load(object sender, EventArgs e)
{
    if (!IsPostBack)
    {
        infoType = Request.QueryString["id"].ToString();
        GridViewBind(infoType);
    }
}
```

（2）自定义 GridViewBind()方法，用于查询相关类型的供求信息，并且将查询结果显示在 GridView 表格控件中。实现代码如下：

```csharp
//<summary>
//绑定供求信息到 GridView 控件
//</summary>
//<param name="type">供求信息类别</param>
private void GridViewBind(string type)
{
    GridView1.DataSource = operation.SelectInfo(type);
    GridView1.DataKeyNames = new string[] { "id" };
    GridView1.DataBind();
    //显示当前页数
    lblPageSum.Text = "当前页为    " + (GridView1.PageIndex + 1) + " / " + GridView1.PageCount + "   页";
}
```

（3）GridView 控件的 RowDataBound 事件是在将数据行绑定到数据时发生，在该事件下每绑定一行，就要设置每行的相关功能，如高亮显示行、设置审核状态、多余的文字使用"…"替换、删除供求信息前弹出提示框。实现代码如下：

```csharp
protected void GridView1_RowDataBound(object sender, GridViewRowEventArgs e)
{
    if (e.Row.RowType == DataControlRowType.DataRow)
    {
        //高亮显示指定行
        e.Row.Attributes.Add("onMouseOver",
        "Color=this.style.backgroundColor;this.style.backgroundColor='#FFF000'");
        e.Row.Attributes.Add("onMouseOut", "this.style.backgroundColor=Color;");
        //设置审核状态，并且设置相应的颜色
        if (e.Row.Cells[5].Text == "False")
        {
```

```
                e.Row.Cells[5].Text = StringFormat.HighLight("未审核", true);
            }
            else
            {
                e.Row.Cells[5].Text = StringFormat.HighLight("已审核", false);
            }
            //多余字使用 "..." 显示
            e.Row.Cells[2].Text = StringFormat.Out(e.Row.Cells[2].Text, 18);
            //删除指定行数据时，弹出询问对话框
              ((LinkButton)(e.Row.Cells[7].Controls[0])).Attributes.Add("onclick", "return confirm('是否删除当前行数据！')");
        }
    }
```

（4）SelectedIndexChanging 事件发生在单击某一行的"详细信息"按钮以后，本程序通过该事件实现查看供求信息的详细信息。具体实现代码如下：

```
protected void GridView1_SelectedIndexChanging(object sender, GridViewSelectEventArgs e)
{
    string id = GridView1.DataKeys[e.NewSelectedIndex].Value.ToString();
    Response.Write("<script> window.open('DetailInfo.aspx?id=" + id + "&&type=" + infoType + "','','height=258,width=679,top=200,left=200') </script>");
    Response.Write("<script>history.go(-1)</script>");
}
```

（5）PageIndexChanging 事件是在单击某一页"导航"按钮时、且 GridView 控件处理分页操作之前发生。通过该事件主要实现页面的分页功能。具体实现代码如下：

```
protected void GridView1_PageIndexChanging(object sender, GridViewPageEventArgs e)
{
    GridView1.PageIndex = e.NewPageIndex;
    GridViewBind(infoType);
}
```

（6）RowDeleting 事件在单击某一行的"删除"按钮时、且在 GridView 控件删除该行之前发生。通过该事件主要实现供求信息的删除功能。实现代码如下：

```
protected void GridView1_RowDeleting(object sender, GridViewDeleteEventArgs e)
{
    operation.DeleteInfo(GridView1.DataKeys[e.RowIndex].Value.ToString());
    GridViewBind(infoType);
}
```

10.5 项目调试

知识点讲解：光盘\视频讲解\第 10 章\项目调试.avi

经过调试，系统主页效果如图 10-12 所示。

招聘信息界面如图 10-13 所示。

免费发布信息界面如图10-14所示。

图10-12　系统主页

图10-13　招聘信息界面

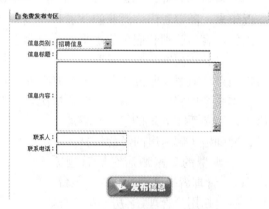

图10-14　免费发布信息界面

系统后台主界面如图10-15所示。

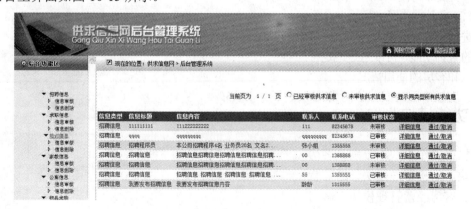

图10-15　系统后台主界面

第 11 章 皇家酒店客房管理系统

一套优秀的客房管理软件首先应该实现酒店各部门信息能以最快、最准确、最全面的形式传输、共享，因此酒店计算机管理系统必须是酒店前后台联网的一个网络系统。追求企业内业务的无纸化办公，提高工作效率，以增加经济效益，并引入先进的管理模式，以财务为核心，销售为龙头，完成有计划、有预测的目标管理。本章将通过 ASP.NET 实现一个典型的皇家酒店客房管理系统，向读者讲解其具体实现过程，并剖析技术核心和实现技巧。

11.1 系统规划分析

> 知识点讲解：光盘\视频讲解\第 11 章\系统规划分析.avi

近年来，随着我国旅游业的发展和人民生活水平的提高，酒店服务业的发展也日新月异。随着竞争的加剧，客房管理和服务的水平日益成为直接影响酒店经营状况的关键因素，而硬件的比拼反而退为其次。这就需要客房管理者充分发挥计算机技术的优势，加强内部各部门之间的信息沟通与传递，切实提高办公效率和服务质量，更好地服务于客户。

在本系统中将对客房信息、经营情况以及客户信息进行管理，从而为管理者提供快速、高效的信息服务，避免手工处理的繁琐与误差，及时、准确地了解客房的经营状况。

一个典型的皇家酒店客房管理系统，应该为管理者提供完整的管理平台，具体功能包括用户管理、客房类型管理、房间信息管理（房间号、房间类型、价格和位置等）以及对房间的经营管理（订房、退房等）。此外，为了方便对整个系统中的数据进行查找，系统为管理员提供了相对完善的查询功能，可以迅速地定位到客户的信息和客房的使用情况。

11.1.1 功能模块划分

本程序包括 6 个模块，分别是客房类型管理模块、用户管理模块、经营状况分析模块、客房经营管理模块、客房信息查询模块和客房信息管理模块，具体如图 11-1 所示。

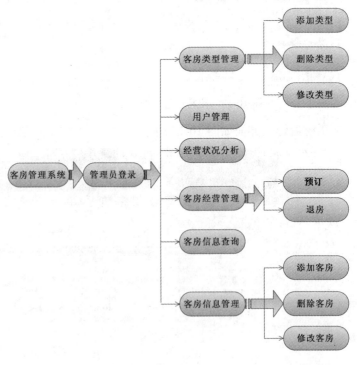

图 11-1 功能模块图

11.1.2 规划系统文件

下面在 Visual Studio 2012 中规划系统需要的文件，具体结构如图 11-2 所示。

图 11-2　规划的项目文件结构

11.1.3 运作流程

用户登录后，首先展现给用户的是登录页面，即 Default.aspx 页面，用户输入"用户名"和"密码"后单击"登录"按钮，系统将通过数据判断模块进行验证，如果验证失败，则在页面提示用户"用户名或密码错误——请重新输入"；验证通过后，管理员即可对酒店进行管理。RCategoryMan.aspx 为房间类型管理页面；RoomsMan.aspx 为房间信息管理页面；RBusinessMan.aspx 为房间经营管理页面；CustomersMan.aspx 为客户信息查询页面；TurnoverStat.aspx 为经营状况统计页面。具体运作流程如图 11-3 所示。

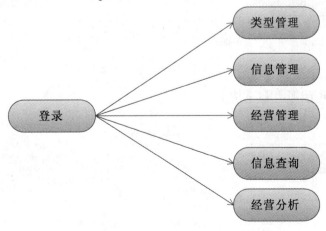

图 11-3　运作流程

11.2 设计数据库

知识点讲解：光盘\视频讲解\第 11 章\设计数据库.avi

皇家酒店客房管理系统需要提供信息的查询、保存、更新以及删除等功能，这就要求数据库能充分满足各种信息的输入和输出。本系统将采用 SQL Server 2005 作为数据库。

11.2.1 需求分析

通过系统功能的分析，并针对皇家酒店客房管理系统的特点，总结出如下的需求信息。
- ☑ 每个房间有两种状态：空房、已入住。
- ☑ 每种房间类型下有多个房间。
- ☑ 每个房间有正在入住客人的信息。
- ☑ 每个房间有以往所有入住客人的信息。
- ☑ 一个房间入住信息指向一个顾客。
- ☑ 每个顾客有自己的入住历史。
- ☑ 针对上述系统功能的分析和需求总结，设计如下数据项。
  - ➢ 顾客信息：姓名、电话、身份证号。
  - ➢ 房间记录：订房时间、退房时间、价格统计、入住顾客姓名、入住顾客电话。
  - ➢ 房间类型：类型名称、使用面积、床位、价格。
  - ➢ 房间信息：房间位置、房间描述。
  - ➢ 管理人员：用户名、密码、地址、电话。
  - ➢ 房间状态：状态标识。

顾客信息实体 E-R 图如图 11-4 所示。

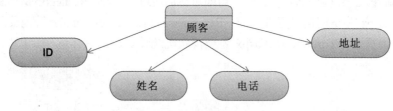

图 11-4 顾客信息实体 E-R 图

客房信息实体 E-R 图如图 11-5 所示。

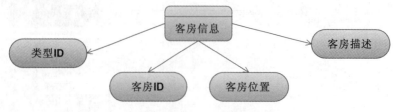

图 11-5 客房信息实体 E-R 图

客房入住记录实体 E-R 图如图 11-6 所示。

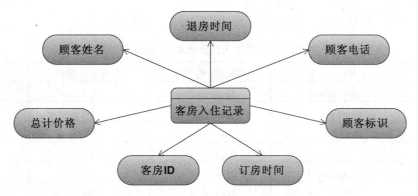

图 11-6　客房入住记录实体 E-R 图

客房类型实体 E-R 图如图 11-7 所示。

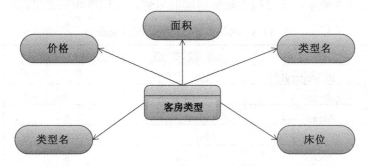

图 11-7　客房类型实体 E-R 图

当前客房入住信息实体 E-R 图如图 11-8 所示。

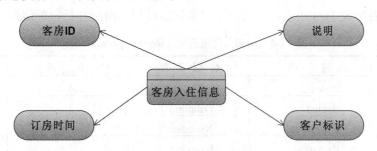

图 11-8　当前客房入住实体 E-R 图

11.2.2　设计表

顾客信息表如表 11-1 所示，主要用于记录顾客的姓名和电话。

表 11-1　顾客信息表（CustomersInfo）

序　号	列　名	数 据 类 型	长　度	字 段 说 明
1	CIdentityId	Nvarchar	50	顾客标识
2	CName	Nvarchar	50	顾客姓名
3	CPhone	Varchar	50	顾客电话
4	CAddress	Varchar	50	顾客地址

房间入住历史表如表 11-2 所示，主要用于记录房间的使用历史信息。

表 11-2　房间入住历史表（History）

序号	列名	数据类型	长度	字段说明
1	BeginTime	Datetime	8	订房时间
2	EndTime	Datetime	8	退房时间
3	RoomId	Int	4	房间标识
4	TotalPrice	Money	8	总计价格
5	CIdentityId	Nvarchar	50	顾客标识
6	CName	Nvarchar	50	顾客姓名
7	CPhone	Nvarchar	50	顾客电话

房间类型表如表 11-3 所示，主要用于记录房间的名称、面积等相关信息。

表 11-3　房间类型表（RoomCategory）

序号	列名	数据类型	长度	字段说明
1	RCategoryId	Int	4	房间类型标识
2	Name	Varchar	50	房间类型名称
3	Area	Float	8	房间面积
4	BedNum	Int	4	床位
5	Price	Money	8	价格
6	AirCondition	Int	4	空调
7	TV	Int	8	电视

房间入住信息表如表 11-4 所示，主要用于记录订房时间、消费者标识等信息。

表 11-4　房间入住信息表（RoomOperation）

序号	列名	数据类型	长度	字段说明
1	RoomId	Int	4	房间标识
2	BeginTime	Datetime	4	订房时间
3	CIdentityId	Nvarchar	50	消费者标识
4	Remarks	Nvarchar	200	注释

房间信息表如表 11-5 所示，主要用于记录房间的位置、描述等信息。

表 11-5　房间信息表（RoomsInfo）

序号	列名	数据类型	长度	字段说明
1	RoomId	Int	4	房间标识
2	RCategoryId	Int	4	房间类型标识
3	RPosition	Nvarchar	50	房间位置
4	Description	Nvarchar	50	房间描述

房间状态表如表 11-6 所示，主要用于记录房间的状态。

表 11-6 房间状态表（RoomStatus）

序 号	列 名	数 据 类 型	长 度	字 段 说 明
1	RoomId	Int	4	房间标识
2	Status	Int	4	房间状态

用户表如表 11-7 所示，主要用于记录用户的名称、密码等信息。

表 11-7 用户表（UserInfo）

序 号	列 名	数 据 类 型	长 度	字 段 说 明
1	UserId	Int	4	用户标识
2	Name	Varchar	50	用户名
3	Password	Varchar	50	密码
4	Email	Varchar	50	E-mail
5	Address	Varchar	50	地址
6	Telephone	Varchar	50	电话

11.2.3 建立和数据库的连接

设计数据库完毕，需要建立程序和数据库的连接，具体代码如下：

```
<appSettings>
  <add key="ConnectionString" value="server=(local);User ID=sa;Password=666888;database=RoomManage;Connection Reset=FALSE"/>
</appSettings>
```

其中，server 是数据库服务器的名称；User 2D 是连接数据库的用户名；Password 是连接数据库的密码；Database 是使用的数据库的名称。

11.3 设 计 基 类

> 知识点讲解：光盘\视频讲解\第 11 章\设计基类.avi

预先为本系统设计了一个基类，这样站点中的所有页面都可以直接或间接继承此类，从而允许以最少的代码修改来约束整个站点并为之提供功能（可能包括提供一些标准的被许多页面调用的使用程序方法，也可能提供一些用户识别和验证的基本代码）。

11.3.1 PageBase 基类

下面是基类 PageBase 的代码，其中 UrlSuffix 属性用来获取主机名或 IP 地址和服务器上 ASP.NET 应用程序的虚拟程序根路径；UrlBase 属性在 UrlSuffix 前加了一个字符串 "http://"，这样就拥有了一个完整的路径；静态方法 public static bool CheckUser(string name, string pwd)用来检测数据库用户表中是否存在该用户，具体代码如下：

```csharp
namespace GROUP
{
    //<summary>
    //PageBase 的摘要说明
    //</summary>
    public class PageBase:System.Web.UI.Page
    {
        public PageBase()
        {

            //TODO: 在此处添加构造函数逻辑

        }
        private static string UrlSuffix
        {
            get
            {
                return HttpContext.Current.Request.Url.Host + HttpContext.Current.Request.ApplicationPath;
            }
        }
        //<value>
        //UrlBase is used to get the prefix for URLs
        //</value>
        public static String UrlBase
        {
            get
            {
                return @"http://" + UrlSuffix;
            }
        }
    //public static string UserType;

        public static bool CheckUser(string name,string pwd)
        {
            bool authenticated = false;
            //从文件 Web.config 中读取连接字符串
            string sqldb= ConfigurationSettings.AppSettings["ConnectionString"];
            //创建 Command 对象
            SqlCommand mycommand = new SqlCommand();
            //连接 GinShopManage 数据库
            mycommand.Connection=new SqlConnection(sqldb);
            try
            {
                mycommand.Connection.Open();
                //调用存储过程 ValidateUser 检验账户的有效性
                mycommand.CommandText="ValidateUser";
                mycommand.CommandType=CommandType.StoredProcedure;

                SqlParameter Name=new SqlParameter("@name",SqlDbType.NVarChar,20);
                Name.Value=name.Trim();
                mycommand.Parameters.Add(Name);
```

```csharp
            SqlParameter Password=new SqlParameter("@pwd",SqlDbType.NVarChar,15);
            Password.Value=pwd.Trim();
            mycommand.Parameters.Add(Password);

            SqlParameter IsValid=new SqlParameter("@IsValid",SqlDbType.Int);
            IsValid.Direction=ParameterDirection.Output;
            mycommand.Parameters.Add(IsValid);

            mycommand.ExecuteNonQuery();
            if(((int)IsValid.Value)==1)
            {
                //账户有效
                authenticated=true;
            }
        }
        catch(Exception exc)
        {
            throw(exc);
        }
        finally
        {
            mycommand.Connection.Close();
        }
        //返回布尔值
        return authenticated;
    }
}
```

在方法 CheckUser()使用了存储过程 ValidateUser, 其代码如下:

```sql
CREATE PROCEDURE [dbo].[ValidateUser](
            @name nvarchar(20), @pwd nvarchar(15) ,
            @IsValid Int output)
  AS
if (select count(Telephone) from UsersInfo where Name=@name and Password=@pwd ) =1
    begin
       select @IsValid = 1
    end
else
     select @IsValid = 0
return
```

11.3.2 ModuleBase 基类

因为系统中用到了很多控件，所以很有必要为这些控件写一个基类，目的就是以最少的代码来约束整个站点。在此编写 ModuleBase 类，具体代码如下:

```csharp
namespace GROUP
{
    //<summary>
    //ModuleBase 的摘要说明
    //</summary>
    public class ModuleBase:System.Web.UI.UserControl
    {
        public ModuleBase()
        {
            //TODO: 在此处添加构造函数逻辑

        }
        private String basePathPrefix;
        private bool authenticated;

        //<value>
        ///属性 PathPrefix 用于设置或获取文件前缀的控制权限
        //      <remarks>
        //          Sets the value PathPrefix.
        //          Gets the value PathPrefix.
        //      </remarks>
        // </value>

        public String PathPrefix
        {
            get
            {
                if (null == basePathPrefix && HttpContext.Current != null)
                {
                    basePathPrefix = PageBase.UrlBase;
                }

                return basePathPrefix;
            }
            set
            {
                basePathPrefix = value;
            }
        }
        public bool Authenticate(string name,string pwd)
        {
            authenticated= PageBase.CheckUser(name,pwd);

            return authenticated;

        }
//      public String UserType
//      {
//          get
//          {
```

```
//              return PageBase.UserType;
//          }
//      }
    }
}
```

在 ASP.NET 业务系统的开发过程中，为了保证页面风格的一致性以及减少重复代码的编写，需要引入基类页的概念，即定义一个基类页，让所有的页面都继承这个基类，并在该基类页中加入公用的属性和方法。

在实际使用时，按照功能页面划分，可以定义多个基类页，例如：

```
class FormBase
class BizFormBase : FormBase
class ViewFormBase : BizFormBase
class EditFormBase : BizFormBase
class QueryFormBase : FormBase
```

- ☑ FormBase：基类页中的根，提供与业务无关的服务，如 URL 重写、日志等。
- ☑ BizFormBase：加入和业务相关的属性，如该页面的当前业务对象 ID 等。
- ☑ ViewFormBase、EditFormBase：实现具体的查看、编辑功能。
- ☑ QueryFormBase：实现对通用查询页面的封装。

从面向对象的角度看，基类页与普通的基类、继承类设计其实区别并不大，都要在基类中编写公用的属性方法，并通过虚函数、事件等方式让继承类重写或响应。所不同的是基类页的设计过程受到所在环境的约束。在 WinForm 环境下，可以预先定义好窗体的公用元素，如工具条、默认的表格以及 DataSource 控件等。而到了 ASP.NET 下的 WebForm，则无法实现界面一级的继承，同时加入了状态管理等要求。

下面以查询基类页的设计过程来分析基类。

一个最简单的查询页面包括 3 部分：多个查询条件文本框、查询按钮以及表格。同时查询页会和一个数据访问组件关联，当单击"查询"按钮时，会把查询条件转换成 where 语句提交给数据访问组件。

```
QueryPeopleForm
OnQueryButtonClick(){
 string peopleName = txtPeopleName.Text;
 string peopleAge = txtPeopleAge.Text;
 string sql;
 sql = string.Format("Name Like'%{0}%'and Age = {1}", PeopleName, peopleAge);
 PeopleManager manager = new PeopleManager();
 this.gridMain.DataSource = manager.GetDataTable(sql);
 this.gridMain.DataBind();
}
```

当单击"查询"按钮时做了以下 3 件事：

（1）获取查询条件。
（2）提交查询。
（3）将查询结果绑定到表格。

此处的提交查询和绑定在不同的查询页面都是一样的，于是首先把提交查询操作和将查询结果绑定到表格操作放到基类页中，并提供这样一个方法：void QueryAndBind(IManager manager, string sql);
此处要定义 IManager 接口，让所有的 Manager 都实现该接口，这样基类页就无须知道具体的 Manager，只要调用 IManager.GetDataTable()方法，然后绑定到表格即可。

使用基类页后的代码如下：

```
QueryPeopleForm : QueryFormBase
OnQueryButtonClick(){
    string peopleName = txtPeopleName.Text;
    string peopleAge = txtPeopleAge.Text;
    sql = string.Format("Name Like'%{0}%'and Age = {1}", PeopleName, peopleAge);
    QueryAndBind(new PeopleManager(), sql);
}
```

此处的代码少了，但仍有问题，当查询条件变化后，每次输入查询语句的工作既枯燥又容易出错，可以加入一个 Query 类，以简化操作：

```
public enum QueryOperator
{
    //等于比较
    Equal = 0,
    //不等于
    NotEqual = 1,
    //Like 比较
    Like = 6
}
class Query
{
    void Add(string fieldName, string value, QueryOperator oper);
    string GetSql();
}
QueryPeopleForm : QueryFormBase
OnQueryButtonClick()
{
    Query query = new Query();
    query.Add("Name", txtPeopleName.Text, QueryOperator.Like);
    query.Add("Age", txtPeopleAge.Text, QueryOperator.Equal);
    QueryAndBind(new PeopleManager(), query.GetSql());
}
```

把 SQL 语句放在 Query 类中，调用者只要声明查询字段、对应的值、比较类型即可。

到此为止，基类页已经很好用了，但还有一个小问题，也就是前面说的，在 WebForm 中无法实现界面级的继承，那么基类页的 QueryAndBind()方法，将无法知道查询结果要绑定到哪一个表格，这时可在基类页中声明 DefaultGrid 属性，让继承页来告知当前的表格控件。

修改后的代码如下：

```
QueryPeopleForm : QueryFormBase
OnQueryButtonClick()
{
```

```
InitControls(gridMain);
Query query = new Query();
query.Add("Name", txtPeopleName.Text, QueryOperator.Like);
query.Add("Age", txtPeopleAge.Text, QueryOperator.Equal);
QueryAndBind(new PeopleManager(), query.GetSql());
}
```

至此，基类页的功能已经完整了，但仍然不够，如果以后想改变"查询"按钮被单击的行为，例如，查询结果为空时，要弹出对话框提示，这时仍然要修改页面代码，这不是我们所希望的，于是将QueryButton 的 OnClick 操作也放在了基类页中执行，继承页只要初始化数据访问组件和设置查询条件即可。

```
QueryPeopleForm : QueryFormBase
void Initialize(){
    //指定页面对应的 Manager
    Manager = new PeopleManager();
    //绑定控件
    InitControls(gridMain, btnQuery);
}
void GetQueryInfo(Query query)
{
    //获得查询条件
    query.Add("Name", txtPeopleName.Text, QueryOperator.Like);
    query.Add("Age", txtPeopleAge.Text, QueryOperator.Equal);
}
QueryFormBase:
private IManager manager = null;
public IManager Manager
{
    get { return manager; }
    set { manager = value; }
}
void InitControls(GridView grid, Button queryButton)
{
    this.defaultGrid = grid;
    this.queryButton = queryButton;
    queryButton.Click += new EventHandler(QueryButton_Click);
}
void QueryButton_Click(object sender, EventArgs e)
{
    Query query = new Query();
    GetQueryInfo(Query);
    QueryAndBind(manager, query.GetSql());
}
```

应该说基类的设计相对复杂，但好处是继承页的代码变得清楚了，没有多余重复的代码。而基类页的设计其实是有技巧的，具体如下：

- ☑ 首先以最直接的方式写出页面代码。
- ☑ 提取公用方法和添加辅助类。

☑ 提取事件处理流程到基类页中。
☑ 在基类页中设计需要继承页重载的方法与事件。

从设计上来讲，用基类页的方式来统一操作、简化页面代码是一种非常直观的方式，缺点是随着项目的演化，基类页会变得大而全，不容易被新的项目重用，这时就可以考虑把其中的一部分功能放到用户控件和自定义组件中来实现，以减少耦合性和提高重用性。

11.4 具 体 编 码

知识点讲解：光盘\视频讲解\第 11 章\具体编码.avi

现在开始步入第三阶段的工作：具体编码。根据项目规划书和函数规划等资料，整个设计思路已经十分清晰了，只需遵循规划书的方向即可轻松实现。

11.4.1 设计界面

1．样式文件

系统的整体样式文件是 GinShopManage.css，实现对项目内样式的控制。

2．功能导航

预设计进入系统后，在左侧显示系统管理导航，在此编写文件 ListModule.ascx 实现上述功能，具体代码如下：

```
<table cellSpacing="0" cellPadding="0" width="150">
    <tr>
        <td style="PADDING-LEFT: 15px; PADDING-BOTTOM: 20px; PADDING-TOP: 20px" align="left">
 功能列表
        </td>
    </tr>

    <tr>
        <td align="center">
            <table width="100%" align=center>
                <tr>
                    <td style="PADDING-LEFT: 25px; PADDING-TOP: 15px"><a  id=RoomCategoryManLink   href="<%=RoomCategoryManLink%>">客房类型管理 </a>
                    </td>
                </tr>
                <tr>
                    <td style="PADDING-LEFT: 25px; PADDING-TOP: 15px"><a   id=RoomManLink href="<%=RoomManLink%>">客房信息管理 </a>
                    </td>
                </tr>
                <tr>
```

```html
                    <td style="PADDING-LEFT: 25px; PADDING-TOP: 15px"><a id=RoomBussinessManLink
                        href="<%=RoomBussinessManLink%>">客房经营管理 </a>
                    </td>
                </tr>
                <tr>
                    <td style="PADDING-LEFT: 25px; PADDING-TOP: 15px"><a id=CustomersManLink
                        href="<%=CustomersManLink%>">客户信息检索 </a>
                    </td>
                </tr>
                <tr>
                    <td style="PADDING-LEFT: 25px; PADDING-TOP: 15px"><a id=TurnoverStatLink
                        href="<%=TurnoverStatLink%>">经营状况分析 </a>
                    </td>
                </tr>
            </table>
        </td>
    </tr>
</table>
```

编写对应的后台处理文件 ListModule.ascx.cs，具体代码如下：

```csharp
public partial class ListModule : ModuleBase
{
    protected String UsersManLink;
    protected String CustomersManLink;
    protected String RoomCategoryManLink;
    protected String RoomManLink;
    protected String RoomBussinessManLink;
    protected String TurnoverStatLink;
    protected String ChangePwdLink;

    private void Page_Load(object sender, System.EventArgs e)
    {
        if( HttpContext.Current.User.Identity.IsAuthenticated)
        {
            //如果用户身份通过验证
            String UserName= HttpContext.Current.User.Identity.Name;

            UsersManLink=PathPrefix+"/UsersMan.aspx";
            RoomCategoryManLink=PathPrefix + "/RCategoryMan.aspx";
            RoomManLink=PathPrefix + "/RoomsMan.aspx";
            CustomersManLink=PathPrefix + "/CustomersMan.aspx";
            RoomBussinessManLink=PathPrefix+ "/RBussinessMan.aspx";
            TurnoverStatLink=PathPrefix + "/TurnoverStat.aspx";
            ChangePwdLink=PathPrefix + "/PwdModify.aspx?UserName="+UserName;
        }

    }
    #region Web 窗体设计器生成的代码
```

```
override protected void OnInit(EventArgs e)
{
    //CODEGEN: 该调用是 ASP.NET Web 窗体设计器所必需的
    InitializeComponent();
    base.OnInit(e);
}

//<summary>
//设计器支持所需的方法 - 不要使用代码编辑器
//修改此方法的内容
//</summary>
private void InitializeComponent()
{
    this.Load += new System.EventHandler(this.Page_Load);
}
#endregion
}
}
```

在上述代码中，PathPrefix 是从本页面的基类 ModuleBase 继承来的属性，代表当前的路径再加上要链接的页面。这样在页面加载时这些变量会赋值给超链接的 href 属性，就会链接到需要的页面。

11.4.2 管理员登录模块

此皇家酒店客房管理系统不能随便进入，只有指定的用户才能登录，为此需要设计一个管理员登录模块。分别设计登录页面 LogonModule.ascx 和登录处理页面 LogonModule.ascx.cs。页面 LogonModule.ascx 是一个 HTML 页面，文件 LogonModule.ascx.cs 的具体实现代码如下：

```
public partial class LogonModule : ModuleBase
{
    private void Page_Load(object sender, System.EventArgs e)
    {
        if(HttpContext.Current.User.Identity.IsAuthenticated)
        {
            String UserName=HttpContext.Current.User.Identity.Name;
            ShowMsg.Text="<b><font color='red'>"+UserName+"</font></b>,欢迎您使用本系统!";
            ShowMsg.Style["color"]="Green";
        }
        else{
            ShowMsg.Text="您还未登录本系统,登录后才可使用各项服务";
            ShowMsg.Style["color"]="Red";
        }
    }

    #region Web 窗体设计器生成的代码
    override protected void OnInit(EventArgs e)
```

```
    {
        //CODEGEN: 该调用是 ASP.NET Web 窗体设计器所必需的

        InitializeComponent();
        base.OnInit(e);
    }

    //<summary>
    //设计器支持所需的方法 - 不要使用代码编辑器
    //修改此方法的内容
    //</summary>
    private void InitializeComponent()
    {
        this.LoginButton.Click += new System.EventHandler(this.LogonButton_Click);
        this.Load += new System.EventHandler(this.Page_Load);
    }
    #endregion

    private void LogonButton_Click(object sender, System.EventArgs e)
    {
        if(Authenticate(LogonNameTextBox.Text.Trim() ,LogonPasswordTextBox.Text.Trim())==true)
        {
            FormsAuthentication.SetAuthCookie(LogonNameTextBox.Text.Trim(),true);

            Response.Redirect(PathPrefix+"/default.aspx");

        }
        else
        {
            MismatchLabel.Visible=true;
        }
    }
}
```

在上述代码中，页面加载时会首先运行 Page_Load，判断用户是否已经登录过。LogonButton_Click 事件是当用户单击"登录"按钮时触发的，在此用它从基类中继承的方法 Authenticate() 来验证是否有该用户，如果没有则显示错误信息。

11.4.3 客房类型管理模块

客房类型管理模块用于实现对客房的管理。

1. 搭建客房类型管理页面

此阶段的实现文件如下。

- ☑ RCategoryMan.aspx：没有自己的内容，只是用来列出每个控件的框架。
- ☑ RCatgManModule.ascx：通过 GridView 控件显示数据。
- ☑ RCatgManModule.ascx.cs：处理程序。

文件 RCatgManModule.ascx.cs 的具体实现代码如下：

```csharp
public partial class RCategoryModule : ModuleBase
{
    private void Page_Load(object sender, System.EventArgs e)
    {
        if (!IsPostBack) Show_RCategoryList();
    }

    protected void Show_RCategoryList()
    {
        //从文件 Web.config 中读取连接字符串
        string sqldb = ConfigurationSettings.AppSettings["ConnectionString"];
        //连接 GinShopManage 数据库
        SqlConnection Conn = new SqlConnection(sqldb);
        //定义 SQL 语句
        String selsql = "select RCategoryId,Name,BedNum,Price from RoomCategory";
        //创建 SqlDataAdapter 对象，调用 selsql
        SqlDataAdapter myadapter = new SqlDataAdapter(selsql, Conn);
        //创建并填充 DataSet
        DataSet ds = new DataSet();
        myadapter.Fill(ds);

        dg_RCategoryList.DataSource = ds;
        dg_RCategoryList.DataBind();
        //关闭 Conn
        Conn.Close();
    }
    protected void GridView_Delete(Object sender, GridViewDeleteEventArgs E)
    {
        //从文件 Web.config 中读取连接字符串
        string sqldb = ConfigurationSettings.AppSettings["ConnectionString"];
        //连接 GinShopManage 数据库
        SqlConnection Conn = new SqlConnection(sqldb);
        Conn.Open();
        //定义 SQL 语句
        String delsql = "delete from RoomCategory where RCategoryId = @RCategoryId";
        //创建 mycommand 对象，调用 delsql
        SqlCommand mycommand = new SqlCommand(delsql, Conn);
        mycommand.Parameters.Add("@RCategoryId", SqlDbType.VarChar);
        //从 dg_RCategoryList 中获取 RCategoryId 值
        mycommand.Parameters["@RCategoryId"].Value = dg_RCategoryList.DataKeys[E.RowIndex].Value.ToString();

        mycommand.ExecuteNonQuery();
        dg_RCategoryList.EditIndex = -1;
        //更新 dg_RCategoryList
        Show_RCategoryList();
    }
}
```

```csharp
protected void GridView_Page(Object sender, GridViewPageEventArgs E)
{
    dg_RCategoryList.PageIndex = E.NewPageIndex;
    Show_RCategoryList();
}
        #region Web 窗体设计器生成的代码
        override protected void OnInit(EventArgs e)
        {
            //CODEGEN: 该调用是 ASP.NET Web 窗体设计器所必需的

            InitializeComponent();
            base.OnInit(e);
        }

        //<summary>
        //设计器支持所需的方法 - 不要使用代码编辑器
        //修改此方法的内容
        //</summary>
        private void InitializeComponent()
        {
            this.search.Click += new System.EventHandler(this.btn_search_Click);
            this.ShowAll.Click += new System.EventHandler(this.ShowAll_Click);
            this.Load += new System.EventHandler(this.Page_Load);

        }
        #endregion

        private void ShowAll_Click(object sender, System.EventArgs e)
        {
            Show_RCategoryList();
        }

        private void btn_search_Click(object sender, System.EventArgs e)
        {
            //从文件 Web.config 中读取连接字符串
            string sqldb = ConfigurationSettings.AppSettings["ConnectionString"];
            //连接 GinShopManage 数据库
            SqlConnection Conn = new SqlConnection(sqldb);
            //定义 SQL 语句
            String selsql = "select RCategoryId,Name,BedNum,Price from RoomCategory where Name = @Name";
            //创建 SqlDataAdapter 对象，调用 selsql
            SqlDataAdapter myadapter = new SqlDataAdapter(selsql, Conn);
            myadapter.SelectCommand.Parameters.Add("@Name", SqlDbType.VarChar);
            myadapter.SelectCommand.Parameters["@Name"].Value = RNameTextBox.Text.Trim();
            //创建并填充 DataSet
            DataSet ds = new DataSet();
            myadapter.Fill(ds);
            dg_RCategoryList.DataSource = ds;
            dg_RCategoryList.DataBind();
```

```
                Conn.Close();
            }
    }
}
```

在上述代码中,当控件被加载时会首先执行 Page_Load 中的代码,在这里执行了一个自定义的方法 Show_Rcategory List(),该方法从数据库中读取所有有关房间类型的信息,并绑定到 GridView 控件以显示数据。GridView_Delete 事件是当管理者单击"删除"按钮时触发的,该事件将管理者单击的 GridView 控件中的当前条的数据作为参数进行删除操作。事件 ShowAll_Click 用来显示所有的房间类型,它同样调用了 Show_RCategoryList()方法;btn_search_Click 事件将 RnameTextBox 的 Text 内容作为条件,在数据库中查询出要搜索的房间类型并显示出来。

2. 修改、删除客房类型

当单击房间类型管理页面中的"删除"按钮时,将触发 GridView_Delete 事件,删除对应 ID 的房间类型。此外,在该页面中还包含"详单"超链接,单击后,可获取被单击行的类型 ID,然后传给 RCategoryEdit.aspx 页面,从中修改房间类型的信息,如图 11-9 所示。

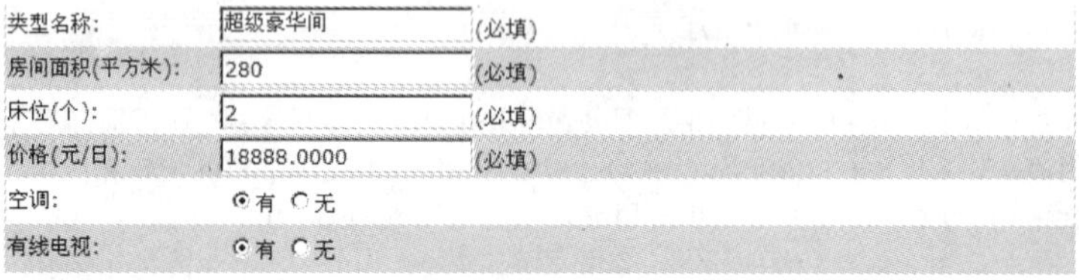

图 11-9 客房类型修改

此阶段的实现文件如下。

- ☑ RCategoryEdit.aspx:一个 HTML 表单页面,说明输入控件和验证控件的使用方法。
- ☑ RCatgEditModule.ascx.cs:实现客房类型的修改和删除。

文件 RCatgEditModule.ascx.cs 的具体实现流程如下:

(1)首先执行 Page_Load 中的代码,接收上个页面传过来的参数,然后将其作为条件进行查询,再从数据库中读出此条记录的信息并赋值给每个 Web 控件,以便管理员进行修改。具体代码如下:

```
public partial class RCatgEditModule : ModuleBase
{
    private void Page_Load(object sender, System.EventArgs e)
    {
        if(!IsPostBack)
        {
            //显示房间类型信息
            RCategoryIdLabel.Text=Request.QueryString ["RCategoryId"].ToString ();
            //从文件 Web.config 中读取连接字符串
            string sqldb = ConfigurationSettings.AppSettings["ConnectionString"];
            //连接 GinShopManage 数据库
            SqlConnection Conn = new SqlConnection (sqldb);
            Conn.Open ();
            //定义 SQL 语句
            String selsql="select Name,Area,BedNum,Price,AirCondition,TV from RoomCategory where
```

```
RCategoryId = @RCategoryId";
                //创建 mycommand 对象，调用 selsql
                SqlCommand mycommand=new SqlCommand(selsql,Conn);
                mycommand.Parameters .Add ("@RCategoryId",SqlDbType.Int );
                mycommand.Parameters ["@RCategoryId"].Value = int.Parse(RCategoryIdLabel.Text);
                SqlDataReader dr=mycommand.ExecuteReader ();
                if(dr.Read ())
                {
                    RCatgNameTextBox.Text =dr["Name"].ToString ();
                    AreaTextBox.Text =dr["Area"].ToString ();
                    BedNumTextBox.Text =dr["BedNum"].ToString ();
                    PriceTextBox.Text=dr["Price"].ToString ();
                    AirConditionList.SelectedIndex =int.Parse(dr["AirCondition"].ToString());
                    TvList.SelectedIndex =int.Parse(dr["TV"].ToString());
                }
            }
        }

        #region Web 窗体设计器生成的代码
        override protected void OnInit(EventArgs e)
        {
            //CODEGEN: 该调用是 ASP.NET Web 窗体设计器所必需的

            InitializeComponent();
            base.OnInit(e);
        }

        //<summary>
        //设计器支持所需的方法 - 不要使用代码编辑器
        //修改此方法的内容
        //</summary>
        private void InitializeComponent()
        {
            this.Submit.Click += new System.EventHandler(this.Submit_Click);
            this.Load += new System.EventHandler(this.Page_Load);

        }
        #endregion
```

（2）完成房间类型信息的修改后，单击"修改信息"按钮时将触发 Submit_Click 事件。在其中将首先获取修改完成后的信息（即每个 Web 控件的值），然后再把它们更新到数据库。具体代码如下：

```
private void Submit_Click(object sender, System.EventArgs e)
{
    if(Page.IsValid )
    {
        //从文件 Web.config 中读取连接字符串
        string sqldb = ConfigurationSettings.AppSettings["ConnectionString"];
        //连接 GinShopManage 数据库
        SqlConnection Conn = new SqlConnection (sqldb);
```

```
                Conn.Open ();
                //定义 SQL 语句
                String updatesql="update RoomCategory set Name=@Name,Area=@Area,BedNum= @BedNum,
Price=@Price,AirCondition=@AirCondition,TV=@TV where RCategoryId = @RCategoryId";
                //利用 Command 对象调用 updatesql
                SqlCommand mycommand=new SqlCommand (updatesql,Conn);
                //往存储过程中添加参数
                mycommand.Parameters .Add ("@RCategoryId",SqlDbType.Int);
                mycommand.Parameters .Add ("@Name",SqlDbType.VarChar);
                mycommand.Parameters .Add ("@Area",SqlDbType.Float);
                mycommand.Parameters .Add ("@BedNum",SqlDbType.Int);
                mycommand.Parameters .Add ("@Price",SqlDbType.Money);
                mycommand.Parameters .Add ("@AirCondition",SqlDbType.Int);
                mycommand.Parameters .Add ("@TV",SqlDbType.Int);
                //给存储过程的参数赋值
                mycommand.Parameters ["@RCategoryId"].Value =int.Parse(RCategoryIdLabel.Text);
                mycommand.Parameters ["@Name"].Value =RCatgNameTextBox.Text.Trim();
                mycommand.Parameters ["@Area"].Value =Convert.ToDouble(AreaTextBox.Text.Trim());
                mycommand.Parameters ["@BedNum"].Value =int.Parse(BedNumTextBox.Text.Trim());
                mycommand.Parameters ["@Price"].Value =Convert.ToDouble(PriceTextBox.Text.Trim());
                mycommand.Parameters ["@AirCondition"].Value =AirConditionList.SelectedIndex;
                mycommand.Parameters ["@TV"].Value =TvList.SelectedIndex;
                try
                {
                    mycommand.ExecuteNonQuery();
                    ShowMsg.Text="房间类型信息修改成功";
                    ShowMsg.Style["color"]="green";}
                catch(SqlException error)
                {
                    ShowMsg.Text="修改未成功,请稍后再试。原因:"+error.Message;
                    ShowMsg.Style["color"]="red";
                }
                //关闭连接
                Conn.Close();
            }
        }
    }
}
```

3. 添加客房类型

在客房类型管理页面中单击"添加新房间类型"超链接,将打开 RCategoryAdd.aspx 页面,可以在其中添加客房类型,如图 11-10 所示。

图 11-10 添加客房类型

此处的实现文件如下。
- ☑ RCategoryAdd.aspx：HTML 文件。
- ☑ RCatgAddModule.ascx.cs：实现数据添加。

下面重点讲解 RCatgAddModule.ascx.cs 的实现流程。

（1）当管理员单击"添加"按钮时首先会执行 IsNameValidate，然后在该事件中获取 RCatgNameTextBox.Text 中的内容，将其作为参数在数据库中进行查询，如果存在数据，则表示已经有该类型的房间；如果没有，则会执行下面的 SubmitButton_Click 事件。对应代码如下：

```csharp
public partial class RCatgAddModule : ModuleBase
{
    private void Page_Load(object sender, System.EventArgs e)
    {
        //在此处放置用户代码以初始化页面
    }

    //验证房间类型是否已存在
    public void IsNameValidate(object source, System.Web.UI.WebControls.ServerValidateEventArgs args)
    {
        //从文件 Web.config 中读取连接字符串
        string sqldb= ConfigurationSettings.AppSettings["ConnectionString"];
        //连接 GinShopManage 数据库
        SqlConnection Conn= new SqlConnection (sqldb);
        Conn.Open ();
        //构造 SQL 语句，该语句在 RoomCategory 表中检查房间类型是否已存在
        string checksql= "select * from RoomCategory where Name='"+RCatgNameTextBox.Text.Trim() +"'";
        //创建 Command 对象
        SqlCommand mycommand=new SqlCommand(checksql,Conn);
        //执行 ExecuteReader()方法
        SqlDataReader dr=mycommand.ExecuteReader ();
        if(dr.Read ())
        {
            args.IsValid =false;//房间类型已存在
        }
        else
        {
            args.IsValid =true;//房间类型未存在
        }
        //关闭连接
        Conn.Close();
    }
```

（2）如果存在数据，则表示已经有该类型的房间，如果没有，则会执行 SubmitButton_Click 事件中的代码。在 SubmitButton_Click 中获取页面中各元素的值，然后作为插入语句的内容进行插入数据库的操作。对应代码如下：

```csharp
private void InitializeComponent()
{
```

```csharp
            this.SubmitButton.Click += new System.EventHandler(this.SubmitButton_Click);
            this.ReturnButton.Click += new System.EventHandler(this.ReturnButton_Click);
            this.Load += new System.EventHandler(this.Page_Load);
}
#endregion

private void SubmitButton_Click(object sender, System.EventArgs e)
{
    if(Page.IsValid)
    {
        //从文件 Web.config 中读取连接字符串
        string sqldb= ConfigurationSettings.AppSettings["ConnectionString"];
        //连接 GinShopManage 数据库
        SqlConnection Conn= new SqlConnection (sqldb);
        Conn.Open ();
        //利用 Command 对象调用存储过程
        SqlCommand mycommand=new SqlCommand    ("InsertRoomCategory",Conn);
        //将命令类型转为存储类型
        mycommand.CommandType =CommandType.StoredProcedure ;
        //往存储过程中添加参数
        mycommand.Parameters .Add ("@Name",SqlDbType.VarChar);
        mycommand.Parameters .Add ("@Area",SqlDbType.Float);
        mycommand.Parameters .Add ("@BedNum",SqlDbType.Int);
        mycommand.Parameters .Add ("@Price",SqlDbType.Money);
        mycommand.Parameters .Add ("@AirCondition",SqlDbType.Int);
        mycommand.Parameters .Add ("@TV",SqlDbType.Int);
        //给存储过程的参数赋值
        mycommand.Parameters ["@Name"].Value =RCatgNameTextBox.Text.Trim();
        mycommand.Parameters ["@Area"].Value =Convert.ToDouble(AreaTextBox.Text.Trim());
        mycommand.Parameters ["@BedNum"].Value =int.Parse(BedNumTextBox.Text.Trim());
        mycommand.Parameters ["@Price"].Value =Convert.ToDouble(PriceTextBox.Text.Trim());
        mycommand.Parameters ["@AirCondition"].Value =AirConditionList.SelectedIndex;
        mycommand.Parameters ["@TV"].Value =TvList.SelectedIndex;
        try
        {
            mycommand.ExecuteNonQuery();
            ShowMsg.Text="新房间类型添加成功";
            ShowMsg.Style["color"]="green";}
        catch(SqlException error)
        {
            ShowMsg.Text="添加未成功，请稍后再试。原因："+error.Message;
            ShowMsg.Style["color"]="red";
        }
        //关闭连接
        Conn.Close();
    }
}
private void ReturnButton_Click(object sender, System.EventArgs e)
{
```

```
            Response.Redirect(PathPrefix+"/RCategoryMan.aspx");
        }
    }
}
```

11.4.4　客房信息管理模块

客房信息管理模块用于实现对客房信息的管理。在管理员界面中单击“房间信息管理”超链接，将进入房间信息管理页面 RoomsMan.aspx，如图 11-11 所示。

房间号	房间类型	价格(元/天)	房间位置	修改	删除
226	普通双人间	450.0000	二层西侧	详单	删除
408	普通双人间	450.0000	四层左侧	详单	删除
428	VIP单人间	500.0000	四层西侧	详单	删除
518	VIP单人间	500.0000	五层东侧	详单	删除
666	VIP单人间	500.0000	六层中央	详单	删除
下一页					

添加新房间

图 11-11　客房信息管理

1．客房信息列表页面

客房信息列表页面显示当前系统中已存在的客房信息，对应的实现文件如下。

☑ RoomsMan.aspx：HTML 页面。

☑ RoomsManModule.ascx.cs：处理程序，用于获取系统内的客房信息。

下面介绍文件 RoomsManModule.ascx.cs 的具体实现流程。

（1）当控件被加载时会首先执行 Page_Load 中的代码，对应代码如下：

```
public partial class RoomsManModule : ModuleBase
{

    private void Page_Load(object sender, System.EventArgs e)
    {
        if(!IsPostBack) Show_RoomsList();
    }

    protected void Show_RoomsList()
    {
        //从文件 Web.config 中读取连接字符串
        string sqldb = ConfigurationSettings.AppSettings["ConnectionString"];
        //连接 GinShopManage 数据库
        SqlConnection Conn = new SqlConnection (sqldb);
        //创建 SqlDataAdapter 对象，调用存储过程 ShowRoomsInfo
        SqlDataAdapter myadapter=new SqlDataAdapter ("ShowRoomsList",Conn);
        //创建并填充 DataSet
        DataSet ds = new DataSet ();
        myadapter.Fill (ds);

        dg_RoomsList.DataSource =ds;
```

```
            dg_RoomsList.DataBind ();

            Conn.Close ();
        }
```

（2）定义事件 GridView_Delete，当管理者单击"删除"按钮时被触发，该事件将管理者单击的 GridView 控件中的当前条的数据作为参数进行删除操作。search_Click 事件将 RoomIdTextBox 的 Text 属性作为条件，在数据库中查询出要搜索的房间信息并显示出来。对应代码如下：

```
protected void GridView_Delete(Object sender, GridViewDeleteEventArgs E)
{
    //从文件 Web.config 中读取连接字符串
    string sqldb = ConfigurationSettings.AppSettings["ConnectionString"];
    //连接 GinShopManage 数据库
    SqlConnection Conn = new SqlConnection (sqldb);
    Conn.Open ();
    //创建 mycommand 对象，调用存储过程
    SqlCommand mycommand = new SqlCommand ("DeleteRoom",Conn);
    mycommand.CommandType=CommandType.StoredProcedure;
    mycommand.Parameters .Add ("@RoomId",SqlDbType.Int );
    //从 dg_RoomsList 中获取 UserId 值
    mycommand.Parameters["@RoomId"].Value = dg_RoomsList.DataKeys[E.RowIndex].Value.ToString();
    mycommand.ExecuteNonQuery ();
    dg_RoomsList.EditIndex =-1;
    //更新 dg_RoomsList
    Show_RoomsList();
}
protected void GridView_Page(Object sender, GridViewPageEventArgs E)
{
    dg_RoomsList.PageIndex =E.NewPageIndex ;
    Show_RoomsList();
}
            #region Web 窗体设计器生成的代码
            override protected void OnInit(EventArgs e)
            {
                //CODEGEN: 该调用是 ASP.NET Web 窗体设计器所必需的

                InitializeComponent();
                base.OnInit(e);
            }

            //<summary>
            //设计器支持所需的方法 - 不要使用代码编辑器
            //修改此方法的内容
            //</summary>
            private void InitializeComponent()
            {
                this.search.Click += new System.EventHandler(this.search_Click);
                this.ShowAll.Click += new System.EventHandler(this.ShowAll_Click);
```

```csharp
            this.Load += new System.EventHandler(this.Page_Load);

        }
        #endregion

private void search_Click(object sender, System.EventArgs e)
{
    //从文件 Web.config 中读取连接字符串
    string sqldb = ConfigurationSettings.AppSettings["ConnectionString"];
    //连接 GinShopManage 数据库
    SqlConnection Conn = new SqlConnection (sqldb);
    //创建 SqlDataAdapter 对象，调用存储过程 ShowRoomsInfo
    SqlDataAdapter myadapter = new SqlDataAdapter ("ShowRoomById",Conn);
    myadapter.SelectCommand.CommandType=CommandType.StoredProcedure;
    myadapter.SelectCommand.Parameters .Add ("@RoomId",SqlDbType.Int);
    myadapter.SelectCommand.Parameters ["@RoomId"].Value =RoomIdTextBox.Text.Trim();
    //创建并填充 DataSet
    DataSet ds = new DataSet ();
    myadapter.Fill (ds);
    dg_RoomsList.DataSource =ds;
    dg_RoomsList.DataBind ();
    Conn.Close ();
}
private void ShowAll_Click(object sender, System.EventArgs e)
{
    Show_RoomsList();
}



}
}
```

2．修改、删除客房信息

此阶段对应的实现文件如下。

- ☑ RoomEdit.aspx：HTML 页面。
- ☑ RoomEditModule.ascx.cs：处理程序，实现对指定客房信息的修改和删除。

下面介绍文件 RoomEditModule.ascx.cs 的具体实现流程。

（1）执行后获取原来的信息并显示，对应代码如下：

```csharp
public partial class RoomEditModule : ModuleBase
{

    private void Page_Load(object sender, System.EventArgs e)
    {

        if(!IsPostBack)
        {
            //绑定房间类型信息下拉列表框
            //从文件 Web.config 中读取连接字符串
```

```csharp
string sqldb= ConfigurationSettings.AppSettings["ConnectionString"];
//连接 GinShopManage 数据库
SqlConnection Conn= new SqlConnection (sqldb);
Conn.Open ();
//定义 SQL 语句
string mysql="select RCategoryId,Name from RoomCategory ";
SqlCommand command=new SqlCommand    (mysql,Conn);
SqlDataReader dr=command.ExecuteReader ();
while(dr.Read ())
{
     ListItem li=new ListItem(dr["Name"].ToString(),dr["RCategoryId"].ToString());
     RCategoryNameList.Items.Add (li);
}
Conn.Close ();

//显示房间信息
RoomIdLabel.Text=Request.QueryString ["RoomId"].ToString ();
//连接 GinShopManage 数据库
SqlConnection Conn1 = new SqlConnection (sqldb);
Conn1.Open ();
//利用 Command 对象调用存储过程
SqlCommand mycommand=new SqlCommand    ("ShowRoomById",Conn1);
//将命令类型转为存储类型
mycommand.CommandType =CommandType.StoredProcedure ;
mycommand.Parameters .Add ("@RoomId",SqlDbType.Int);
mycommand.Parameters ["@RoomID"].Value = int.Parse(RoomIdLabel.Text);
SqlDataReader dr1=mycommand.ExecuteReader ();
if(dr1.Read ())
{
     RCategoryNameList.Items.FindByText(dr1["Name"].ToString()).Selected=true;
     RPositionTextBox.Text =dr1["RPosition"].ToString();
     DescriptionTextBox.Text =dr1["Description"].ToString ();
}
//关闭 Conn1
Conn1.Close();
    }
}
```

（2）定义 NotNullValidate 事件，在页面提交时将验证是否选择了房间类型，如果没有，则停止提交；Submit_Click 是在管理员单击了"修改信息"按钮后触发的事件，在这里获取管理员修改的信息，然后再将这些信息更新到数据库中。对应代码如下：

```csharp
private void Submit_Click(object sender, System.EventArgs e)
{
if(Page.IsValid )
     {
          //从文件 Web.config 中读取连接字符串
          string sqldb = ConfigurationSettings.AppSettings["ConnectionString"];
          //连接 GinShopManage 数据库
          SqlConnection Conn = new SqlConnection (sqldb);
```

```
            Conn.Open ();
            //定义 SQL 语句
            String updatesql="update RoomsInfo set RCategoryId= @RCategoryId, RPosition=@RPosition,
Description=@Description where RoomId = @RoomId";
            //利用 Command 对象调用 updatesql
            SqlCommand mycommand=new SqlCommand (updatesql,Conn);
            //添加参数
            mycommand.Parameters .Add ("@RoomId",SqlDbType.Int);
            mycommand.Parameters .Add ("@RCategoryId",SqlDbType.Int);
            mycommand.Parameters .Add ("@RPosition",SqlDbType.NVarChar);
            mycommand.Parameters .Add ("@Description",SqlDbType.NVarChar);
            //给存储过程的参数赋值
            mycommand.Parameters ["@RoomId"].Value =RoomIdLabel.Text;
            mycommand.Parameters ["@RCategoryId"].Value =RCategoryNameList.SelectedIndex;
            mycommand.Parameters ["@RPosition"].Value =RPositionTextBox.Text.Trim();
            mycommand.Parameters ["@Description"].Value =DescriptionTextBox.Text.Trim();
            try
            {
                mycommand.ExecuteNonQuery();
                ShowMsg.Text="房间信息修改成功";
                ShowMsg.Style["color"]="green";}
            catch(SqlException error)
            {
                ShowMsg.Text="修改未成功，请稍后再试。原因："+error.Message;
                ShowMsg.Style["color"]="red";
            }
            //关闭连接
            Conn.Close();
        }
}
```

3．添加客房信息

当单击"添加新房间"超链接后将打开 RoomAdd.aspx 页面，在此表单界面可以添加新的房间，如图 11-12 所示。

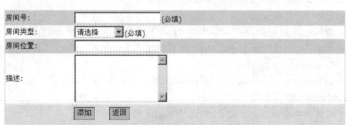

图 11-12　添加客房表单界面

此界面的实现文件如下。

- ☑ RoomAdd.aspx：HTML 文件。
- ☑ RoomAddModule.ascx.cs：处理文件，实现数据的添加。

下面介绍文件 RoomAddModule.ascx.cs 的具体实现流程。

（1）通过 Page_Load 事件加载下拉列表框的数据并进行绑定，IsIdValidate()方法用来验证客房号是否已被登记，对应代码如下：

```csharp
public partial class RoomAddModule : ModuleBase
{
    private void Page_Load(object sender, System.EventArgs e)
    {
        //绑定房间类型信息下拉列表框
        if(!IsPostBack)
        {
            //从文件 Web.config 中读取连接字符串
            string sqldb= ConfigurationSettings.AppSettings["ConnectionString"];
            //连接 GinShopManage 数据库
            SqlConnection Conn= new SqlConnection (sqldb);
            Conn.Open ();
            //定义 SQL 语句
            string mysql="select RCategoryId,Name from RoomCategory ";
            SqlCommand cm=new SqlCommand    (mysql,Conn);
            SqlDataReader dr=cm.ExecuteReader ();
            while(dr.Read ())
            {
                ListItem li=new ListItem(dr["Name"].ToString(),dr["RCategoryId"].ToString());
                RCategoryNameList.Items.Add (li);
            }
            Conn.Close ();
        }
    }


    //验证房间号是否已登记
    public void IsIdValidate(object source, System.Web.UI.WebControls.ServerValidateEventArgs args)
    {
        //从文件 Web.config 中读取连接字符串
        string sqldb= ConfigurationSettings.AppSettings["ConnectionString"];
        //连接 GinShopManage 数据库
        SqlConnection Conn= new SqlConnection (sqldb);
        Conn.Open ();
        //构造 SQL 语句，该语句在 RoomCategory 表中检查房间类型是否已存在
        string checksql= "select * from RoomsInfo where RoomId='"+RoomIdTextBox.Text.Trim() +"'";
        //创建 Command 对象
        SqlCommand mycommand=new SqlCommand    (checksql,Conn);
        //执行 ExecuteReader ()方法
        SqlDataReader dr=mycommand.ExecuteReader ();
        if(dr.Read ())
        {
            args.IsValid =false;//房间号已存在
        }
        else
        {
            args.IsValid =true;//房间号未登记
        }
```

```csharp
            //关闭连接
            Conn.Close();
    }
```

（2）定义 NotNullValidate 事件，在页面提交时将验证是否选择了房间类型，如果没有，则停止提交；SubmitButton_Click 是在管理员单击了"添加"按钮后触发的事件，用来获取管理员修改的信息，然后再把这些信息更新到数据库中。对应代码如下：

```csharp
        //房间类型是否已选定
        public void NotNullValidate(object source, System.Web.UI.WebControls.ServerValidateEventArgs args)
        {
            if(RCategoryNameList.SelectedIndex==0)
            {
                args.IsValid =false;//房间类型未选
            }
            else
            {
                args.IsValid =true;//房间类型已选
            }
        }
        #region Web 窗体设计器生成的代码
        override protected void OnInit(EventArgs e)
        {
            //
            //CODEGEN: 该调用是 ASP.NET Web 窗体设计器所必需的
            //
            InitializeComponent();
            base.OnInit(e);
        }

        //<summary>
        //设计器支持所需的方法 - 不要使用代码编辑器
        //修改此方法的内容
        //</summary>
        private void InitializeComponent()
        {
            this.SubmitButton.Click += new System.EventHandler(this.SubmitButton_Click);
            this.ReturnButton.Click += new System.EventHandler(this.ReturnButton_Click);
            this.Load += new System.EventHandler(this.Page_Load);

        }
        #endregion

        private void SubmitButton_Click(object sender, System.EventArgs e)
        {
            if(Page.IsValid)
            {
                //从文件 Web.config 中读取连接字符串
                string sqldb= ConfigurationSettings.AppSettings["ConnectionString"];
```

```
                    //连接 GinShopManage 数据库
                    SqlConnection Conn= new SqlConnection (sqldb);
                    Conn.Open ();
                    //利用 Command 对象调用存储过程
                    SqlCommand mycommand=new SqlCommand   ("InsertRoom",Conn);
                    //将命令类型转为存储类型
                    mycommand.CommandType =CommandType.StoredProcedure ;
                    //往存储过程中添加参数
                    mycommand.Parameters .Add ("@RoomId",SqlDbType.Int);
                    mycommand.Parameters .Add ("@RCategoryId",SqlDbType.Int);
                    mycommand.Parameters .Add ("@RPosition",SqlDbType.NVarChar);
                    mycommand.Parameters .Add ("@Description",SqlDbType.NVarChar);
                    //给存储过程的参数赋值
                    mycommand.Parameters ["@RoomId"].Value =int.Parse(RoomIdTextBox.Text.Trim());
                    mycommand.Parameters ["@RCategoryId"].Value = RCategoryNameList.SelectedIndex;
                    mycommand.Parameters ["@RPosition"].Value =RPositionTextBox.Text.Trim();
                    mycommand.Parameters ["@Description"].Value =DescriptionTextBox.Text.Trim();
                    try
                    {
                        mycommand.ExecuteNonQuery();
                        ShowMsg.Text="新房间信息添加成功";
                        ShowMsg.Style["color"]="green";}
                    catch(SqlException error)
                    {
                        ShowMsg.Text="添加未成功，请稍后再试。原因："+error.Message;
                        ShowMsg.Style["color"]="red";
                    }
                    //关闭连接
                    Conn.Close();
                    }
                }
            private void ReturnButton_Click(object sender, System.EventArgs e)
            {
                Response.Redirect(PathPrefix+"/RoomsMan.aspx");
            }
        }
    }
```

11.4.5 客房经营管理模块

客房经营管理模块用于统计酒店内客房的经营信息。当单击"房间经营管理"超链接，将进入房间经营管理页面 RBusinessMan.aspx，如图 11-13 所示。

图 11-13　客房经营管理页面

此模块显示系统中的客房使用状况,对应的实现文件如下。

- ☑ RBusinessMan.aspx:HTML 页面。
- ☑ RBusiManModule.ascx.cs:处理程序,用于获取系统内的客房使用信息。

下面介绍文件 RBusiManModule.ascx.cs 的具体实现流程。

(1)通过 Page_Load()事件用来获取、绑定数据到下拉列表框,然后调用 Show_RoomsList()方法显示房间信息,对应代码如下:

```
public partial class RBussiModule : ModuleBase
{
    protected string Status;

    private void Page_Load(object sender, System.EventArgs e)
    {
        if(!IsPostBack)
        {
            //绑定房间类型信息下拉列表框
            //从文件 Web.config 中读取连接字符串
            string sqldb= ConfigurationSettings.AppSettings["ConnectionString"];
            //连接 GinShopManage 数据库
            SqlConnection Conn= new SqlConnection (sqldb);
            Conn.Open ();
            //定义 SQL 语句
            string mysql="select RCategoryId,Name from RoomCategory ";
            SqlCommand command=new SqlCommand   (mysql,Conn);
            SqlDataReader dr=command.ExecuteReader ();
            while(dr.Read ())
            {
                ListItem li=new ListItem(dr["Name"].ToString(),dr["RCategoryId"].ToString());
                RCategoryNameList.Items.Add (li);
            }
            Conn.Close ();

            //dl_RoomsList 显示房间信息
            Show_RoomsList();
        }
    }
    //dl_RoomsList 显示房间信息
    protected void Show_RoomsList()
    {
        if(dl_RoomsList.SelectedIndex>-1){
            dl_RoomsList.SelectedIndex=-1;
        }
        //从文件 Web.config 中读取连接字符串
        string sqldb= ConfigurationSettings.AppSettings["ConnectionString"];
        //连接 GinShopManage 数据库
        SqlConnection Conn= new SqlConnection (sqldb);
        //创建 SqlDataAdapter 对象,调用存储过程 ShowRoomsInfo
        SqlDataAdapter myadapter=new SqlDataAdapter ("ShowRoomsInfo",Conn);
```

```
            //创建并填充 DataSet
            DataSet ds = new DataSet ();
            myadapter.Fill (ds,"RoomsList");
            dl_RoomsList.DataSource =ds;
            dl_RoomsList.DataBind ();
            //根据房间状态确定 dl_RoomsList 的 Status 显示
            for(int i=0;i<dl_RoomsList.Items.Count;i++)
            {
                DataRow dr=ds.Tables[0].Rows[i];
                if(dr["Status"].ToString()=="2")
                {
                    ((Label)dl_RoomsList.Items[i].FindControl("StatusLabel")).Text="否";
                    Status="否";
                }
                else if(dr["Status"].ToString()=="1")
                {
                    ((Label)dl_RoomsList.Items[i].FindControl("StatusLabel")).Text="有";
                    Status="是";
                }
            }
        Conn.Close ();
}
```

（2）当管理员单击"查询"按钮时将触发 search_Click 事件，读取"查询"按钮前面下拉列表框中的内容，并将其作为条件对数据库进行查询，然后再将查询出的结果绑定到 dl_RoomsList。对应代码如下：

```
private void search_Click(object sender, System.EventArgs e)
{
    if(dl_RoomsList.SelectedIndex>-1)
    {
        dl_RoomsList.SelectedIndex=-1;
    }
    //从文件 Web.config 中读取连接字符串
    string sqldb = ConfigurationSettings.AppSettings["ConnectionString"];
    //连接 GinShopManage 数据库
    SqlConnection Conn = new SqlConnection (sqldb);
    //创建 SqlDataAdapter 对象，调用存储过程 ShowRoomsInfo
    SqlDataAdapter myadapter = new SqlDataAdapter ("ShowRoomByCatgAndStatus",Conn);
    myadapter.SelectCommand.CommandType=CommandType.StoredProcedure;
    myadapter.SelectCommand.Parameters .Add ("@RCategoryId",SqlDbType.Int);
    myadapter.SelectCommand.Parameters ["@RCategoryId"].Value =RCategoryNameList.SelectedIndex;
    myadapter.SelectCommand.Parameters .Add ("@Status",SqlDbType.Int);
    myadapter.SelectCommand.Parameters ["@Status"].Value =StatusList.SelectedIndex;
    //创建并填充 DataSet
    DataSet ds = new DataSet ();
    myadapter.Fill (ds);
```

```csharp
        dl_RoomsList.DataSource =ds;
        dl_RoomsList.DataBind ();
        //根据房间状态确定 dl_RoomsList 的 Status 显示
        for(int i=0;i<dl_RoomsList.Items.Count;i++)
        {
            DataRow dr=ds.Tables[0].Rows[i];
            if(dr["Status"].ToString()=="2")
            {
                ((Label)dl_RoomsList.Items[i].FindControl("StatusLabel")).Text="否";
            }
            else if(dr["Status"].ToString()=="1")
            {
                ((Label)dl_RoomsList.Items[i].FindControl("StatusLabel")).Text="有";
            }
        }
        Conn.Close ();
}

private void ShowAll_Click(object sender, System.EventArgs e)
{
    //dl_RoomsList 显示房间信息
    Show_RoomsList();
}
```

（3）当管理员单击 DataList 中的"房间号"按钮时将触发 Button1_Click 事件，以房间号为条件，从数据库中读取该房间的具体信息，再绑定到 rp_RoomDetails。对应的代码如下：

```csharp
        protected void Button1_Click(object sender, EventArgs e)
        {
            int RoomId = int.Parse(((Button)sender).Text);
            //从文件 Web.config 中读取连接字符串
            string sqldb = ConfigurationSettings.AppSettings["ConnectionString"];
            //连接 GinShopManage 数据库
            SqlConnection Conn = new SqlConnection(sqldb);
            //创建 SqlDataAdapter 对象，调用存储过程 ShowRoomsInfo
            SqlDataAdapter myadapter = new SqlDataAdapter("GetRoomDetails", Conn);
            myadapter.SelectCommand.CommandType = CommandType.StoredProcedure;
            myadapter.SelectCommand.Parameters.Add("@RoomId", SqlDbType.Int);
            myadapter.SelectCommand.Parameters["@RoomID"].Value = RoomId;
            //创建并填充 DataSet
            DataSet ds = new DataSet();
            myadapter.Fill(ds, "Rooms");
            DataRow dr = ds.Tables[0].Rows[0];
            rp_RoomDetails.DataSource = ds;
            rp_RoomDetails.DataBind();
            //根据房间状态确定酒店业务
            if (dr["Status"].ToString() == "2")
            {
                //如果房间被订，预订业务不可用
```

```
                ((HyperLink)rp_RoomDetails.Items[0].FindControl("OrderLink")).Enabled = false;
            }
            else if (dr["Status"].ToString() == "1")
            {
                //如果房间未订,退房业务不可用
                ((HyperLink)rp_RoomDetails.Items[0].FindControl("CheckOutLink")).Enabled = false;
            }
            Conn.Close();
        }
    }
}
```

11.4.6 经营状况分析模块

当单击"经营状况分析"超链接,将进入经营状况分析页面 TurnOverStat.aspx,如图 11-14 所示。

订房时间	退房时间	房间号	房间类型	客户姓名	身份证号	联系电话	金额
2006-3-22 21:07:47	2006-3-22 21:09:06	888	VIP双人间	wl	1111111111111111	4324	800.0000
2006-3-22 21:08:26	2006-3-22 21:08:52	408	普通双人间	小丽	2222222222222222	4324324	450.0000
2006-4-7 9:37:26	2006-4-7 9:37:53	1066	超级豪华间	1	1111111111111111	1	8888.0000
2006-4-12 13:03:35	2006-4-12 13:04:05	408	普通双人间	qqq	1111111111111111	11	450.0000
2006-4-12 13:10:15	2006-4-12 13:11:53	408	普通双人间	SFS	2222222222222222	2	450.0000

营业额:

图 11-14 经营状况分析界面

此模块显示系统中的客房使用状况,对应的实现文件如下。

- ☑ TurnoverStat.aspx:HTML 页面。
- ☑ TurnOverStatModule.ascx.cs:处理程序,用于获取系统内客房的经营信息。

下面介绍文件 TurnOverStatModule.ascx.cs 的具体实现流程。

(1)当页面加载时会执行 Page_Load 中的代码,这里执行的是一个自定义的方法 Show_TurnOverList()。对应的实现代码如下:

```
public partial class TurnOverStatModule : ModuleBase
{
    private void Page_Load(object sender, System.EventArgs e)
    {
        if(!IsPostBack)
        {
            //绑定房间类型信息下拉列表框
            //从文件 Web.config 中读取连接字符串
            string sqldb= ConfigurationSettings.AppSettings["ConnectionString"];
            //连接 GinShopManage 数据库
            SqlConnection Conn= new SqlConnection (sqldb);
            Conn.Open ();
            //定义 SQL 语句
```

```csharp
            string mysql="select RCategoryId,Name from RoomCategory ";
            SqlCommand cm=new SqlCommand    (mysql,Conn);
            SqlDataReader dr=cm.ExecuteReader ();
            while(dr.Read ())
            {
                ListItem li=new ListItem(dr["Name"].ToString(),dr["RCategoryId"].ToString());
                RCategoryNameList.Items.Add (li);
            }
            Conn.Close ();

            Show_TurnOverList();
        }
    }

    protected void   Show_TurnOverList()
    {
        //从文件 Web.config 中读取连接字符串
        string sqldb = ConfigurationSettings.AppSettings["ConnectionString"];
        //连接 GinShopManage 数据库
        SqlConnection Conn = new SqlConnection (sqldb);
        //定义 SQL
        string  selsql="select  h.BeginTime,h.EndTime,h.RoomId,c.Name,h.CName,h.CIdentityId,h.CPhone,h.TotalPrice"+
" from History h,RoomsInfo r,RoomCategory c where r.RoomId=h.RoomId and r.RCategoryId=c.RCategoryId";
        //创建 SqlDataAdapter 对象，调用存储过程 ShowRoomsInfo
        SqlDataAdapter myadapter=new SqlDataAdapter (selsql,Conn);
        //创建并填充 DataSet
        DataSet ds = new DataSet ();
        myadapter.Fill (ds);

        dg_TurnOverList.DataSource =ds;
        dg_TurnOverList.DataBind ();

        Conn.Close ();
    }

    protected void GridView_Page(Object sender,GridViewPageEventArgs E)
    {
        dg_TurnOverList.PageIndex =E.NewPageIndex ;
        Show_TurnOverList();
    }
```

（2）当单击"开始统计"按钮时将触发 Calculate_Click 事件实现信息统计，对应代码如下：

```csharp
        private void Calculate_Click(object sender, System.EventArgs e)
        {
            dg_TurnOverList.PageIndex=0;
```

```csharp
//从文件 Web.config 中读取连接字符串
string sqldb = ConfigurationSettings.AppSettings["ConnectionString"];
//连接 GinShopManage 数据库
SqlConnection Conn = new SqlConnection (sqldb);
//定义 SQL 语句
String selsql="select h.BeginTime,h.EndTime,h.RoomId,c.Name,h.CName,h.CIdentityId,h.CPhone,h.TotalPrice"+
    " from History h,RoomsInfo r,RoomCategory c where r.RoomId=h.RoomId and r.RCategoryId=c.RCategoryId";
//读取时间记录
string datefrom=YearFromList.SelectedItem.Value.ToString()+"-"+MouthFromList.SelectedItem.Value.ToString()+"-"+DayFromList.SelectedItem.Value.ToString();
string dateto=YearToList.SelectedItem.Value.ToString()+"-"+MouthToList.SelectedItem.Value.ToString()+"-"+DayToList.SelectedItem.Value.ToString();
selsql=selsql+" and h.BeginTime between '"+datefrom+"'and'"+dateto+"'";
//读取方式记录
if(RCategoryNameList.SelectedIndex!=0)
{
    selsql=selsql+" and c.RCategoryId='"+RCategoryNameList.SelectedIndex+"'";
}
//创建 SqlDataAdapter 对象，调用 selsql
SqlDataAdapter myadapter = new SqlDataAdapter (selsql,Conn);
//创建并填充 DataSet
DataSet ds = new DataSet ();
myadapter.Fill (ds);

dg_TurnOverList.DataSource =ds;
dg_TurnOverList.DataBind ();

//计算营业额
double SumPrice=0;
for(int i=0;i<dg_TurnOverList.Rows.Count;i++){

    DataRow dr=ds.Tables[0].Rows[i];
        SumPrice=SumPrice+Convert.ToDouble(dr["TotalPrice"].ToString());
}
TurnOverLabel.Text=SumPrice.ToString();
//关闭 Conn
Conn.Close ();
}

private void ShowAll_Click(object sender, System.EventArgs e)
{
    Show_TurnOverList();
}
}
}
```

11.5 项目调试

知识点讲解：光盘\视频讲解\第 11 章\项目调试.avi

编译运行后的主界面如图 11-15 所示。

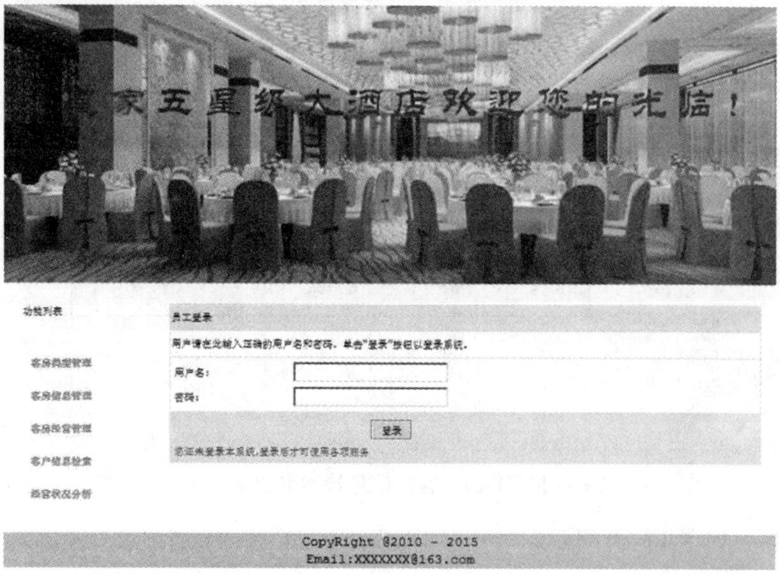

图 11-15 主界面

客房类型管理界面如图 11-16 所示。

图 11-16 客房类型管理界面

客房信息管理界面如图 11-17 所示。

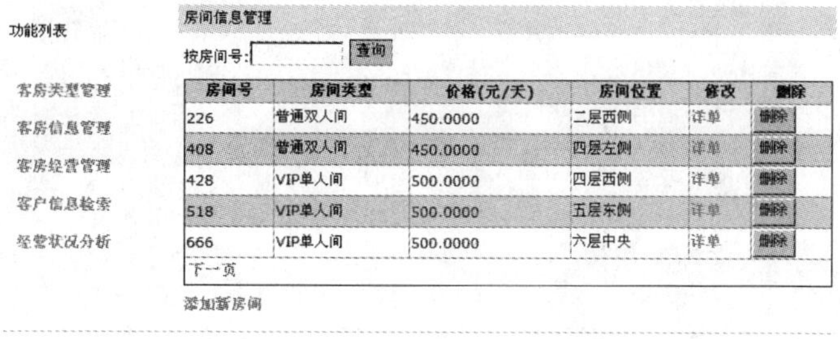

图 11-17 客房信息管理界面

客房经营管理界面如图 11-18 所示。

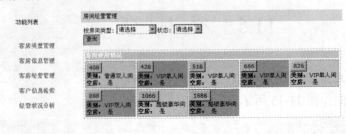

图 11-18　客房经营管理界面

客户信息检索界面如图 11-19 所示。

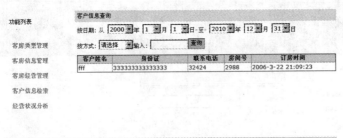

图 11-19　客户信息检索界面

经营状况分析界面如图 11-20 所示。

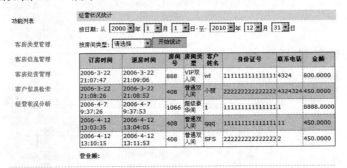

图 11-20　经营状况分析界面

第 12 章 欧尚化妆品网站

随着计算机网络和电子商务的飞速发展，各企业建立自己的站点势在必行。这样不但可以宣传自己的产品和服务，而且可以提高企业的知名度，完善客户服务。本章将向读者介绍现实应用中企业网站的构建方法，并且通过一个简单的欧尚化妆品网站实例，对企业网站的构建流程进行详细阐述。

12.1 功能分析

知识点讲解：光盘\视频讲解\第 12 章\功能分析.avi

作为一个基本的企业网站，必须具备如下所示的功能。

（1）产品展示模块

利用互联网这个平台，设计精美的页面来展示企业的产品和服务，并结合具体情况对产品进行详细介绍。

（2）企业资讯模块

在网站上发布企业当前最新的动态信息，让客户及时了解企业的发展状况；发布同行业的发展资讯，吸引浏览用户的眼球，从而让更多的意向客户成为直接客户。

（3）系统管理模块

为了方便企业对系统的维护，及时、便捷地更新站点内的产品和信息，需要设置专门的管理平台对系统内的信息进行管理维护。例如，产品添加、修改和删除等。

12.2 编写项目计划书

知识点讲解：光盘\视频讲解\第 12 章\编写项目计划书.avi

根据《GB 8567－88 计算机软件产品开发文件编制指南》中的项目开发计划要求，结合单位实际情况编写了项目计划书。

1. 引言

（1）编写目的

随着计算机网络和电子商务的飞速发展，各企业单位建立自己的站点势在必行。这样不但可以宣传自己的产品和服务，而且可以提高企业的知名度，为客户提供更为完善的服务。

（2）背景

本项目是由×××化妆品连锁集团委托我公司开发的一个 Web 项目，主要功能是展示连锁店内的化妆品，并提供新闻展示。项目周期为 40 天。

2. 功能分析

（1）会员管理模块

提供一个完整的会员管理机制，通过登录验证确保会员登录后能够购买商品。

（2）购物车和订单处理

通过购物车和订单模块实现在线商品购买。

（3）产品展示模块

利用互联网这个平台，设计精美的页面来展示企业的产品和服务，并结合具体情况对产品进行详细介绍。

（4）企业资讯模块

在网站上发布企业当前最新的动态信息，让客户及时了解企业的发展状况；发布同行业的发展资讯，吸引浏览用户的眼球，从而让更多的意向客户成为直接客户。

（5）系统管理模块

为了方便企业对系统的维护，及时、方便地更新站点内的产品和信息，需要设置专门的管理平台对系统内的信息进行管理维护。例如，产品添加、修改和删除等。

3. 应交付成果

在项目开发完成后，交付内容有编译运行后的软件、系统数据库文件和系统使用说明书。进行无偿维护服务 6 个月，超过 6 个月进行有偿维护与服务。

4. 项目开发环境

操作系统为 Windows XP、Windows 2003、Windows 7 均可，使用集成开发工具 Microsoft Visual Studio 2010。

5. 项目验收方式与依据

项目验收分为内部验收和外部验收两种方式。在项目开发完成后，首先进行内部验收，由测试人员根据用户需求和项目目标进行验收。项目在通过内部验收后，交给客户进行验收，验收的主要依据为需求规格说明书。

12.3 系 统 架 构

知识点讲解：光盘\视频讲解\第 12 章\系统架构.avi

系统架构是一个项目的根本，项目是否合理、科学取决于系统架构。所以在此过程中必须十分谨慎，需要严格根据客户的需求实现系统架构。

12.3.1 两层架构

本项目将采用两层架构，这样 Web 展示层的每个页面均可直接对数据库进行访问，不用实现过多的数据库连接和操作接口，开发和调试过程简单，但日后的维护相对繁琐一些。

数据库是系统的最底层，数据访问模块包含在 Web 展示层中，Web 展示层通过数据访问模块访问数据库。数据访问模块一般封装了数据库的查询、添加、更新和删除等操作，同时还为 Web 展示层提供了访问数据库的接口。

本系统将采用 ASP.NET 应用程序的两层架构模式，即 Web 展示层和数据库层，如表 12-1 所示。

表 12-1　ASP.NET 两层架构模式的各层功能

名　称	功　能　描　述
Web 展示层	系统最高层，用于向用户展示各种页面，用户通过页面对系统进行操作，并实现用户各种操作信息的添加、修改和删除。与数据库直接关联，其数据访问模块封装了对数据库的所有操作，包括数据的添加、修改、删除和查询
数据库层	用来存储本系统所有的数据

12.3.2　功能模块分析

要从管理员界面和普通用户界面两个角度分别对功能模块加以描述。管理员界面的系统功能模块如图 12-1 所示，普通用户界面的系统功能模块如图 12-2 所示。

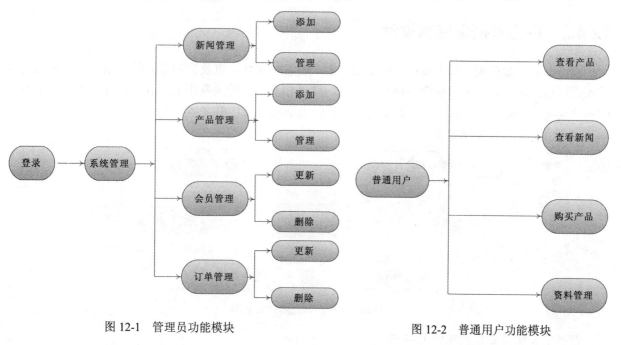

图 12-1　管理员功能模块　　　　　　　　　图 12-2　普通用户功能模块

12.4　设计数据库

📀 知识点讲解：光盘\视频讲解\第 12 章\设计数据库.avi

数据库是动态 Web 的基础，Web 中的所有数据都是基于数据库的，所以数据库的设计好坏直接关系到整个项目的好坏。如果把企业的数据比作生命所必需的血液，那么数据库的设计就是应用中最重要的血小板。在本项目中，使用 SQL Server 2005 数据库，命名为 EnterpriseManage。下面分别给出数据库需求分析、概念结构设计 E-R 图分析及主要数据表的结构。

12.4.1 数据库需求分析

系统信息管理需要提供信息的查询、保存、更新和删除等功能，这就要求数据库能充分满足各种数据的输入和输出，为此总结出如下需求信息。

- ☑ 一条新闻只有一个类别。
- ☑ 一个类别可以有多条新闻。
- ☑ 一个用户可以有多个订单。
- ☑ 一个产品可以有多个订单。

针对上述系统功能的分析和需求总结，设计如下数据项。

- ☑ 用户信息：用户名、密码、电话、地址、类型。
- ☑ 产品信息：产品名称、价格、产品具体信息。
- ☑ 订单信息：订单号、订购用户、订购时间、是否处理。
- ☑ 新闻信息：新闻标题、新闻内容、新闻类别、添加时间、点击次数。

12.4.2 数据库概念结构设计

根据上面的数据项，即可设计出满足用户需求的各种实体，以及它们之间的关系，为后面的逻辑结构设计做好准备。实体中包含各种具体信息，通过相互之间的关联作用形成数据流。本系统中设计的实体包括用户实体、产品实体、新闻实体、新闻类别实体和订单实体。

用户信息实体 E-R 图如图 12-3 所示。

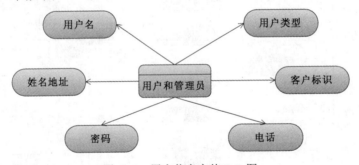

图 12-3 用户信息实体 E-R 图

产品信息实体 E-R 图如图 12-4 所示。

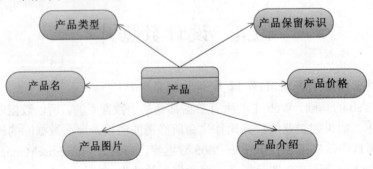

图 12-4 产品信息实体 E-R 图

新闻信息实体 E-R 图如图 12-5 所示。

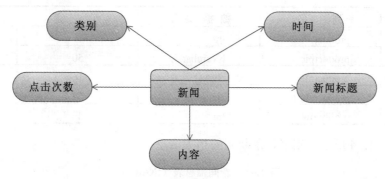

图 12-5　新闻信息实体 E-R 图

订单信息实体 E-R 图如图 12-6 所示。

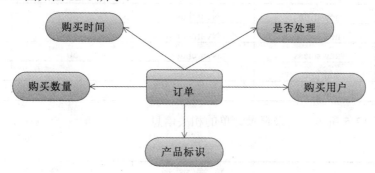

图 12-6　订单信息实体 E-R 图

12.4.3　设计表

用户信息表如表 12-2 所示，用来记录与用户有关的信息。

表 12-2　用户信息表（tUser）

序　号	列　　名	数据类型	长　　度	字段说明
1	ID	Bigint	8	定义用户唯一 ID 号
2	username	Nvarchar	50	记录用户名
3	userpassword	Nvarchar	50	记录用户密码
4	userrname	Nvarchar	50	记录用户真实姓名
5	usertel	Nvarchar	50	记录用户电话
6	useraddr	Nvarchar	4	记录用户地址
7	userclass	Int	4	记录用户类型

产品信息表如表 12-3 所示，用来记录产品的相关信息。

表 12-3　产品信息表（tProduct）

序　号	列　　名	数据类型	长　　度	字段说明
1	ID	Bigint	8	定义产品唯一 ID
2	productname	Nvarchar	50	记录产品名称

续表

序 号	列 名	数据类型	长 度	字段说明
3	productprice	Int	4	记录产品价格
4	productpic	Nvarchar	50	记录产品图片
5	productinfo	Ntext	16	记录产品介绍
6	productclass	Nvarchar	50	记录产品类型
7	prolibnow	Int	4	产品的保留标识

新闻信息表如表 12-4 所示，用来记录新闻的相关信息。

表 12-4　新闻信息表（tNews）

序 号	列 名	数据类型	长 度	字段说明
1	ID	Bigint	8	定义新闻 ID 号
2	newstitle	Nvarchar	50	记录新闻标题
3	newscontent	Nvarchar	16	记录新闻内容
4	newsclass	Nvarchar	50	新闻类别
5	addtime	Datatime	8	添加时间
6	newsclick	Int	4	点击次数

订单信息表如表 12-5 所示，用来记录订单的相关信息。

表 12-5　订单信息表（tOrder）

序 号	列 名	数据类型	长 度	字段说明
1	ID	Bigint	8	订单 ID 号
2	opid	Int	4	订购的产品 ID
3	opnum	Int	4	订购数量
4	ouser	Nvarchar	50	订购用户
5	otime	Datatime	8	订购时间
6	isdeal	Nvarchar	50	是否处理

新闻类别表如表 12-6 所示，用来记录新闻的类别。

表 12-6　新闻类别表（newsclass）

序 号	列 名	数据类型	长 度	字段说明
1	ID	Bigint	8	定义新闻类别 ID 号
2	classname	Nvarchar	50	记录新闻类别

12.5　具体编码

知识点讲解： 光盘\视频讲解\第 12 章\具体编码.avi

到现在为止，前面所有的准备工作都已经结束了，接下来将步入具体的编码阶段。本节将详细讲解本项目的具体编码过程。

12.5.1 编写公用模块代码

1．数据库连接

为方便应用程序移植和为版本控制提供更好的支持，可以在应用程序配置文件（即 Web.Config）中设置数据库连接信息，对应的连接代码如下：

```
<connectionStrings>
    <!--设置数据库连接字符串配置-->
    <add name="ConnectionString" connectionString="Provider=SQLOLEDB.1; Password=888888;Persist Security Info=True; User ID=sa;Initial Catalog=EnterpriseManage; Data Source=(local);"/>
</connectionStrings>
```

应当使 User ID 和 Password 与读者计算机上的 SQL Server 登录名和密码相对应。这里的 Provider 表示当前数据库驱动是 OLE DB 方式，这和前面介绍的数据库操作方式不同。

2．数据层类

编写一个 DataBase.cs 类，用于实现所有的数据库的操作。具体实现流程如下：

（1）方法 DataTable ReadTable(string strSql)：此方法用来从数据库中读取数据，并返回一个 DataTable，对应代码如下：

```
//读写数据表 DataTable
public DataTable ReadTable(string strSql)
{
    DataTable dd=new DataTable();//创建一个数据表 dd
    OleDbConnection dbconn=new OleDbConnection(ConnectionString);//定义新的数据连接控件并初始化
    dbconn.Open();//打开连接
    OleDbDataAdapter adapter = new OleDbDataAdapter(strSql, dbconn);//定义并初始化数据适配器
    adapter.Fill(dd);                                    //将数据适配器中的数据填充到数据集 dd 中
    dbconn.Close();//关闭连接
    return dd;
}
```

（2）方法 DataSet Readdate(string strSql)：和 ReadTable()方法类似，将返回一个 DataSet。对应代码如下：

```
//读写数据集——DataSet
public DataSet Readdate(string strSql)
{
    DataSet dd=new DataSet();//创建一个数据集 dd
    OleDbConnection dbconn=new OleDbConnection(ConnectionString);//定义新的数据连接控件并初始化
    dbconn.Open();//打开连接
    OleDbDataAdapter adapter = new OleDbDataAdapter(strSql, dbconn);//定义并初始化数据适配器
    adapter.Fill(dd);                                    //将数据适配器中的数据填充到数据集 dd 中
    dbconn.Close();//关闭连接
    return dd;
}
```

（3）方法 DataSet GetDataSet(string strSql,string tableName)：和上述两个方法几乎一致，只是多了一个 tableName 参数，返回一个 DataSet，对应代码如下：

```
public DataSet GetDataSet(string strSql,string tableName)
{
    DataSet dataSet=new DataSet();           //定义一个数据集,用来赋值给应用程序的一个数据集
    OleDbConnection conn = new OleDbConnection(ConnectionString);
    System.Data.OleDb.OleDbDataAdapter dataAdapter=new OleDbDataAdapter(strSql,conn);
    dataAdapter.Fill(dataSet,tableName);
    return dataSet;                          //返回这个数据集
}
```

（4）方法 OleDbDataReader readrow(string sql)：该方法执行一个 SQL 查询并返回一个 OleDbDataReader，对应代码如下：

```
public OleDbDataReader readrow(string sql)
{
    OleDbConnection Con = new OleDbConnection(ConnectionString);
    OleDbCommand objCommand =new OleDbCommand(sql,Con);
    OleDbDataReader objDataReader ;
    objCommand.Connection.Open();
    objDataReader = objCommand.ExecuteReader();
    if(objDataReader.Read())
    {
        objCommand.Dispose();
        return objDataReader;
    }
    else
    {
        objCommand.Dispose();
        return null;
    }
}
```

（5）方法 Readstr(string strSql,int flag)：该方法用来返回一个表中一行中的一个字段的值，对应代码如下：

```
//读取某一行中某一字段的值
public string Readstr(string strSql,int flag)
{
    DataSet dd=new DataSet();//创建一个数据集 dd
    string str;
    OleDbConnection dbconn=new OleDbConnection(ConnectionString);//定义新的数据连接控件并初始化
    dbconn.Open();//打开连接
    OleDbDataAdapter adapter = new OleDbDataAdapter(strSql, dbconn);//定义并初始化数据适配器
    adapter.Fill(dd);                           //将数据适配器中的数据填充到数据集 dd 中

    str=dd.Tables[0].Rows[0].ItemArray[flag].ToString();
    dbconn.Close();//关闭连接
    return str;
}
```

（6）方法 execsql(string strSql)：该方法用来执行非查询的 SQL 语句，对应代码如下：

```
public void execsql(string strSql)
{
    OleDbConnection dbconn=new OleDbConnection(ConnectionString);//定义新的数据连接控件并初始化
    OleDbCommand comm=new OleDbCommand(strSql,dbconn);//定义并初始化命令对象
    dbconn.Close();//关闭连接
    dbconn.Open();//打开连接

    comm.ExecuteNonQuery();//执行命令
    dbconn.Close();//关闭连接
}
```

12.5.2　设计界面控件

在主界面中，分为顶部导航、左侧登录和右侧信息 3 部分。其中，顶部导航和右侧信息不再赘述，在此重点阐述左侧登录界面。在此模块中显示了一些基本的用户控件，最主要的就是"登录"和"注册"按钮以及供用户输入信息的文本框，实现文件是 kuserleft.ascx，对应代码如下：

```
<tr>
    <td align="center" bgColor="#ffffff"><asp:panel id="Panel1" runat="server">
    <TABLE cellSpacing="1" cellPadding="3" width="180" border="0">
    <TR>
        <TD align="center" colSpan="2"><FONT color="#cc3399"><STRONG>::用户登录::</STRONG></FONT></TD>
    </TR>
    <TR>
        <TD style="WIDTH: 72px" align="right" width="72">用户名：</TD>
        <TD width="127"> 
        <asp:textbox id="username" runat="server" BorderStyle="Solid" Width="90px" CssClass="inputlog"></asp:textbox></TD>
    </TR>
    <TR>
        <TD style="WIDTH: 72px" align="right">密    码：</TD>
        <TD> 
        <asp:textbox id="userpass" runat="server" BorderStyle="Solid" Width="90px" CssClass="inputlog" TextMode="Password"></asp:textbox></TD>
    </TR>
    <TR>
        <TD colSpan="2"> 
        <asp:button id="Button1" runat="server" BorderStyle="Solid" Width="72px" Text="登录" onclick="Button1_Click"></asp:button><FONT face="宋体"> </FONT>
        <asp:button id="Button2" runat="server" BorderStyle="Solid" Width="72px" Text="注册" onclick="Button2_Click"></asp:button></TD>
    </TR>
    </TABLE>
    </asp:panel><asp:panel id="Panel2" runat="server">
    <TABLE cellSpacing="1" cellPadding="3" width="180" border="0">
    <TR>
        <TD align="center"><FONT color="#cc3399"><STRONG>::用户中心::</STRONG></FONT></TD>
```

```
</TR>
<TR>
    <TD align="center">欢迎您：
    <asp:Label id="Label1" runat="server">Label</asp:Label>，<BR>
    <FONT face="宋体" color="#cc3399">--------------------</FONT><BR>
    您可以进行以下操作：</TD>
</TR>
<TR>
    <TD align="center">
    <TABLE cellSpacing="1" cellPadding="5" width="80%" border="0">
<TR>
    <TD><FONT color="#cc3399">》<A href="userinfoedit.aspx">修改注册资料</A></FONT></TD>
</TR>
<TR>
    <TD><FONT color="#cc3399">》<A href="userorderlist.aspx">我的订单</A></FONT></TD>
</TR>
<TR>
    <TD><FONT color="#cc3399">》<A href="kprolist.aspx">断续订购</A></FONT></TD>
</TR>
<TR>
    <TD><FONT color="#cc3399">》<A href="contraller.aspx?cname=logout">退出</A></FONT></TD>
</TR>
```

接下来在文件 kuserleft.ascx.cs 中实现处理，显示不同的提示信息。实现过程如下。

（1）页面初始化，判断用户是否登录，对应代码如下：

```
protected void Page_Load(object sender, System.EventArgs e)
{
    //在此处放置用户代码以初始化页面
    Panel1.Visible = false;
    Panel2.Visible = false;
    if (Session["name"] != null)
    {
        Label1.Text = Session["name"].ToString();
        Panel2.Visible = true;
    }
    else
    {
        Panel1.Visible = true;
    }
}
```

（2）定义 Button1_Click 按钮事件，单击"登录"按钮时触发，用于验证用户输入的用户名和密码是否正确。对应代码如下：

```
protected void Button1_Click(object sender, System.EventArgs e)
{
    string strsql;
    strsql = "select * from tUser where username ='" + username.Text + "' and userpassword = '" + userpass.Text + "'";
    DataSet dataSet = new DataSet();
```

```
            dataSet=database.GetDataSet(strsql,"usernamelist");
            if(dataSet.Tables["usernamelist"].Rows.Count == 0)
            {
                Response.Write("<script>alert(\"用户名不存在或密码错误,请确认后再登录!\");</script>");
            }
            else
            {
                Session["name"] = username.Text;
                Response.Write("<script>alert(\"登录成功!\");</script>");
                Label1.Text = "<b>" + Session["name"].ToString() + "</b>";
                Panel1.Visible = false;
                Panel2.Visible = true;
            }
}
```

(3) 定义 Button2_Click 事件,将想要注册的用户超链接到注册新用户的页面。对应代码如下:

```
protected void Button2_Click(object sender, System.EventArgs e)
{
    Response.Redirect("userreg.aspx");
}
```

12.5.3 管理员登录模块

管理员登录界面效果如图 12-7 所示。

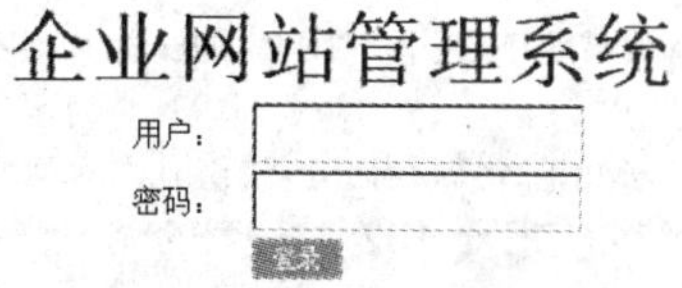

企业网站管理系统

图 12-7 登录表单界面效果

管理员登录页面的实现比较简单,登录时只是触发了一个事件,此事件用来判断该用户是否合法。实现文件是 Admin_login.aspx 和 Admin_login.aspx.cs,Admin_login.aspx.cs 的实现代码如下:

```
protected void Button1_Click(object sender, System.EventArgs e)
{
    string strsql = "select * from tUser where username = '" + adminname.Text + "' and userpassword = '"+ adminpass.Text +"' and userclass = 2";
    DataTable dt = new DataTable();
    dt = database.ReadTable(strsql);
    if(dt.Rows.Count>0)
    {
        Session["admin"] = adminname.Text;
        Response.Redirect("Admin_index.aspx");
    }
    else
    {
        adminpass.Text = "";
```

12.5.4 新闻管理模块

1. 添加新闻

进入后台管理中心后,单击"新闻添加"超链接后可以进入添加表单界面,实现新闻信息的添加,如图 12-8 所示。

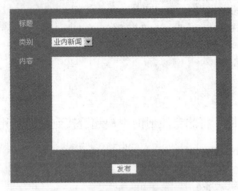

图 12-8 新闻添加表单界面

(1) 文件 Admin_addnews.aspx,是一个添加表单,对应的实现代码如下:

```
<form id="Form1" method="post" runat="server">
    <asp:TextBox id="newstitle" style="Z-INDEX: 107; LEFT: 152px; POSITION: absolute; TOP: 80px"
        runat="server" Width="288px"></asp:TextBox>
    <asp:TextBox id="newscon" style="Z-INDEX: 101; LEFT: 152px; POSITION: absolute; TOP: 144px" runat="server"
        Width="288px" TextMode="MultiLine" Height="160px"></asp:TextBox>
    <asp:Button id="Button1" style="Z-INDEX: 102; LEFT: 256px; POSITION: absolute; TOP: 328px" runat="server"
        Text="发布" onclick="Button1_Click"></asp:Button>
    <asp:Label id="Label1" style="Z-INDEX: 104; LEFT: 96px; POSITION: absolute; TOP: 80px" runat="server">标题</asp:Label>
    <asp:Label id="Label2" style="Z-INDEX: 105; LEFT: 96px; POSITION: absolute; TOP: 112px" runat="server">类别</asp:Label>
    <asp:Label id="Label3" style="Z-INDEX: 106; LEFT: 96px; POSITION: absolute; TOP: 144px" runat="server">内容</asp:Label>
    <asp:DropDownList id="newsclass" style="Z-INDEX: 108; LEFT: 152px; POSITION: absolute; TOP: 112px"
        runat="server"></asp:DropDownList>
</form>
```

(2) 文件 Admin_addnews.aspx.cs,获取添加表单的信息,将信息添加到系统数据库中。对应的实现代码如下:

```
protected void Page_Load(object sender, System.EventArgs e)
{
    if (Session["admin"] == null)
    {
        //Response.Write("<script>alert(\"您还没有登录,不能进行接下来的操作,请登录后继续!\");</script>");
```

```
            Response.Redirect("contraller.aspx?cname=noadmin");
    }//在此处放置用户代码以初始化页面
    if(!Page.IsPostBack)
    {
        DataTable dt = new DataTable();
        string strsql = "select * from newsclass";
        dt = database.ReadTable(strsql);
        newsclass.DataSource = dt;
        newsclass.DataTextField = "classname";
        newsclass.DataValueField = "classname";
        newsclass.DataBind();

    }
}

protected void Button1_Click(object sender, System.EventArgs e)
{
    string strsql;
    strsql = "insert into tNews (newstitle,newscontent,newsclass,addtime,newsclick) values ('"+ newstitle.Text +"','"+ newscon.Text +"','" + newsclass.SelectedValue + "','"+ System.DateTime.Now.ToString() +"',0)";
    database.execsql(strsql);
    Response.Write("<script>alert(\"新闻发表成功！\");</script>");
    newscon.Text = "";
    newstitle.Text = "";
}
```

（3）文件 contraller.aspx.cs，判断用户是否登录，确保只有合法用户才能操作。对应代码如下：

```
protected void Page_Load(object sender, System.EventArgs e)
{
    if (Request.Params["cname"] != null)
    {
        string usercom = Request.Params["cname"];

        if (usercom == "logout")
        {
            Session.Remove("name");
            Response.Redirect("Index.aspx");
        }
        if (usercom == "noadmin")
        {
            Response.Write("请登录后操作！ <a href=Admin_login.aspx target=_parent><font color=#ff0000>管理登录</font></a>");
            //Response.Redirect("Admin_login.aspx");
        }
        if (usercom == "adminout")
        {
            Session.Remove("admin");
            Response.Redirect("Admin_login.aspx");
        }
    }
```

2. 新闻列表

此模块的功能是查询系统内的新闻信息，将新闻以列表的样式显示出来，效果如图 12-9 所示。

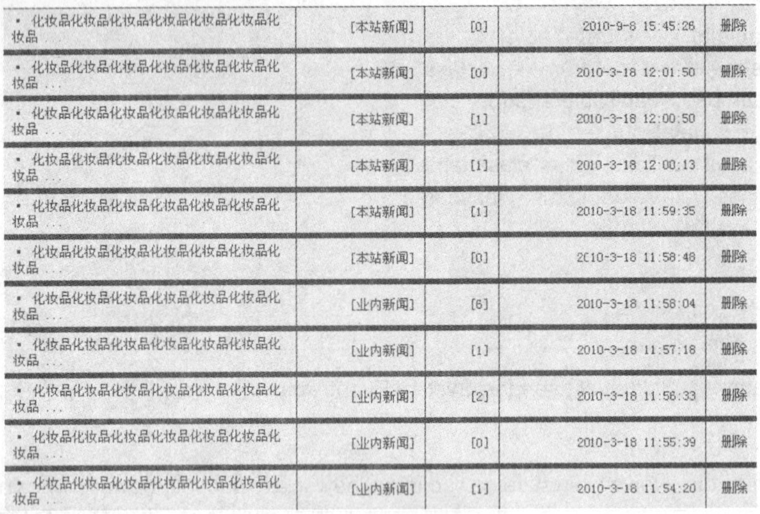

· 化妆品化妆品化妆品化妆品化妆品化妆品化妆品	[本站新闻]	[0]	2010-9-8 15:45:26	删除
· 化妆品化妆品化妆品化妆品化妆品化妆品化妆品 ...	[本站新闻]	[0]	2010-3-18 12:01:50	删除
· 化妆品化妆品化妆品化妆品化妆品化妆品化妆品 ...	[本站新闻]	[1]	2010-3-18 12:00:50	删除
· 化妆品化妆品化妆品化妆品化妆品化妆品化妆品 ...	[本站新闻]	[1]	2010-3-18 12:00:13	删除
· 化妆品化妆品化妆品化妆品化妆品化妆品化妆品 ...	[本站新闻]	[1]	2010-3-18 11:59:35	删除
· 化妆品化妆品化妆品化妆品化妆品化妆品化妆品 ...	[本站新闻]	[0]	2C10-3-18 11:58:48	删除
· 化妆品化妆品化妆品化妆品化妆品化妆品化妆品 ...	[业内新闻]	[6]	2010-3-18 11:58:04	删除
· 化妆品化妆品化妆品化妆品化妆品化妆品化妆品 ...	[业内新闻]	[1]	2010-3-18 11:57:18	删除
· 化妆品化妆品化妆品化妆品化妆品化妆品化妆品 ...	[业内新闻]	[2]	2010-3-18 11:56:33	删除
· 化妆品化妆品化妆品化妆品化妆品化妆品化妆品 ...	[业内新闻]	[0]	2010-3-18 11:55:39	删除
· 化妆品化妆品化妆品化妆品化妆品化妆品化妆品 ...	[业内新闻]	[1]	2010-3-18 11:54:20	删除

图 12-9　新闻列表界面

（1）文件 Admin_newsman.aspx，通过 DataGird 控件实现新闻显示，在 GridView 控件中添加一个“删除”列，用来链接到新闻删除页面。对应代码如下：

```
<asp:GridView id="DataGrid2" runat="server" Width="704px"
AutoGenerateColumns="False" BorderWidth="0"Height="160px">
    <Columns>
        <asp:TemplateField>
            <ItemTemplate>
                <TABLE cellSpacing="1" cellPadding="3" width="98%" border="0">
                    <TR>
                        <TD  class="tdbg">·<A  href='kshownews.aspx?id=<%#  Eval("ID")%>'  target=
_blank>
                                <%# Eval("newstitle")%>
                                ... </A>
                        </TD>
                        <TD align="right" width="100" class="tdbg">[<%# Eval( "newsclass")%>]</TD>
                        <TD align="right" width="50" class="tdbg">[<%# Eval( "newsclick")%>]</TD>
                        <TD align="right" width="170" class="tdbg"><%# Eval("addtime")%></TD>
                        <TD align="right" width="30" class="tdbg"><A href='Admin_newsdel.aspx?newsid=
<%# Eval("ID")%>'>删除</A></TD>
                    </TR>
                </TABLE>
            </ItemTemplate>
        </asp:TemplateField>
    </Columns>
</asp:GridView>
```

（2）文件 Admin_newsman.aspx.cs，对数据库进行查询，并将读取的数据集填充到 dt 数据集，再绑定到控件。对应代码如下：

```
protected void Page_Load(object sender, System.EventArgs e)
{
    //在此处放置用户代码以初始化页面

    if (Session["admin"] == null)
    {
        //Response.Write("<script>alert(\"您还没有登录,不能进行接下来的操作,请登录后继续!\");</script>");
        Response.Redirect("contraller.aspx?cname=noadmin");
    }
    string strsql;
    strsql = "SELECT * FROM tNews order by ID desc ";
    DataTable dt = database.ReadTable(strsql);
    DataGrid2.DataSource = dt;
    DataGrid2.DataBind();
}
```

（3）文件 Admin_newsdel.aspx.cs，删除指定编号的新闻信息，对应代码如下：

```
protected void Page_Load(object sender, System.EventArgs e)
{
    if (Session["admin"] == null)
    {
        //Response.Write("<script>alert(\"您还没有登录,不能进行接下来的操作,请登录后继续!\");</script>");
        Response.Redirect("contraller.aspx?cname=noadmin");
    }
    if (Request.Params["newsid"] != null)
    {
        string strsql = "delete from tNews where ID=" + Request.Params["newsid"].ToString();
        database.execsql(strsql);
        Response.Redirect("Admin_newsman.aspx");
    }
    //在此处放置用户代码以初始化页面
}
```

12.5.5 产品管理模块

1．添加产品

单击"添加产品"超链接后可以进入添加表单界面，实现产品信息的添加，如图 12-10 所示。

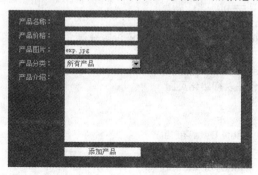

图 12-10　产品添加表单界面

（1）文件 Admin_addpro.aspx，是一个添加表单，对应的实现代码如下：

```html
<form id="Form1" method="post" runat="server">
    <FONT face="宋体">
        <asp:Label id="Label1" style="Z-INDEX: 101; LEFT: 72px; POSITION: absolute; TOP: 32px" runat="server">产品名称：</asp:Label>
        <asp:Label id="Label2" style="Z-INDEX: 102; LEFT: 72px; POSITION: absolute; TOP: 56px" runat="server">产品价格：</asp:Label>
        <asp:Label id="Label3" style="Z-INDEX: 103; LEFT: 72px; POSITION: absolute; TOP: 80px" runat="server">产品图片：</asp:Label>
        <asp:TextBox id="TextBox1" style="Z-INDEX: 104; LEFT: 152px; POSITION: absolute; TOP: 32px" runat="server"></asp:TextBox>
        <asp:TextBox id="TextBox2" style="Z-INDEX: 105; LEFT: 152px; POSITION: absolute; TOP: 56px" runat="server"></asp:TextBox>
        <asp:TextBox id="TextBox3" style="Z-INDEX: 106; LEFT: 152px; POSITION: absolute; TOP: 80px" runat="server">exp.jpg</asp:TextBox>
        <asp:TextBox id="TextBox5" style="Z-INDEX: 108; LEFT: 152px; POSITION: absolute; TOP: 128px"
            runat="server" TextMode="MultiLine" Height="120px" Width="312px"></asp:TextBox>
        <asp:Label id="Label4" style="Z-INDEX: 109; LEFT: 72px; POSITION: absolute; TOP: 104px" runat="server">产品分类：</asp:Label>
        <asp:Label id="Label5" style="Z-INDEX: 110; LEFT: 72px; POSITION: absolute; TOP: 128px" runat="server">产品介绍：</asp:Label>
        <asp:Button id="Button1" style="Z-INDEX: 111; LEFT: 152px; POSITION: absolute; TOP: 256px" runat="server"
            Width="136px" Text="添加产品" onclick="Button1_Click"></asp:Button>
        <asp:DropDownList id="DropDownList1" style="Z-INDEX: 112; LEFT: 152px; POSITION: absolute; TOP: 104px"
            runat="server" Width="136px"></asp:DropDownList></FONT>
</form>
```

（2）文件 Admin_addpro.aspx.cs，将表单中的数据添加到系统库中，实现产品的添加处理。对应代码如下：

```csharp
public partial class Admin_addpro : System.Web.UI.Page
{
    DataBase database = new DataBase();

    protected void Page_Load(object sender, System.EventArgs e)
    {
        if (Session["admin"] == null)
        {
            //Response.Write("<script>alert(\"您还没有登录，不能进行接下来的操作，请登录后继续！\");</script>");
            Response.Redirect("contraller.aspx?cname=noadmin");
        }//在此处放置用户代码以初始化页面
        if(!Page.IsPostBack)
        {
            DataTable dt = new DataTable();
            string strsql = "select * from tClass";
            dt = database.ReadTable(strsql);
            DropDownList1.DataSource = dt;
```

```
                    DropDownList1.DataTextField = "className";
                    DropDownList1.DataValueField = "className";
                    DropDownList1.DataBind();

          }
     }
```

2. 产品列表

此模块的功能是查询系统内的产品信息，将产品以列表的样式显示出来，效果如图 12-11 所示。

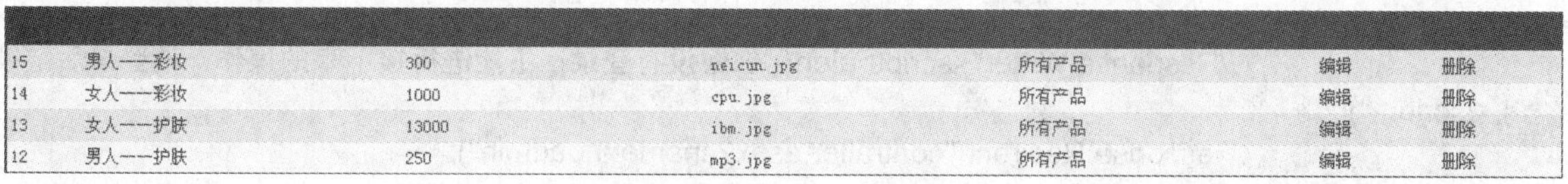

15	男人——彩妆	300	neicun.jpg	所有产品	编辑	删除
14	女人——彩妆	1000	cpu.jpg	所有产品	编辑	删除
13	女人——护肤	13000	ibm.jpg	所有产品	编辑	删除
12	男人——护肤	250	mp3.jpg	所有产品	编辑	删除

图 12-11　产品列表界面

（1）文件 Admin_proman.aspx，通过 DataGird 控件实现新闻显示，在 GridView 控件中添加“删除”和“编辑”列，分别实现产品删除和更新。对应代码如下：

```
<form id="Form1" method="post" runat="server">
            <FONT face="宋体">
   <asp:GridView id="GridView1" runat="server" Width="100%"
  AutoGenerateColumns="False" BorderColor="#E7E7FF" DataKeyNames="ID"
        BorderStyle="None" BorderWidth="1px" BackColor="White" CellPadding="3"
  GridLines="Horizontal" onrowdeleting="GridView1_RowDeleting"
  onrowcancelingedit="GridView1_RowCancelingEdit"
  onrowediting="GridView1_RowEditing" onrowupdating="GridView1_RowUpdating">
        <FooterStyle ForeColor="#4A3C8C" BackColor="#B5C7DE"></FooterStyle>
        <SelectedRowStyle   Font-Bold="True"   ForeColor="#F7F7F7"   BackColor="#738A9C"></Selected
RowStyle>
        <AlternatingRowStyle BackColor="#F7F7F7"></AlternatingRowStyle>
        <RowStyle ForeColor="#4A3C8C" BackColor="#E7E7FF"></RowStyle>
        <HeaderStyle Font-Bold="True" ForeColor="Red" BackColor="#4A3C8C"></HeaderStyle>
        <Columns>
            <asp:BoundField   DataField="ID" ReadOnly="True"></asp:BoundField>
            <asp:BoundField DataField="productname" HeaderText="产品名称"></asp:BoundField>
            <asp:BoundField DataField="productprice" HeaderText="产品价格"></asp:BoundField>
            <asp:BoundField DataField="productpic" HeaderText="产品图片"></asp:BoundField>
            <asp:BoundField  DataField="productclass"  ReadOnly="True"  HeaderText="产品类别"></asp:
BoundField>
            <asp:CommandField ShowEditButton="True" />
            <asp:ButtonField Text="删除"   CommandName="Delete"></asp:ButtonField>
        </Columns>
        <PagerSettings Mode="Numeric" />
   </asp:GridView>
</FONT>
   </form>
```

（2）文件 Admin_proman.aspx.cs，当页面加载时会运行 Page_Load 中的代码，将数据读出来，然后绑定到 GridView 控件，这样便实现了产品的列表显示。然后分别实现更新处理和删除处理。对应代码如下：

```csharp
public partial class Admin_proman : System.Web.UI.Page
{
    //创建数据操作对象
    DataBase database = new DataBase();
    protected void Page_Load(object sender, System.EventArgs e)
    {
        //判断是否是管理员
        if (Session["admin"] == null)
        {
            //Response.Write("<script>alert(\"您还没有登录，不能进行接下来的操作，请登录后继续！\");</script>");
            Response.Redirect("contraller.aspx?cname=noadmin");
        }
        if(!IsPostBack)
        {
            string strsql;
            strsql = "SELECT * FROM tProduct order by ID desc ";
            //获取所有的产品
            DataTable dt = database.ReadTable(strsql);
            GridView1.DataSource = dt;
            GridView1.DataBind();
        }
    }
protected void GridView1_RowDeleting(object sender, GridViewDeleteEventArgs e)
{
    string myid;
    string strsql = "";
    //获取当前行的主键
    myid = GridView1.Rows[e.RowIndex].Cells[0].Text;
    //删除选择的产品
    strsql = "delete  from tProduct where ID=" + myid;
    database.execsql(strsql);
    //重新绑定数据
    strsql = "SELECT *  FROM tProduct order by ID desc";
    DataTable dt = database.ReadTable(strsql);
    GridView1.DataSource = dt;
    GridView1.DataBind();
}
protected void GridView1_RowUpdating(object sender, GridViewUpdateEventArgs e)
{
    string id;
    string strsql;
    //获取要更新数据的主键
    id = GridView1.Rows[e.RowIndex].Cells[0].Text;
    //获取更新后的数据
    TextBox tb = (TextBox)GridView1.Rows[e.RowIndex].Cells[1].Controls[0];
    strsql = "update tProduct set productname='"
        + ((TextBox)(GridView1.Rows[e.RowIndex].Cells[1].Controls[0])).Text
```

```
                + "',productprice='" + ((TextBox)(GridView1.Rows[e.RowIndex].Cells[2].Controls[0])).Text
                + "',productpic='"
                + ((TextBox)(GridView1.Rows[e.RowIndex].Cells[3].Controls[0])).Text
                + "' where ID=" + id;
        database.execsql(strsql);
        strsql = "SELECT *   FROM tProduct order by ID desc";
        //取消编辑状态
        GridView1.EditIndex = -1;
        //重新绑定数据
        DataTable dt = database.ReadTable(strsql);
        GridView1.DataSource = dt;
        GridView1.DataBind();
    }
    protected void GridView1_RowCancelingEdit(object sender, GridViewCancelEditEventArgs e)
    {
        //取消编辑状态
        GridView1.EditIndex = -1;
        //获取所有的数据
        string strsql;
        strsql = "SELECT *   FROM tProduct order by ID desc";
        DataTable dt = database.ReadTable(strsql);
        //绑定到 GridView
        GridView1.DataSource = dt;
        GridView1.DataBind();
    }
    protected void GridView1_RowEditing(object sender, GridViewEditEventArgs e)
    {
        //获取当前编辑的行号
        GridView1.EditIndex = e.NewEditIndex;
        //重新绑定数据
        string strsql;
        strsql = "SELECT *   FROM tProduct order by ID desc";
        DataTable dt = database.ReadTable(strsql);
        GridView1.DataSource = dt;
        GridView1.DataBind();
    }
```

12.5.6 用户管理模块

1. 文件 Admin_userman.aspx

单击"用户管理"超链接后可以进入用户管理界面,实现对系统内用户的管理,如图 12-12 所示。

图 12-12 用户管理界面

文件 Admin_userman.aspx 是一个静态页面,用于列表显示系统内的用户信息。对应的实现代码如下:

```
<form id="Form1" method="post" runat="server">
    <FONT face="宋体">
    <asp:GridView id="GridView1" runat="server" Width="100%"
AutoGenerateColumns="False" BorderColor="#E7E7FF"
        BorderStyle="None" BorderWidth="1px" BackColor="White" DataKeyNames="ID"
CellPadding="3" GridLines="Horizontal"
onrowcancelingedit="GridView1_RowCancelingEdit"
onrowdeleting="GridView1_RowDeleting" onrowediting="GridView1_RowEditing"
onrowupdating="GridView1_RowUpdating">
        <SelectedRowStyle Font-Bold="True" ForeColor="#F7F7F7" BackColor="#738A9C"></SelectedRowStyle>
        <AlternatingRowStyle BackColor="#F7F7F7"></AlternatingRowStyle>
        <RowStyle ForeColor="#4A3C8C" BackColor="#E7E7FF"></RowStyle>
        <HeaderStyle Font-Bold="True" ForeColor="Red" BackColor="#4A3C8C"></HeaderStyle>
        <FooterStyle ForeColor="#4A3C8C" BackColor="#B5C7DE"></FooterStyle>
        <Columns>
            <asp:BoundField    DataField="ID" ReadOnly="True" HeaderText="ID"></asp:BoundField>
            <asp:BoundField DataField="username" HeaderText="用户名"></asp:BoundField>
            <asp:BoundField DataField="userpassword" HeaderText="密码"></asp:BoundField>
            <asp:BoundField DataField="usermame" ReadOnly="True" HeaderText="真名"></asp:BoundField>
            <asp:BoundField DataField="usertel" ReadOnly="True" HeaderText="电话"></asp:BoundField>
            <asp:BoundField DataField="useraddr" ReadOnly="True" HeaderText="地址"></asp:BoundField>
            <asp:BoundField DataField="userclass" HeaderText="权限"></asp:BoundField>
    <asp:CommandField ShowEditButton="True" />
    <asp:ButtonField Text="删除" CommandName="Delete"></asp:ButtonField>
    </Columns>
    <PagerSettings Mode="Numeric" />
    </asp:GridView>
    </FONT>
```

2. 文件 Admin_userman.aspx.cs

文件 Admin_userman.aspx.cs 是一个处理文件，实现流程如下。

（1）登录验证处理。登录后则查询并列表显示系统内的用户信息。对应代码如下：

```
public partial class Admin_userman : System.Web.UI.Page
{
    DataBase database = new DataBase();
    protected void Page_Load(object sender, System.EventArgs e)
    {
        //在此处放置用户代码以初始化页面
        if (Session["admin"] == null)
        {
            //Response.Write("<script>alert(\"您还没有登录，不能进行接下来的操作，请登录后继续！\");</script>");
            Response.Redirect("contraller.aspx?cname=noadmin");
        }
        if(!Page.IsPostBack)
        {
            string strsql;
            strsql = "SELECT *   FROM tUser order by ID desc ";
```

```
        DataTable dt = database.ReadTable(strsql);
        GridView1.DataSource = dt;
        GridView1.DataBind();
    }
}
```

（2）退出编辑状态。当用户不想更新所做的修改时，可以单击"取消"按钮，对应代码如下：

```
protected void GridView1_RowCancelingEdit(object sender, GridViewCancelEditEventArgs e)
{
    //取消编辑状态
    GridView1.EditIndex = -1;
    //重新绑定数据
    string strsql;
    strsql= "SELECT *   FROM tUser order by ID desc ";
    DataTable dt = database.ReadTable(strsql);
    GridView1.DataSource = dt;
    GridView1.DataBind();
}
```

（3）删除信息。删除不会使控件处于编辑状态，所以只需要在这里得到用户单击的控件的某一项，然后用这一项和数据库进行关联，即可进行删除操作。删除完毕后要再读出数据，重新绑定到控件上。对应代码如下：

```
protected void GridView1_RowDeleting(object sender, GridViewDeleteEventArgs e)
{
    string myid;
    string strsql = "";
    //获取当前行的主键
    myid = GridView1.Rows[e.RowIndex].Cells[0].Text;
    //删除数据
    strsql = "delete * fromt tUser where ID=" + myid;
    database.execsql(strsql);
    //重新读取并绑定
    strsql = "SELECT *   FROM tUser order by ID desc ";
    DataTable dt = database.ReadTable(strsql);
    GridView1.DataSource = dt;
    GridView1.DataBind();
}
```

（4）编辑信息。当单击"编辑"按钮时，需要先获取管理员所单击的按钮在网格中的索引，然后将其赋值给 GridView 的 EditIndex 属性，再读取数据库，将数据绑定到 GridView。对应代码如下：

```
protected void GridView1_RowEditing(object sender, GridViewEditEventArgs e)
{
    //获取编辑的行号
    GridView1.EditIndex = e.NewEditIndex;
    //重新绑定数据
    string strsql;
    strsql = "SELECT *   FROM tUser order by ID desc ";
    DataTable dt = database.ReadTable(strsql);
    GridView1.DataSource = dt;
```

```
        GridView1.DataBind();
}
```

（5）更新信息。单击"更新"按钮会触发 GridView1_RowUpdating 事件。在这个事件中，先退出编辑状态，然后根据管理员在 TextBox 中输入的数据更新数据库的内容，再次读取数据库中的内容，并绑定到 GridView。对应代码如下：

```
protected void GridView1_RowUpdating(object sender, GridViewUpdateEventArgs e)
{
    string id;
    string strsql;
    //定义 3 个 TextBox 控件
    TextBox username, userpass, useracc;
    id = GridView1.Rows[e.RowIndex].Cells[0].Text;
    username = (TextBox)(GridView1.Rows[e.RowIndex].Cells[1].Controls[0]);
    userpass = (TextBox)(GridView1.Rows[e.RowIndex].Cells[2].Controls[0]);
    useracc = (TextBox)(GridView1.Rows[e.RowIndex].Cells[6].Controls[0]);
    //更新数据库的数据
    //TextBox3.Text=tb.Text;
    strsql = "update tUser set username='" + username.Text + "',userpassword='"
        + userpass.Text + "',userclass=" + useracc.Text + " where ID=" + id;
    //Response.Write(strsql);
    database.execsql(strsql);
    //重新绑定 GridView
    strsql = "SELECT *  FROM tUser order by ID desc ";
    GridView1.EditIndex = -1;
    DataTable dt = database.ReadTable(strsql);
    GridView1.DataSource = dt;
    GridView1.DataBind();
}
```

当页面被提交请求时，第一个方法永远是构造函数。可以在构造函数中初始化一些自定义属性或对象，不过这时因为页面还没有被完全初始化，所以会有些限制。特别地，需要使用 HttpContext 对象。当前可以使用的对象包括 QueryString、Form 以及 Cookies 集合，还有 Cache 对象。注意，在构造函数中是不允许使用 Session 的。

下一个将执行的方法是 AddParsedSubObject()，该方法将添加所有独立的控件并把页面组成一个控件集合树，这个方法经常被一些高级的页面模板解决方案（Page Template Solutions）重写以便添加页面内容到页面模板（Page Template）中的一些特殊控件中。这个方法递归应用到所有的页面控件及相应的每个子控件，所有的控件都是在这个方法中开始最早的初始化。

页面类中下一个将执行的方法是 DeterminePostBackMode()。这个方法允许用户修改 IsPostBack 的值及相关的事件。如果需要从数据库中加载 ViewState，这个方法将特别有用，因为 ViewState 只有在 IsPostBack 为真的情况下才会进行恢复。返回空将会导致强制执行非回传，返回 Request.Form 则强制执行一个回传。除非在特殊情况下，否则并不建议这样做，因为这会影响其他的事件。

下一个将要执行的方法是 OnInit()，一般这是第一个真正被使用的方法。这个方法触发时，所有页面定义中的控件执行初始化，这意味着所有在页面中定义的值应用到相应的控件上。不过，ViewState 和传回的值还不会应用到控件上，因此，任何被代码或用户改变的值还没有被恢复到控件上。这个方法通常是最好的创建、重创建动态控件的方式。

12.6 项目调试

> 知识点讲解：光盘\视频讲解\第12章\项目调试.avi

编译运行后的主界面如图12-13所示。

公司新闻界面如图12-14所示。

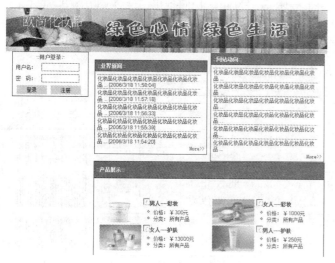

图12-13 主界面效果图　　　　　　图12-14 公司新闻界面效果图

产品界面如图12-15所示。

图12-15 产品界面效果图

后台主界面如图12-16所示。

图12-16 后台主界面效果图

"网站开发非常之旅"系列全新推荐书目

网站建设作为一项综合性的技能，对许多计算机技术及其各项技术之间的关联都有着很高的要求，而诸多方面的知识也往往会使得许多初学者感到十分困惑，为此，我们推出了"网站开发非常之旅"系列，自出版以来，因具有系统、专业、实用性强等特点而深受广大读者的喜爱。本系列为广大读者学习网站开发技术提供了一个完整的解决方案，集技术和应用于一体，将网络编程技术难度与热点一网打尽，可全面提升您的网络应用开发水平。以下是本系列最新书目，欢迎选购！

ISBN	书 名	著译者	定 价	条 码
9787302345725	ASP.NET 项目开发详解	朱元波	58.80 元	
9787302345732	CSS+DIV 网页布局技术详解	邢太北 许瑞建	58.80 元	
9787302344865	Linux 服务器配置与管理	张敬东	66.80 元	
9787302344858	iOS 移动网站开发详解	朱桂英	69.80 元	
9787302344308	Android 移动网站开发详解	怀志和	66.80 元	
9787302344339	Dreamweaver CS6 网页设计与制作详解	张明星	52.80 元	
9787302344100	Java Web 开发技术详解	王石磊	62.80 元	
9787302343202	HTML+CSS 网页设计详解	任昱衡	53.80 元	
9787302343189	PHP 网络编程技术详解	葛丽萍	69.80 元	
9787302342540	ASP.NET 网络编程技术详解	闫继涛	66.80 元	

······更多品种即将陆续出版，欢迎订购······

出版社网址：www.tup.com.cn
技术支持：zhuyingbiao@126.com